JIYU HUANJING SHENGWU DIANHUAXUE DE
FEIWU NENGYUANHUA JISHU

基于环境生物电化学的
废物能源化技术

李凤祥　主编　　李楠　副主编

化学工业出版社
·北京·

内 容 提 要

本书对环境生物电化学的几个主要知识领域做了阐述，包括生物电化学概述、生物电化学系统阳极微生物、体现潜在应用领域和方向的生物氧化电子供体、微生物燃料电池阴极催化剂、生物电化学系统电荷转移机制、生物电化学系统构型以及目前生物电化学系统在工程中的应用。

本书具有较强的技术性和针对性，可供从事微生物燃料电池、电化学、废水有机物处理领域的工程技术人员、科研人员和管理人员参考，也可供高等学校化学工程、环境工程、能源工程及相关专业师生参阅。

图书在版编目（CIP）数据

基于环境生物电化学的废物能源化技术/李凤祥主编.
—北京：化学工业出版社，2020.1
ISBN 978-7-122-35875-2

Ⅰ.①基…　Ⅱ.①李…　Ⅲ.①环境生物学-生物电化学-废物综合利用　Ⅳ.①X17②O646

中国版本图书馆 CIP 数据核字（2019）第 291797 号

责任编辑：刘兰妹　刘兴春　　　文字编辑：汲永臻
责任校对：王　静　　　装帧设计：李子姮

出版发行：化学工业出版社（北京市东城区青年湖南街 13 号　邮政编码 100011）
印　　刷：北京京华铭诚工贸有限公司
装　　订：三河市振勇印装有限公司
787mm×1092mm　1/16　印张 16¾　字数 369 千字　2020 年 5 月北京第 1 版第 1 次印刷

购书咨询：010-64518888　　　售后服务：010-64518899
网　　址：http://www.cip.com.cn
凡购买本书，如有缺损质量问题，本社销售中心负责调换。

定　　价：98.00 元

《基于环境生物电化学的废物能源化技术》
编委会

主　编： 李凤祥

副主编： 李　楠

编　委（以姓氏笔画排序）：

于　航　王茜子　冯宇航　李　楠
李凤祥　李胜男　朱绪娅　刘岩婉晶
刘夏晴　衣相霏　杨　淞　杨　慧
赵　远　赵倩楠　葛润蕾　翟彦霞
薛雯丹

序

到目前为止，人类最主要的能源依然是石油、天然气和煤炭。尽管人类在利用这些传统化石能源方面取得了利益，但也给人类生存和生态环境带来了负面效应。

生物电化学技术的研发，给新能源的开发与应用提供了希望。将其与传统的水净化、污水治理以及污染土壤修复相结合，可以将有机污染物中所含的化学能转化为电能或氢能，从而实现资源和能源的回收和利用，是一类污染物无害化、资源化和能源化的新型处理技术，成为当今环境领域发展的新方向。 微生物燃料电池技术作为生物电化学系统的一种，在有机污染物降解消化的同时可以释放能源或其他有用资源加以收集、利用，即利用环境微生物或其他介质作为催化剂将有机污染物催化降解转化为电能等清洁能源，具有操作简单、条件可控、安全无毒、应用范围广等优点。本书的目的，就是要把这些信息带给广大读者，希望引起应有的关注，并通过各自努力进一步开发这些新技术，使之实现尽快走出实验室的目标。

为了达到上述目的，本书首先对生物电化学发展历程、分类，生物电化学处理技术，微生物燃料电池限制性因素及应用前景进行了简要概述；在随后的章节中，较为详细地介绍了生物电化学系统构型、阳极微生物、电子供体、阴极催化剂以及生物电化学系统电荷转移机制，并对生物电化学系统的应用做了论述；还给出了生物电化学系统的理论阐述，选择了一些具体的应用实例加以说明，使广大读者对生物电化学技术有更深入的了解。本书科学严谨，实用性强，是污染能源化、资源循环利用等领域的典范之作。

李凤祥博士作为本团队的重要成员，在本书的出版过程中做出了重要贡献。他大胆创新的意识洋溢于本书的字里行间，希望能引起广大读者关注。

2020年1月17日于南开

前言

能源危机、环境破坏和水资源短缺等问题带来的多重压力限制了社会经济的可持续发展，关系到国家安全。一方面，传统能源日益枯竭，不可再生的化石燃料的大量消耗污染了环境，同时也污染了水源水质，使水资源危机更加突出。我国城市和工业行业每年排放数百亿吨废水，多数废水含有的主要污染物是BOD_5和COD，每年COD去除量近1.5×10^7 t，近年来废水处理费用快速攀升，超过了40亿元，各类废水都远远超过环境负荷，其生态毒性明显。另一方面，废水有机污染物中含有大量可以回收利用的化学能。评估显示，废水处理厂所处理的废水中含有的能量是废水处理所消耗能量的9.3倍。通过微生物燃料电池（microbial fuel cell，MFC）和微生物电解池（microbial electrolysis cell，MEC）技术处理废水的同时回收能源，将含有大量COD的废水开发为绿色可更新能源，以此技术为基础的污水处理厂可以不需要外部供给大量电能而独立运行，同时收获环境效益和经济效益。

本书论述了环境生物电化学研究背景和意义、基本原理和研究方法、存在的挑战和发展趋势等。本书在环境生物电化学的几个主要知识领域做了阐述，包括生物电化学概述、生物电化学系统阳极微生物、体现潜在应用领域和方向的生物氧化电子供体、微生物燃料电池阴极催化剂、生物电化学系统电荷转移机制、生物电化学系统构型以及目前生物电化学系统在工程中的应用。本书讨论了环境生物电化学技术在处理环境有机污染物方面区别于常规生化法的特点；也分析了生物电化学系统内生物氧化建立电势并输出电压方面的局限；探讨了克服限制性因素而推动环境生物电化学技术走向实践需要做的工作。希望通过本书的出版，为环境生物电化学研究工作提供借鉴和参考。

本书由李凤祥任主编，李楠任副主编，具体图书编写分工如下：第1章由李凤祥、赵远、衣相霏、李胜男、李楠编写；第2章由刘岩婉晶、葛润蕾、杨淞、翟彦霞编写；第3章由冯宇航编写；第4章由朱绪娅、于航、刘夏晴、王茜子、杨慧编写；第 5 章由赵倩楠编写；第 6 章由李胜男、李楠编写；第 7 章由薛雯丹、李楠编写；全书最后由李凤祥编稿并定稿。本书在编写过程中得到南开大学周启星老师及其团队、康涅狄格大学 Baikun Li 老师的悉心指导和大力支持，周启星老师并为本书亲自写序，在此表示衷心的感谢！本书的出版，得到了国家自然科学基金委（基金编号：31570504）、天津市科学技术委员会（基金编号：16JCYBJC22900）、国家与天津市大学生创新创业训练计划以及化学工业出版社有限公司等有关方面的大力支持，在此一并表示感谢。

限于编者水平及编写时间，书中不足和疏漏之处在所难免，恳请专家和读者给予指正。

编者

2019 年 12 月

目录

第1章

绪　论

1.1　生物电化学废水处理技术

1.1.1　生物电化学概述

生物电化学系统（bio-electrochemical system，BES）具有微生物、电化学、材料等多学科交叉渗透的典型特征[1]。BES主要包括微生物燃料电池（microbial fuel cell，MFC）、微生物电解池（microbial electrolysis cell，MEC）和微生物脱盐池（microbial desalination cell，MDC）[2]。以BES为基础的废水能源化处理方法可以在处理废水的同时回收能量，实现能源化处理目标，在废水处理和新能源开发领域具有广阔的发展前景[3]。其中，MFC技术是一种利用微生物氧化废水中的有机物和无机物，同时将化学能直接转换成电能的新型技术[4]。MEC生物制氢技术是指在厌氧条件以及一定外加电压和催化剂的作用下，可以在处理废水的同时高效产氢的一种技术[5]。MDC是在MFC的基础上发展而来的一种新兴的BES，它通过阴、阳离子交换膜的使用，可以实现盐分的高效去除，从咸水中得到淡水，同时去除有机物，而且无需额外的能量输入，具有广阔的应用前景[6]。但到目前为止，MFC的产电功率仍然很低，进一步提高MFC的性能，降低制造成本，使其具备规模化生产并投入实际应用的条件是MFC领域亟待解决的问题。研究表明，阴极是制约MFC产电功率的主要因素[7]。MFC系统的大部分成本用在阴极材料，且MFC反应过程的不可逆使阴极材料性能对MFC性能具有重大影响[8]。

与为实现“废物最小化”“清洁生产”等目标开发的新型废水处理技术相比，BES处理技术无疑优点更为突出，实现了在废水处理的同时回收电能，不需外部提供动力，可以将废水开发为可更新的能源。在过去的十几年中，对BES的研究集中在构型、微生物、电化学和应用等领域[2]。1839年，Grove[9]提出以氢气为阳极燃料，以氧气为阴极氧化剂的燃料电池。经过大量研究，燃料电池的能量转化率已经接近80%，在实践中得到大量应用，但燃料电池仍然存在成本高的问题。英国科学家 Pottor 在1911年观察到微生物能够产生电流[10]，这一发现为20世纪末期使用 MFC 处理废水并同时发电的研究打下基础。MFC 以其独特的技术特点（污染物处理彻底，无需外部能源供给并可回收电能），在解决能源与环境问题，建立资源节约型、循环型社会中逐步得到重视。

近年来，BES 在处理废水领域受到广泛研究。Mu 等[11]利用 BES 处理废水中的硝基苯，结果表明硝基苯的去除率为（8.57±0.03）mol/(m^3·d）。Hwang 等[12]利用 MFC 降解船舱底部类似于油状的废水，同时得到最大功率密度（225.3±3.2）mW/m^2。Li 等[13]通过在 MFC 阳极固定一类菌（命名为 E2），固定 E2 可以有效地增加海洋石油烃的降解，初始浓度为3.26g/L 的柴油在8d 内降解率达到50%。Feng 等[14]利用 MFC 降解啤酒废水时发现，温度从30℃降到20℃，最大功率密度从205mW/m^2 降到170mW/m^2。Wen 等[15]直接利用 MFC 降解 COD 为1501mg/L 的原啤酒废水，最大体积功率密度达到24.1mW/m^3。此外，Puig 等[16]利用 MFC 降解垃圾渗滤液，8.5kg COD/(m^3·d）的有机物质被生物降解，且产生344mW/m^3 的电能。综上所述，BES 在水处理领域潜力巨大。

1.1.2 微生物燃料电池的技术原理

微生物燃料电池能够产生电能，同时去除有机污染物，是利用微生物作为生物催化剂，将废水中有机污染物化学键中储存的化学能转化为电能，通过电荷转移，即呼吸作用产生的电子传递到电极上将能量输出，在常温、常压下完成能量转换。微生物燃料电池通常由阳极室和阴极室两个电极室组成。在阳极室内，厌氧产电菌将作为电子供体的有机污染物氧化释放电子和质子，电子经过外电路转移到阴极并释放携带的能量，质子经过离子交换膜转移到阴极。在阴极室内，电子、质子和电子受体发生还原反应。以葡萄糖为电子供体，以氧气为电子受体的无介体微生物燃料电池氧化葡萄糖为例，其原理如图1-1所示。在阳极室内，葡萄糖在细菌的催化作用下被氧化，产生的电子通过位于细胞外膜的电子载体（例如细胞色素 c）或被称为纳米导线（nano-wire）的菌毛传递到阳极，再经外电路到达阴极，质子通过质子交换膜到达阴极。氧化剂氧气在阴极室得到电子被还原。微生物燃料电池的生化反应如下：

阳极反应：$C_6H_{12}O_6 + 6H_2O \xrightarrow{\text{产电菌}} 6CO_2 + 24e^- + 24H^+$

阴极反应：$6O_2 + 24e^- + 24H^+ \xrightarrow{\text{微生物/化学催化剂}} 12H_2O$

电池反应：$C_6H_{12}O_6 + 6O_2 \xrightarrow{\text{MFC}} 6CO_2 + 6H_2O$

可以看出，反应在微生物催化作用下完成，这有别于化学燃料电池中所使用的昂贵催化剂，且反应条件要求低，无反应底物浓度影响[17~19]。

1.1.3 微生物燃料电池的特点

微生物燃料电池作为一种近年来获得快速发展的能源环境技术，以其区别于传统能

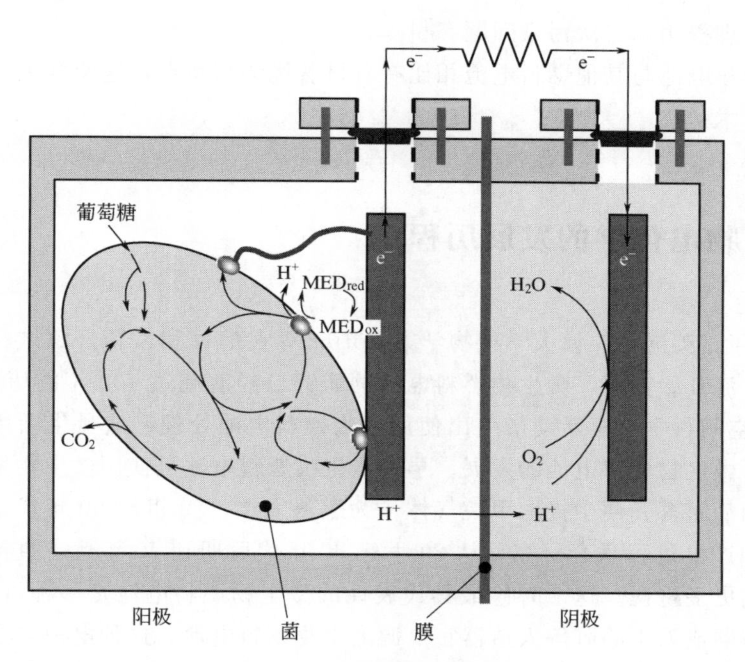

图 1-1 微生物燃料电池原理[20]

MED_{red}—还原型介体；MED_{ox}—氧化型介体

源和废水处理技术的特点而受到人们的重视。

（1）有机污染物去除和产电同时完成

通过微生物催化作用，微生物燃料电池可以直接将废水中有机污染物中的化学能转化为电能。有研究报道，一座废水处理厂所处理废水中有机污染物含有的能量是运行所需电能的 8～9 倍，尽管目前库仑效率不高，约为 25%，但是由于微生物燃料电池的能量转化没有中间过程，随着科研工作不断深入，完全可以实现以微生物燃料电池技术原理为基础的废水处理厂的自主运行，无需外部能量供给，甚至能够对外输出电能，清洁环保，管理简单[21]。

（2）工程应用条件要求低

微生物燃料电池在常温、常压环境中运行，工艺环节少，与其他生物发电过程相比，运行安全，成本低，维护容易，不需要像燃料电池那样间歇充电，只需要连续或间歇补充废水；原料来源广泛，可生物降解的有机物均可作为微生物燃料电池的底物；适用于废水集中处理和分散处理。在电力基础设施落后地区，微生物燃料电池可以作为替代电源推广使用[22]。

（3）产物处理简单

厌氧生物发酵处理过程排出高浓度的氮气、硫化氢、二氧化碳、甲烷或氢气，存在污染环境和操作安全的问题，需要相关设施进行处理。微生物燃料电池排出的气体一般无毒无害，如可以直接排放的 CO_2。微生物燃料电池中使用的是严格厌氧产电菌群，一方面生长缓慢；另一方面代谢产生的能量以电能形式输出而不是用于生物量（biomass）的增加，相对于活性污泥法处理废水，微生物燃料电池没有大量剩余污泥产生，这避免了剩余污泥处理费用和二次污染问题[23]。

微生物燃料电池与其他燃料电池相比有着显著优势与特点，这使微生物燃料电池成为绿色能源技术。

1.2 生物电化学的发展历程

从1911年，英国达拉谟大学植物学家Potter等在酵母和大肠杆菌试验中发现微生物可以产生电流开始算起，微生物燃料电池的研究已经有超过100年的历史[24]。20世纪50年代，空间科学探索活动衍生出使用生物燃料电池处理宇航员生活废物并发电的需求，推动了微生物燃料电池的发展。早期微生物燃料电池是使用微生物发酵产物作为电池燃料，如从家畜粪便中提取甲烷气体作为燃料发电。20世纪60年代，人们开始将微生物发酵和产电过程联合研究。从20世纪60年代后期到70年代，直接生生物燃料电池逐渐得到更多重视。这个时候最具代表性的微生物燃料电池是一种可以植入人体、作为心脏起搏器或人工心脏等人造器官电源的生物燃料电池，这种电池多是以葡萄糖为燃料、氧气为氧化剂的酶燃料电池。但是由于可用于人体的化学燃料电池的研究取得了突破，并很快应用于医学临床实践，生物燃料电池在这一领域的研究和应用受到了消极影响。20世纪80年代后，电子转移介体研究获得突破，极大地促进了生物燃料电池的研究。进入20世纪90年代后，我国开始了这方面的研究[25]，微生物燃料电池取得了长足进步。在电池中，微生物可以将电子直接传递至电极，但电子传递速率很低。微生物细胞膜含有肽键或类聚糖等不导电物质，电子难以穿过，因此微生物燃料电池大多需要电子转移介体促进电子传递[26]。尽管电子转移介体的应用提高了微生物燃料电池输出功率，但电子转移介体必须对微生物没有毒性、不能被微生物降解、容易获取电子并透过细胞壁、反应稳定迅速、价格便宜，这些因素反过来抑制了这种需要电子转移介体的微生物燃料电池的进一步发展。1999年，Kim等[27]研制了无需胞外电子转移介体的微生物燃料电池，这对于微生物燃料电池研究工作来说是一个极大的进步，降低了产电菌菌种局限。2005年以来，我国在这方面的研究逐渐增多[28~30]。在产电效果方面，2001年以前的微生物燃料电池输出电能仍少于0.1mW/m^2，宾夕法尼亚大学Logan等在2007年将这一数值提高到2400mW/m^2[31]。微生物燃料电池在不到10年的时间内发展迅速，在能源环境领域已成为国外研究学者关注的焦点，我国在这方面的研究也不断深入，主要集中在高电化学活性微生物、高效廉价微生物燃料电池反应器的设计和微生物燃料电池的应用几个方面。

1.3 微生物燃料电池的限制性因素

MFC的实验室研究发展迅速，最佳实验条件下，MFC体积功率密度已经超过

1kW/m^3，面积功率密度已达到 6.9W/m^2[8]。使用微生物燃料电池技术可以将废水开发为新能源，但是还有大量的科研工作要做，主要是因为目前的微生物燃料电池输出功率密度低，不能满足工程应用要求。生物催化活性弱是微生物燃料电池的主要限制性因素之一。事实上，大多数氧化还原蛋白质（直径 80～150Å，1Å$=10^{-10}$m）的氧化还原活性中心深藏于蛋白质内部，阻碍了电化学反应的发生。电子传递速率低是第二个限制性因素。按照 Willner 提出的电子传递理论[32]，电子传递速率主要受电子供体和电子受体间的距离、电势差和反应器构型影响。电子传递速率影响微生物燃料电池功率密度的输出。从图 1-2 中可以看出，电子由阳极供体到达阴极电子受体这一转移路线所能形成的电势差是一定的，而这一过程尤其是电子从生物体内到阳极的转移是缓慢的。第三个限制性因素就是内阻和极化现象减少了输出电压，进而降低了输出功率密度。第四个限制性因素是微生物燃料电池的制造成本。广泛使用铂金催化剂以及电极材料价格昂贵，选择经济有效的制作材料是降低成本的必然途径。这些因素造成了微生物燃料电池发展的瓶颈，需要通过大量研究工作逐步加以解决。

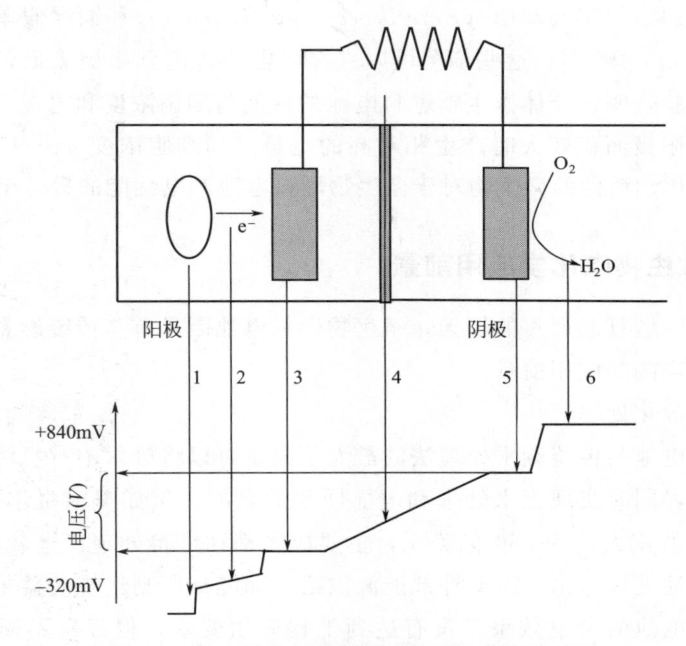

图 1-2　微生物燃料电池电子传递电势变化示意

1.4　生物电化学的分类与应用前景

1.4.1　生物电化学的分类

在微生物燃料电池阳极室内，产生的电子需传递到阳极表面，然后进入外电路，将能量输出。根据电子传递到阳极方式的不同，可以将微生物燃料电池分为介体微生物燃料电池和无介体微生物燃料电池。

(1) 介体微生物燃料电池

这类微生物燃料电池产生的电子通过具有氧化还原活性的介体即电子转移介体运输到阳极上。电子等还原性物质产生于细胞内，需要穿过细胞膜转移到阳极上，而微生物细胞膜的主要成分为肽键和类聚糖等不导电物质，电子不容易穿过。电子转移介体的使用加快了这一转移过程，如使用硫堇、Fe(Ⅲ) EDTA和中性红等[33,34]。但是通常转移介体昂贵且对微生物具有毒害作用，介体微生物燃料电池的发展受到了限制。

(2) 无介体微生物燃料电池

随着几种无需电子转移介体就可以将电子直接转移到阳极上的细菌的发现，无介体微生物燃料电池逐渐成为研究热点。这种微生物可以将电子由细胞膜内转移到电极上。目前发现的这类细菌有腐败希瓦菌（*Shewanella putrefaciens*）、地杆菌（泥细菌）（*Geobaeteraceae sulferreducens*）、丁酸梭菌（*Clostridium butyricum*）、粪产碱菌（*Alcaligenes faecalis*）、鹑鸡肠球菌（*Enterococcus gallinarum*）和铜绿假单胞菌（*Pseudomonas aeruginosa*）等[35]，这些细菌可以直接将电子传递到阳极表面，无需电子转移介体的协助。实验表明，介体微生物燃料电池的性能与细菌浓度和电极表面积有关，当细胞浓度较高、阳极面积较大时产生相对高的电量（如细胞浓度为0.47mg/L时，12h产生3C)。高电化学活性的微生物对于微生物燃料电池产电性能的提升至关重要[36]。

1.4.2 微生物电化学应用前景

在能源环境问题日趋严重的今天，微生物燃料电池因具有与传统燃料电池不同的特点和优势而具有广阔的应用前景。

(1) 废水资源化处理[20]

微生物燃料电池与传统废水处理法的最大不同是可以将废水中有机污染物储藏的化学能转变为电能，同时实现废水处理和电能回收的目的。例如美国每年1.25亿立方米的生活污水处理费用大约为250亿美元，主要成本都在维持处理厂运转所需的能源上，而微生物燃料电池处理污水不需要外部能源供给，如能推广则经济效益十分可观。虽然目前微生物燃料电池的产电效果还没有达到工程应用要求，但经过不断改进和深入研究，废水转变为可更新能源将成为现实。Jang 等[37]实现了用无离子交换膜的MFC处理COD_{Cr}为300mg/L的模拟废水，COD_{Cr}的去除率可达到90%，COD去除负荷率达到0.526kg/(m^3 · d)。在国内，清华大学黄霞课题组使用双同型微生物燃料电池处理模拟废水，输出功率密度达到6253mW/m^2，COD去除负荷率达到1.6kg/(m^3 · d)[38]。微生物燃料电池和传统厌氧发酵废水处理法同为厌氧降解有机污染物，而微生物燃料电池降解有机物的同时，产物为CO_2和H_2O，克服了常规厌氧环境发酵产生CH_4、H_2等难以储存危险性气体和腐蚀性气体H_2S的弱点。因此，用微生物燃料电池处理污水，COD去除率可以达到与传统厌氧发酵法同样的效果。另外，微生物燃料电池不会使污水水质发生酸化，也不会产生有害气体，具有很好的开发前景。

（2）环境修复

最近出现的以湿地或水稻田（图 1-3）底泥中微生物为产电菌，以底泥或者废水中有机污染物为电子供体的微生物燃料电池，可以在废水湿地或水稻田处理的同时回收电能、修复环境，并完成粮食生产。Gregory 等[39]从 1998 年开始使用微生物燃料电池降解苯的研究。微生物燃料电池用于修复 U 污染也被证明是有效的。这些是微生物燃料电池处理有毒有机污染物的尝试，显示了微生物燃料电池在环境修复领域的应用前景。

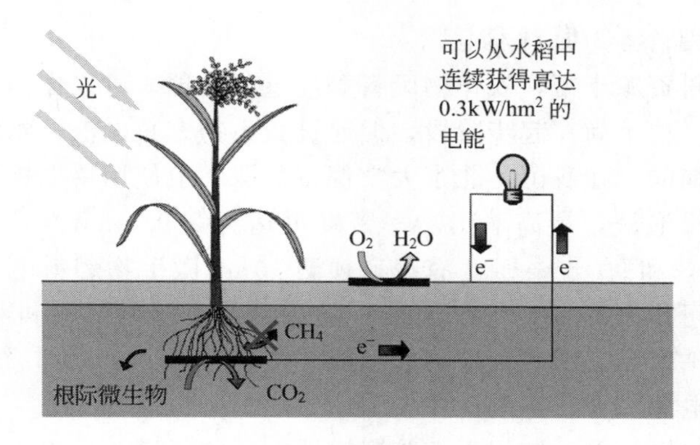

图 1-3 沉积物微生物燃料电池原理示意

（3）生物传感器[40]

BOD_5 被广泛用于评价污水中可生化降解的有机物的含量，由于传统的 BOD 的测定方法需要花 5 天的时间，时间过长。电子受体和电子供体浓度的变化会导致电流输出的变化，电池产生的电流或电荷与污染物的浓度之间有良好的线性关系，响应速度快，有良好的重复性，基于这一原理，可以将微生物燃料电池设计成生物传感器监测污染物。以 MFC 原理为基础的 BOD 传感器的研究也是大家关注的焦点。

韩国 B. H. Kim 等[41,42]用其设计的 BOD 传感器分批次测定淀粉加工厂废水溶液 BOD 浓度时，电流与污水浓度之间呈明显的线性关系（$R^2=0.99$），标准偏差在 3%～12%之间。电池在低浓度时响应时间少于 30min。Chang 等[43]连续测定 BOD＜100mg/L 的模拟废水时，电流与浓度呈线性关系，多次电流测定的差值＜10%，且当 MFC 的阳极处于饥饿状态后，喂养新鲜污水，MFC 的电流能够恢复。Moon 等[44]通过改进微生物燃料电池结构和运行参数，成功地使电流响应时间缩短到了 5min。在使用基于 MFCs 原理的生物传感器测量有机物含量低的水体时，O_2 的扩散速率大，因此导致电池输出信号很小。Kang 等[45]有针对性地对 MFC 的阴极进行了改进，在石墨片阴极上面加上铂，明显提高了 MFC 的电流输出信号性能。

（4）替代电源

在供电基础设施落后地区，建设电站和电网存在困难，微生物燃料电池供电成本低，有机底物来源丰富，推广应用实际可行。据报道，科研人员已经尝试开始在非洲部分地区推广使用微生物燃料电池提供家庭用电，用以解决供电缺乏的问题（图 1-4）。

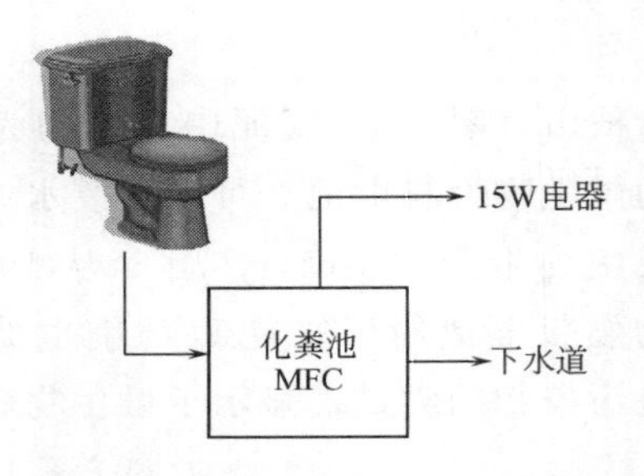

图 1-4 微生物燃料电池作为替代电源示意

（5）以农作物废料等为原料发电

我国农作物废料资源丰富，农作物废料等经过预处理，可以作为微生物燃料电池的电子供体发电。这一技术尚在起步阶段，但通过微生物燃料电池，将农作物废料开发为绿色能源是可以预期的。在我国，北京大学倪晋仁课题组使用单电极室微生物燃料电池处理玉米淀粉生产浸泡液，最高输出功率密度可达到 239.4mW/m^2，COD 和 NH_4^+-N 去除率分别可达 98%和 90.6%[46]。有报道预测 10m^3 微生物燃料电池阳极液，每小时消耗 200kg 糖，就可以产生 1000kW 电能，随着秸秆、落叶等有机物替代糖研究的成功，这种绿色发电站就具有了工程应用的可能[47]。

（6）人工器官电源

曾经有过微生物燃料电池被用于心脏起搏器电源的报道。后来因化学燃料电池进步而使这一研究受到影响，但微生物燃料电池可以利用人体营养物质作为电子供体连续供电，经过深入研究，这一前景仍可实现。美国加州大学伯克利分校 Lee 设计的燃料电池尺寸只有 0.07cm^2，所使用的电子供体为葡萄糖，催化剂为 cerevisiae 酵母[48]，产物只有二氧化碳和水，生物相容性好，电压输出达到 300mV，已经足够驱动 MEMS (micro-electromechanical system) 设备。Wilkinson[49] 基于 MFC 能够直接将生物质转化成电能这一思考，讨论了用食物直接喂养机器人的可能性。这些研究使得微生物燃料电池为人工器官供电成为可能。

微型微生物燃料电池见图 1-5。

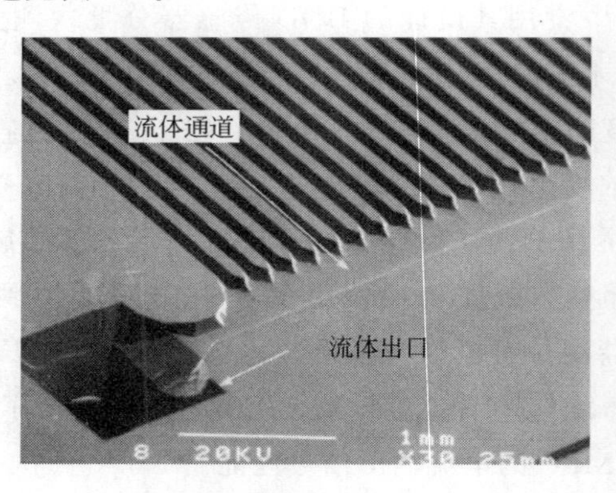

图 1-5 微型微生物燃料电池[48]

借助生物和化学交叉研究以及纳米材料研究的推动，生物燃料电池的研究必然会更深入。生物燃料电池作为一种快速发展的生物技术，会在环境、绿色可再生能源、生物医学等各个领域逐步得到应用。

1.5 本章小结

我国是水资源极度匮乏的国家，社会经济快速发展的过程中又面临着环境污染、能源紧缺的问题[50]。传统的废水处理方法消耗大量能量，剩余污泥处理与处置给环境带来二次污染，为了解决日益严重的能源与环境问题，满足日益提高的废水处理标准，必须对废水处理技术进行升级改进。微生物燃料电池技术有着传统废水处理技术没有的优点，因此本章研究选取微生物燃料电池技术对废水进行处理，并对适合于用微生物燃料电池技术处理的废水进行分类，对其理化性质和生态毒性进行分析，对微生物燃料电池运行原理和运行参数进行探讨，达到为微生物燃料电池技术实际工程应用提供试验参数和技术支持的研究目的。

污水是污染环境，尤其是水体污染的主要原因。传统的废水处理方法仍有能耗高、处理不彻底的问题亟待解决。另外，社会生活、生产进步导致能源紧张问题加剧，废水因其含有可生物降解的有机污染物而含有能量，故具有能源开发潜力。如加拿大多伦多一家废水处理厂评估显示，其所处理的废水中含有的能量是废水处理所消耗能量的 9.3 倍。通过微生物燃料电池技术可以将废水中的能源开发，而不单单是将其视为需要消耗大量能量来处理的环境污染物。以微生物燃料电池技术为基础的污水处理厂，可以不需要外部供给大量电能而独立运行。

目前，在世界范围内，微生物燃料电池技术用于废水处理并回收能源的工作尚处于实验室研究阶段，没有工程应用案例的报道。我国在这一领域开展研究的时间不长，要将微生物燃料电池应用于实际工程仍有大量工作要做。含有可生物降解的有机污染物的废水直接和人们的生活相联系，如生活污水、厨房垃圾、食品、皮革等工业行业的废水，这些种类的废水可以通过整理分类，用微生物燃料电池技术加以处理并回收能量，而对于这类废水的生态毒性系统研究还没有报道。国内外科研工作者做了大量工作提升微生物燃料电池的产电性能，对每一种改进措施的效果仍缺系统评估方法。因此，对可以通过微生物燃料电池技术处理的废水进行分类，分析其理化性质和生态毒性，对微生物燃料电池的改进工作进行评价分析以更快地提升性能，这些工作有着重大的现实意义。

参 考 文 献

[1] Wang H，Ren Z J. A comprehensive review of microbial electrochemical systems as a platform technology [J]. Biotechnol Adv，2013，31：1796-1807.

[2] Kelly P T，He Z. Nutrients removal and recovery in bioelectrochemical systems：a review [J]. Bioresour Technol，2014，153：351-360.

[3] De Vrieze J，Arends J B A，Verbeeck K，et al. Interfacing anaerobic digestion with (bio) electrochemical systems：Potentials and challenges [J]. Water Res，2018，146：244-255.

[4] Slate A J，Whitehead K A，Brownson D A C，et al. Microbial fuel cells：An overview of current technology [J]. Renewable and Sustainable Energy Reviews，2019，101：60-81.

[5] Hua T，Li S，Li F，et al. Microbial electrolysis cell as an emerging versatile technology：a review on its potential application，advance and challenge [J]. Journal of Chemical Technology & Biotechnology，2019，94 (6)：

1697-1711.

[6] 曹学龙，张宝刚，王志俊，等．微生物脱盐池性能提升及应用的研究进展 [J]. 水处理技术，2015，41 (7)：7-16.

[7] Jung S P，Kim E，Koo B. Effects of wire-type and mesh-type anode current collectors on performance and electrochemistry of microbial fuel cells [J]. Chemosphere，2018，209：542-550.

[8] Logan B E. Scaling up microbial fuel cells and other bioelectrochemical systems [J]. Appl Microbiol Biotechnol，2010，85：1665-1671.

[9] Grove W R. On voltaic series and the combination of gases by platinum，The London，Edinburgh，and Dublin Philosophical Magazine and Journal of Science [J]. 1839，14 (86-87)：127-130.

[10] Potter M C. Electrical effects accompanying the decomposition of organic compounds [J]. Proc R Soc Lond B，1911 (84)：260-2761.

[11] Mu Y，Rozendal R A，Rabaey K，et al. Nitrobenzene removal in bioelectrochemical systems [J]. Environmental Science Technology，2009，43：8690-8695.

[12] Hwang J H，Kim K Y，Resurreccion E P，et al. Surfactant addition to enhance bioavailability of bilge water in single chamber microbial fuel cells (MFCs) [J]. J Hazard Mater，2019，368：732-738.

[13] Li X，Zheng R，Zhang X，et al. A novel exoelectrogen from microbial fuel cell：Bioremediation of marine petroleum hydrocarbon pollutants [J]. J Environ Manage，2019，235：70-76.

[14] Feng Y，Wang X，Logan B E，et al，Brewery wastewater treatment using air-cathode microbial fuel cells [J]. Appl Microbiol Biotechnol，2008，78：873-880.

[15] Wen Q，Wu Y，Zhao L，et al. Production of electricity from the treatment of continuous brewery wastewater using a microbial fuel cell [J]. Fuel，2010，89：1381-1385.

[16] Puig S，Serra M，Coma M，et al. Microbial fuel cell application in landfill leachate treatment [J]. J Hazard Mater，2011，185：763-767.

[17] Kumar R，Singh L，Zularisam A W，et al. Microbial fuel cell is emerging as a versatile technology：a review on its possible applications，challenges and strategies to improve the performances [J]. International Journal of Energy Research，2018，42：369-394.

[18] Bose D，Gopinath M，Vijay P. Sustainable power generation from wastewater sources using Microbial Fuel Cell，Biofuels [J]. Bioproducts and Biorefining，2018，12：559-576.

[19] Santoro C，Arbizzani C，Erable B，et al. Microbial fuel cells：From fundamentals to applications. A review [J]. J Power Sources，2017，356：225-244.

[20] Rabaey K，Verstraete W. Microbial fuel cells：novel biotechnology for energy generation [J]. Trends Biotechnol，2005，23：291-298.

[21] Rahimnejad M，Adhami A，Darvari S，et al. Microbial fuel cell as new technology for bioelectricity generation：A review [J]. Alexandria Engineering Journal，2015，54：745-756.

[22] Franks A E，Nevin K P. Microbial Fuel Cells，A Current Review [J]. Energies，2010，3：899-919.

[23] Ge Z，Li J，Xiao L，et al. Recovery of Electrical Energy in Microbial Fuel Cells [J]. Environmental Science & Technology Letters，2013，1：137-141.

[24] Zhou M，Chi M，Luo J，et al. An overview of electrode materials in microbial fuel cells [J]. Journal of Power Sources，2011，196：4427-4435.

[25] 韩保祥，毕可万．采用葡萄糖氧化酶的生物燃料电池的研究 [J]. 生物工程学报，1992，8 (2)：203-206.

[26] Rabaey K，Boon N，HÖFTE M，et al. Microbial phenazine production enhances electron transfer in biofuel cells [J]. Environmental Science Technology，2005，39：2401-3408.

[27] Kim B H，Park D H，Shin P K，et al. Mediator-less biofuel cell. US Patent 5976719，1999.

[28] Zhang C，Li M，Liu G，et al. Pyridine degradation in the microbial fuel cells [J]. J Hazard Mater，2009，172：465-471.

[29] Jiang J，Zhao Q，Zhang J，et al. Electricity generation from bio-treatment of sewage sludge with microbial fuel

cell [J]. Bioresour Technol, 2009, 100: 5808-5812.
[30] Mo Y, Liang P, Huang X, et al. Enhancing the stability of power generation of single-chamber microbial fuel cells using an anion exchange membrane [J]. Journal of Chemical Technology & Biotechnology, 2009, 84: 1767-1772.
[31] Logan B E, Cheng S, Watson V, et al. Graphite fiber brush anodes for increased power production in air-cathode microbial fuel cells [J]. Environmental Science Technology, 2007, 41: 3341-3346.
[32] Willner I, Katz E. Integration of layered proteins and conductive supports for bioelectronic application [J]. Angew Chem Int Ed, 2000, 39: 1180-1218.
[33] Torres C, Marcus A K, Parameswaran P, et al. Kinetic experiments for evaluating the nernst-monod model for anode-respiring bacteria (ARB) in a biofilm anode [J]. Environmental Science Technology, 2008, 42: 6593-6597.
[34] Rismani Yazdi H, Carver S M, Christy A D, et al. Cathodic limitations in microbial fuel cells: An overview [J]. Journal of Power Sources, 2008, 180: 683-694.
[35] Zhou M, Wang H, Hassett D J, et al. Recent advances in microbial fuel cells (MFCs) and microbial electrolysis cells (MECs) for wastewater treatment, bioenergy and bioproducts [J]. Journal of Chemical Technology & Biotechnology, 2013, 88: 508-518.
[36] Lovley D R. The microbe electric: conversion of organic matter to electricity [J]. Curr Opin Biotechnol, 2008, 19: 564-571.
[37] Jang J K, Pham T H, Chang I S, et al. Construction and operation of a novel mediator- and membrane-less microbial fuel cell [J]. Process Biochemistry, 2004, 39: 1007-1012.
[38] 梁鹏，黄霞，范明志，等．双筒型微生物燃料电池产电及污水净化特性的研究 [J]. 环境科学，2009，30 (2)：616-620.
[39] Gregory K B, Lovley D R. Remediation and recovery of uranium from contaminated subsurface environments subsurface environments with electrodes [J]. Environmental Science Technology, 2005, 39: 8943-8947.
[40] Tan Y C, Kharkwal S, Chew K K W, et al. Enhancing the robustness of microbial fuel cell sensor for continuous copper (Ⅱ) detection against organic strength fluctuations by acetate and glucose addition [J]. Bioresour Technol, 2018, 259: 357-364.
[41] Kim B H, Park H S, Kim H J, et al. Enrichment of microbial community generating electricity using a fuel-cell-type electrochemical cell [J]. Appl Microbiol Biotechnol, 2004, 63: 672-681.
[42] Kim B H, Chang I S, Gil G C, et al. Novel BOD (biological oxygen demand) sensor using mediator-less microbial fuel cell [J]. Biotechnology Letter, 2003, 25: 541-545.
[43] Chang I S, Jang J K, Gil G C, et al. Continuous determination of biochemical oxygen demand using microbial fuel cell type biosensor [J]. Biosensors and Bioelectronics, 2004, 19: 607-613.
[44] Moon H, Chang I S, Kang K H. Improving The Dynamic Response Of A Mediator-less Microbial Fuel Cell As A Biochemical Oxygen Demand (BOD) Sensor [J]. Biotechnology Letter, 2004, 26: 1717-1721.
[45] Kang K H, Jang J K, Pham T H, et al. A Microbial Fuel Cell With Improved Cathode Reaction As A Low Biochemical Oxygen Demand Sensor [J]. Biotechnology Letter, 2003, 25: 1357-1361.
[46] Lu N, Zhou S G, Zhuang L, et al. Electricity generation from starch processing wastewater using microbial fuel cell technology [J]. Biochemical Engineering Journal, 2009, 43 (3): 246-251.
[47] 吴祖林，刘静．生物质燃料电池的研究进展 [J]. 电源技术，2005，29 (5)：333-340.
[48] Lee K B, Lin L. Surface micromachined glass and polysilicon microchannels using MUMPs for BioMEMS applications [J]. Sensors and Actuators A (Physical) 2004, 111: 44-50.
[49] Wilkinson S. "Gastrobots" -benefits and challengs of microbial fuel cells in food powered robot application [J]. Autonomous Robots, 2000, 9: 99-111.
[50] Zhao X, Li Y P, Yang H, et al. Measuring scarce water saving from interregional virtual water flows in China [J]. Environmental Research Letters, 2018, 13: 054012.

第2章

阳极微生物

微生物燃料电池（MFC）的研究始于20世纪80年代。在MFC系统中，产电微生物[1]是核心要素，又称为电化学活性细菌或胞外呼吸细菌，是一类可以将代谢过程中产生的电子传递到胞外进行厌氧呼吸的微生物。产电微生物在自然界中广泛存在，可利用电极作为唯一的电子受体进行厌氧呼吸。微生物燃料电池是一种可利用产电微生物这一特性产生电能的新型装置，产电微生物在其中作为阳极催化剂，是MFC中能量转换的关键因素[2]。近几年来，随着直接将电子传递给固体电子受体的纯培养菌种的发现[3,4]，无需使用电子传递中间体的微生物电池被发明，其使用的菌种可以将电子直接传递给电极而产生持续、高效、稳定的电流。

在MFC系统中，产电微生物（electricigens）[1]氧化有机物获得电子后直接或间接地通过介质将其传递到阳极上从而产生电流，在微生物燃料电池的运行过程中起生物催化剂的作用，是燃料电池启动必不可少的一部分。但是微生物产电并不是与其生存直接相关的自然选择的压力，而是厌氧呼吸过程的延伸，所以在自然条件下微生物的产电效率是非常低的。因此，实现更高的产电效率的重要一步是对现有的产电微生物进行驯化改良。另外，不同种类的产电微生物在电子转移机制与能力上都有差异，这直接影响着MFC的产电性能，进而决定了MFC在工程实践中的应用。因此，归纳总结目前已筛选的产电微生物种类、相关的研究方法以及目前研究较多的几种电子传递机制，并且探讨可能存在的各种电子传递机制，对于进一步加速MFC的发展与应用具有十分重要的实践意义[5]。

产电菌存在广泛，在元素地球循环中扮演着重要的角色，需要更多地探索自然界中的产电菌资源，并发挥其更大的价值。目前制约MFC实际应用的主要因素仍然是电池输出功率密度低，如何使MFC的功率输出最大化，除了优化MFC的构造、修饰电极等非生物因素外，在MFC产能的过程中，作为阳极催化剂的产电菌，其产电呼吸速率直接影响了MFC的底物处理效果和功率输出。因此，深入研究产电微生物并设法分离新的高效产电菌种在污染物去除、金属元素的生物地球化学循环、新能源开发利用等方面均具有重要意义[6]。

2.1 产电微生物的概述

2.1.1 产电微生物的来源及意义

产电微生物特指那些通过氧化有机物获取能量以支持自身生长并且将电子传递给唯一的电子受体——电极的微生物，也称胞外呼吸细菌或金属异化还原菌等。Potter 最早发现微生物能产生电能。他设计了这样一个实验：在 30℃条件下，用电流计、玻璃瓶（或试管）、铂电极、多孔圆筒等共同构成的一个简易原电池装置来培养酵母和大肠杆菌，发现有发酵活性的酵母利用葡萄糖或蔗糖能产生的最大电压为 0.3～0.4V，大肠杆菌能产生 0.308V 的电压。发酵或腐败过程能够使能量发生转变，并能以电能的形式释放出来，这引起人们极大的兴趣，由此打开了产电微生物研究的序幕[6]。

最早发现的可在有氧条件下产电的菌种是 *S.oneidensis* DSP10，Ringeisen 和 Biffinger 等先后用微型燃料电池（mini-MFC）对其好氧产电性能进行了研究，发现它在好氧条件下能将乳酸氧化成 CO_2 产电，其产电功率密度为 $500W/m^2$。*S.oneidensis* DSP10 还能以葡萄糖、抗坏血酸（维生素 C）、果糖为电子供体产电，且以果糖为电子供体时产电最高，功率密度达 $350W/m^2$。

产电微生物具有丰富的物种多样性，迄今为止已有文献报道的产电微生物包括原核微生物（细菌、古菌）和真核微生物两类，其中绝大多数为细菌，主要为变形菌门（Proteobacteria），其他的还包括酸杆菌门（Acidobacteria）、厚壁菌门（Firmicutes）等。有关真核微生物的产电报道较少，主要是酵母属（*Saccharomyces*）和毕赤酵母属（*Pichia*）[6]。

在 20 世纪 80 年代后期，研究发现外加氧化还原电子介体后会加快电子的转移速率，但是电子中介体也存在着不容忽视的缺点。由于制备工艺比较复杂，其价格十分昂贵，并且目前已知的大多数中间介体是有毒有机类物质，很可能导致微生物发生中毒等现象，从而降低其生物催化活性，因此，要使微生物燃料电池取得进一步发展首先要解决中间介体在应用中可能存在的一些风险。因为这个问题，MFC 的发展一直未取得较大的进展，直到 1987 年，Lovley 等从河底的沉积物中分离纯化出无需电子中介也能产生较高电能的产电微生物 *Geobacter metallireducens*，该菌株的发现使得 MFC 的发展有了更大的提升空间。自此，对于 MFC 的研究进入了新的阶段，使微生物燃料电池的应用价值更加显现。可见，在 MFC 的发展历程中不断发现的产电微生物推动着微生物燃料电池的蓬勃发展，通过相应途径筛选出更加有效的产电微生物是微生物燃料电池发生质的飞跃的重要前提条件之一[7]。

Kim 等[8]从稻田土中分离出的 *S.putrefactions* IR-1 是首次报道的能直接将电子传递到电极表面的产电菌[1]，这开创了无介体燃料电池研究的先河。现已获得 *S.oneidensis* MR-1 的全基因组序列，常用于研究细胞与电极间的电子传递机制。研究发现，*S.oneidensis* MR-1 约有 37 个编码 *Cyt c* 的基因[7]，*Cyt c* 被认为是电子跨膜传递的通道[9,10]。

产电微生物广泛存在于地下水、土壤、地表水、沉积物、海水以及被污染的河流底泥中，而水体沉积物、蓄水层和深层土壤通常处于缺氧状态，产电微生物可以在厌氧环境中生存，能利用广泛的电子受体氧化多种有机污染物。地下环境中最为丰富的潜在电子受体是Fe(Ⅲ)，产电微生物进行Fe(Ⅲ)还原极大地促进了有机污染物的厌氧降解。而硫酸盐是海洋环境中重要的一类电子受体，产电微生物中硫酸盐还原菌，如*Desulfobacula* sp. 和*Desulfobacterium* sp.，能以硫酸盐作为唯一电子受体氧化分解有机物。总之，产电微生物在磷释放、矿物溶解、碳循环、重金属的吸附和络合及铁、锰等金属元素的循环等方面都起到了关键作用[6]。

一些研究表明，MFC产电微生物群落中地杆菌属或希瓦氏菌属（*Geobacter*）是优势菌体。但是也有一些研究表明，MFC中的微生物群落具有更加广泛的多样性。Xing等[11]以废水为产电微生物群落的来源，发现当连续给予光强为4000lx的光照时会改变阳极上附着的产电微生物群落，并且改变后的产电微生物群落中光合微生物*R. palustris*和*Sulfurreducens*为优势菌。而以葡萄糖为电子供体时功率密度比光照前提高了8%～10%，以乙酸盐为电子供体时功率密度提高了34%。Fedorovich等[12]以海洋沉积物为产电微生物群落的来源，当以乙酸盐为电子供体时，产电微生物群落以弓形菌属中的*A. butzleri* strain ED-1和弓形菌*Arcobacter*为优势菌（占90%以上），所能得到的最大功率密度为296mW/m^3。目前，MFC研究的主流是无介体微生物，因为这类微生物可以自己产生电子介体或者通过自身的细胞组织进行电子传递，如细胞膜电子传递链和纳米导线，解决了需电子介体微生物燃料电池的高运行成本问题，同时也保证了功率密度的高效输出[13]。周良等[14]基于水-矿-微生物系统铁、锰的循环转化过程，最早开始采用*Geobacter metallireducens*、*Ghodoferax ferrireducens*构建了无介体微生物燃料电池，阐述了异化金属还原菌代谢的电子传递方式，并探索了微生物燃料电池用于废水处理的可能。邓丽芳等[15]分离出了一种肺炎克雷伯氏菌，并对它的电子传递机制进行了研究，提出了克雷伯氏菌MFC中的2,6-二叔丁基苯醌穿梭机制。Luo等[16]从利用活性污泥启动的MFC中分离出了一种兼性厌氧产电菌*Tolumonas osonensisa*，其为革兰氏阳性菌，可以降解多种有机物，并对菌体细胞进行了通透性处理，其产电功率得到了明显的提高，拓宽了MFC的实际应用[17]。

2.1.2 产电微生物的获取方式

从微生物菌群中筛选出高活性的产电微生物作为必要的生物材料，是开展产电微生物研究的基础和条件。2010年，冯玉杰等[18]以生活污水为来源，利用兼性滚管法分离了折流板空气阴极MFC的阳极膜，最终筛选出了具有产电性能的芽孢杆菌。2012年，东南大学的唐祖明等研究出了一种产电微生物新的筛选方法，此方法在微生物培养菌落可见时，将已消毒好的氢离子或电子感受电极在无菌条件下插入培养基的菌落内，一端连接到信号检测装置上进行检测。该方法只需要将氢离子或电子感受电极在无菌条件下插入培养基的菌落内培养并进行检测，具有耗时短，操作步骤简单、方便，无需复杂仪器的优点[19]。

筛选分离得到纯种产电微生物主要有以下方法。

(1) 富集后传统平板分离

MFC 反应器组装后，将配好的富集培养基注入反应器中，把反应器和万用表、外电阻连接好，然后将其放入恒温水浴锅中，温度设定为 30℃，然后利用数据采集系统实现实时的在线数据记录和监测。MFC 反应器以间歇方式运行，通过定期更换接种液来完成接种过程，每次先是将 MFC 内的部分原接种液取出，然后加入新鲜的接种液，等到反应器每个周期都能产生稳定的输出电压时即可认为启动成功。微生物燃料电池启动实际上是微生物在电极表面形成生物膜的过程，也是转移电子的微生物和其他种群微生物竞争的过程，电极对转移电子微生物选择的结果是电压的升高。启动成功后进入了正式运行期，当监测的输出电压低于 50mV 时开始换水，并且记为一个周期，此时不再需要添加菌种，其他进水成分与启动期一样[4]。

用灭菌的刀片在无菌操作台上刮下附着在阳极炭布电极上的生物膜，将其接种到装有灭菌营养琼脂（NA）液体培养基的无菌玻璃管中，并且放入厌氧培养箱于 30℃条件下培养 1d。按 10 倍的浓度梯度稀释至 10^{-7}倍，均匀涂布在 NA 固体培养基上，将其放入厌氧培养箱于 30℃条件下培养 2～3d。拿出固体培养基，放在无菌操作台上，根据平板上形成菌落的颜色、形态、透明性等特征，用灭菌后的竹签挑取表面特征差异明显的菌种，分别接种至 NA 液体培养基中进行厌氧培养。如此反复传代 7～8 次，可得到一批纯化的菌种，将得到的各株纯菌冷冻保存[4]。

(2) U 形管 MFC 法

Zuo 等用特殊的 U 形管 MFC 技术分离得到了一株产电菌 *Ochrobactrum anthropi* YZ-1。通过减绝稀释的方法在 MFC 里可以直接分离产电菌，其分离标准是基于产电能力而非铁还原能力。这种方法不仅避免了传统平板法可能丢失部分产电菌的不足，还保证了筛选产电菌的有效性。

(3) Hungate 滚管连续稀释法

Xing 等用 Hungate 滚管连续稀释法分离出了 *Rhodopseudomonas palustris* DX-1，重复滚管操作若干次能得到纯培养物。他们还利用减绝稀释法分离出了另一株产电菌 *Comamonas denitrificans*。

(4) Fe(Ⅲ) 平板法

通过把可溶性的柠檬酸铁或焦磷酸铁加入固体平板中，在 MFC 阳极分离出了产电菌 *Clostridium butyricum* 和 *Aeromonas hydrophila*。Holmes 等利用不溶性的 Fe(Ⅲ) 氧化物作为电子受体，从海洋沉积物燃料电池中分离出一株产电菌 *Geopsychrobacter electrodiphilus*。但这种方法的弊端是：尽管可以让 Fe(Ⅲ) 还原菌在此平板上生长，但丢失了那些不能还原 Fe(Ⅲ) 却可以在 MFC 中产电的产电菌。

过往的研究发现，能进行产电呼吸的微生物大部分能进行金属呼吸。这两种呼吸过程具有一定的相似性：一方面是电子受体（金属氧化物如铁、锰氧化物和电极）都是不溶性的；另一方面是外膜细胞色素 *OmcF* 不仅是 *Geobacter sulfurreducens* 在 MFC 中产电必需的，而且也是其还原铁氧化物所必需的。缺乏 *OmcF* 的突变菌株由于相关外膜蛋白表达量下降，其铁氧化物的产电能力和还原能力均受到抑制。尽管如此，细菌的产电能力并不完全等同于它还原金属氧化物的能力。Richter 等发现铁还原菌 *Pelobacter carbinolicus* 虽然能还原铁氧化物，却几乎在 MFC 中不产生电流，推测可能是由于其细胞外膜上缺乏细胞色素 c 或传导性的纳米导线，但是具体机制目前还并不清楚。Zuo 等通过 U 形管 MFC 分离到的产电菌如 *Ochrobactrum anthropi* YZ-1，不能还原铁氧化物（水合氧化铁和焦糖酸铁），却能利用乙酸产电。另外，Reguera 等也发现 *Geobacter sulfurreducens* 的菌毛缺陷株无法还原铁氧化物，但可利用乙酸产电。随后 Holmes 等通过分析以电极作为唯一电子受体生长的 *Geobacter sulfurreducens* 的全基因组基因表达情况，发现有 474 个基因转录水平上的表达存在显著差异，其中编码外膜细胞色素 c 的 *OmcS* 基因在以电极为电子受体生长时表达量增加 19 倍，这表明 *OmcS* 的表达是产电而非还原 Fe(Ⅲ) 所必需的。qRT-PCR 和 Northern 分析同样证实了 *OmcS* 的高表达水平，但是剔除 *OmcS* 后明显抑制了电流产生。而另一个外膜细胞色素 *OmcE* 也参与了电子到电极的传递过程。然而发现，对铁还原非常重要的外膜 c 型细胞色素 *OmcB* 和导电的菌毛蛋白在以电极为电子受体时并未大量表达，而剔除相关基因后也没有观察到对功率输出有所抑制。

这些结果表明，在产电和还原金属氧化物过程当中，用来行使传递电子功能的某些关键基因的表达存在差异，能还原金属氧化物的微生物未必也能在 MFC 中产生电流，故采用 Fe(Ⅲ) 平板法筛选产电菌具有一定的局限性。

(5) 基于 WO_3 纳米棒探针的高通量筛选法

Yuan 等开发了一种基于 WO_3 显色 96 孔板快速筛选产电菌的新方法。此方法不需要复杂的实验装置，减少操作中可能丢失潜在的产电菌的可能性并且缩短运行时间，能够大量筛选产电菌，具有成本低廉、显色反应快速、操作简单、灵敏度高、产电能力评估结果可靠的优点。该方法的作用原理是：具有电致变色特性的纳米材料 WO_3 在有正离子（$M^{n+}=H^+$、Li^+、Na^+、K^+ 等）存在的情况下，接受来自产电菌代谢生成的电子，生成蓝色的钨青铜（M_xWO_3），反应式为：$WO_3+xe^-+xM^+ \longrightarrow M_xWO_3$。因此，可以通过 WO_3 颜色变化的快慢和深浅程度（白色→蓝色）来指示微生物向胞外导出电子能力的高低，从而定性、高通量、可视化和准确而快速地筛选产电菌。由于以上优点，此方法在筛选产电菌方面具有广阔的应用前景。

(6) 基因突变技术

利用一种新型的微生物基因组突变技术——常压室温等离子体（atmospheric and room temperature plasma，ARTP）诱变技术，以模式产电菌株 *Shewanella oneidensis* MR-1 为出发菌株进行诱变，结合电化学探针 WO_3 的 96 孔板高通量方法来筛选产电能力提高的菌株，将它们连续传代培养并筛选 10 次后，获得 WO_3 显色强度与野生菌株 *S. oneidensis* MR-1 相比提高的突变菌株 10 株。选取其中两个显色较深的菌株进行 MFC 产电能力测试，发现突变菌株 1 在第一个产电周期内达到的最大电流密度比出发菌株提高 38%左右，突变菌株 2 的最大电流密度约提高 12%。同时获得 3 株不能使 WO_3 显色的突变菌株，在 MFC 中无明显的电流响应。结果说明，ARTP 能快速突变 MR-1 基因组，引发随机突变，并且辅以 WO_3 显色法可高效快速地筛选 ARTP 诱变后的目标突变菌株。

2.1.3 微生物的遗传育种

2.1.3.1 微生物的自然选育

微生物的自然选育指的是人们直接从自然界中筛选高产菌株或通过自发突变（驯化）选育的高产菌株。自然选育主要依赖于微生物自身基因在自然状态下发生的突变。引起自发突变的原因主要有以下几种。

① 环境因素引起的诱变 如宇宙间的短波辐射和紫外线、病毒的入侵、高温等。

② 基因水平上DNA分子的运动 如DNA在复制时出现差错，碱基的互变异构等（诸葛健等，2009）。

③ 自身代谢物引起诱变 微生物生长过程中自身代谢可能产生一些具有诱变作用的化合物，如硫氰化物、过氧化氢等。但由于生物体内通常存在纠错机制，用来抵抗外界不利环境等引起的突变，故微生物的自发突变频率较低（Miller，1996），如*Escherichia coli*每代每个碱基对的碱基替换频率通常为$10^{-10}\sim10^{-9}$。如此低的突变频率正是由于其体内存在一套修复系统，当一个位点发生错配等突变时就会引发系统的修复工作。

因此，基于自发突变进行的育种工作通常效率低下，要获得高产、高效微生物菌种，需借助快速、简便、高效的手段进行目标菌株的选育。

2.1.3.2 微生物的诱变育种

自然界存在的微生物均经过长期的进化和演变，因而其生长代谢存在着严格的调控过程。物质合成基本上是用于维持自身生长所需的，所以在一定程度上很难发生某些物质的异常表达。自发突变频率低、自然选育周期长、劳动强度大，使得选育优良菌株的效率低下，因此诱变育种技术应运而生。Muller发现X射线可以诱发果蝇的基因发生突变，于是用X射线照射的方法使诱发突变在实验室条件下成为现实。1945年以后，多种强有力的化学诱变剂和诱变性辐射线被发现，为改良菌种提供了十分有效的工具。20世纪70年代以后，随着重组DNA技术和分子克隆的出现，微生物育种技术及其应用就开始步入了快速发展的阶段，原则上这些新技术可以将任何来源的基因转移到目标微生物的基因组上。

微生物的诱变育种是指利用物理或化学诱变剂，人为地对出发菌株进行处理，然后采用适当的筛选方法和合理的筛选程序，筛选出符合要求的优良突变菌株的一种育种途径。根据诱变因素（或诱变剂）的不同，可分为物理诱变和化学诱变。

（1）物理诱变

物理诱变指的是利用物理因素引起突变的一种育种方法。物理诱变法因为效果较好、成本较低、设备及操作均简单易行，目前已广泛用于微生物育种工作中。物理诱变主要是利用高能辐射引起生物细胞发生损伤，从而引发基因水平上的表达。常用的物理诱变剂包括：离子束；非电离辐射类的激光和紫外线等；引起电离辐射的快中子、X射线和γ射线等。离子注入技术于1992年开始使用以来不仅在物质表面的修饰上取得进展，更被成功应用于工业微生物诱变上。它以其特有的诱变机理和显著的生物学诱变效果广泛用在微生物、植物的育种工作上。研究人员可以根据需要调整离子所注入的质量、电荷和能量参数，使诱变具有更高的预见性和可控性，产生更好的生物学效应。利用离子注入技术获得的优良工业微生物菌种有 *Streptomyces roseoflavus*、*Amycolatopsis mediterranei*、*Aspergillus niger* 等。此处介绍同步辐射软 X 射线诱变和等离子体诱变技术。

X 射线常常应用于结构成分分析、医学诊断成像和辐射诱变等方面。随着应用深度的提高，常规 X 射线源显然已不能满足当前的需求，故性能更优越的同步辐射软 X 射线为深层次的应用提供了更好的选择。同步辐射软 X 射线具有能谱宽、精确可调、连续、单色性好等特点，在实施诱变时能够精确计算所需的辐照剂量，在生物学研究领域有着光明的应用前景。同步辐射可提供 2.0～5.4nm 波长的单色软 X 射线，能够提供生物大分子所具有的 C、N、O 的 K 层电子吸收边波长的射线源。当以 C、N、O 这三种元素的吸收边能量辐照微生物时会发生共振吸收，由此产生很强的能量沉积，引起诱变的发生。

20 世纪 80 年代以来，在生物功能材料、污染治理、低温灭菌和微电子等方面等离子体技术都得到了广泛的应用。近些年由于 ARTP 在放电过程中产生活性粒子的种类和活性要优于常规的化学反应，其引起的生物学效应受到了研究人员的关注。ARTP 是一种新型的等离子体源，它有成本低廉、对环境友好、操作简便易行、射流温度低、无需真空装置（生物样品适应性好）、产生的等离子体均匀等优点。产生的等离子体由于其活性粒子的浓度高、气体温度低、电子湿度高的非平衡特性，与微生物作用后可在不对微生物造成热损伤的前提下，产生显著的生物学效应（金丽华等，2011；Li 等，2008）。因此，ARTP 技术可以快速有效地用在细菌、真菌等微生物的菌种改良上（Wang 等，2010）。如金丽华等采用此系统成功诱变出了高产油的酵母突变菌株（*Rhodosporidium toruloides*），含油量从 1.88%（质量分数）提高到了 4.04%（质量分数）；夏书琴等以茂源链轮丝菌（*Streptoverticillium mobaraense*）为出发菌株，得到一株遗传稳定性较好的高产谷氨酰胺转氨酶突变菌株，其酶活性高达 2.73U/mL，与出发菌株相比提高了 82%左右（夏书琴等，2010）；ARTP 诱变阿维链霉菌（*Streptomyces avermitilis*）的孢子，得到高产阿维菌素的突变菌株 G1-1，阿维菌素的产量与野生型菌株相比提高近 40%（Wang 等，2010）。*Rhodosporidium toruloides* 能将碳水化合物（糖类）水解成长链脂肪酸用于生产生物柴油，但它不能存活于木质纤维素的水解产物中，原因是水解过程中产生的一些有毒副产物抑制了其生物活性。为解决这个问题，Qi 等（2013）利用 ARTP 诱变技术获得对木质纤维素水解产物具有高耐受性的 3 株 *Rhodosporidium toruloides* 突变菌株。

（2）化学诱变

化学诱变操作简单易行，特异性较强。化学诱变剂是一类能改变 DNA 结构，引起遗传变异的化学物质（诸葛健等，2009）。常见的化学诱变剂包括碱基修饰剂、烷化剂、碱基类似物和移码突变剂。

5-溴脲嘧啶（5-BU）、5-氟尿嘧啶（5-FU）、2-氨基嘌呤（2-AP）、8-氮鸟嘌呤等是常见的碱基类似物。碱基修饰剂包括脱氨剂（亚硝酸）和羟化剂（羟胺）；其中羟胺能专一性诱发 GC 到 AT 的转换。烷化剂是非常有效的化学诱变剂，由于其通常具有一个或多个活性烷基，很容易将 DNA 分子中活泼的氢原子取代，从而使 DNA 中一个或多个碱基和磷酸基团发生烷化，这种改变 DNA 分子结构的直接后果就是在 DNA 复制时引起碱基错配从而产生突变。其中，亚乙基亚胺（EI）、亚硝基胍（NTG）、硝基甲基脲（NMU）、甲基磺酸乙酯（EMS）、亚硝基乙基脲（NEU）、硫酸二乙酯（DES）和硫芥（SM）等较为常用。1944 年，奥尔巴克发现了硫芥的诱变效应，此后烷化剂类诱变剂广泛应用于微生物育种。DES 和 NTG 能产生理想的诱变效果，近年来应用很多。以枯草芽孢杆菌 HGO2（转酮醇酶缺陷型）为出发菌株，利用 DES 进行诱变获得的高产 D-核糖的突变菌株，其 D-核糖产量比出发菌株提高约 81.7%（陈新征等，2005）。对啤酒酵母 SY-8 菌株以 DES 进行诱变，得到突变菌株 MS-10 的 SO_2 生成量提高至 25mg/L（王勇等，2009）。利用 NTG 诱变产丁二酮菌 X67，得到一株遗传稳定性较好、二酮产量提高 12.9 倍的高产突变菌株（于鹏等，2006）。另外，移码突变剂特指一类能嵌入 DNA 分子中的物质，起始嵌入对象必须是处于生长态的细胞，然后通过 DNA 的复制形成突变。常见的移码突变剂有吖啶橙、5-氨基吖啶、溴化乙锭（EB）及 ICR 类化合物等。以吖啶橙诱变枯草芽孢杆菌 G3，不仅使突变菌株的抗真菌活性提高，而且合成伊枯草菌素的能力也大大增强（顾真荣等，2008）。

利用基因工程对电活性微生物纯种进行改造是提高其产电性能的重要途径。Kouzuma 等在 *Shewanella oneidensis* 的基因组中随机插入转座子，获得了大量的突变型，结果极大地影响了细胞黏附性及产电能力，其中一株的电极黏附性增强并能产生高于野生型 50%的电流密度，通过反向 PCR 结合序列分析表明突变基因是 *SO3177*。通过与数据库对比发现，*SO3177* 所在的多糖合成基因簇与大肠杆菌的 O 抗原合成基因簇具有一定相似性，同时 *SO3177* 具有一个甲基转移酶的保守域，从而推测转座子干扰其正常表达导致了细胞表面多糖结构的改变，进一步影响了细胞黏附性及产电能力。同样使用转座子诱导突变的方法，Rollefson 等以另一株产电模式菌 *Geobacter sulfurreducens* 为对象，获得了一种不具有产电能力的缺陷菌株。该菌株无法在阳极形成生物膜，因为其被干扰的基因 *GSU101* 编码一种 ATP 转运酶，所处的胞外多糖合成基因簇紧邻Ⅳ型纤毛操纵子下游。这种结构在 *Geobacter* 中保守，而且存在于 *Myxococcus xanthus* 的基因组中。研究表明，*M. xanthus* 是通过 *dif* 通路来传递纤毛收缩信号，并以此调节胞外多糖合成和生物膜产生的。基因组分析表明，*Geobacter* 中存在和 *dif* 相似的趋化基因簇，并以同样的顺序排列，推测 *Geobacter* 可能也是利用该通路来传递纤毛收缩信号，合成多糖蛋白网络（生物膜）。但对于大多数产电微生物，由于基因信息和遗传背景尚未完全清楚，其定向改造工作还有待于进一步研究。

2.1.4 产电微生物的生理生化特性

2.1.4.1 生长特性

（1）产电微生物的营养需要

大多数产电微生物以有机物（包括氨基酸、糖类、有机酸和醇类等）为碳源，少数以 CO_2 为碳源。各种产电微生物所能利用的碳源差异很大。*Desulfuromonas acetoxi-*

dans、*Desulfobulbus propionicus* 等只能以小分子有机物（如1-丙醇、乙醇、丁醇、乙酸、丙酸、丁酸等）为碳源；*Pseudomonas* 属、*Shewanella* 属、*Clostridium* 属等能以众多有机物为碳源；*Desulfobulbus propionicus*、*Geobacter sulfurreducens* 等少数产电菌能以 S_0 或 H_2 为能源，以 CO_2 为碳源进行化能自养生长；*Geobacter sulfurreducens* 只能以几种有机物（如乙酸、乙醇等）为碳源[20]。

产电微生物能利用多种氮源，如 NH_4^+、N_2、NO_3^- 及部分氨基酸。*Pseudomonas aeruginosa* 能以硝酸盐为氮源；*Rhodopseudomonas palustris* 和 *Clostridium butyricum* 能以 N_2 为氮源；*Shewanella putrefacions*、*Rhodopseudomonas palustris*、*Clostridium beijerinckii*、*Escherichia coli* 和 *Shewanella oneidensis* 等能以 NH_3 为氮源；*Rhodopseudomonas palustris* 和 *Proteus vulgaris* 能以氨基酸为氮源[21]。

产电微生物需要多种微量金属元素，如钴、镍、铁、铜、锌、锰等，各种产电微生物所需的微量元素种类各不相同[22]。大多数产电微生物都必需铁元素，它是细胞色素c和铁硫蛋白的关键成分，在产电微生物呼吸链中发挥着十分重要的作用。除了氮源、碳源和微量元素外，一些产电微生物还需要一种或多种生长因子。所需的生长因子主要有嘌呤、嘧啶、氨基酸、维生素以及 *p*-氨基苯甲酸盐（*p*-aminobenzoate）等。*Rhodopseudomonas palustris* 和 *Desulfobulbus propionicus* 需要以 *p*-氨基苯甲酸盐作为生长因子。*Desulfuromonas acetoxidans*、*Clostridium butyricum*、*Desulfovibrio desulfuricans* 需要以维生素［主要为维生素H（Biotin）］作为生长因子。*Clostridium beijerinckii*、*Aeromonas hydrophila*、*Geothrix fermentans* 等需要酵母膏提供多种生长因子[20]。

（2）产电微生物的生长条件

温度是产电微生物的重要生长条件。大多数产电微生物为中温微生物，其生长温度范围为10～45℃，最适生长温度为20～39℃；少数为兼性嗜冷微生物（*Rhodoferax ferrireducens*、*Aeromonas hydrophila*、*Desulfuromonas acetoxidans*、*Shewanella oneidensis* 等），其生长温度范围为0～45℃，最适生长温度为10～20℃；还有少数产电微生物为嗜热微生物，能在50～60℃的高温下生长。

pH值也是产电微生物的重要生长条件。绝大多数产电微生物属于嗜中性微生物，其生长pH值范围为4.5～8.5，最适生长pH值为6.6～7.5。

渗透压是影响产电微生物生长的重要因素。一些来自淡水河流或湖泊的产电微生物易受高渗透压的抑制，相反，一些来自咸湖或海洋的产电微生物则需要一定的渗透压来维持正常生长。*Desulfuromonas acetoxidans* 可生长在NaCl浓度为20g/L和 $MgCl_2 \cdot 6H_2O$ 浓度为3g/L的高渗透压生境（生态环境）中。*Clostridium butyricum*、*Enterococcus faeciumi* 和 *Clostridium beijerinckii* 可生长在NaCl浓度为6.5%的生境中。而 *Rhodopseudomonas palustris* 可生长在NaCl浓度为0.1%～3.0%的生境中。

氧气也是影响产电微生物生长的重要因素。对于一些产电微生物来说，氧气是不可缺少的生命物质，但氧气对于另一些产电微生物来说却是十分有害的毒性物质。*Ochrobactrum anthropi*、*Desulfuromonas acetoxidans* 等是专性好氧微生物，生活环境中溶解氧浓度较高。*Geobacter* 属、*Clostridium* 属等是专性厌氧微生物，生活于厌氧环境中。但是大多数产电微生物是兼性厌氧微生物，能适应较大范围的溶解氧浓度变化。

（3）产电微生物的生长速率

一般而言，细菌的倍增时间短于真菌。在最佳生长条件下，细菌的最小倍增时间为0.5～6h，有些快生型细菌的倍增时间甚至可短于20min，但是有些慢生型细菌的倍增时间可长达几天甚至几周。以乙酸为电子供体，以延胡索酸盐为电子受体时，*Geobacter sulfurreducens* 的基质半饱和常数（K_s）为（0.030±0.002）mmol/L 乙酸，倍增时间约为4.62h，细胞得率（干重，Y）为11.8g/mol 乙酸。电子受体由延胡索酸盐改为Fe(Ⅲ）时，倍增时间增加到6.93h，K_s 增大为（0.010±0.001）mmol/L 乙酸，Y（干重）减小为3.8g/mol 乙酸[23]。

2.1.4.2 代谢特性

大多数产电微生物为化能异养菌，只有少数为化能自养菌。微生物的代谢过程实际上是基质氧化的过程，根据最终电子受体性质的不同，可将基质的生物氧化分为呼吸作用、厌氧呼吸作用和发酵作用三种类型。

（1）呼吸作用

呼吸作用是指基质在氧化过程中放出的电子通过呼吸链传递，最终交给氧分子的生物过程。呼吸的电子流和碳流途径都为“有机物→O_2”[24]。呼吸作用是微生物广泛采取的代谢方式，一些专性好氧菌和兼性厌氧菌均能进行呼吸作用，这些产电微生物具有完整的呼吸链，能够将电子传递给末端氧化酶，并催化还原 O_2。

（2）厌氧呼吸作用

厌氧呼吸作用是指基质氧化过程中脱下质子和电子，然后经一系列电子传递体，最终交给无机氧化物等外源电子受体的生物过程。厌氧呼吸的碳流途径为“有机物→CO_2”，电子流途径为“有机物→NO_3^-、SO_4^{2-} 和 CO_3^{2-} 等”。许多产电微生物为兼性厌氧微生物，它们能以 NO_3^- 或 SO_4^{2-} 为电子受体[25,26]进行厌氧呼吸。

基于厌氧呼吸的类型，已知的产电菌主要分为几个功能群，包括：

① 异化金属还原菌（DMRB） 如 *Shewanella*（Kim 等，1999）、*Geobacter*（Bond 和 Lovley，2003）、*Geopsychrobacter*（Holmes 等，2004）、*Geothrix*（Bond 和 Lovley，2005）等，这类产电微生物在完成电子的传递过程时可以以不溶性的铁、锰等金属的氧化物作为终端电子受体；Kim 等（1999）分离出的 *Shewanella putrefactions* IR-1 是首次报道无需外源中间介体的参与，直接将电子传递给电极的产电微生物。

② 硫还原菌（SRB） 如 *Desulfuromonas* 和 *Desulfobulbus*（Holmes 等，2004；Bond 等，2002）等。

③ 硝酸盐还原菌（DNB） 如 *Ochrobactrum*（Zuo 等，2008）和 *Psuedomonas*（Rabaey 等，2004）等。此外，发酵菌 *Clostridium* 和 *Escherichia coli* 也可以经厌氧呼吸途径产电（Zheng 等，2006；Park 等，2001）。

（3）发酵作用

发酵作用是指基质氧化过程中脱下质子和电子，然后经辅酶或者辅基（主要有NAD、FAD、NADP）传递给自身的代谢中间产物，最终产生还原性产物的生物过程。

发酵的碳流途径为“有机物→发酵产物”，电子流途径为“有机物→中间产物”。在产电微生物中，部分兼性厌氧菌和专性厌氧菌能够进行发酵作用。

2.2 产电微生物的分类

产电微生物是MFC的生物催化剂，在燃料电池产电过程中有着不可替代的地位。目前，从微生物燃料电池中分离出的产电微生物主要以细菌为主，包括变形菌门、厚壁菌门、酸杆菌门和放线菌门，其中变形菌门最多。同时，目前研究发现绝大多数产电菌为异化金属还原菌，并且多数为革兰氏阴性菌，其中大部分为兼性厌氧菌和严格厌氧菌。*Shewanella* 和 *Geobacter* 是最早研究并且是目前研究得较多的两个属，是研究微生物与电极间电子机理的模式菌[27]。

2.2.1 细菌类

2.2.1.1 细菌的细胞结构

细菌的细胞是典型的原核细胞，其结构可分为一般结构和特殊结构：一般结构为细菌生命活动必需的结构，为细菌和原核生物所共有，如细胞壁、细胞膜、细胞核物质、细胞质等；特殊结构则只在部分细菌中存在，且具有某种特定功能，如鞭毛、菌毛、荚膜、芽孢等[28]。

（1）细菌的一般结构

① 细胞壁（cell wall） 细胞壁对菌体起固定形态与提供支持的作用。根据细胞壁组成的不同，可将细菌分为革兰氏阴性菌和革兰氏阳性菌两大类；二者在化学组成与结构上有明显差异（表 2-1）。革兰氏阳性菌细胞壁较厚（20～80nm），主要由肽聚糖和包括磷壁酸的酸性多糖构成。革兰氏阴性菌细胞壁较薄（10nm），但结构较复杂，分为外壁层与内壁层：外壁层外部为脂多糖，中间为磷脂，内部为脂蛋白，层上含有孔蛋白，是物质进出的特异性通道；内壁层上均匀分布着肽聚糖。二者在各成分的含量上也有很大差异。革兰氏阳性菌的细胞壁与细胞质膜间几乎没有空间，然而革兰氏阴性菌的细胞壁与细胞膜之间的空间较大，称为周质空间。周质空间含有对营养吸收很重要的酶。

表 2-1 革兰氏阴性菌与革兰氏阳性菌细胞壁化学组成比较[29]

细菌	壁厚度/nm	肽聚糖/%	磷壁酸	脂多糖	蛋白质/%	脂肪/%
革兰氏阳性菌	20～80	40～90	＋	－	约 20	1～4
革兰氏阴性菌	10	10	－	＋	约 60	11～22

注：“＋”表示有；“－”表示无。

② 细胞膜（protoplasmic membrane） 细胞膜又称细胞质膜，是围绕在细胞质外面的一层柔软而富有弹性的薄膜。其化学成分主要是脂类（20%～30%）与蛋白质

(60%～70%)。细胞膜是一个重要的代谢活动中心，主要有物质转运、生物合成、分泌和呼吸等功能。

③ 细胞质（cytoplasm） 细胞质是被细胞膜包围的除核区以外的呈溶胶状态、半透明、含颗粒状物质的部分。其成分主要是水、蛋白质、核酸、脂类、多糖、无机盐类和各种酶系等，是细菌进行合成代谢和分解代谢的主要场所。细胞质中存在核糖体、内含颗粒、气泡等内含物，本书不做过多介绍。

（2）细菌的特殊结构

① 荚膜（capsule） 某些种类的细菌可以在细胞壁的表面分泌出一种黏性物质，完全包裹住细胞壁，使细菌和外界环境有明显的边缘，这层黏性物质称为荚膜。荚膜的含水量为90%～98%，主要化学成分是多糖、多肽、脂类或脂类蛋白复合体。荚膜具有保护、黏附、营养等功能，也是细菌分类鉴定的依据之一。

② 芽孢（spore） 某些细菌在其生活史的某个阶段或遇到不良环境条件时，会在菌体内形成一个圆形、椭圆形或圆柱形的内生孢子，称为芽孢。芽孢对不良环境，如低温、高温、干燥和有毒物质等具有较强的抗性，故在检查灭菌效果时可以把芽孢作为灭菌是否彻底的标志。

③ 鞭毛（flagella） 鞭毛是从细菌细胞膜上的鞭毛基粒长出，并穿过细胞壁伸向体外的一条长丝状、波曲状的蛋白质附属物。鞭毛的长度为2～50μm，直径为0.01～0.025μm。鞭毛是细菌的运动器官，大多数能运动的细菌都有鞭毛。当环境中存在某些细菌需要或有害的化学物质时，细菌能借助鞭毛趋向或逃离该化学物质而表现出趋向性。

④ 菌毛（pili/fimbria） 菌毛是生于细菌细胞表面，比鞭毛更细，且较短而直硬的丝状结构。菌毛大多出现在革兰氏阴性菌及少数革兰氏阳性菌表面。菌毛的直径为3～7nm，长度为0.5～6μm，有些菌毛可长达20μm。根据菌毛的功能可将其分为普通菌毛（common pili）和性菌毛（sex pili），普通菌毛可增强细菌的吸附能力，性菌毛则可在细菌接合时传递游离基因。现有研究已证明，菌毛可作为纳米导线参与阳极微生物胞外电子传递过程。

2.2.1.2 变形菌门

（1）α-变形菌纲

类球红细菌（*Rhodobacter sphaeroides*），属于红细菌目（Rhodobacterales）、红杆菌科（Rhodobacteraceae）、红杆菌属（*Rhodobacter*），是光合细菌的一种，为革兰氏阴性菌，常出现在有光照的死水中[30]。在有氧黑暗条件下可以乙酸、柠檬酸、酒石酸、甲醇、乙醇和甘露醇等为碳源；在无氧黑暗条件下，可以利用丙酮和糖类，只是发酵能力不高。以该菌为生物催化剂构建的光合生物燃料电池在负载高时输出能量较低[31]。

沼泽红假单胞菌（*Rhodopseudomonas palustris*）属于红假单胞菌属（*Rhodopseudomonas*），为革兰氏阴性菌。光能异养是该菌最佳的营养类型。*R. palustris* 是最早报道的能够产电的α-变形菌，它能利用多种底物，包括有机物如乙醇、甘油、甲酸盐、丙酸盐、丁酸盐、戊酸盐、乳酸盐、延胡索酸盐、酵母膏以及无机物如硫代硫酸盐等，其中利用乙酸盐产电的效果最好[32]。Logan 研究组的 Xing 等[33]从以乙酸盐为基质的运行了 3 个月的 MFC 阳极上分离出了 *R. palustris* DX-1，并且测得以乙酸盐为基质、炭刷为阳极所构建的 MFC 最大电功率输出密度高达 $2720mW/m^2$，产电性能优于相同结构的以污水为基质的 MFC。*R. palustris* DX-1 具有广泛的底物来源、多样的代谢途径、相对较高的产电能力等诸多优势。

采用微生物技术解决水体自净能力差和严重富营养化的问题是生物技术的重要方法之一。*R. palustris* 不仅自身处理污染物的能力较强，还可以与其他菌种复配从而提高净化效率。谢丽等[34]从小池塘底泥中选育出了 3 株净化水质能力超强的菌株，并标记为 p1、XLX1 和 XLY1，通过形态、生理生化试验和基因序列比对分析，分别鉴定为沼泽红假单胞菌（*R. palustris*）、解糖假苍白杆菌（*Pseudochrobactrum saccharolyticum*）和热带产朊假丝酵母（*Candida tropicalis*），并将这 3 种菌与实验室已获得的乳酸菌、施氏假单胞杆菌和枯草芽孢杆菌进行了复配和净化效果优化的研究。实验结果表明，6 株菌株之间不存在拮抗性，它们的最佳复配比例为 p1∶HJ132∶XLY1∶XLX1∶HJ025∶HJ136＝1.5∶0.5∶1∶1.5∶0.5∶1。复配后的水质净化菌剂净化效果最好的条件为：温度为 30℃，初始 pH 值为 6.5，培养时间为 72h，接种量为 9%，氮源为酵母膏和 NH_4Cl，碳源为淀粉。净化后 NH_4^+-N 和 COD 的去除率分别达到了 97.3%和 77.7%。

以上两种细菌均属于兼性厌氧非铁还原菌。目前常以对 Fe(Ⅲ) 的还原能力及对氧的耐受性作为菌种的主要特征。铁元素在地壳中的含量位于第四位，与生物地球化学循环及土壤中许多重要元素的转化关系密切，对促进土壤物质循环有很大帮助，并且铁还原微生物在元素的生物地球化学循环中起着非常重要的作用。已有报道称，以固体铁氧化物为电子受体和以固体电极为电子受体时细菌的电子转移过程有相通之处。尽管目前对这些电子转移机理的认识还不是很清楚，但这已为人们进一步探明产电微生物与电极间的电子转移机制提供了很大帮助。目前已发现的电化学活性微生物按其对 Fe(Ⅲ) 的还原能力可分为严格厌氧、兼性厌氧及专性好氧的异化铁还原菌或非异化铁还原菌等[27]。

人苍白杆菌（*Ochrobactrum anthropi*）属于布鲁菌科（Brucellaceae）、苍白杆菌属（*Ochrobactrum*），为革兰氏阴性菌，专性好氧。需要注意的是，*O. anthropi* 是一种条件致病菌，如何控制该菌使其以正常菌的状态稳定存在并应用于 MFC 还有待进一步研究。Logan 研究组的 Zuo 等[35]在他们的 MFC 研究中分离到了人苍白杆菌（*Ochrobactrum anthropi* YZ-1）。该菌可利用多种底物，包括乳酸、丙酸、丁酸、蔗糖、葡萄糖、纤维二糖、丙三醇和乙醇，其中以乙酸为基质时功率密度可达 $89mW/m^2$。*O. anthropi* YZ-1 并不能以水合 Fe(Ⅲ) 为电子受体进行呼吸，说明产电细菌和金属还原细菌在电子传递机制上有所不同。氧化葡糖杆菌（*Gluconobacter oxydans*）属于醋酸杆菌科（Acetobacteraceae）、葡糖杆菌属（*Gluconobacter*），为革兰氏阴性菌。有学者在 2002 年首次以电极作为其电子受体并添加介体构建了 MFC，通过监测 MFC 产电的特征来观察不同碳源对该菌的影响，但该菌产电能力较弱[36]。这两种菌属于好氧非铁还原菌。

隐藏嗜酸菌（*Acidiphilium cryptum*）属于红螺菌目（Rhodospirillales）、醋酸菌科（Acetobacteraceae）、嗜酸菌属（*Acidiphilium*），为兼性厌氧铁还原菌。在氧气存

在条件下，该菌能耐受一定的酸性。*A. cryptum* 是一种从矿物污水的沉积物中分离出来的革兰氏阴性细菌。首次利用 *A. cryptum* 作为 MFC 的阳极生物催化剂是 Borole 等，他们发现 *A. cryptum* 可以在无氧条件下利用环境中的 Fe(Ⅲ) 作为电子受体进行产电。但是并不是 Fe(Ⅲ) 的量越多越好，相反，大量的 Fe(Ⅲ) 在阳极富集会限制产电。因此，他们又以氮基三乙酸（NTA）作为 Fe(Ⅲ) 的螯合剂，以酚番红花红作为辅助的电子中介体，以葡萄糖为基质构建了 MFC，该电池的最大输出功率密度达到 $12.7mW/m^2$。但他们尚未探明 *A. cryptum* 的电子传递机制，需要进一步研究[37]。

（2）β-变形菌纲

铁还原红育菌（*Rhodoferax ferrireducens*）属于丛毛单胞菌科、红育菌属（*Rhodoferax*），为革兰氏阴性菌，25～30℃为适宜生长温度。该菌是一种兼性厌氧铁还原菌，不需要人为添加因子就可将电子直接转移到电极上，直接氧化糖类如葡萄糖、果糖等生成 CO_2，并从电子转移过程中获得自身生长所需的能量。Finneran 等发现 *R. ferrireducens* 能偶联 Fe(Ⅲ) 的还原与葡萄糖的彻底氧化。当以葡萄糖为电子供体时电子回收率最高可达 81%。*R. ferrireducens* 是最早报道的以电极为电子受体的能直接彻底氧化葡萄糖的产电微生物[38]。Liu 等[39]发现在 MFC 的产电过程中，*R. ferrireducens* 的接种量几乎不受影响。在以味精废水为基质的条件下，由 *R. ferrireducens* 催化的 MFC 的库仑效率可以与由活性污泥催化的 MFC 的库仑效率（75C）相当。由该菌构建的微生物燃料电池不仅产电迅速，而且放电后只需补充底物即可恢复原来的产电水平，并可反复充放电，电池性能稳定，是一种应用前景非常好的电池。

Comamonas denitrificans 是一种反硝化细菌[40]，属于 Burkholderiales 科、*Comamonas* 属，为革兰氏阴性菌。该菌是一种兼性厌氧非铁还原菌。该菌是目前发现的唯一能产电的反硝化细菌，可以利用的电子受体包括乙酸、乳酸、丙二酸、丙酮酸以及延胡索酸。由于该菌可以利用硝酸盐产生氮气，所以可以在产电过程中添加硝酸盐来维持阳极区的无氧环境。

（3）γ-变形菌纲

希瓦氏菌（*Shewanella*）属于交替单胞菌目（Alteromonadales）、交替单胞菌科（Alteromonadaceae）[41,42]，为革兰氏阴性菌。*Shewanella* 菌呈杆状，大小为（0.4～0.7)μm×(2～3)μm[43]，单极生鞭毛，不形成孢子[44,45]。在 *Shewanella* 的家族中包含 60 个菌种，目前仅有 9 种被确认为具有电化学活性，分别是 *S. putrefaciens*、*S. oneidensis*、*S. decolorationis*、*S. amazonensis*、*S. japonica*、*S. frigidimarina*、*S. loihica*、*S. baltica*、*S. marisflavi*[46～55]。并不是其余的 *Shewanella* 就不具备产电能力，只是尚未探明。有 23 种 *Shewanella* 已经完成了全基因组或部分基因组测序，其中，确认没有编码胞外电子传递体的基因的菌种只有 *S. denitrificans* OS217、*S. violacea* DSS12 和 *S. livingstonensis* AC10[51,56]。

Shewanella 是研究 MFC 的模式菌属之一，可以将产生的电子直接传递到阳极。在有氧条件下，*Shewanella* 可以进行呼吸作用，将乳酸、丙酮酸彻底氧化成 CO_2；在无氧条件下，*Shewanella* 进行发酵作用，获得自身生存所需能量（表 2-2）[5]。该菌可以甲酸、乳酸、丙酮酸、氨基酸为电子供体，并以硝酸盐、延胡索酸盐、亚硝酸盐、硫代

硫酸盐、单质硫、铁氧化物和锰氧化物为电子受体，在各种不同的生活环境里生存[56,57]。大多数 *Shewanella* 为耐冷菌，能在低温（<5℃）下存活，但低温并非其最佳生长温度。其最适生长温度为 16℃以上，但也不宜过高（*S. benthica* 除外，最适温度为 4℃)[43]。另外，*S. amazonensis* 和 *S. oneidensis* 属的一些菌株也能在较高温度下生长[45]。大多数 *Shewanella* 适宜在中性环境下生长，*S. putrefaciens* 的最适生长 pH 值为 7～8。但是不利的 pH 值环境并不能对 *S. putrefaciens* 造成太大伤害，因为该菌可通过还原铁、锰来调节细胞周围的 pH 值，从而顺利存活[58]。*Shewanella baltica* 则更适合弱碱性环境。研究表明，接种到 MFC 上的 *Shewanella baltica* 在 pH＝7～9 的弱碱性环境下产电量最高，而在其他 pH 值环境下时，微生物的产电活性受到抑制，产电量降低[52]。多数 *Shewanella* 是从海洋中分离出来的[43]，因此它们部分具有耐盐性和嗜盐性。*S. amazonensis*、*S. algae*、*S. frigidimarina*、*S. oneidensis* 和 *S. putrefaciens* 虽然也能生长在不含盐的基质中，但不如在含盐量为 0.2mol/L 的基质中生长迅速[45]。而如 *S. gelidimarina*、*S. hanedai*、*S. benthica*、*S. pealeana* 和 *S. woodyi* 等则具有嗜盐性，它们的最适生长盐度是 0.2～2.0mol/L[45]。

表 2-2　希瓦氏菌属产电微生物[5]

菌名	相关研究报道
S. putrefactions IR-1 (腐败希瓦氏菌)	能直接进行电子转移的产电微生物[55]
S. oneidensis DSP10 (奥奈达希瓦氏菌)	大多数产电微生物是厌氧或兼性厌氧菌，但是研究该菌发现其可以在有氧环境中产电，分解利用有机物质[47]，通过条件驯化和重定向筛选可扩大其底物利用范围[59]
S. oneidensis MR-1 (奥奈达希瓦氏菌)	全基因组序列已获得，是研究电子传递机理最为常用的模式菌株，该菌株能够分泌出核黄素，作为电子传递的媒介体[60]
S. japonica	能利用多种碳源产电，通过自身分泌到胞外的中介体进行电子传递，有望发展海洋环境下的 MFC[48]
S. decolorationis S12 (脱色希瓦氏菌)	能够高效还原偶氮物质，许多物质都能作为其催化氧化的电子供体，在厌氧环境下还能利用 Fe(Ⅲ)[61]

Shewanella 中各个菌种有各自的特点。*S. putrefactions* IR-1 代谢乳酸产电时能直接将电子传递到电极表面。但是以电极为受体时，该菌只能部分氧化少数的几种电子供体，如乳酸、丙酮酸等，对乙酸和葡萄糖的利用效率较低，产电效果不理想[46]。*S. oneidensis* DSP10 是最早发现的可以在有氧条件下工作产电的菌种，能将乳酸氧化成 CO_2 并产电[47]。*S. oneidensis* MR-1 可以还原 Fe(Ⅲ) 和 Mn（Ⅳ）的氧化物，是研究产电微生物与电极间电子传递机理时常用的模式菌。通过研究已经发现，该菌株可以分泌核黄素（riboflavin）作为该菌与电极间电子交换的媒介体，从而达到转移电子的目的[59]。

作为 MFC 中应用最多的产电微生物之一，新型希瓦氏菌燃料电池的研发应用对于微生物燃料电池的发展来说至关重要。Ringeisen 等[47]在容积为 1.2cm^3 的 mini-MFC 装置中试验了两种阳极材料［网状玻碳电极（RVC）和石墨毡］的产电性能。在以

S. oneidensis DSP10 为阳极催化剂、乳酸为产电基质、铁氰化物为阴极电子受体的条件下，以 RVC 和石墨毡作为阳极的最大功率密度分别为 $24mW/m^2$ 和 $10mW/m^2$，最大电流密度分别为 $44mA/m^2$ 和 $20mA/m^2$，短路电流密度分别为 $32mA/m^2$ 和 $100mA/m^2$。这种微型燃料电池可能会取代电池及太阳能电池，应用于自动传感器和传感器网络中[47]。Nimje 等[62]在分别以农业污水、生活污水、造纸废水和牛奶场废水作为产电基质的条件下，检测了以 *S. oneidensis* 纯培养物作为阳极催化剂的无膜单室 MFC 的产电性能，其开路电压分别为 326mV、466mV、687mV、622mV，产生的最大电流分别为 0.25mA、0.43mA、0.32mA、0.70mA，库仑效率分别为 0.003%、0.71%、0.008%、2.7%，COD 去除率分别为 64.5%、73.9%、34.8%、83.0%。这个实验证明了微生物燃料电池有望应用于废水处理，实现利用污染物产电。

近十余年来，人们以 *Shewanella* 为生物催化剂进行了许多研究，对 *Shewanella* 燃料电池有了较为全面、深入、系统的了解，为探索其他类型的 MFC 提供了范例。*Shewanella* 的部分菌株的全基因组测序工作的完成，使人们有可能借助现代分子手段改良菌种、探明菌种生理特性，加深对该菌的认识，为人们开辟了一条捷径。在此基础上进一步发掘 MFC 的制造材料，优化 MFC 构型，能够有力推动 *Shewanella* 燃料电池的应用[63]。

嗜水气单胞菌（*Aeromonas hydrophila*）属于弧菌科（Vibrio）、气单胞菌属（*Aeromonas*）。该菌普遍存在于淡水、污水、淤泥及土壤中。气单胞菌属根据有无运动力可分为 2 类：a. 嗜冷性、无运动力的气单胞菌；b. 嗜温性、有运动力的气单胞菌。嗜水气单胞菌属于后者，是研究气单胞菌的模式菌[64]。

嗜水气单胞菌两端钝圆，呈直形或略弯，为革兰氏阴性杆菌，大小为 $(0.3\sim1.0)\mu m\times(1.0\sim3.5)\mu m$。在 15000 倍的电子显微镜下可见其具有运动力的鞭毛。该菌无荚膜，无芽孢，兼性厌氧，生长的适宜 pH 值范围为 5.5～9.0，最适 pH 值为 7.0。在 $pH<6.0$ 和 $pH>8.0$ 的条件下，细菌生长受到一定程度的抑制。可生存的温度范围较广，适宜生长温度为 25～30℃，最低 0.5℃，最高 38～41℃，在 45℃的环境下存活超不过 48h[64,65]。嗜水气单胞菌对于营养条件的要求并不苛刻，在普通营养琼脂培养基上即可生长良好，形成边缘整齐、表面湿润光滑、隆起、半透明、灰白色至淡黄色的圆形菌落。菌落的大小受培养时间及温度影响，菌落小的只有针尖大小，大的直径可达 3～4mm。该菌一般不产生色素[66]。循环伏安扫描试验进一步证实该菌具有电化学活性，这说明电化学活性在 *A. hydrophilia* 菌种中可能是一个普遍存在的特性[67]。

铜绿假单胞菌（*Pseudomonas aeruginosa*）属于假单胞菌属（*Pseudomonas*），为革兰氏阴性菌，是一种兼性厌氧铁还原菌。*P. aeruginosa* 是最早被报道的自身能产生电子介体的微生物。该菌在产电的同时能够产生绿脓菌素（pyocyanin），并将其作为自身以及其他菌种与电极间的电子传递介体从而提高产电能力[68]。但因为绿脓菌素与其他人为添加的电子介体一样具有毒性，存在安全隐患，故 *P. aeruginosa* 不是理想的电化学活性微生物。

肺炎克雷伯菌（*Klebsiella pneumonia*）属于克雷伯氏菌属（*Klebsiella*），为革兰氏阴性菌，是一种兼性厌氧铁还原菌。*Klbesiela* 是寄生于人和动物肠道或呼吸道内的机会致病菌，都是无动力、有荚膜的革兰氏阴性杆菌，属于肠道杆菌科。DNA 中（G+C）含量为 53%～58%。*Klebsiella* 分成四个种，即肺炎克雷伯氏菌（*K. pneumoniae*）、产酸克雷伯氏菌（*K. oxgtoea*）、土生克雷伯氏菌（*K. terrigena*）和植生克雷伯氏菌（*K. planticala*）。*K. pneumoniae* 又分为肺炎、臭鼻和鼻硬结三个亚种，在医学上有一定的意义，后两者是新发现的，主要来源为土壤、植物和水生环境，一般对动物没有致病性。该菌属的代表种为肺炎克雷伯氏菌种[69]。

Klbesiela 形态为粗短的杆菌，大小为 (0.3～1.0)μm×(0.6～6.0)μm。菌体常平直，有时稍膨大，无鞭毛和芽孢，具有明显的荚膜，传代多次后可失去荚膜，单个、成对或呈短链状排列。该菌革兰氏染色为阴性。该菌属中多数菌株具有菌毛，有的属于甘露糖敏感的Ⅰ型菌毛，有的则为抵抗甘露糖的Ⅱ型菌毛，也有的两者都存在。*Klbesiela* 为兼性厌氧菌，在 15～40℃的温度范围内均能生长，37℃为最适宜的生长条件，最适 pH 值为 7.0～7.6。该菌属对所需营养并无苛刻要求，不需要特殊的生长因子，在含糖培养基上即能形成肥厚荚膜，菌落圆突，呈灰白色、闪光、丰盛而黏稠，常相互融合，触感黏稠且容易被拉成细丝，斜面上能长成灰白色半流动状黏性培养物，肉汤内生长数天后可成黏稠液体[69]。

邓丽芳等[70]通过前期的研究发现，一种常见的兼性厌氧菌——肺炎克雷伯氏菌中的 L17 菌株（*Klebsiella pneumoniae* L17），能够在阳极上形成生物膜，直接催化氧化多种有机物产电[71,72]，具有底物种类多样、启动快速、产电性能好等优点，十分具有研究意义。故他们以 *K. pneumoniae* L17 为 MFC 催化剂，通过构建阳极包裹型（防止在阳极表面形成生物膜，以消除生物膜机制的影响）MFC 反应器，研究电子穿梭体产电机制，发现 *K. pneumoniae* L17 菌 MFC 中不仅存在生物膜产电机制，还存在电子穿梭体产电机制。L17 菌体生长过程中可分泌一种具有电化学活性的电子穿梭体——2,6-二叔丁基苯醌（2,6-DTBBQ），穿梭于菌体和阳极间传送电子，产电性能良好。

作为一种新型的胞外电子传递方式，微生物自身分泌电子穿梭体介导阳极还原，具有重要的理论意义与应用前景。通过研究这种分泌电子穿梭体传递电子的方式可以开拓思路，为降低电池内阻、提高 MFC 功率密度提供了一个可行的研究方向。但是迄今为止，在 MFC 中只发现了绿脓菌素、核黄素等少数几种电子穿梭体。邓丽芳等虽然首次发现 *K. pneumoniae* L17 菌株可分泌 2,6-DTBBQ，并且提出了 2,6-DTBBQ 介导的电子穿梭产电机制，但是 2,6-DTBBQ 的合成途径、产生条件、作用范围、贡献大小等细节问题均尚未探明。

弗氏柠檬酸杆菌（*Citrobacter freundii*）属于柠檬酸杆菌属（*Citrobacter*）。该菌革兰氏染色为阴性，菌体呈杆状，兼性好氧，可利用柠檬酸盐。李颖等[73]从实验室中运行稳定的 MFC 阳极池中分离得到了一种新型产电菌 LY-3。该菌在营养琼脂平板上生长良好，培养 48h 后菌落表面光滑、边缘整齐、半透明、有光泽。经鉴定，LY-3 为革兰氏染色阴性菌，在无氧条件下可以生长，菌体呈杆状，氧化酶为阴性，接触酶为阳性，可以还原硝酸盐、利用柠檬酸盐，因此初步判定该菌株属于柠檬酸杆菌属。后续的明胶液化、脲酶、甲基红和糖醇发酵等试验结果一致表明，菌株 LY-3 的生理生化性质与《常见细菌系统鉴定手册》中的 *Citrobacter freundii* 最相似，故将该菌种命名为

Citrobacter freundii LY-3。*Citrobacter freundii* LY-3 在以牛肉膏为基质的 MFC 中的产电最大功率密度为 98.2mW/m^2，与其他产电菌株比较，菌株 LY-3 的产电能力处于中等水平。而采用铁还原培养基富集分离获得的具有高铁还原性的菌株 *C*. sp. LAR-1，纯培养启动 MFC 的最高功率密度可达 610mW/m^2[74]。

大肠杆菌（*Escherichia coli*）属于肠杆菌科（Enterobacteriaceae）、埃希氏菌属（*Escherichia*），为革兰氏阴性菌，是一种兼性厌氧非铁还原菌，其代谢类型有两种。原本许多研究者认为 *E. coli* 不能自身产生电子中介体传递电子，必须要有能够传递电子的物质加入，*E. coli* 才能进行产电。如 Park 等[75]曾经构建了一个 MFC，以具有电子传递作用的 Mn(Ⅳ) 修饰石墨阳极，以葡萄糖为基质，以 *E. coli* K12 为催化剂。实验测得该 MFC 的最大功率密度为 91mW/m^2。后来张甜等[76]使用不同 PTFE 含量的石墨/PTFE复合膜电极作为 *E. coli* 微生物燃料电池的阳极进行产电。结果表明，细菌在电化学环境中会经历一个活化过程，类似于自然选择的过程，经过此活化过程的细菌即为“优势种”，它们对葡萄糖的生物电催化活性会显著提高。此外，微生物燃料电池中电流产生的效率受到复合电极中 PTFE 含量的影响。*E. coli* 具有易获得、成本低、易培养、安全性高、能代谢多种底物等优势，因此使用 *E. coli* 作为 MFC 的产电微生物具有很大的应用前景。

（4）δ-变形菌纲

硫还原地杆菌（*Geobacter sulfurreducens*）属于地杆菌科（Geobacteraceae）、地杆菌属（*Geobacter*），为革兰氏阴性菌，专性厌氧，属于严格厌氧铁还原菌，常生存于污泥中。其对应的电子供体较少，仅能以乙酸和氢气为电子供体，以 Fe(Ⅲ)、S、Co-EDTA、延胡索酸和苹果酸为电子受体。*G. sulfurreducens* 是最早报道的在无氧条件下以电极为电子受体时可以完全氧化电子供体的微生物，因为该类细菌可在 MFC 的阳极上高度富集[27]。*G. sulfurreducens* 可在电极表面附着生长，而且细胞间可以形成多层细胞组成的厚度达 50μm 的生物膜，故该菌是研究电化学活性微生物膜的模式菌种，通过循环伏安法已证实该微生物膜具有较高的电化学活性（1600μA/cm^2）[77]。目前 *G. sulfurreducens* 的全基因组的序列信息已经测得，将其作为研究细胞与电极间电子传递机制的模式菌，有助于今后通过分子手段研究获得具有较高产电特性的微生物[27]。*G. sulfurreducens* 还可将乙酸钠彻底氧化为二氧化碳[78]。

金属还原地杆菌（*Geobacter metallireducens*）属地杆菌科（Geobacteraceae）、地杆菌属（*Geobacter*），为革兰氏阴性菌，专性厌氧，属于严格厌氧铁还原菌。该菌不运动，来源为淡水淤泥，能还原铁、锰及铀等来降低放射性元素的污染，具有降低或消除有害污染物毒性的能力。当电子受体为三价铁时，该菌可将乙酸盐、乙醇、丙酮酸盐、甲苯、苯甲酸盐、苯甲醛、苯甲醇、苯酚和甲苯酚等多种有机物特别是芳香族有机物彻底氧化为二氧化碳。另外，四价锰、硝酸盐和六价铀也可作为乙酸盐氧化的电子受体[79~82]。

G. metallireducens 可与电极直接进行电子交换，产电能力较好（180A/m^3）[83]。该菌在沉积物与电极间转移电子的一种方式可能就是当可溶性电子受体被耗尽时，*G. metallireducens* 即生出鞭毛等附属物，在趋化作用下趋向不可溶性的三价铁或四价

锰氧化物从而转移电子[84]。利用与 Bond 等[78]相似的方法研究显示：该菌与乙酸氧化脱硫单胞菌的结果相似，当阳极侧仅有一石墨电极和苯甲酸盐时，苯甲酸盐被氧化产生电流[78]。

美国马萨诸塞大学 Lovley 小组的 Holmes 等[85]分离到两株铁还原细菌 *Geopsychrobacter electrodiphilus* AIT 和 *Geopsyohrobacter electrodiphilus* A2。它们有独特的耐寒性，可在 4℃的环境中生长。这两种菌株能还原多种可溶和难溶 Fe(Ⅲ)，还能彻底氧化部分有机酸包括乙酸、苹果酸、延胡索酸和柠檬酸等，电子回收率在 90%左右。

硫还原地杆菌和金属还原地杆菌是目前研究得较多的产电菌种。不存在底物时，利用循环伏安法测试这两种菌所形成的微生物膜可以观察到两对明显的氧化还原峰（相对于 Ag/AgCl 电极，电位分别为 376mV 和 295mV），在底物存在时对底物的催化特征则表现为典型的"S"形[77,86]。

耐寒细菌（*Geopsychrobacter electrodiphilus*）属于地杆菌科（Geobacteraceae）、地杆菌属（*Geopsychrobacter*），为革兰氏阴性菌，属于严格厌氧铁还原菌。该菌在 MFC 中能彻底利用乙酸、苹果酸、延胡索酸和柠檬酸等产电。在低温海底环境中生长的优势使该菌更适合用于发展海水沉积型 MFC[46]。

丙酸脱硫叶菌（*Desulfoblbus propionicus*）属于脱硫球茎菌科（Desulfobulbaceae）、脱硫球茎菌属（*Desulfoblbus*），为革兰氏阴性杆状菌，属于严格厌氧铁还原菌，用于 MFC 中产电效率一般较低（130mA/L）[87]。

G. metallireducens 与电极直接进行电子交换表明了接触吸附与异化还原金属氧化物之间存在联系。Childers 等[88]发现在 *G. metallireducens* 异化还原金属离子时，若 $Fe(OH)_3$ 和 MnO_2 是电子受体，细胞会产生鞭毛、菌毛一类的附属物，并且借助鞭毛产生运动力，游动趋近金属氧化物表面，再依靠菌毛紧密吸附到金属氧化物表面。Mehta 等在对 *G. sulfurreducens* 的菌毛开展的研究中发现，如果人为剔除控制生成菌毛蛋白的相关基因，细胞将丧失异化还原固态电子受体 $Fe(OH)_3$、MnO_2 的能力，但是仍然具有还原 Fe^{3+} 络合物 Fe^{3+}-NTA 的能力。虽然这些实验不能证明以鞭毛、菌毛作为介体的直接接触吸附是异化还原金属氧化物的必备条件，但我们可以从中看出接触吸附与异化还原金属氧化物之间的关系是十分密切的。

冯雅丽等[89]发现在 *G. metallireducens* 异化还原铁的过程中，NTA 等络合剂及 AQDS 等电子传递中间体均可以在初始阶段显著加速该菌还原 $Fe(OH)_3$；二次成矿生成的磁铁矿能阻碍该菌还原 $Fe(OH)_3$，而 NTA、AQDS 在加速 Fe^{2+} 生成的同时，也加速了磁铁矿生成。这两种作用强度相当，导致还原铁的速度维持在正常值附近。在 *G. metallireducens* 还原固态电子受体的三种方式中直接接触方式起着重要作用，而需要很长时间才能形成的生物膜在直接接触方式中是一个关键因素。虽然 AQDS 可以在接种前期提高 *G. metallireducens* 还原 $Fe(OH)_3$ 的速率，但是微生物在颗粒表面形成成熟的生物膜后，这种作用就会减弱。

乙酸氧化脱硫单胞菌（*D. acetoxidans*）属于除硫单胞菌属（*Desulfuromonas*），

该菌为杆菌，属革兰氏阴性菌，严格厌氧，无芽孢。其来源为海水沉积物。该菌多数条件下仅极少数运动，最适生长温度为30℃，最适生长pH值为7.2～7.5。碳源和电子供体为乙酸盐、乙醇及丙醇，并且这些电子供体都可以被彻底氧化为二氧化碳。电子受体有元素硫、苹果酸盐、三价铁及四价锰[90]。所含细胞色素C7等则是细胞内电子传递的重要介质[87,91～93]。

*D. acetoxidans*可以从有机质中获取能量，可有效提高有机污染物的生物处理效率。Bond等[78]利用鱼缸等装置模拟海水环境，并将一石墨电极埋入鱼缸底部的缺氧淤泥（取自海底）内作为阳极，另一石墨电极置于富含氧的上层海水区作为阴极，两者通过电路连接即有电流产生。这个简单的装置产生的功率密度约为0.01W/m^2（电极表面积），足可以为一小计算器供电，而且此电流可以稳定输出长达6个月。*D. acetoxidans*在氧化乙酸盐并将电子运送至阳极的过程中可以获取能量以支持自身生长，原因如下：a. 菌种数目方面，与对照组相比，此装置的阳极上地杆菌科细菌显著增多，其中最主要为*D. acetoxidans*，比对照组增加了约100倍；b. 如果人为干预使得阳极区仅有*D. acetoxidans*，那么加入乙酸盐可使电流显著增大，而灭菌后电流随即消失；c. 一定时间内，电流增加的同时细菌蛋白量也增加；d. 如果在装置中只有电极和乙酸盐，而两个电极间没有电路相连，则无电流产生，细菌也不增长。

硫酸盐还原菌（*Desulfobulbus propionicus*）属于*Desulfobulbus*属，是最早发现的能从难溶性Fe(Ⅲ)氧化物还原中获取生长所需能量的铁还原菌。*D. propionicus*能够以丙酸、丙酮酸、乳酸或氢为电子供体，以电极为电子受体产电并维持生长，但乙酸无法作该菌的电子供体，而且由其催化的MFC电子回收效率也较低。因为同时进行的丙酮酸发酵过程会争夺电子，所以当以丙酮酸盐为电子供体时，仅有26.14%的丙酮酸代谢与阳极电子传递偶联。而在硫化物含量丰富的底泥中，*D. propionicus*能够将硫氧化成硫酸盐并向电极传递电子[46]。

（5）ε-变形菌纲

布氏弓形杆菌（*Arcobacter butzleri*）属于弓形杆菌属（*Arcobacter*），从酸性MFC中分离得到，能在偏酸性的环境中产生电能，是ε-变形菌纲中首次发现的产电微生物[94]。*Arcobacter*过去被划分为弯曲菌属，两类细菌有很多相似点，如氧化酶阳性、在微需氧条件下生长最佳、具有鞭毛能够快速穿梭运动。但两者之间还存在很多差异，例如弓形杆菌在普通的大气环境下也能够培养，同时在菌体形态上也与弯曲菌有明显区别。布氏杆菌（*A. butzleri*）的名称过去为布氏弯曲杆菌（*Campylobacter butzleri*），是1977年从流产的牛胎中首次分离得到的。Vandamne根据DNA-rRNA杂合法、DNA-DNA杂合法表型分析及测定DNA碱基比一系列检测手段，认为“*C. butzler*”应该列入一个新的属——*Arcobacter*，即弓形杆菌属，从此建立了弓形杆菌属[95]。弓形杆菌属主要包括布氏弓形杆菌（*Arcobacter butzleri*）、嗜低温弓形杆菌（*Arcobacter cryaerophilus*）、斯氏弓形杆菌（*Arcobacter skirrowii*）、硝化弓形杆菌（*Arcobacter nitrofigilis*）和*Arcobacter sulfidicus*。

弓形杆菌为革兰氏阴性的弧状杆菌，不形成芽孢，大小为（0.2～0.9）μm×（0.5～3）μm。菌体生长过长时间后会变成球形或半球形，具有极鞭毛，故可以快速穿梭运动。该菌在麦康凯琼脂上能够生长，微需氧条件下生长最佳，但也能够在有氧的环境中生存；在15～30℃温度范围内能生长，代谢类型为呼吸型，氧化酶呈阳性，不能利用糖类发酵，硝酸盐还原为阴性[96]。

2.2.1.3 厚壁菌门

厚壁菌门（Phylum Firmicutes）是一大类细菌，多数为革兰氏阳性，少数如柔膜菌纲（Mollicutes）（如支原体）缺乏细胞壁而不能被革兰氏方法染色，但也和其余的革兰氏阳性菌一样缺乏第二层细胞膜。厚壁菌门这个词原本包括所有革兰氏阳性菌，但目前仅包括低（G+C）含量的革兰氏阳性菌，而高（G+C）含量的则被划入放线菌门（Actinobacteria）。厚壁菌门表现为球状或者杆状。很多厚壁菌可以产生芽孢，它可以抵抗脱水和极端环境。很多环境中都可找到芽孢，很多著名的病原菌都能产生芽孢。有一类厚壁菌，即太阳杆菌科可以通过光合作用产生能量。

厚壁菌门被分为3个纲，即厌氧的梭菌纲、兼性或者专性好氧的芽孢杆菌纲和没有细胞壁的柔膜菌纲。在系统发育树上前两类显示出并系或者复系，因此它们的分类有待进一步研究。厚壁菌门中著名的属包括：

① 芽孢杆菌纲　芽孢杆菌属（*Bacillus*）、李斯特氏菌属（*Listeria*）、葡萄球菌属（*Staphylococcus*）、肠球菌属（*Enterococcus*）、乳杆菌属（*Lactobacillus*）、乳球菌属（*Lactococcus*）、明串珠菌属（*Leuconostoc*）和链球菌属（*Streptococcus*）；

② 梭菌纲　醋杆菌属（*Acetobacterium*）、梭菌属（*Clostridium*）、优杆菌属（*Eubacterium*）、太阳杆菌属（*Heliobacterium*）、香蕉孢菌属（*Sporomusa*）、柔膜菌纲支原体属（*Mycoplasma*）、螺原体属（*Spiroplasma*）、脲原体属（*Ureaplasma*）和丹毒丝菌属（*Erysipelothrix*）。

（1）梭菌属（*Clostridium*）

一种产芽孢、一般为专性厌氧、多数借周生鞭毛运动的革兰氏阳性杆菌。因其芽孢直径较大，常使细胞中间膨大呈梭状，故名梭菌。该菌化能异养，营养要求较高，一般营发酵性代谢。（G+C）含量为22%～55%，广泛地分布于土壤、污泥、人和其他动物的肠道等处。

模式种为丁酸梭菌（*C. butyricum*）。有许多致病菌，如破伤风梭菌（*C. tetani*）、产气荚膜梭菌（*C. perfringens*）和肉毒梭菌（*C. botulinum*）等。丙酮丁醇梭菌（*C. acetobutylicum*）等是重要的工业发酵菌种。

① 丁酸梭菌（*C. butyricum*）　丁酸梭菌菌体呈梭状，为革兰氏阳性菌，属于严格厌氧铁还原菌。革兰氏阳性菌的产电能力一般比较弱，因为革兰氏阳性菌细胞壁的厚度远大于阴性菌，电子穿过细胞壁到体外的过程与发酵和细胞质内的其他电子传递过程相比并不具备明显优势[46]。*C. butyricum* EG3是首次报道的能利用淀粉等复杂多糖产电的革兰氏阳性菌株。革兰氏阳性菌与电极间的电子传递机理尚未明确。Park等[97]从以淀粉废水为基质的MFC中分离出了一株丁酸梭菌（*C. butyricum EG3*）。该菌可以在温

度为15～42℃和pH值为5.5～7.4的环境中生长，能水解多种复杂糖类如淀粉、蔗糖、纤维二糖等。该菌单独或与$Fe(OH)_3$的还原相偶联均可以氧化葡萄糖，并且产生甲酸、乳酸、CO_2和H_2等。利用葡萄糖产电时产电功率密度可达$19mW/m^2$。当以柠檬酸铁为电子受体时，该菌还可以利用淀粉、果糖、蔗糖、丙三醇、纤维二糖生长。Wrighton等[98]构建了一种MFC，以嗜温的产甲烷厌氧发酵罐的活性污泥为接种物，以乙酸盐为电子供体，运行条件为55℃，获得$37mW/m^2$产电功率，库仑效率达89%。分析得出产电的菌群中80%是厚壁菌门细菌，并从中分离出一株在阳极上能直接传递电子的厚壁菌门的代表菌——*Thermincola* sp. strain JR，该菌为严格厌氧的革兰氏阳性菌。

此外，同属的*C. beijerinckii*（拜氏梭菌）也可以利用淀粉、乳酸、糖蜜和葡萄糖等产电。

② 丙酮丁醇梭菌（*Clostridium acetobutylicum*） 拜氏梭菌（*Clostridium beijerinckii*）和丙酮丁醇梭菌用于通过ABE（acetone-butanol-ethanol）发酵生产丁醇。MFC则可以作为监测ABE发酵的新工具。

Finch等[99]将MFC接种丙酮丁醇梭菌时发现其产生了独特的电压输出模式——在一个产电周期内出现了两个不同的电压峰值。这与先前研究的通常产生一个持续电压峰值的微生物明显不同。发酵产物的分析表明双电压峰值与葡萄糖代谢相关。第一个电压峰值与产酸代谢（产生乙酸和丁酸）相关，第二个峰值产生溶剂性代谢（产生丙酮和丁醇）。这表明，MFCscan可以作为一种新的工具来监测丙酮丁醇梭菌从产酸向产生丙酮、丁酸的转变。

③ 拜氏梭菌（*Clostridium beijerinckii*） 为了获得适用于MFCscan的拜氏梭菌（*C. beijerinckii*），Liu等[100]使用大气压辉光放电（APGD）和WO_3纳米簇探针颜色簇技术筛选拜氏梭菌突变体，获得了高产电水平的菌株M13。以1g/L葡萄糖作为碳源，以0.15g/L甲基紫精（联二-*n*-甲基吡啶）作为电子介体的拜氏梭菌M13 MFC反应器产生了$179.2mW/m^2$的最大输出功率密度以及230mV的最大输出电压。

④ 丙酸梭菌（*Clostridium propionicum*） Zhu等[101]开发了以半胱氨酸和刃天青（7-羟基-3-羰基-10-氧化-三氢吩噁嗪钠盐）为电子介体的丙酸梭菌MFC系统。该系统以$K_3Fe(CN)_6$作为阴极电子受体，达到了$21.78mW/m^2$的最大功率密度，内阻为9809Ω，伴随着产电，产生了0.694mmol/L的丙烯酸。结果表明，这种MFC可以在产电的同时生产丙烯酸。尽管产电效率和丙烯酸的产量仍需要进一步提高，但这种将发电与丙烯酸生物合成耦合的新技术非常具有吸引力，或将为丙烯酸的经济生产和可再生能源利用提供潜在的途径。

⑤ 解纤维素梭菌（*Clostridium cellulolyticum*） 该菌能够将纤维素水解成单糖分子，并将这些糖发酵成氢、乳酸、乙酸和乙醇。

Sund等[102]研究了MFC中不同电子介体对解纤维素梭菌（*Clostridium cellulolyticum*）分解纤维素的最终产物和产电效果的影响。实验结果表明，电子介体刃天青的添加极大地提高了当前的产量，但与无介体的MFC相比并没有改变发酵终产物。对乳酸、乙酸和乙醇含量的测定表明，番红O、亚甲蓝和腐殖酸的存在改变了MFC中代谢产物的产生：番红O减少了三者的产量，亚甲蓝增加了乳酸产量，腐殖酸增加了三者的产量。最终产物和产电效果的变化表明，具有外源性电子介体的 MFC 的性能对介体结构非常敏感。随着对该体系的进一步了解，将有可能设计出一个能够促进化学品商业生产的 MFC/介体体系。

（2）肠球菌属（*Enterococcus*）

肠球菌为革兰氏阳性菌，为成双或呈短链状排列的球菌，卵圆形，无芽孢，无荚膜，部分肠球菌有稀疏鞭毛。该菌的营养要求高，为需氧及兼性厌氧菌，最适生长温度为 35℃。(G+C) 含量为 37%～45%。模式种为粪肠球菌（*Enterococcus faecalis*）。

① 鸡肠球菌（*Enterococcus gallinarum*） Kim 等[103]首次从水下土壤中分离出具有电化学活性的 Fe(Ⅲ) 还原菌，使用 VITEK 革兰氏阳性鉴定卡试剂盒和 16S rRNA 基因序列分析，将该分离物鉴定为鸡肠球菌（*Enterococcus gallinarum*），命名为 MG25。该菌种可以分解葡萄糖，产生乳酸盐以及少量乙酸盐、甲酸盐、二氧化碳。其生长速度基本不受 Fe(O)OH 存在的影响。这些结果表明，MG25 可以将葡萄糖氧化与 Fe(Ⅲ) 还原耦合，但是并没有保存支持生长的能量。循环伏安法显示菌株 MG25 具有电化学活性。该菌种可以用作新的生物催化剂来改善无介体微生物燃料电池的性能。

② 粪肠球菌（*Enterococcus faecalis*） Zhang 等[104]通过间接的胞外电子转移机制证明革兰氏阳性细菌粪肠球菌（*Enterococcus faecalis*）在 MFC 中可以产电。微量的核黄素被证实可以作为电子介体来分解粪肠球菌细胞壁中肽聚糖层的阻碍，从而促进产电。这些结果意味着 MFC 阳极混合微生物群落中的革兰氏阳性微生物与分泌核黄素的细菌之间的协同合作将是日后 MFC 发展的一大突破点。

（3）芽孢杆菌属（*Bacillus*）

细胞呈直杆状，大小为 (0.5～2.5)μm×(1.2～10)μm，常以成对或链状排列，具圆端或方端。细胞染色大多数在幼龄培养时呈现革兰氏阳性，以周生鞭毛运动。芽孢呈椭圆形、卵圆形、柱状、圆形，能抗许多不良环境。

① 枯草芽孢杆菌（*Bacillus subtilis*） 枯草芽孢杆菌在动物饲料、污水处理及生物肥发酵或发酵床制作中应用相当广泛，是一种多功能的微生物。

Nimje 等[105]首次将枯草芽孢杆菌应用于微生物燃料电池，证明了需氧菌种枯草芽孢杆菌能够厌氧生长，并在微生物燃料电池中形成生物膜且稳定产电。在 0.56kΩ 的电阻下该 MFC 系统的最大功率密度为 $1.05mW/cm^2$。

② 蜡状芽孢杆菌（*Bacillus cereus*） 中温下，蜡状芽孢杆菌能够合成大量的脂肪酸，而长链饱和脂肪酸（SFAs）——十六烷酸和十八烷酸被证明对产甲烷菌有抑制效果。因此，理论上蜡状芽孢杆菌也可以应用于 MFC 中降低产甲烷的电子损失。Islam 等[106]对此进行了证明——蜡状芽孢杆菌掺入厌氧污泥中减少了 54%的甲烷产量，并提高了 MFC 的发电量（$4.83W/m^3$）和库仑效率（22%），仅接种厌氧污泥的 MFC 的相应值为（$1.82W/m^3$，12%）。该研究结果表明，将具有产电和抗甲烷特性的微生物加入厌氧污泥中，促进了电活性生物膜的形成，并通过抑制甲烷生成来使 MFC 的产电量最大化。

（4）乳杆菌属（*Lactobacillus*）

乳杆菌属为革兰氏阳性菌，大小悬殊，呈细长杆形、球形等多形态性。常成链或呈栅栏状排列，也可单个或成双。某些菌株菌体两极染色较深，呈颗粒或条状。该菌无芽孢，无荚膜，多数无动力。DNA 的（G+C）含量为 34.7%～53.4%。该菌厌氧或兼性厌氧，在 37～45℃时生长较好。该属细菌均能发酵葡萄糖，大多数分解麦芽糖、乳糖及蔗糖。发酵糖类能产生大量乳酸或其他酸类。它们广泛地分布于植物根部和体表，动物口腔、阴道和胃肠道，发酵食品等多种自然环境中，与人类饮食和健康息息相关，是现代食品、医药、农业等行业中具有重要经济价值的益生菌。

目前，该属细菌在生物电化学领域的应用并不多。Vilas 等[107]证明戊糖乳杆菌能够在不存在介体的情况下处理乳品废水并发电，在低流速（0.05L/h）下，最大功率密度为 $(8.09\pm1.52)mW/m^2$。对于所有测试的条件，COD 去除率在 56%～61%之间。

2.2.1.4 酸杆菌门

酸杆菌门（Acidobacteria）是基于分子生态学研究划分的新细菌类群，大多为嗜酸菌。酸杆菌是土壤微生物的重要类群，其序列在 16S rRNA 基因库中的比例高达 30%～50%，仅次于变形菌门。酸杆菌门在自然环境中分布广泛，甚至在极端环境、污染环境及废水环境中均有分布，所以人们推测其在各生态系统中均具有特定的驱动作用及生态功能。但由于 Acidobacteria 难以培养，所以对其表型和生理特征的描述极少，对其机理性研究也进展缓慢。

G. fermentans 属于全噬菌科（Holophagaceae）、地发菌属（*Geothrix*），为革兰氏阴性菌。*G. fermentans* 是从石油污染的铁还原环境中分离出的严格厌氧菌。该菌以电极为唯一电子受体时，能够彻底氧化乙酸、乳酸、琥珀酸、苹果酸等简单有机酸，但产电能力较低[108]。

2.2.1.5 放线菌门

放线菌因其菌落呈放射状而得名，大多有基内菌丝和气生菌丝，少数无气生菌丝。多数放线菌产生分生孢子，有些形成孢囊和孢囊孢子，依靠孢子繁殖。放线菌的表面和属于真核生物的真菌类似，但和其他细菌一样，放线菌没有核膜，且细胞壁由肽聚糖组成。从前被分类为“放线菌目”(Actinomycetes)，目前通过分子生物学方法，放线菌的地位被肯定为广义细菌的一个大分支——放线菌门（Actinobacteria)。放线菌门仅有放线菌纲（Class Actinobacterica)，放线菌纲有酸微菌亚纲（Subclass Acidimicrobidae)、红细菌亚纲（Subclass Rubrobacteridae)、红椿菌纲（Subclass Coriobacteridae)、球杆菌亚纲（Subclass Sphaerobacteridae）和放线菌亚纲（Subclass Acinobacteridae）五个亚纲。

（1）棒杆菌属（*Corynebacterium*）

棒杆菌属细菌无芽孢，无鞭毛，无荚膜，非抗酸性，好氧或兼性厌氧。细胞为直杆状或弯杆状，呈多形性，常呈一端膨大的棒杆状。该菌可进行氧化性或发酵性代谢产能。本属的腐生种分布于土壤和植物上，另有一些是寄生种，是寄生在人或动物体上的病原菌。

Min Liu 等[109]研究了嗜碱棒状杆菌属（*Corynebacterium* sp.）菌株 MFC03 在不存在外源介质的碱性 MFC 中的产电情况。实验结果表明，菌株 MFC03 能够利用有机酸、糖和醇作为电子供体产电。在 9.0 的最佳 pH 值下，底物为葡萄糖的 MFC 获得

7.3mW/m^2 的最大功率密度和 5.9%的库仑效率。在添加了 0.1mmol/L 蒽醌-2,6-二磺酸盐（AQDS）作为电子介体的条件下，最大功率密度增加至 41.8mW/m^2，库仑效率增加至 18.4%。循环伏安法测量结果表明，菌株 MFC03 MFC 中的电子转移主要是通过细菌向溶液中释放电化学活性物质实现的。

Wu 等[110]从微生物燃料电池中分离出一种新型耐盐、嗜碱、腐殖酸降解细菌，根据表型、遗传和系统发育分析确定其为棒状杆菌（*Corynebacterium humireducens* sp.）的一个新品种，命名为 MFC-5T。在 pH 值为 7.0～11.0（最适 pH 值为 9.0）、25～45℃（最适 37℃）、添加 13%（质量浓度）NaCl（最佳 10%）条件下观察到微生物生长。菌株 MFC-5T 在以乳酸盐、甲酸盐、乙酸盐、乙醇或蔗糖作为电子供体时能够对腐殖酸类似物蒽醌-2,6-二磺酸盐进行厌氧还原。

（2）丙酸杆菌属（*Propionibacterium*）

丙酸杆菌属是由发酵代谢终产物之一为丙酸的不均一性革兰氏阳性杆菌组成的菌属。该菌形态呈不规则的短杆状或球形，无运动性，一般接触酶呈阳性。其分解碳水化合物产生乳酸、丙酸、乙酸、乙醇以及 CO_2 等产物。

Reiche 等[111]首次尝试以丙酸杆菌属（*Propionibacterium*）微生物 *P. freudenreichii* ssp. *shermanii* 和 *P. freudenreichii* ssp. *freudenreichii* 作为 MFC 阳极微生物产电。接种了 *P. freudenreichii* ssp. *shermanii* 的 MFC 产生了 485mV 的最大开路电压，以及 14.9mW/m^2 的最大功率密度。

2.2.1.6 光合细菌

光合细菌（简称 PSB）是地球上出现最早、自然界中普遍存在、具有原始光能合成体系的原核生物，是在厌氧条件下进行不放氧光合作用的细菌的总称。光合细菌以光作为能源，能在厌氧光照或好氧黑暗条件下利用自然界中的有机物、硫化物、氨等作为供氢体兼碳源进行光合作用。其广泛分布于自然界的土壤、水田、沼泽、湖泊、江海等处，主要分布于水生环境中光线能透射到的缺氧区。根据《伯杰氏细菌鉴定手册》（第 9 版），PSB 可分为 6 个类群和 27 个属，主要有外硫红螺菌、红色非硫细菌、绿硫菌等。

光合微生物可应用于 MFCs 领域构建 Photo-MFC，在实现污染物降解的同时将光能转化为电能。产电光合微生物是 Photo-MFCs 能量转换的基础，也是其功能实现的关键。Photo-MFCs 阳极的光合细菌通过光合作用和呼吸作用为 Photo-MFC 提供电子来源，而阴极生长的微藻在光照条件下能够为 Photo-MFCs 提供充足的氧气作为电子受体。Photo-MFCs 工作原理如图 2-1 所示[112]。

在 2003 年，Chaudhuri 等[113]从弗吉尼亚的牡蛎海湾沉淀物中分离的光合细菌 *Rhodoferax ferrireducens* 是最早被报道可以氧化复杂有机物且具有电化学活性的光合细菌，该菌可以氧化葡萄糖、蔗糖、乳糖和木糖等有机物实现长期稳定地产电，且库仑效率在 80%以上，在富含烃类废弃生物质的开发利用方面具有较大潜力。

Xing 等[114]分离到的沼泽红假单胞菌 *R. palustris* DX-1 产电性能优越，可利用底物范围广泛。接种该菌的单室空气阴极 MFC（电极面积约 15cm^2）功率密度高达

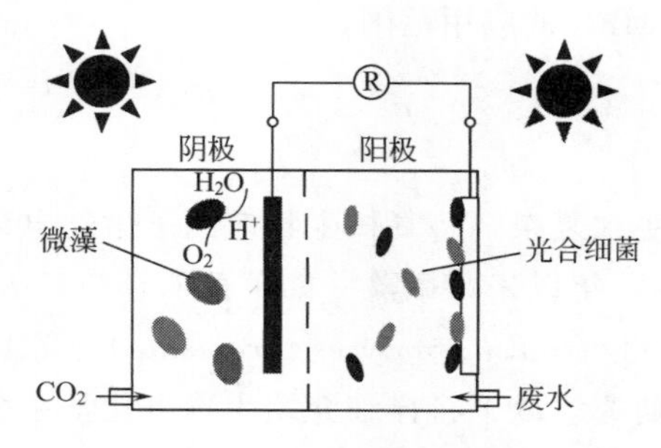

图 2-1 Photo-MFCs 工作原理[112]

2720mW/m^2，高于同种装置接种混合菌群的 MFCs，以上发现证明该菌具有应用于 Photo-MFCs 实际工程的潜力。

祝学远等[115]利用 *R. ferrireducens* 构建单室空气阴极 MFCs，发现该 MFCs 电能的输出主要依赖附着在电极表面的菌膜，而与悬浮在溶液中的细菌及溶液中的其他物质基本无关。

Cho 等[116]以类球红细菌 *Rhodobacter sphaeroides* 为阳极构建的单室空气阴极 MFCs 具有较好的产电性能，但在光照条件下其最大功率密度最高也只能达到 7900mW/m^2，说明目前光合细菌构建的 MFCs 的产电性能还有较大的提高空间。

尽管单菌 MFCs 有助于研究微生物与电极间的电子传递机制，但是在应用层面上，混菌 MFCs 的性能往往优于相同底物和运行条件下的单菌 MFCs。

Cao 等[117]发现光照使接种光合细菌混合培养物的 Photo-MFCs 的功率密度提高了 7 倍。吴义诚等[118]以恒电位及光照富集的光合细菌混合培养物为阳极接种物构建的双室 Photo-MFCs，以含乙酸钠的人工废水为底物，输出电压为 207mV（外阻 $R=1000\Omega$），以养猪废水为底物，电池稳定输出电压为 161mV，COD、NH_4^+-N 及 TP 去除率分别为 91.8%、90.2%和 81.7%。Chandra 等[119]在单室空气阴极 MFCs 阳极接种河水，光照富集光合细菌和微藻构建的菌藻混合阳极具有较好的产电性能，COD 的去除率达 96.12%，且对挥发性有机酸也有很好的去除效果。

2.2.2 古菌

古菌（archaeobacteria）（又可叫作古生菌或者古细菌）是一类很特殊的细菌，多生活在极端的生态环境中。按照古菌的生活习性和生理特性，古菌可分为产甲烷菌、嗜热嗜酸菌和极端嗜盐菌三大类型。古菌奇特的生活习性和潜在生物技术开发前景长期以来一直吸引着研究人员的注意力。其中盐杆菌属古菌可用于开发高盐 MFC。

Abrevaya 等[120]评估了两种盐杆菌属古菌（*Haloferax volcanii* 和 *Natrialba magadii*）作为 MFC 阳极上用作生物催化剂的可行性。实验结果显示，在没有添加任何氧化还原介体的情况下，*H. volcanii*、*N. magadii* 及大肠杆菌的最大功率密度和电流密度分别为 11.87W/cm^2、4.57W/cm^2、0.12W/cm^2 和 49.67A/cm^2、22.03A/cm^2、0.59A/cm^2。当中性红用作氧化还原介质时，*H. volcanii*、*N. magadii* 的最大功率密度分别为 50.98W/cm^2 和 5.39W/cm^2。实验证明，利用盐杆菌属古细菌开发高盐 MFC

是可行的，该研究拓宽了 MFC 的应用范围。

2.2.3 真核生物

由于真核细胞的结构更加复杂，将真核生物应用于生物电化学系统的研究远不及原核生物研究丰富。但自 2000 年以来，微藻［如莱茵衣藻（*Chlamydomonas reinhardtiia*）］和酵母菌［如酿酒酵母（*Saccharomyces cerevisiae*）］等真核生物也逐渐以产电微生物的身份被应用于实验研究。以下将详细介绍生物电化学系统中的真核产电微生物。

2.2.3.1 微藻

微藻是一类在陆地、海洋分布广泛，营养丰富，光合利用度高的自养植物，细胞代谢产生的多糖、蛋白质、色素等，使其在食品、医药、基因工程、液体燃料等领域具有很好的开发前景。微藻种类繁多，通常是指含有叶绿素 A 并能进行光合作用的微生物的总称。截至 21 世纪初已发现的藻类有 3 万余种，其中微小类群就占了 70%。但是，限于不同藻类对生存环境的需求，并不是所有的微藻都能用于人工培养，到 2012 年有大量培养或生产的微藻分属于 4 个藻门：蓝藻门、绿藻门、金藻门和红藻门。

利用微藻的光合作用可开发微藻型微生物燃料电池（MFC）[121]。早在 19 世纪 60 年代，Berk 等[122]就开始对微藻型 MFC 进行研究。他们对阳极室中厌氧培养的 *Rhodospirillum rubrum*（红螺菌属）以及阴极室中附着在多孔铂电极上的蓝藻进行光照处理，以此构建 MFC。该反应器最终获得了 0.96V 的最大开路电压以及 750mA/m^2 的短路电流，但由于其能量转化效率太低，仅为 0.1%～0.2%，远不及当时传统的太阳能电池，相关的研究一度停滞不前。直到近几年，随着学界对微藻类生物研究的不断深入以及 MFC 技术的日益成熟，微藻型生物燃料电池再一次引起了国内外学者的注意。

（1）微藻生物阳极型 MFC

微藻生物阳极型 MFC 的工作原理是在阳极室中利用微藻直接产电或通过微藻与产电菌协同作用间接产电。1980～1990 年，Tanaka 课题组报道了一系列利用 MFC 阳极室培养蓝藻并产电的研究[123～125]，首次证实了微藻在光照培养时能产生电流，并且光响应迅速，推测电子可以通过光合作用电子传递链产生。该实验的局限性在于，蓝藻仍需要借助电子介体 HNQ（2-羟基-1,4-萘醌）才能完成向阳极的电子传递。Gorby 等[126]发现在蓝藻 *Synechocystis* sp. PCC 6803 中也存在着纳米导线，这表明微藻直接电子传递是可能的。随后 Zou 等[127]利用一单室 MFC 接种含藻淡水，在未添加有机底物、缓冲盐、电子介体的条件下，仅依靠光合作用产生了 0.95mW/m^2（聚苯胺修饰阳极电极时）和 1.3mW/m^2（聚吡咯修饰阳极电极时）的功率密度。何辉等[128]考察了小球藻（*Chlorella vulgaris*）接入阳极时 MFC 的产电性能，输出功率密度可达 11.82mW/m^2，对实际污水的 COD 去除率为 40%。

（2）微藻生物阴极型 MFC

除接入阳极产电外，微藻在 MFC 阴极室同样具有应用价值。微藻生物阴极型 MFC，其主要设计思路为利用藻类光合作用吸收厌氧菌代谢产生的 CO_2 并产生可作为

电子受体的 O_2，在实现碳捕捉的同时利用 MFC 产生电能。与传统的机械供氧相比，以光合生物为氧气供体既经济又能够提升阴极室溶解氧浓度，目前已报道过的光合阴极燃料电池阴极室的溶解氧浓度最高可达到 20mg/L[129]。Wang 等[130]也通过在阴极室培养 *Chlorella vulgaris* 吸收阳极室释放的 CO_2，构建微藻生物阴极型 MFC。结果表明，在不通空气的条件下，该 MFC 输出电压稳定在 (706±21)mV(1000Ω 外阻时)，而阴极不加藻的对照组电压在 70h 内从 654mV 降至 189mV，这说明微藻阴极能够有效移除 CO_2，维持 MFC 的正常运行。

2.2.3.2 酵母菌

酵母菌（*Saccharomyces*）是真菌生物，分类上比较混乱，主要是其形态不一所致。按 J. Lodder 的酵母分类学，能形成子囊孢子的属子囊菌纲的酵母菌科（Saccha romycetaceae），也称真酵母，如德巴利酵母（*S. Debaryomyces*）。还有些酵母不形成孢子，属于芽孢纲、隐球酵母目、隐球酵母科（Cryptococcaceae），如假丝酵母（*Candida* spp.）。酵母菌与人类的关系密切，是工业上最重要、应用最广泛的一类微生物，在酿造、食品、医药、工业等方面占有重要地位。

（1）酵母属（*Saccharomyces*）

酵母属目前含有 8 种。其中酿酒酵母（*Saccharomyces cerevisiae*）、巴杨氏酵母（*Saccharomyces bayanus*）和巴斯德酵母（*Saccharomyces pastorianus*）与人类环境相关，而奇异酵母（*Saccharomyces paradoxus*）、库德里酵母（*Saccharomyces kudriavzevii*）、加利福尼亚酵母（*Saccharomyces cariocanus*）和粟酒裂殖酵母（*Saccharomyces mikatae*）大多是从天然环境中分离得到的。这些酵母属物种可以在食物或饮料发酵中起主要作用。应用在酒精发酵中的啤酒酵母大多属于酿酒酵母（*S. cerevisiae*），它除了在烘焙和酿造中的重要作用之外，这种酵母菌种还被用作分子和细胞生物学的真核模式生物，例如，通过研究它们在酿酒酵母中的同源物可以发现许多蛋白质的特性，其作用相当于原核的模式生物大肠杆菌。

① 酿酒酵母（*Saccharomyces cerevisiae*） 酿酒酵母（*S. cerevisiae*）的细胞为球形或者卵形，直径 5～10μm，其繁殖的方法为出芽生殖。酿酒酵母可以利用葡萄糖、麦芽糖和海藻糖有氧生长，但不能利用乳糖或纤维二糖。在有氧条件下，它甚至能够以混合发酵/呼吸模式生存。发酵与呼吸的比例在菌株之间稍有变化，但是约为 80∶20。此外，可以加工酿酒酵母以生产潜在的高级生物燃料，如长链醇、类异戊二烯和脂肪酸生物燃料，其物理性质更接近石油衍生燃料[131]。

Ⅰ. 酿酒酵母应用于 MFC 的优势。由于将电子转移出细胞器存在困难，应用酿酒酵母开发 MFC 一度被认为是不切实际的。然而，由于酵母菌适应性强、新陈代谢快、分解率高、培养方法简单，且大多数是非致病性的，所以把它们作为 MFC 的驱动微生物仍具发展前景。除此以外，在 MFC 中使用酿酒酵母可能还有其他一些优点：首先，酿酒酵母可以在传统 MFC 的阳极室需要的厌氧条件下生长和发挥功能；其次，酿酒酵母的最佳生长温度约为 30℃，这是一个方便的环境温度；再次，酵母菌能分解较复杂的有机物，如淀粉、纤维素等；最后，酿酒酵母的代谢很好理解，这有助于定位MFC中负责发电的机制[132]。

Ⅱ. 酿酒酵母应用于MFC的局限。虽然有很多优势，但酿酒酵母在MFC中的应用还是存在着一些局限的。酿酒酵母氧化底物的能力较弱，导致能够向生物电化学系统提供的电子较少。在酿酒酵母的线粒体氧化过程中，平均每个葡萄糖分子只产生14个ATP，这远远少于大多数需氧菌通常达到的28～30个ATP的净值。而且，酿酒酵母通常被认为无法产生电子介体，这使得基于酿酒酵母的MFC必须添加外源性介体以促进电子向阳极的转移。

基于酿酒酵母的MFC一般而言仍然比细菌燃料电池输出功率更低。Ganguli等[133]以亚甲基蓝介导的酿酒酵母MFC的功率密度可达1.5W/m^2，远小于Fan等[134]报道的最大6.86W/m^2。Powell等[135]使用以酿酒酵母作为阳极半电池中的电子供体，以小球藻作为阴极半电池中的电子受体的MFC可以达到90mV的最大功率和5000Ω的负载，电极表面积的功率密度为0.95mW/m^2。可以看到，这个功率密度还是很低的。

② 异常汉逊酵母（*Hansenul anmala*） 该菌是一种酵母属真菌，当以葡萄糖为电子供体时最大体积功率面密度可以达到2.9W/m^3。它能通过外膜上的电化学活性酶将电子直接传递到阳极表面。研究表明，其外膜表面的电化学活性酶包括乳酸脱氢酶、NADH-铁氰化物还原酶以及细胞色素b5等[136]。

（2）*Arxula adeninivorans*

Arxula adeninivorans 是一类具有异常特征的二型酵母。所有的 *A. adeninivorans* 菌株都具有异常的生化活性，能够将一系列的胺、腺嘌呤（因此命名为 *Arxula adeninivorans*）和其他几种嘌呤化合物作为唯一碳源，可分解硝酸盐，嗜热（可以在高达48℃的温度下生长）。

Haslett等[137]以TMPD作为阳极介质，以$KMnO_4$作为阴极还原剂检测到 *A. adeninivorans* MFC的最大功率密度为（1.03±0.06）W/m^2，这接近于Ganguli和Dunn（2009）发布的酵母MFC最高功率密度。事实证明，*A. adeninivorans* MFC相较酿酒酵母MFC具有更高的功率输出，Haslett认为这种差异是由于 *A. adeninivorans* 产生胞外电化学活性分子。

Williamsc等[138]鉴定电化学活性分子是尿酸，尿酸的电化学性能表明其是伏安传感器的重要分析物质，也可能是该菌的传播机制，在很多方面都表现出 *A. adeninivorans* 是MFC理想的生物催化剂。

（3）假丝酵母属（*Candida*）

假丝酵母属（*Candida*）旧称念珠菌属（*Monilia*），是真菌门、半知菌亚门、芽孢纲、隐球酵母目、隐球酵母科中的一个大属，由类酵母或二态性半知菌组成。该菌呈圆形、卵形或长形。无性繁殖方式为多边芽殖，可形成假菌丝，有时也产有隔膜的真菌丝。很多种有乙醇发酵能力，有些可用于生产食用或饲料用SCP，有的可产生脂肪酶或用于石油脱蜡，少数是人和动物的条件性致病菌。

Candida sp. IR11是一种从葡萄糖底物MFC反应器中阳极生物膜分离的假丝酵母属的新型铁还原菌。在Lee等[139]的研究中，接种葡萄糖培养的IR11纯种菌株的空气-

阴极 MFC 中产生了 200～250mV 的电压。当将其接种到传统 MFC 中用于治理 UASB 不合格污水时，最大功率密度由 (15.2±0.36)mW/m^2 提高到 (20.6±1.52)mW/m^2，库仑效率从 (14.4±0.45)%提高到 (21.9±0.71)%。此外，接种 IR11 将 COD 去除率从 (79.1±1.53)%提高到 (91.3±5.29)%。实验证明，*Candida* sp. IR11 对于加强 MFC 性能是十分有前途的生物催化剂。

2.2.4 产电微生物纯种的改造

由于受到 MFC 自身因素的限制，电池输出功率密度比较低，这是一直以来 MFC 投入实际应用亟须突破的技术瓶颈。为了提高 MFC 的产电能力，对阳极微生物进行优化是一个关键方向。由于 MFC 在产电过程中，阳极微生物的呼吸速率和胞外电子传递效率是影响 MFC 输出的重要内因，所以筛选优良产电菌或改造得到高效产电菌十分重要。尽管 MFC 阳极常使用混合菌，产电能力较强，但对 MFC 运行的控制要求较高，且涉及较复杂的胞外电子传递机制，不利于分析研究其产电机理。因此，改造菌种的主要途径有：进行微生物的自然及人工选育，筛选出优良突变菌株；利用合成生物学改造电活性微生物，设计重构与功能强化电活性微生物，以突破胞外电子传递效率低这个关键技术；进行基因工程改造，例如增加某个基因过量表达与电极直接接触的膜蛋白，提高电子传递率。

(1) 微生物的自然选育与人工选育

微生物育种是一种培育优良微生物的生物学技术，通常分为自然选育与人工育种两种方法。

① 微生物的自然选育指的是在未经过杂交处理或人工诱变的情况下从自然界中直接筛选高产菌株或通过自发突变选育高产菌株。自然选育主要依赖于微生物自身基因在自然状态下发生的突变。引起自发突变的原因主要有：a. 环境因素中的诱变因素，如宇宙射线、各种短波辐射、病毒入侵、环境中的诱变物质等；b. 自身代谢物中的诱变物质，微生物生长过程中自身代谢会产生的一些具有诱变作用的化合物，如过氧化氢、硫氰化物等；c. 基因水平上 DNA 分子的运动，如 DNA 在复制时出现差错、碱基的互变异构等。互变异构效应是指四种碱基第六位上的酮基或氨基的瞬间变构，会引起碱基的错配。然而自然状态下突变频率低，无目的性，但性状不易丢失，菌种不易退化，一般不影响微生物生长特性。由于基于自发突变进行的育种工作通常效率低下，需通过人工选育或与人工选育结合的方式进行目标菌株的选育。

② 人工选育包括诱变育种、基因重组育种、代谢控制育种、分子定向育种等。比如诱变育种指的是以人工诱变手段诱变微生物基因突变，再采用合理的筛选程序和适当的筛选方法筛选出符合要求的优良突变菌株。常规的诱变育种方法主要为物理诱变育种和化学诱变育种。物理诱变通常使用物理辐射中的各种射线，包括紫外线、X 射线、γ 射线、α 射线、β 射线、快中子、微波、超声波、电磁波、激光射线和宇宙射线等，以及利用重离子束的离子辐照诱变育种方法和具有显著生物学效应的常压室温等离子体技术 (ARTP)。化学诱变通过化学物质使微生物性状发生改变，突变主要为基因突变，

并且主要是碱基的改变，其中尤以转换为多数。各种具有诱变作用的化学物质和碱基接触发生化学反应，通过DNA的复制使碱基发生改变而起到诱变作用。通常使用的化学诱变剂包括烷化剂、碱基类似物、移码突变剂以及其他种类4大类。人工诱变选育突变频率高，配合良好的筛选方法能够得到优良菌株，且成本较低，简单易行，可大幅提高产品产量与质量。例如，可将已知具有优势产电性能的产电菌（如希瓦氏菌属）作为出发菌株，通过合适的诱变手段，筛选出遗传性状稳定，具有更高产电能力的优异突变菌株。

利用ARTP诱变 *Shewanella oneidensis* MR-1。在何慧[6]的研究中，以一种新型的微生物基因组突变技术——常压室温等离子体（atmospheric and room temperature plasma，ARTP）诱变技术，以模式产电菌株 *Shewanella oneidensis* MR-1为出发菌株进行诱变，并结合电化学探针 WO_3 的96孔板高通量方法筛选产电能力提高的菌株。

（2）合成生物学改造

合成生物学是以工程化设计思路，构建标准化的元器件和模块，改造已存在的天然系统或者从头合成全新的人工生命体系。近年来，DNA合成与系统生物学技术的发展使生命系统复杂基因回路的设计、合成与组装逐步成为可能，并应用于化学品合成（包括材料、能源和天然化合物）、医学、农业、环境等领域。

利用合成生物学改造非电活性微生物为电活性微生物，可通过构建电子传递介质和释放代谢流中的电子实现。例如Jensen等[140]在大肠杆菌 *Escherichia coli* 中，异源表达了 *S. oneidensis* 的胞外电子传递色素（*CymA*、*MtrA*、*MtrB*、*MtrC*），重构了胞外电子传递路径（*CymA-MtrC*、*A*、*B*），成功地将 *E. coli* 改造成产电微生物，且所构建的产电 *E. coli* 可还原可溶的 Fe^{3+} 和无机固体氧化物 α-Fe_2O_3。在Yong等[141,142]的研究中，在 *E. coli* 上异源表达了孔蛋白基因，显著增加了细胞膜的通透性；剔除了部分基因，使电子从乳酸等中间代谢物中和电子通量受抑制的代谢流中释放出来。

利用合成生物学改造产电微生物主要表现在拓宽电活性微生物可利用的碳源谱、强化电活性微生物代谢活性、合成可溶性电子传递载体、提高胞内还原当量（可释放的电子源泉），以及改性生物膜提高电极与细胞间的电子跨膜传递速率等[143]。

但是由于目前对于很多微生物的胞外电子转移机制仍不清晰，无法对提高电子传递效率进行有效设计，且针对非模式的电活性微生物不断被发现，而能用的代谢工程和合成生物学工具仍然非常有限，急需改造这些电活性微生物基因组水平的调控和编辑工具。

（3）基因工程改造

获得使外源基因高效稳定表达的基因工程菌是基因工程的核心步骤与最终目的。以下给出了几种基因改造产电菌的思路。

在《生物电化学系统：从胞外电子传递到生物技术应用》中重点讨论了细胞色素c的重组表达。利用大肠杆菌异源表达所需要的蛋白基因，研究两种菌种中细胞色素表达基因和相关基因，最后我们可以知道，细胞色素c的异源表达的成功需要细胞色素c生物生成系统的共表达。尽管基因工程改造大肠杆菌的技术手段极其丰富，但使在异源宿主体内表达的相关膜蛋白进行大量的翻译后成熟表达和进行准确定位，以及多种蛋白质间的相互作用依然是挑战。

此外，在李玲[144]的研究中，选取模式产电菌 *S. oneidensis* MR-1 来研究产电微生物的胞外电子转移（extracellular electron transfer，EET）机制，构建了全基因组规模的电子传递相关蛋白质相互作用网络，通过网络结构分析识别可能与 EET 功能相关的蛋白质，并构建各种可能的 EET 通路，为通过基因工程技术改造微生物、提高微生物产电效率提供科学依据。

（4）化学修饰法

化学修饰是使蛋白质或核酸等与化学试剂发生化学反应进行修饰、添加与去除的技术。

在 Luo 等[145]的研究中，采用溶菌酶（lysozyme）、壳聚糖（chitosan）、EDTA、PEI 和甘氨酸（glycine）5 种修饰细胞试剂。用溶菌酶处理的细胞获得的最大功率密度为 $206mW/m^2$，电流密度为 $0.99A/m^2$，比对照高出近 175%。用 PEI、甘氨酸、EDTA 和壳聚糖等处理的其他细胞的最大功率密度分别为 $153mW/m^2$、$149mW/m^2$、$132mW/m^2$、$121mW/m^2$。全细胞阻抗也大幅降低，溶菌酶处理能显著降低细胞内阻的 77.1%。化学处理有助于细胞通透性、细胞膜流动性和辅酶 Q10（电子载体）的显著增强。因此，化学处理是一种改善 MFC 中电子转移的可行策略。

2.2.5 产电微生物群落分析

MFC 中的微生物群落具有很广泛的多样性，目前尚不能将群落中生物膜的相互作用和电子转移机制解释清楚。除了阳极上的优势菌种，仍有小部分的其他菌种存在，暂不清楚在产电过程中有着什么作用。

产电微生物的群落受到 MFC 接种物、底物、阳极材料等的影响。MFC 的接种物一般含有多种有机物和营养元素，可为不同种类微生物的代谢提供理想的生态环境。由于接种物成分的复杂性及环境的影响，使得富集到的微生物类群和活性也存在很大差异。底物是电池的“燃料”，MFC 中最常用的底物有乙酸盐、葡萄糖等。在以乙酸钠为底物富集到的 MFC 微生物群落中变形菌门占多数，其中大部分为地杆菌属。在以葡萄糖作为底物的 MFC 中，不同微生物降解葡萄糖时会产生不同种类的副产物，副产物对电池的功率密度和库仑效率也有影响，从而导致阳极上的电化学活性微生物种类也具有多样性。纤维素是复杂有机物，已有利用瘤胃微生物作阳极生物催化剂与以纤维素作为底物的实验成功。阳极材料使用最广泛的是碳基材料，最简单的莫过于石墨板或石墨棒，关于阳极材料对菌群的影响不在此赘述。

MFC 生物膜的群落分析显示没有单一的新生微生物或在阳极上发展的细菌群落中的“胜利者”。这可能是因为在这样的系统架构、电子供体和电子受体运行条件下，不止一种细菌具有产电能力。而较低的库仑效率可以证明，群落中的一部分微生物是通过发酵、产甲烷或使用不会导致产电的电子受体而维持生存的。MFCs 中的电化学活性细菌被认为是铁还原细菌如希瓦氏菌属（*Shewanella*）和地杆菌（*Geobacter*），但是群落分析揭示了除这些模式菌之外生物膜群落中更多的细菌多样性。因为高内阻迄今为止限制了最大功率密度的比较，使用纯培养或混合培养的不同系统进行培养不能确定哪种微生物或微生物群落具有最高的功率密度。事实上，我们还不知道使用微生物可达到的功率水平的上限。然而，我们可以看到细菌种类的趋势，进行群落分析。

细菌之间的种间相互作用也是复杂的。现在有关于基于种间电子转移的互助关系的各种研究的初步证据。虽然这些证据尚未定论，但基于纳米导线的细胞间相互作用有着令人信服的证据。比如发酵菌和产甲烷菌之间的共生相互作用。已经确定的是紧密接触使得两种微生物进行种间氢转移，有利于促进氢的交换。但是，现在似乎也有直接电子转移的证据，如某种发酵细菌和产甲烷菌之间存在鞭毛状细丝，与 *S. oneidensis* MR-1 的纳米导线非常相似。可能是纳米线在细胞电子传递和微生物群落发育中起到了尚未预见的作用[146]。

(1) 阴极使用氧气的 MFC

表 2-3 中总结了不同接种物下的阳极微生物群落，可以看出 α-变形杆菌、β-变形杆菌、γ-变形杆菌和 δ-变形杆菌在不同的研究中占优势。未必只有希瓦氏菌属和地杆菌属这两种产电模式菌在产电微生物群落中占优势，还有其他菌种具有产电能力或者未证实其产电能力。

表 2-3　不同接种物下的阳极微生物群落

接种物	底物	群落
废水＋污泥(Kim 等,2004)	淀粉	β-变形杆菌(25%)、α-变形杆菌(20.1%)、噬细胞菌属(*Cytophaga*)/屈挠杆菌属(*Flexibacter*)/拟杆菌属(*Bacteroides*)(19%)、未鉴明(35.9%)
河底沉积物(Phung 等,2004)	河水	β-变形杆菌(46%)、α-变形杆菌(11%)、γ-变形杆菌(13%)、δ-变形杆菌(13%)、其余(17%)
海底沉积物(Logan 等,2005)	半胱氨酸	γ-变形杆菌(40%)、弧菌属细菌(*Vibrio* spp.)和假交替单胞菌属(*Pseudoalteromonas* spp.)
水生沉积物(Holmes 等,2004)	沉积物	δ-变形杆菌[54%～76%,其中地杆菌科(Geobacteraceae)占大多数]
江底沉积物(Phung 等,2004)	葡萄糖＋谷氨酸	α-变形杆菌(65%)、β-变形杆菌(21%)、γ-变形杆菌(3%)、其余(11%)
污泥(Lee 等,2003)	乙酸盐	α-变形杆菌、δ-变形杆菌、γ-变形杆菌几乎均匀分布并占大多数

Kim 等[147]观察到大多数在接种厌氧污泥并加入淀粉加工厂废水的双室 MFC 的系统中所确定的主要物种为变形菌门。Phung 等[148]报道了一个以水体富集的河流沉积物接种物为主的变形菌 MFC 群落。其他的 MFC 研究显示出不同的群落组成。以半胱氨酸为底物，以海底沉积物为接种物的 MFC 显示 γ-变形杆菌优势明显[149]。接种水生沉积物的 MFC 具有丰富的 γ-变形杆菌[150]，其中地杆菌科（Geobacteraceae）占大多数(45%～89%)。以低浓度葡萄糖和谷氨酸为底物，以河流沉积物为接种物的 MFC 中，变形菌门为优势物种，其中 α-变形杆菌占大部分[148]。接种活性污泥、以乙酸盐为底物的系统，其 α-变形杆菌、γ-变形杆菌和 δ-变形杆菌之间呈现几乎均匀的分布[151]。

此外，在 Kim 等[152]的研究中，根据 16S rDNA 克隆文库结果，富集乙醇的双室 MFC 阳极室微生物群落以β-变形杆菌为主（占克隆数的72%）。基于对 16S rRNA 基因序列和 RFLP 模式的比较分析，在 MFC 微生物群落中鉴定了 11 个组。代表最丰富的序列类型在克隆文库与变形菌门 Proteobacterium Core-1（GenBank 中的部分序列）具有 99%的同一性，下一个最丰富的序列类型（69 个克隆中的 12 个）与未经培养的固氮弧菌属（*Azoarcus*）相似。另外，有 11 个克隆与未经培养的脱硫单胞菌属 *Desulfuromonas* sp. M76 具有 99%的同一性。从系统发育树分析来看，每个群落成员的功能贡献以及乙醇氧化是由单个成员进行，还是由多个群落成员之间的互助合作进行的，这一点尚不清楚。尽管地杆菌属和希瓦氏菌在使用各种水生沉积物的不同类型的 MFC 中广泛观察到（Holmes 等，2004；Logan 等，2005），但在该实验中只有 1 个类似于地杆菌属的克隆，没有类似于希瓦氏菌属的克隆。

在孔晓英等[153]的研究中，得到产电性能较优良的接种物组合——沼气池污泥＋淹水稻田土＋啤酒厂二沉池污泥。利用 PCR-DGGE 分子手段探究了阳极表面优势微生物的群落类型。生物膜中γ-变形菌纲（Gamma-Proteobacteria）占优势（80%），该菌纲中主要有希瓦氏菌属（*Shewanella*）和铜绿假单胞菌（*Pseudomonas aeruginosa*），推测这两类种属在阳极微生物产电方面起主要作用。其余为疣微菌门（Verrucomicrobia）（10%）和黄杆菌（Flavobacteria）（10%），对它们在生物膜中发挥的作用还鲜有报道，仍需进一步研究。

而 Ishii 等[154]制备了两种 H 型微生物燃料电池，在厌氧室接种稻田土壤，并以纤维素为底物。在一个反应器中，阴阳两极用导线连接（闭路，CC），而在另一个反应器中不连接（开路，OC）。实验显示，OC 反应器主动产生甲烷，而 CC 反应器不断地产生 0.2～0.3mA 的电流，且几乎完全不产生甲烷。比较 16S rRNA 基因克隆文库发现，在 CC 和 OC 反应器中阳极菌群具有完全不同的成分。根瘤菌（*Rhizobiceae*）、脱硫弧菌（*Desulfovibrio*）和乙醇产生菌（*Ethanoligenens*）在 CC 反应器阳极菌群中特异性集中。结果表明，产电行为富集了独特的微生物种群并抑制纤维素产生甲烷。

以下研究中研究者设置了不同底物来观察阳极微生物群落的变化。

在 Xing 等[155]的研究中，有光的条件下分别以乙酸钠和葡萄糖为底物，乙酸钠反应器的物种丰富度比葡萄糖反应器略高。来自葡萄糖喂养群体的 14 个 OTU（58.3%）和来自乙酸盐喂养群落的 23 个 OTU（63.9%）与栽培菌株具有＞97%的序列相似性。系统发育树分析表明，这些群体可以分为 8 个群体，包括α-变形菌门（α-Proteobacteria）、β-变形菌门（β-Proteobacteria）、γ-变形菌门（γ-Proteobacteria）、δ-变形菌门（δ-Proteobacteria）、厚壁菌门（Firmicutes）、放线菌门（Actinobacteria）、拟杆菌门（Bacteroidetes）和绿弯菌门（Chloroflexi）。相对丰度表明，葡萄糖喂养群体中α-变形杆菌为 34.7%，拟杆菌为 24.5%，厚壁菌为 19.7%，δ-变形杆菌为 15.6%，而乙酸盐喂养群体中γ-变形菌为 34.9%，α-变形杆菌为 18.8%，β-变形杆菌为 17.4%，δ-变形菌为 15.4%。这些群落由与红假单胞菌属（*Rhodopseudomonas*）、地杆菌（*Geobacter*）、假单胞菌（*Pseudomonas*）、苍白杆菌属（*Ochrobactrum*）和丛毛单胞菌属（*Comamonas*）相关的细菌组成，产电能力都已得到证实。

在 Jung 等[156]的研究中，三套 MFC 以厌氧污泥为接种物，分别喂食乙酸钠、乳酸盐、葡萄糖。阳极室保持厌氧条件，阴极室充满 200mL 磷酸盐缓冲液（50mmol/L，pH 值为 7.0），并在操作过程中连续充气。基于 DEEG 方法分析得到，无论电子供体是什么，阳极微生物群落最主要为 δ-变形菌纲（Delta-Proteobacteria），其次为拟杆菌（*Bacteroides*）。所有阳极群落都含有与硫还原地杆菌（*Geobacter sulfurreducens*）（>99%相似性）紧密相关的序列和 *Bacteroidetes*（99%相似性）中的未定型的细菌克隆。各种其他类似地杆菌（*Geobacter*）的序列也富集在大部分阳极生物膜上。在乙酸盐组发现螺旋体目（Spirochaetales）。仅在葡萄糖喂养的 MFC 中发现了厚壁菌门（Firmicutes），可能起到将复杂的碳转化为简单的分子和清除氧气的作用。各组均未检测到希瓦氏菌属。在本研究使用的双室水相空气阴极系统中，在不同电子供体的条件下，选择压力都有利于地杆菌科（Geobacteraceae）的生长。目前的研究表明，在阳极生物膜中，不只乙酸酯，乳酸或葡萄糖也产生了大量的地杆菌富集。

（2）除以氧气为电子受体的其他 MFC

在 MFC 阴极上除了氧气，还可以以铁氰化钾溶液、高锰酸钾溶液、重金属离子、NO 等为电子受体。铁氰化物作为阴极电子受体时，电池的功率密度相比 Pt 催化剂＋溶解氧更高。

在 Rismani-Yazdi 等[157]的研究中，以瘤胃微生物为生物催化剂，以纤维素为电子供体，以阴极铁氰化钾溶液为电子受体，阳极和阴极室用质子交换膜分离，石墨板作电极，最大功率密度达到 $55mW/m^2$（1.5mA，313mV）。PCR 扩增的 16S rRNA 基因的变性梯度凝胶电泳（DGGE）显示，当在 MFC 中使用不同的底物时，微生物群落不同。使用 DGGE 分析在 MFC 中富集的阳极附着和悬浮微生物群落的差异。实验中使用的底物：a. 纤维素（7.5g/L）；b. 可溶性碳水化合物（葡萄糖、木糖、纤维二糖和麦芽糖，各 1g/L）的混合物；c. 高压灭菌澄清的瘤胃流体（40%，体积分数）。检查两种接种物：新鲜瘤胃微生物和在以纤维素为碳源的 MFC 中培养 2 个月以上的微生物。DGGE 的结果显示，富集取决于接种物的来源和 MFC 中使用的底物类型。数据还显示，附着和悬浮的微生物的群落具有不同的组成。阳极附着细菌和悬浮细菌的系统发育多样性差异很大，大部分的附着细菌文库序列属于厚壁菌门（Firmicutes）和脱铁杆菌门（Deferribacteres），分别占测序总数的 58.9%和 26.7%，其余的 16S rRNA 基因序列属于一系列其他门，包括变形菌门（Proteobacteria）（7.8%）（α-Proteobacteria 1.1%，β-Proteobacteria 2.2%，δ-Proteobacteria 1.1%，和 γ-Proteobacteria 3.3%）、螺旋原虫（spirochaetes）（5.6%）和拟杆菌属（*Bacteroides*）（1.1%）。悬浮细菌文库中的主要克隆序列为 β-变形菌纲（β-Proteobacteria teria）（75.9%），此外还存在厚壁菌门（12.6%）、γ-变形菌纲（γ-Proteobacteria）（5.7%）和拟杆菌属（4.6%）。一些克隆与数据库中的任何序列的相似性都比较低，表明 MFC 中的一些序列可能代表了新的微生物。悬浮和附着细菌的富集群落的不同可能与其电子传递机制不同有关。悬浮的微生物产生可溶的电子穿梭物，将电子从电子传递链转移到阳极上；附着在阳极上的细菌通常随着时间的推移形成生物膜，并使用与其相关的可溶性穿梭物或电子传递成分转移电子。

而在 Rezaei 等[158]的研究中，以纸厂废水为接种物，以纤维素为底物，以铁氰化钾溶液为阴极电子受体，使用变性梯度凝胶电泳和条带测序，发现分离物的克隆片段与阴沟肠杆菌（*Enterobacter cloacae*）高度相似（＞99％）。这一结果首次证明了单一细菌菌株可以在不外加介质的条件下利用纤维素发电。

在 Rabaey 等[159]的研究中，以葡萄糖为底物，以铁氰化钾为阴极，应用变性凝胶电泳技术分析表明，鉴定的菌株具有很大的系统发育多样性。Firmicutes、α-Proteobacteria、β-Proteobacteria 和 γ-Proteobacteria 均有出现。该群落主要由兼性厌氧菌组成，产氢菌占优，如粪产碱杆菌（*Alcaligenes faecalis*）和鹑鸡肠球菌（*Enterococcus gallinarum*）。铜绿假单胞菌（*Pseudomonas aeruginosa*）和其他假单胞菌也被分离出来。

在 Aelterman 等[160]的研究中，以葡萄糖为底物，以铁氰化钾为阴极，以厌氧污泥为接种物，串联、并联了 6 个 MFC 独立单元，发现随着时间的推移，群落多样性逐渐下降。利用 16S rRNA 序列分析技术和 PCR-DGGE 技术表明，初始菌落大部分属于变形菌门、厚壁菌门和放线菌门（Actinobacteria）。随着时间的推移，最初的微生物群落多样性降低，革兰氏阳性菌种占优势，来自厚壁菌属。微生物群落的移动伴随着各个 MFC 的体积功率密度从 $73W/m^3$ 增加到 $275W/m^3$，传质限制的降低和 MFC 内部电阻从（6.5±1.0）Ω 降到（3.9±0.5）Ω。这项研究表明，MFC 的电化学性能和微生物组成之间有明确关系，并进一步证实通过 MFC 产生有用能量的潜力。

（3）沉积物 MFC

沉积物 MFC（SMFC）是 MFC 的一种特殊形式，可在海底环境下运行，将阳极埋入海底厌氧污泥中，阴极暴露在海面上，即阳极上的细菌完全与氧气隔绝，而阴极上存在氧气。海底沉积物的有机质作为电池的燃料，溶解氧作为氧化剂。在 SMFC 中，厌氧沉积物在整个过程中完全处于厌氧状态，从而确保了专性厌氧细菌的完全厌氧条件。

SMFC 具有造价低廉、底物丰富、持续性好、环境友好的特点，可被作为放置于海底的能源装置，同时有希望作为一种能源装置用于驱动在偏远海域工作的小型监测仪器。

Bond 等[161]首先在实验室条件下进行了 SMFC 研究。平均输出功率密度为 $0.016W/m^2$。通过 16S rRNA 克隆文库构建，δ-subgroup 中的 Proteobacteria 在阳极富集。此外，δ-Proteobacterial 序列增加的 70％是由于 Geobacteraceae 中的单一细菌群，这是一组厌氧微生物，它们可以将有机化合物氧化与不溶性铁(Ⅲ）氧化物还原耦合。纯培养的生物体与阳极反复富集的序列最为接近的是 *Desulfuromonas acetoxidans*，即一种通过氧化乙酸盐同时还原元素硫而厌氧生长的海洋微生物。

Holmes 等[150]分析比较了 5 种以水生沉积物为接种物构建的 MFC 微生物群落的构成。不同接种物的 MFC 分别用在实验室培育的海水、盐沼或淡水沉积物构建中，并在新泽西州的盐沼沉积物和俄勒冈州的河口沉积物现场部署，此外还设置埋入沉积物而不连接电极的对照。定量 PCR 分析 16S rRNA 基因和培育研究表明，阳极高度富集 δ-Proteobacteria（54％～76％），除了俄勒冈州布置的 MFC，其中 Geobacteraceae 占 δ-Proteobacteria的大多数（45％～89％），Geobacteraceae 在海洋部署的阳极上与对照相比，具有 100 倍的丰富性。在每一种情况下，阳极表面的微生物多样性都明显低于在沉积物中培育相同时间的对照电极上的微生物多样性，这是由于 δ-Proteobacteria 的显著富集。由此也可以得知，产电微生物本身存在于沉积物中，完全能够与利用其他电子受体的微生物进行竞争并胜出。Geobacteraceae 通常是阳极上的优势微生物，但是其他电极还原微生物也是富集的，在某些情况下可能占主导地位。沉积物 MFC 上存在能够还原三价铁的微生物的特定富集，但沉积物类型会影响占主导地位的铁还原微生物。例如：在淡水沉积物中，这些 Geobacteraceae 序列完全来自 Geobacteraceae 的 Geobacter 簇，主要含有淡水微生物；在海洋沉积物中的 Geobacteraceae 序列来自主要含有海洋生物的脱硫单胞菌属（*Desulfuromonas*）簇。

δ-Proteobacteria 的优势明显出现在沉积物 MFC 中，可能是由于阳极浸没在缺氧的沉积物中，保持严格的厌氧条件。相比之下，氧气可以在其他类型的 MFC 中扩散到阳极室中。

（4）高温 MFC

少数研究者研究了实验室正常温度之外的较高温度时 MFC 的性能。Jong 等[162]开发了适用于连续发电的高温无介质微生物燃料电池（ML-MFC）（不需要介质来促进电子转移到 MFC 电极），同时处理啤酒厂废水。以乙酸为燃料，55℃下连续产生（1030±340）mW/m^2 的最大功率密度。变性梯度凝胶电泳（DGGE）和 16S rRNA 基因分析表明，该 ML-MFC 系统的细菌多样性低于接种物。用作阳极的两片石墨毡上的细菌群落并不相同，造成差异的原因并不清楚。结合所有石墨毡的检测结果，根据直接 16S rRNA 基因分析，只有 13 种不同类型的细菌。在 13 个具有代表性的克隆序列中，5 个序列与未培养克隆 E4 同源性最高（97%～99%），7 个与粪热杆菌属（Genus *Coprothermobacter*）相关（89%～99%），1 个与热脱硫弧菌属（*Thermodesulfovibrio*）（99%）相关。直接 16S rDNA 分析表明，57.8%的克隆序列在系统发育上与非培养克隆 E4 相关性非常高，该优势克隆与 *Deferribacter desulfuricans* SSM1 有亲缘关系（88%），这是一种新型的硫、硝酸、砷还原嗜热菌，最初从深海热液中分离出来；另外是 15.1%的克隆序列与粪热杆菌属相关。这是第一次显示嗜热的电化学活性细菌可以被富集发电并且在嗜热的 ML-MFC 中处理人造废水。

在杨静花[163]的研究中，以污水厂厌氧段污泥作为接种源，通过在中温（35℃）和高温（55℃）下进行培养，以乙酸钠为底物启动 MFC 系统富集产电。结果表明：在温度为 35℃左右时电池的产电效率较高，最高电压可以达到 600mV，影响产电的限制因素主要为传质限制；在温度为 55℃左右时，产电电压只能达到 130mV。这是因为高温时影响因素较多，电池的内阻也较大，在较高温度下微生物群落较为简单。

2.2.6 产氢微生物

氢能是一种清洁能源，它不仅可以缓解能源危机，还可以解决化石燃料带来的环境污染，因此具有广泛的应用前景。目前世界上所有的制氢技术大致分为两类：一类是化学方法制氢，就是以自然界中已经存在的碳氧化合物为原料，经过一系列的化学方法将其转化为氢气，一般情况下利用化学方法制氢要消耗大量的矿物质资源，同时需要大量的电能、热能等其他较为苛刻的外界条件，而且还会产生重大的污染；另一类就是利用生物制氢的方法，它主要是利用海藻类和微生物类生物的生长和发酵来制氢，生物制氢的反应条件温和，节能，而且可再生，同时还可以治理工业污染等，所以生物制氢的方法在氢气生产与应用中的地位越来越显著[164]。

目前，产氢菌主要包括梭菌（*Clostridium*）[165]、肠杆菌（*Enterobacter*）[166]、芽孢杆菌（*Bacillus*）[167]、埃希氏菌（*Escherichia*）[168]等几大类。生物制氢是通过微生物的作用将有机物分解，获得氢气。生物制氢可分为光合生物制氢和厌氧发酵制氢两大类。光合生物制氢主要利用光合细菌和一些藻类进行产氢，厌氧发酵制氢则利用厌氧发酵细菌进行产氢[169]。

光合细菌产氢的机制：光合作用单位捕获光子后，将其能量运送到光合反应中心并产生高能电子，造成质子梯度，从而合成 ATP。在这个过程中产生的高能电子通过 Fd-$NADP^+$ 还原酶与 $NADP^+$ 结合形成 NADPH，固氮酶利用 NADPH 和 ATP 还原 H^+，形成 H_2。为了继续进行光合作用，光合细菌需要以还原型硫化物或有机物作为电子供体，使失去电子的光合反应中心得到电子以回到基态。光合细菌产氢由固氮酶[170]介导，所以一般需要充足的光照和严格的厌氧条件。

按照形成氢的电子供体将发酵产氢细菌分为两大类群：一是专性厌氧的细菌类群，包括梭菌属、甲基营养菌、产甲烷菌、瘤胃细菌、脱硫菌等；二是兼性厌氧的细菌类群，包括肠道细菌。

以丁酸型发酵产氢的细菌主要有梭状芽孢杆菌属、丁酸弧菌属等，其主要末端产物有二氧化碳、氢气、乙酸、丁酸和少量的丙酸等[171]。丁酸型发酵的底物主要有葡萄糖、蔗糖、淀粉等可溶性碳水化合物。这些底物在兼性厌氧菌或严格厌氧细菌的作用下经 EMP 途径生成丙酮酸，丙酮酸在铁氧还蛋白氧化还原酶的作用下脱酸后形成羟乙基与硫胺素焦磷酸的复合物，紧接着该复合物将电子转移给铁氧还蛋白，使其还原，还原型的铁氧还蛋白在铁氧还蛋白氢化酶的作用下重新氧化，同时释放 H_2。

以丙酸型发酵途径产氢的产氢细菌主要为丙酸杆菌属。其主要末端产物包括二氧化碳、氢气、乙酸、丙酸和丁酸[171,172]。酵母膏、牛肉膏、蛋白胨等含氮有机化合物和许多难降解的碳水化合物如纤维素在厌氧发酵过程中也往往发生丙酸型发酵。这些物质经 EMP 途径产生的 H^+ 和 NADH 与丙酸、乳酸和乙醇等发酵过程相耦联而氧化为 NAD^+，从而使代谢过程中的 NADH/NAD^+ 保持平衡。但当 NAD^+ 的形成较慢时，会积累 NADH 与 H^+。为了使 NADH/NAD^+ 平衡，微生物体内的铁氧还蛋白氢化酶通过释放分子氢的方式使 NAD^+ 再生。

以混合酸途径产氢发酵的细菌主要有志贺氏菌属和埃希氏菌属等。其主要末端产物有二氧化碳、氢气、乳酸或乙醇、乙酸和甲酸等。在混合酸产氢过程中，底物生成的丙酮酸脱羧，形成乙酰基和甲酸，甲酸随后裂解生成二氧化碳、氢气。

乙醇型发酵产氢途径是任南琪等在利用有机废水进行产酸发酵过程中发现的。这一发酵类型的优势菌为哈尔滨产乙醇杆菌。其主要末端产物有二氧化碳、氢气、乙醇、乙酸和少量丁酸。在乙醇型发酵制氢过程中，葡萄糖生成的丙酮酸在丙酮酸脱羧酶的作用下脱羧生成乙醛，然后在乙醇脱氢酶的作用下形成乙醇。在这个过程中，还原型铁氧还蛋白被氢化酶还原的同时释放出氢气。

各种生物制氢都有各自的优缺点。利用真核藻类、蓝细菌、光合细菌等光合生物进行发酵产氢最大的优点就是可以直接将太阳能转化为氢能，在很大程度上节约了能源。但最大的缺点也在此，该类生物的生长都需要阳光，晚上都无法制氢，它们制氢的周期也就大大缩小，而且比较容易有地域的限制，制约该方法的推广和应用。

对于异养型厌氧细菌的生物制氢方法来说，在制氢的时候就不会受到阳光等自然因素的影响，在任何地域，任何时间，只要有发酵设备，满足发酵细菌的条件就可以进行生物制氢。而且，此类细菌可以利用多种碳源进行发酵制氢，在利用此类细菌进行生物制氢的同时，还可以对含有丰富碳源的城市污染物、污水以及生物质进行能源的转化，在得到清洁能源的同时，还有效地保护了环境，可谓是一举两得的事情，是一种更优的选择方向。

因此，与光合制氢相比，厌氧发酵法制氢具有以下优越性[173]：

① 发酵产氢菌种的产氢能力要高于光合细菌，而且发酵产氢细菌的生长速率一般比光合细菌快。

② 厌氧发酵制氢利用有机底物制取氢气，它不需要光源，所以不受光源条件的限制，而且操作及管理较为简单方便。

③ 可利用的底物范围广泛，可利用有机废水如糖蜜废水，有机固体废物如畜禽粪便、城市垃圾、植物（如农作物）秸秆、果渣等。

④ 厌氧发酵产氢细菌更易于保存和运输。

因此，在生物制氢技术中厌氧发酵制氢具有更为广阔的发展空间。

2.3 本章小结

本章针对环境生物电化学中的核心要素——阳极微生物展开讨论，从产电微生物的来源开始了解产电菌的发现历程。产电微生物具有丰富的物种多样性，已在细菌域、古菌域和真核生物域中发现产电微生物，随着研究的深入，发现的产电微生物种类会不断增加。本章系统地分析了产电微生物的获取方式以及对纯种的改造，便于利用现有的产电微生物以及改造出具有新性能的产电微生物。产电微生物是 MFC 的功能之源，要改进 MFC 的性能，必须选育优质产电微生物并优化其生长条件。在 MFC 实际应用中常以混合菌种接种，本章分别介绍了好氧 MFC、厌氧 MFC 和沉积物 MFC 中的产电微生物群落。MFC 工作过程中不同的外界条件会对阳极微生物造成影响，最终影响 MFC 的电池性能。本章也简要介绍了产氢微生物及其应用。

参 考 文 献

[1] Derek R，Lovley. Microbial fuel cells：novel microbial physiologies and engineering approaches [J]. Current opinion in biotechnology，2006，17 (3)：327-332.

[2] 费讲驰，滕瑶，熊利芝，等. 微生物燃料电池中产电微生物的系统发育分析及筛选 [J]. 微生物学杂志，2014，34 (1)：33-40.

[3] Kim H J, Park H S, HyunMs, et al. A mediator-less microbial fuel cell using a metal reducing bacterium, *Shewanella putrefaciens* [J]. Enzyme and Microbial Technology, 2002, 30 (2): 145-152.

[4] Park D H, Zeikus J G. Impact of electrode composition on electricity generation in a single-compartment fuel cell using *Shewanella putrefaciens* [J]. Applied microbiology and biotechnology, 2002, 59 (1): 58-61.

[5] 张霞，肖莹，周巧红，等．微生物燃料电池中产电微生物的研究进展 [J]. 生物技术通报，2017，33 (10)：64-73.

[6] 何慧．产电微生物的筛选、诱变育种及应用研究 [D]. 合肥：中国科学技术大学，2013.

[7] John F, Heidelberg, Ian T, et al. Genome sequence of the dissimilatory metal ion-reducing bacterium *Shewanella oneidensis* [J]. Nature biotechnology, 2002, 20 (11): 1118-1123.

[8] Kim B H, Kim H J, Hyun M S, et al. Direct electrode reaction of Fe(Ⅲ)-reducing bacterium, *Shewanella putrefaciens* [J]. Journal of Microbiology and Biotechnology, 1999, 9 (2): 127-131.

[9] 李颖，孙永明，孔晓英，等．微生物燃料电池中产电微生物的研究进展 [J]. 微生物学通报，2009，36 (09)：1404-1409.

[10] Bretschger O, Obraztsova A, Sturm et al. Current production and metal oxide reduction by *Shewanella oneidensis* MR-1 wild type and mutants [J]. Applied and Environmental Microbiology, 2007, 73 (21): 7003-7012.

[11] Xing D F, Cheng S A, John M, et al. Change in microbial communities in acetate- and glucose-fed microbial fuel cells in the presence of light [J]. Biosensors & bioelectronics, 2009, 25 (1): 105-111.

[12] Fedorovich V, Knighton M C, Pagaling E, et al. Novel Electrochemically Active Bacterium Phylogenetically Related to Arcobacter butzleri, Isolated from a Microbial Fuel Cell [J]. Applied and Environmental Microbiology, 2009, 75 (23): 7326-7334.

[13] 杨佳．高活性产电微生物的筛选及其在微生物燃料电池中的产电性能分析 [D]. 天津：天津科技大学，2013.

[14] 周良，刘志丹，连静，等．利用微生物燃料电池研究 *Geobacter metallireducens* 异化还原铁氧化物 [J]. 化工学报，2005 (12)：2398-2403.

[15] 邓丽芳，李芳柏，周顺桂，等．克雷伯氏菌燃料电池的电子穿梭机制研究 [J]. 科学通报，2009，54 (19)：2983-2987.

[16] Luo J, Jia Y, He H, et al. A new electrochemically active bacterium phylogenetically related to *Tolumonas osonensis* and power performance in MFCs [J]. Bioresour Technol, 2013, 139 (7): 141-148.

[17] 王维大，李浩然，冯雅丽，等．微生物燃料电池的研究应用进展 [J]. 化工进展，2014 (05)：1067-1076.

[18] 冯玉杰，李贺，王鑫，等．电化学产电菌的分离及性能评价 [J]. 环境科学，2010，31 (11)：2804-2810.

[19] 唐祖明，郁颖蕾，戎非，等．一种快速筛选产电微生物的方法 . CN102586389A [P/OL]. 2012-07-18.

[20] 谢作甫，郑平，张吉强，等．产电微生物及其生理生化特性 [J]. 科技通报，2013，29 (03)：32-39.

[21] Garrity G M. Bergey's Manual® of Systematic Bacteriology [M] . Springer, 1984.

[22] Madigan M T, Martinko J M, STAHL D A, et al. Brock Biology of Microorganisms [M]. Pearson, 2012.

[23] Esteven E Z A, Rothermich M, Sharma M, et al. Growth of *Geobacter sulfurreducens* under nutrient-limiting conditions in continuous culture [J]. Environmental Microbiology, 2005, 7 (5): 641-648.

[24] 郑平．环境微生物学 [M] . 杭州：浙江大学出版社，2012.

[25] Sharma V, Kundu P P. Biocatalysts in microbial fuel cells [J]. Enzyme & Microbial Technology, 2010, 47 (5): 179-188.

[26] Schaetale O, Barrière F, Baronian K. Bacteria and yeasts as catalysts in microbial fuel cells: electron transfer from micro-organisms to electrodes for green electricity [J]. Energy & Environmental Science, 2008, 1 (6): 607-620.

[27] 张逸驰，蒋昭泓，刘颖．电化学活性微生物在微生物燃料电池阳极中的应用 [J]. 分析化学，2015 (1)：155-163.

[28] 王国惠．环境工程微生物学 [M]. 北京：科学出版社，2011.

［29］ 乐毅全，王世芬．环境微生物学［M］．第2版．北京：化学工业出版社，2011.

［30］ Gomelsky M，Kaplan S. The *Rhodobacter sphaeroides* 2.4.1 rho gene：Expression and genetic analysis of structure and function［J］. Journal of bacteriology，1996，178（7）：1946-1954.

［31］ Rosenbaum M，Schroder U，Scholz F. In situ electrooxidation of photobiological hydrogen in a photobioelectrochemical fuel cell based on *Rhodobacter sphaeroides*［J］. Environmental science & technology，2005，39（16）：6328-6333.

［32］ 张玲华，邝哲师，陈薇，等．高活性光合细菌沼泽红假单胞菌培养特性初探［J］．华南师范大学学报：自然科学版，2001（4）：37-39.

［33］ Xing D，Zuo Y，Cheng S，et al. Electricity generation by *Rhodopseudomonas palustris* DX-1［J］. Environmental science and technology，2008，42（11）：4146-4151.

［34］ 谢丽，凌超，赵鸿涛，等．景观水质净化菌剂的筛选、复配及净化效果优化［J］．环境化学，2017，36（8）：1858-1867.

［35］ Zuo Y，Xing D，Renan J，et al. Isolation of the exoelectrogenic bacterium *Ochrobactrum anthropi* YZ-1 by using a U-tube microbial fuel cell［J］. Apploed and Environmental Microbiology，2008，74（10）：3130-3137.

［36］ Walker A，Walker C. Biological fuel cell and an application as a reserve power source［J］. Journal of Power Sources，2006，160（1）：123-129.

［37］ Borole A，O'neill H，Tsouris C，et al. A microbial fuel cell operating at low pH using the acidophile *Acidiphilium cryptum*［J］. Biotechnology Letters，2008，30（8）：1367-1372.

［38］ Chaudhuris，Lovley D. Electricity generation by direct oxidation of glucose in mediatorless microbial fuel cells［J］. Nature Biotechnology，2003，21（10）：1229-1232.

［39］ Liu Z，Li H. Effects of bio- and abio-factors on electricity production in a mediatorless microbial fuel cell［J］. Biochemical Engineering Journal，2007，36（3）：209-214.

［40］ Gumaelius L，Magnusson G，Pettersson B，et al. Comamonas denitrificans sp nov.，an efficient denitrifying bacterium isolated from activated sludge［J］. International Journal of Systematic and Evolutionary microbiology，2001，51（3）：999-1006.

［41］ M Garrity G，J A B，T G L. Taxonomic Outline of the Prokaryotes，Bergey's Manual of Systematic Bacteriology［M］. 2nd ed. New York：springer，2004.

［42］ 李颖，孙永明，孔晓英，等．菌株 *Dysgonomonas mossii* 的分离及产电特性［J］．农业工程学报，2011（S1）：181-184.

［43］ Hau H H，Gralnick J A. Ecology and biotechnology of the genus *Shewanella*［J］. Annual Review of Microbiology，2007，61：237-258.

［44］ Martin D，Stanley F，Eugene R，et al. The Prokaryotes［M］. 3rd ed. Singapore：Springer Science ＋ Business Media，2006.

［45］ Venkateswaran K，Moser D P，Dollhopf M E，et al. Polyphasic taxonomy of the genus *Shewanella* and description of *Shewanella oneidensis* sp. nov.［J］. Internationnal Journal of Systematic Bacteriology，1999，49（2）：705-724.

［46］ 范平，支银芳，吴夏芫，等．微生物燃料电池中阳极产电微生物的研究进展［J］．生物学通报，2011（10）：6-9.

［47］ Ringeisen B，Henderson E，Wu P，et al. High power density from a miniature microbial fuel cell using *Shewanella oneidensis* DSP10［J］. Environmental Science and Technology，2006，40（8）：2629-2634.

［48］ Biffinger J C，Fitzgerald L A，Ray R，et al. The utility of *Shewanella japonica* for microbial fuel cells［J］. Bioresource Technology，2011，102（1）：290-297.

［49］ Li S L，Freguia S，Liu S M，et al. Effects of oxygen on *Shewanella decolorationis* NTOU1 electron transfer to carbon-felt electrodes［J］. Biosensors and Bioelectronics，2010，25（12）：2651-2656.

［50］ Gregory J N，Shigeki M，Ryuhei N，et al. Analyses of currentgenerating mechanisms of *Shewanella loihica*

PV-4 and *Shewanella oneidensis* MR-1 in microbial fuel cells [J]. Apploed and Environmental Microbiology, 2009, 75 (24): 7674-7681.

[51] Fitzgerald L A, Petersen E R, Leary D H, et al. *Shewanella frigidimarina* microbial fuel cells and the influence of divalent cations on current output [J]. Biosensors and Bioelectronics, 2013, 40 (1): 102-109.

[52] 梁鹏，王慧勇，黄霞，等. 环境因素对接种 *Shewanella baltica* 的微生物燃料电池产电能力的影响 [J]. 环境科学，2009，30 (07)：2148-2152.

[53] Huang J X, Sun B L, Zhang X B. Electricity generation at high ionic strength in microbial fuel cell by a newly isolated *Shewanella marisflavi* EP1 [J]. Applied Microbiology and Biotechnology, 2010, 85 (4): 1141-1149.

[54] Bretschger O, Cheung A, Mansfeld F, et al. Comparative microbial fuel cell evaluations of *Shewanella* spp. [J]. Electroanalysis, 2010, 22 (7-8): 883-894.

[55] Kim H J, Park H S, Hyun M S, et al. A mediator-less microbial fuel cell using a metal reducing bacterium, *Shewanella putrefaciense* [J]. Enzyme and Microbial Technology, 2002, 30 (2): 145-152.

[56] Fredrickson J K, Romine M F, Beliaev A S, et al. Towards environmental systems biology of *Shewanella* [J]. Nature reviews microbiology, 2008, 6 (8): 592-603.

[57] 黄杰勋. 产电微生物菌种的筛选及其在微生物燃料电池中的应用研究 [D]. 合肥：中国科学技术大学，2009.

[58] J W C. Surface chemistry and acid-base activity of *Shewanella putrefaciens*: Cell wall charging and metal binding to bacterial cell walls [D]. Utrecht: Earth Science-Geochemistry Utrecht, Utrecht University, 2006.

[59] Marsili E, Baron D, Shikhare I, et al. *Shewanella* secretes flavins that mediate extracellular electron transfer [J]. Proceedings of the National Academy of Sciences of the United States of America, 2008, 105 (10): 3968-3973.

[60] Sekar R, Shin H, Dichristina T. Activation of an otherwise silent xylose metabolic pathway in *Shewanella oneidensis* [J]. Apploed and Environmental Microbiology, 2016, 82 (13): 3996-4005.

[61] Meiying X, Jun G, Yinghua C, et al. *Shewanella decolorationis* sp. nov. a dyedecolorizing bacterium isolated from activated sludge of a wastewater treatment plant [J]. International Journal of Systematic and Evolutionary Microbiology, 2005, 55 (1): 363-368.

[62] Nimje V, Chen C, Chen H, et al. Comparative bioelectricity production from various wastewaters in microbial fuel cells using mixed cultures and a pure strain of *Shewanella oneidensis* [J]. Bioresource Technology, 2012, 104: 315-323.

[63] 陈慧，郑平，谢作甫，等. *Shewanella* 燃料电池的原理、组成和性能 [J]. 环境科学与技术，2014，37 (10)：37-41.

[64] 杨其升. 动物微生物学 [M]. 长春：吉林科学技术出版社，1995：677-684.

[65] 陆承平. 致病性嗜水气单胞菌及其所致鱼病综述 [J]. 水产学报，1992，16 (3)：282-286.

[66] 吴会民，林文辉，石存斌. 嗜水气单胞菌研究概述 [J]. 河北渔业，2007 (03)：7-11.

[67] Pham C, Jung S, Phung N, et al. A novel electrochemically active and Fe(Ⅲ)-reducing bacterium phylogenetically related to *Aeromonas hydrophila*, isolated from a microbial fuel cell [J]. Fems Microbiology Letters, 2003, 223 (1): 129-134.

[68] Rabaey K, Boon N, Siciliano S, et al. Biofuel cells select for microbial consortia that self-mediate electron transfer [J]. Apploed and Environmental Microbiology, 2004, 70 (9): 5373-5382.

[69] 李桂杰，朱瑞良，徐刚. 克雷伯氏菌的研究现状综述 [J]. 山东畜牧兽医，1997 (02)：36-37.

[70] 邓丽芳，李芳柏，周顺桂，等. 克雷伯氏菌燃料电池的电子穿梭机制研究 [J]. 科学通报，2009，54 (19)：2983-2987.

[71] Zhang L, Zhou S, Zhuang L, et al. Microbial fuel cell based on *Klebsiella pneumoniae* biofilm [J]. Electrochem Commun, 2008, 10 (10): 1641-1643.

[72] Li X, Zhou S, Li F, et al. Fe(Ⅲ) oxide reduction and carbon tetrachloride dechlorination by a newly isolated

Klebsiella pneumoniae strain L17 [J]. Journal of Applied Microbiology，2009，106 (1)：130-139.

[73] 李颖，孙永明，孔晓英，等．微生物燃料电池中一株产电菌 *Citrobacter freundii* 的分离及特性研究 [J]. 太阳能学报，2012，33 (11)：1968-1972.

[74] Liu L，Lee D，Wang A，et al. Isolation of Fe(Ⅲ)-reducing bacterium，*Citrobacter sp* LAR-1，for startup of microbial fuel cell [J]. International Journal of Hydrogen Enengy，2016，41 (7)：4498-4503.

[75] Park D H，Zeikus J G. Improved fuel cell and electrode designs for producing electricity from microbial degradation [J]. Biotechnology and Bioengineering，2003，81 (3)：348-355.

[76] 张甜，彭汉勇，陈胜利，等．基于大肠杆菌催化的微生物燃料电池 [J]．武汉理工大学学报，2006，28 (SⅡ)：432-436.

[77] Liu Y，Kim H，Franklin R，et al. Gold line array electrodes increase substrate affinity and current density of electricity-producing *G. sulfurreducens* biofilms [J]. Energy and Environmental Science，2010，3 (11)：1782-1788.

[78] Bond D，Holmes D，Tender L，et al. Electrode-reducing microorganisms that harvest energy from marine sediments [J]. Science，2002，295 (5554)：483-485.

[79] Murillo F M，Gugliuzza T，Senko J，et al. A heme-C-containing enzyme complex that exhibits nitrate and nitrite reductase activity from the dissimilatory iron-reducing bacterium *Geobacter metallireducens* [J]. Archives of Microbiology，1999，172 (5)：313-320.

[80] Afkar E，Fukumori Y. Purification and characterization of triheme cytochrome c_7 from the metal-reducing bacterium，*Geobacter metallireducens* [J]. Fems Microbiology Letters，1999，175 (2)：205-210.

[81] Kane S，Beller H，Legler T，et al. Biochemical and genetic evidence of benzylsuccinate synthase in toluene-degrading，ferric iron-reducing *Geobacter metallireducens* [J]. Biodegradation，2002，13 (2)：149-154.

[82] Lovley D R，GiovannoniI S J，White D C，et al. *Geobacter metallireducens* gen. nov. sp. nov.，a microorganism capable of coupling the complete oxidation of organic compounds to the reduction of iron and other metals [J]. Archives of Microbiology，1993，159 (4)：336-344.

[83] Call D，Logan B. A method for high throughput bioelectrochemical research based on small scale microbial electrolysis cells [J]. Biosensors and Bioelectronics，2011，26 (11)：4526-4531.

[84] Childers S，Ciufo S，Lovley D. *Geobacter metallireducens* accesses insoluble Fe(Ⅲ) oxide by chemotaxis [J]. Nature，2002，416 (6882)：767-769.

[85] Holmes D，Nicoll J，Bond D，et al. Potential role of a novel psychrotolerant member of the family *Geobacteraceae*，*Geopsychrobacter electrodiphilus* gen. nov.，sp nov.，in electricity production by a marine sediment fuel cell [J]. Apploed and Environmental Microbiology，2004，70 (10)：6023-6030.

[86] Liu Y，Harnisch F，Fricke K，et al. Improvement of the anodic bioelectrocatalytic activity of mixed culture biofilms by a simple consecutive electrochemical selection procedure [J]. Biosensors and Bioelectronics，2008，24 (4)：1006-1011.

[87] Michael A，Ivano B，Paola T，et al. A quick solution structuredet ermination of the fully oxidized double mutant K9-10A cytochrome c_7 from *Desulfuromonas acetoxidans* and mechani sticimplications [J]. Journal of biomolecular NMR，2002，22 (2)：107-122.

[88] Childers S，Ciufo S，Lovley D R. *Geobacter metallireducens* accesses insoluble Fe(Ⅲ) oxide by chemotaxis [J]. Nature，2002，416 (6882)：767-769.

[89] 冯雅丽，周良，祝学远，等．*Geobacter metallireducens* 异化还原铁氧化物三种方式 [J]. 北京科技大学学报，2006，28 (6)：524-529.

[90] Roden E E，Lovley D R. Dissimilatory Fe(Ⅲ) reduction by the marine microorganism *Desulfuromonas acetoxidans* [J]. Apploed and Environmental Microbiology，1993，59 (3)：734-742.

[91] Czjzek M，Arnoux P，Haser R，et al. Structure of cytochrome c_7 from *Desulfuromonas acetoxidans* at 1.9 angstrom resolution [J]. Acta Crystallographica section D-biological crystallography，2001，57 (5)：

670-678.

[92] Chottard G, Kazanskaya I, Bruschi M. Resonance raman study of multihemic *c*-type cytochromes from *Desulfuromonas acetoxidans* [J]. European Journal of Biochemistry, 2000, 267 (4): 1050-1058.

[93] Correia I, Paquete C, Louro R, et al. Thermodynamic and kinetic characterization of trihaem cytochrome c_3 from *Desulfuromonas acetoxidans* [J]. European Journal of Biochemistry, 2002, 269 (22): 5722-5730.

[94] Fedorovich V, Knighton M, Pagaling E, et al. Novel electrochemically active bacterium phylogenetically related to arcobacter butzleri, isolated from a microbial fuel cell [J]. Apploed and Environmental Microbiology, 2009, 75 (23): 7326-7334.

[95] George M. Garrity. Bergey's manual of systematic bacteriology [M] . 2nd ed. Berlin: Springer-Verlag, 2005: 1161-1165.

[96] 骆海朋．应用纤维膜过滤方法从鱼肠内容物中分离到一株布氏弓形杆菌 [J]. 中国食品卫生杂志, 2010, 22 (2): 109-112.

[97] Park H, Kim B, Kim H, et al. A novel electrochemically active and Fe(Ⅲ)-reducing bacterium phylogenetically related to *Clostridium butyricum* isolated from a microbial fuel cell [J]. Anaerobe, 2001, 7 (6): 297-306.

[98] Wrighton K, Agbo P, Warnecke F, et al. A novel ecological role of the Firmicutes identified in thermophilic microbial fuel cells [J]. ISME Journal: Multidisciplinary Journal of Microtial Ecology, 2008, 2 (11): 1146-1156.

[99] Finch A S, Mackie T D, Sund C J, et al. Metabolite analysis of *Clostridium acetobutylicum*: Fermentation in a microbial fuel cell [J]. Bioresource Technology, 2011, 102 (1): 312-315.

[100] Liu J, Guo T, Wang D, et al. Clostridium beijerinckii mutant obtained atmospheric pressure glow discharge generates enhanced electricity in a microbial fuel cell [J]. Biotechnology Letters, 2015, 37 (1): 95-100.

[101] Zhu L, Chen H, Huang L, et al. Electrochemical analysis of *Clostridium propionicum* and its acrylic acid production in microbial fuel cells [J]. Engineering in Life Sciences, 2011, 11 (3): 238-244.

[102] Sund C J, Mcmasters S, Crittenden S R, et al. Effect of electron mediators on current generation and fermentation in a microbial fuel cell [J]. Applied Microbiology and Biotechnology, 2007, 76 (3): 561-568.

[103] Kim G T, Hyun M S, Chang I S, et al. Dissimilatory Fe(Ⅲ) reduction by an electrochemically active lactic acid bacterium phylogenetically related to *Enterococcus gallinarum* isolated from submerged soil [J]. Journal of Applied Microbiology, 2005, 99 (4): 978-987.

[104] Zhang E, Cai Y, Luo Y, et al. Riboflavin-shuttled extracellular electron transfer from *Enterococcus faecalis* to electrodes in microbial fuel cells [J]. Canadian Journal of Microbiology, 2014, 60 (11): 753-759.

[105] Nimje V R, Chen C Y, Chen C C, et al. Stable and high energy generation by a strain of *Bacillus subtilis* in a microbial fuel cell [J]. Journal of Power Source, 2009, 190 (2): 258-263.

[106] Islam M A, Ethiraj B, Cheng C K, et al. Electrogenic and antimethanogenic properties of *Bacillus cereus* for enhanced power generation in anaerobic sludge-driven microbial fuel cells [J]. Energy & Fuels, 2017, 31 (6): 6132-6139.

[107] Vilas B J, Oliveira V B, Marcon L R C, et al. Effect of operating and design parameters on the performance of a microbial fuel cell with *Lactobacillus pentosus* [J]. Biochemical Engineering Journal, 2015, 104: 34-40.

[108] Bond D, Lovley D. Evidence for involvement of an electron shuttle in electricity generation by *Geothrix fermentans* [J]. Appl Environ Microb, 2005, 71 (4): 2186-2189.

[109] Liu M, Yuan Y, Zhang L X, et al. Bioelectricity generation by a Gram-positive *Corynebacterium* sp. strain MFC03 under alkaline condition in microbial fuel cells [J]. Bioresource Technology, 2010, 101 (6): 1807-1811.

[110] Wu C Y, Zhuang L, Zhou S G, et al. *Corynebacterium humireducens* sp. nov., an alkaliphilic, humic acid-reducing bacterium isolated from a microbial fuel cell [J]. International Journal of Systematic and Evolutionary

Microbiology, 2011, 61: 882-887.

[111] Reiche A, Sivell J L, Kirkwood K M. Electricity generation by *Propionibacterium freudenreichii* in a mediatorless microbial fuel cell [J]. Biotechnology Letters, 2016, 38 (1): 51-55.

[112] 吴义诚，王泽杰，傅海燕，等．光合细菌在微生物燃料电池中的应用研究进展 [J]. 微生物学通报，2016 (12): 2707-2713.

[113] Chaudhuri S K, Lovley D R. Electricity generation by direct oxidation of glucose in mediatorless microbial fuel cells [J]. Nature Biotechnology, 2003, 21 (10): 1229-1232.

[114] Xing D, Zuo Y, Cheng S, et al. Electricity generation by *Rhodopseudomonas palustris* DX-1 [J]. Environmental Science & Technology, 2008, 42 (11): 4146-4151.

[115] 祝学远，冯雅丽，李少华，等．单室直接微生物燃料电池的阴极制作及构建 [J]. 过程工程学报，2007 (3): 594-597.

[116] Cho Y K, Donohue T J, Tejedor I, et al. Development of a solar-powered microbial fuel cell [J]. Journal of Applied Microbiology, 2008, 104 (3): 640-650.

[117] Cao X, Huang X, Boon N, et al. Electricity generation by an enriched phototrophic consortium in a microbial fuel cell [J]. Electrochemistry Communications, 2008, 10 (9): 1392-1395.

[118] 吴义诚，王泽杰，刘利丹，等．利用光微生物燃料电池实现养猪废水资源化利用研究 [J]. 环境科学学报，2015 (2): 456-640.

[119] Chandra R, Subhash G V, Mohan S V. Mixotrophic operation of photo-bioelectrocatalytic fuel cell under anoxygenic microenvironment enhances the light dependent bioelectrogenic activity [J]. Bioresource Technology, 2012, 109: 46-56.

[120] Abrevaya X C, Sacco N, Mauas P J D, et al. Archaea-based microbial fuel cell operating at high ionic strength conditions [J]. Extremophiles, 2011, 15 (6): 633-642.

[121] 吴夏芫，周楚新，支银芳，等．微藻型微生物燃料电池的研究进展 [J]. 环境科学与技术，2012 (4): 82-86.

[122] Berk R S, Canfield J H. Bioelectrochemical energy conversion [J]. Applied Microbiology, 1964, 12: 10-12.

[123] Tanaka K, Tamamushi R, Ogawa T. Bioelectrochemical fuel - cells operated by the cyanobacterium, *Anabaena variabilis* [J]. Journal of Chemical Technology and Biotechnology, 1985, 35 (3): 191-197.

[124] Tanaka K, Kashiwagi N, Ogawa T. Effects of light on the electrical output of bioelectrochemical fuel-cells containing *Anabaena variabilis* M-2: Mechanism of the post-illumination burst [J]. Journal of Chemical Technology & Biotechnology, 1988, 42 (3): 235-240.

[125] Yagishita T, Horigome T, Tanaka K. Effects of light, CO_2 and inhibitors on the current output of biofuel cells containing the photosynthetic organism *Synechococcus* sp [J]. Journal of Chemical Technology & Biotechnology, 1993, 56 (4): 393-399.

[126] Gorby Y A, Yanina S, Mclean J S, et al. Electrically conductive bacterial nanowires produced by *Shewanella oneidensis* strain MR-1 and other microorganisms [J]. Proceedings of the National Academy of Sciences of the United States of America, 2006, 103 (30): 11358-11363.

[127] Zou Y, PisciottaI J, Billmyre R B, et al. Photosynthetic Microbial Fuel Cells With Positive Light Response [J]. Biotechnology and Bioengineering, 2009, 104 (5): 939-946.

[128] 何辉，冯雅丽，李浩然，等．利用小球藻构建微生物燃料电池 [J]. 过程工程学报，2009 (1): 133-137.

[129] Clauwaert P, Der Ha D V, Boon N, et al. Open air biocathode enables effective electricity generation with microbial fuel cells [J]. Environmental Science & Technology, 2007, 41 (21): 7564-7569.

[130] Wang X, Feng Y, Liu J, et al. Sequestration of CO_2 discharged from anode by algal cathode in microbial carbon capture cells (MCCs) [J]. Biosensors and Bioelectronics, 2010, 25 (12): 2639-2643.

[131] Peralta-yahya P P, Keasling J D. Advanced biofuel production in microbes [J]. Biotechnology Journal, 2010, 5 (2): 147-162.

[132] Mao L, Verwoerd W S. Selection of organisms for systems biology study of microbial electricity generation: a review [J]. International Journal of Energy & Environmental Engineering, 2013, 4 (1): 17.

[133] Ganguli R, Dunn B S. Kinetics of Anode Reactions for a Yeast-Catalysed Microbial Fuel Cell [J]. Fuel Cells, 2009, 9 (1): 44-52.

[134] Fan Y, Sharbrough E, Liu H. Quantification of the Internal Resistance Distribution of Microbial Fuel Cells [J]. Environmental Science & Technology, 2008, 42 (21): 8101-8107.

[135] Powell E E, Evitts R W, Hill G A, et al. A microbial fuel cell with a photosynthetic microalgae cathodic half cell coupled to a yeast anodic half cell [J]. Energy Sources, 2011, 33 (5): 440-448.

[136] Prasad D, Arun S, Murugesan M, et al. Direct electron transfer with yeast cells and construction of a mediatorless microbial fuel cell [J]. Biosensors & Bioelectronics, 2007, 22 (11): 2604.

[137] Haslett N D, Rawson F J, Barri Re F, et al. Characterisation of yeast microbial fuel cell with the yeast *Arxula adeninivorans as* the biocatalyst [J]. Biosensors & Bioelectronics, 2011, 26 (9): 3742.

[138] Williamsc J, Trautwein-schult A, Jankowska D, et al. Identification of uric acid as the redoxmolecule secreted by the yeast *Arxula adeninivorans* [J]. Applied Microbiology & Biotechnology, 2014, 98 (5): 2223-2229.

[139] Lee Y Y, Kim T G, Cho K S. Isolation and characterization of a novel electricity-producing yeast, *Candida* sp. IR11 [J]. Bioresource Technology, 2015, 192: 556.

[140] Jensen H M, Albers A E, Malley K R, et al. Engineering of a synthetic electron conduit in living cells [J]. Proceedings of the National Academy of Sciences of the United States of America, 2010, 107 (45): 19213-19218.

[141] Yong Y C, Yu Y Y, Yang Y, et al. Enhancement of extracellular electron transfer and bioelectricity output by synthetic porin [J]. Biotechnology and Bioengineering, 2013, 110 (2): 408-416.

[142] Yong Y C, Yu Y Y, Yang Y, et al. Increasing intracellular releasable electrons dramatically enhances bioelectricity output in microbial fuel cells [J]. Electrochemistry Communications, 2012, 19: 13-16.

[143] 李锋，宋浩．微生物胞外电子传递效率的合成生物学强化 [J]. 生物工程学报，2017，33 (3)：516-534.

[144] 李玲．产电微生物蛋白质相互作用网络及电子传递功能分析 [D]. 南京：东南大学，2016.

[145] Luo J M, Li M, Zhou M, et al. Characterization of a novel strain phylogenetically related to *Kocuria rhizophila* and its chemical modification to improve performance of microbial fuel cells [J]. Biosensors & Bioelectronics, 2015, 69: 113-120.

[146] Logan B E, Regan J M. Electricity-producing bacterial communities in microbial fuel cells [J]. Trends in Microbiology, 2006, 14 (12): 512-518.

[147] Kim B H, Park H S, Kim H J, et al. Enrichment of microbial community generating electricity using a fuel-cell-type electrochemical cell [J]. Applied Microbiology and Biotechnology, 2004, 63 (6): 672-681.

[148] Phung N T, Lee J, Kang K H, et al. Analysis of microbial diversity in oligotrophic microbial fuel cells using 16S rDNA sequences [J]. Fems Microbiology Letters, 2004, 233 (1): 77-82.

[149] Logan B E, Murano C, Scott K, et al. Electricity generation from cysteine in a microbial fuel cell [J]. Water Research, 2005, 39 (5): 942-952.

[150] Holmes D E, Bond D R, O'neill R A, et al. Microbial communities associated with electrodes harvesting electricity from a variety of aquatic sediments [J]. Microbial Ecology, 2004, 48 (2): 178-190.

[151] Lee J Y, Phung N T, Chang I S, et al. Use of acetate for enrichment of electrochemically active microorganisms and their 16S rDNA analyses [J]. Fems Microbiology Letters, 2003, 223 (2): 185-191.

[152] Kim J R, Jung S H, Regan J M, et al. Electricity generation and microbial community analysis of alcohol powered microbial fuel cells [J]. Bioresource Technology, 2007, 98 (13): 2568-2577.

[153] 孔晓英，孙永明，李连华，等．微生物燃料电池混合菌群的产电特性与分布 [J]. 太阳能学报，2014，35 (10)：1876-1882.

[154] Ishii S I, Hotta Y, Watanabe K. Methanogenesis *versus* electrogenesis: Morphological and phylogenetic comparisons of microbial communities [J]. Bioscience Biotechnology and Biochemistry, 2008, 72 (2): 286-294.
[155] Xing D, Cheng S, Regan J M, et al. Change in microbial communities in acetate- and glucose-fed microbial fuel cells in the presence of light [J]. Biosensors & Bioelectronics, 2009, 25 (1): 105-111.
[156] Jung S, Regan J M. Comparison of anode bacterial communities and performance in microbial fuel cells with different electron donors [J]. Applied Microbiology and Biotechnology, 2007, 77 (2): 393-402.
[157] Rismani-Yazdi H, Christy A D, Dehority B A, et al. Electricity generation from cellulose by rumen microorganisms in microbial fuel cells [J]. Biotechnology and Bioengineering, 2007, 97 (6): 1398-1407.
[158] Rezaei F, Xing D, Wagner R, et al. Simultaneous Cellulose Degradation and Electricity Production by Enterobacter cloacae in a Microbial Fuel Cell [J]. Applied and Environmental Microbiology, 2009, 75 (11): 3673-3678.
[159] Rabaey K, Boon N, Siciliano S D, et al. Biofuel cells select for microbial consortia that self-mediate electron transfer [J]. Applied and Environmental Microbiology, 2004, 70 (9): 5373-5382.
[160] Aelterman P, Rabaey K, Pham H T, et al. Continuous electricity generation at high voltages and currents using stacked microbial fuel cells [J]. Environmental Science & Technology, 2006, 40 (10): 3388-3394.
[161] Bond D R, Holmes D E, Tender L M, et al. Electrode-reducing microorganisms that harvest energy from marine sediments [J]. Science, 2002, 295 (5554): 483-485.
[162] Jong B C, Kim B H, Chang I S, et al. Enrichment, performance, and microbial diversity of a thermophilic mediatorless microbial fuel cell [J]. Environmental Science & Technology, 2006, 40 (20): 6449-6454.
[163] 杨静花．厌氧产氢菌群分析以及高温 MFC 和浓差电池产电的初步研究 [D]. 秦皇岛：燕山大学，2016.
[164] 高猛．高温产氢菌的快速筛选与发酵产氢特性的研究 [D]. 长春：吉林农业大学，2012.
[165] Zhang J N, Li Y H, Zheng H Q, et al. Direct degradation of cellulosic biomass to bio-hydrogen from a newly isolated strain *Clostridium sartagoforme* FZ11 [J]. Bioresource Technology, 2015, 192: 60.
[166] Sun L, Huang A, Gu W, et al. Hydrogen production by *Enterobacter cloacae* isolated from sugar refinery sludge [J]. International Journal of Hydrogen Energy, 2015, 40 (3): 1402-1407.
[167] Kumar P, Patel S K S, Jungkul L, et al. Extending the limits *of Bacillus* for novel biotechnological applications [J]. Biotechnology Advances, 2013, 31 (8): 1543-1561.
[168] TrchounianK, Sargsyan H, Trchounian A. H_2 production by *Escherichia coli* batch cultures during utilization of acetate and mixture of glycerol and acetate [J]. International Journal of Hydrogen Energy, 2015, 40 (36): 12187-12192.
[169] 张娜．产氢菌的分离鉴定及产氢条件的优化 [D]. 西安：西北大学，2010.
[170] 朱长喜，陈秉俭，宋鸿遇．镍对荚膜红假单胞菌氢酶和固氮酶活性的促进作用 [J]. 微生物学报，1987 (1): 56-60.
[171] 秦智，任南琪，李建政．丁酸型发酵产氢的运行稳定性 [J]. 太阳能学报，2004，25 (1): 46-51.
[172] 王勇，任南琪，孙寓姣，等．乙醇型发酵与丁酸型发酵产氢机理及能力分析 [J]. 太阳能学报，2002，23 (3): 366-373.
[173] 邢新会，张翀．发酵生物制氢研究进展 [J]. 生物加工过程，2005，3 (1): 1-8.

第3章

电子供体

随着工业的快速发展，工业用水量和居民用水量快速增加，使得污水大量排放，加剧了水资源短缺和废水污染问题。目前，国内外采用的污水处理方法主要有生物法、物化法、化学氧化法等[1]。生物法是应用最广泛的污水处理方法，分为好氧生物处理和厌氧生物处理等，前者能量消耗大，运行费用高，后者运行费用较低但甲烷的回收问题没有得到解决；物化法产生的废弃物容易对环境造成二次污染；化学氧化法选择性较强，实际应用困难较大。废水处理是高能耗行业，能源短缺日益加剧，节能降耗已成为废水处理行业亟需解决的问题，且有机废水含有大量可生物降解物质，利用这些物质直接回收能源将可以克服传统污水处理的缺点。采用生物电化学法处理废水，不仅是废水处理理念的创新，也是废水处理技术的创新。相对于高能耗传统污水处理技术处理这些含能污染物，生物电化学系统（bio-electrochemical system，BES）去除污染物的同时产生电能或氢能，具有适用范围广、无污染等优点，极具应用前景[2]。因此，利用生物电化学系统处理难降解有机废水成为人们的研究方向[3]。在生物电化学系统中，废水中所含的有机物主要是以碳源和电子供体的形式被阳极微生物所利用，其总能量回收效率，即库仑效率为20%～30%，其余部分包括未被氧化的能量、微生物的合成与代谢、阴极的活化电势、电阻和扩散消耗以及阴极再生等。电子供体是有机污染物被BES功能菌利用的主要形式，研究BES电子供体适用种类，有利于拓展BES应用潜力。目前，BES处理的有机物研究主要集中于易生物降解的废水，例如食品加工废水等可生化性高的废水，研究工作开展得较多；对于BES功能菌，以难降解有机污染物、有明显生物毒性的污染物作为电子供体的研究工作，这类报道较少。

为解决日益严峻的能源短缺和能源短缺引起的一系列环境等问题，人们在不懈地寻找新型可替代能源。在此过程中，拥有庞大家族的微生物进入研究者视线。微生物燃料电池（microbial fuel cell，MFC）是利用微生物将燃料中的化学能直接转化为电能的理想产电装置。与常规燃料电池相比，MFC以微生物代替昂贵的化学催化剂，因而具有更多优点：a. 燃料来源广泛，尤其可利用有机废水等废弃物制取；b. 反应条件温和，常温、常压下即可运行；c. 环境友好，无酸、碱、重金属等污染物产生；d. 因能量转化过程无燃烧步骤，故理论转化效率较高。特别是Logan等同步微生物产电和污水生物处理的研究使此技术具有了资源化与处置废弃物的双重功效，MFC再次引起了各国研究者的高度关注。众所周知，氢气具有清洁、高效、可再生等特点，将成为21世纪应用最为广泛的替代能源之一[4,5]。MEC是一种生物电化学系统（bio-electrochemistry system，BES)，当有外接电源与之相连时会引起电化学反应，将阳极液中以有机物形式储存的化学能转化为氢能。并且MEC的理论启动电压非常低，仅为0.12V，远低于电解水制氢工艺，功率也很小，属于低电耗设备，而且其成本低廉，有望成为制备氢燃料的新方法。同时，由于MEC能够利用的有机物种类非常广泛，有机废水和垃圾都可以作为MEC反应的底物，该技术可以实现生物质废物的资源化利用，在能源和环境问题日益受到重视的今天具有广阔的发展前景。

本章综述了BES处理废水时以有机污染物作为电子供体的国内外研究进展，尤其是以难生物降解和有生物毒性的有机污染物作为电子供体的研究进展，为相关研究工作提供一定的参考与借鉴。

3.1 阳极电子产生

MFC的产能离不开微生物的催化氧化过程。产电微生物氧化分解阳极室内的有机物产生电子和质子，其中电子由微生物细胞转移至阳极表面的速率与MFC的产电能力息息相关，从理论水平上开展产电微生物产生电子与电子转移机制的研究对于在实践水平上提高MFC的电能输出能力具有十分重要的意义。本节对当前MFC中主要研究的几种机制进行归纳总结，有助于读者理解MFC的运行原理，为开展相关研究奠定一定的理论基础。

3.1.1 电子产生机制

在微生物燃料电池中，产电微生物的代谢活动与电子的产生与转移密切相关。在MFC体系中，产电微生物在阳极氧化分解有机物会产生电子，该生物氧化过程主要包括NADH和FADH两种氧化途径。产电微生物的生物氧化过程主要由3个阶段组成：首先有机底物在微生物脱氢酶的作用下分解产生电子；其次电子借助多个电子载体的作用通过电子传递链传递至阴极；最后电子与最终电子受体作用，形成一个完整的路线，产生电能，同时产电微生物获得相应能量来维持自身生长。

3.1.2 电子传递机制

对于产电微生物电子传递机制的研究主要借助电化学的技术与手段，如循环伏安曲线法、计时电流法等，此外为更深入地研究电子传递机制，还要借助分子学的方法。鉴于*Shewanella*和*Geobacter*菌属的产电微生物已获得全基因组，主要对该菌属的产电微生物进行电子传递机制的研究。生物膜机制和电子穿梭机制是目前研究较多的电子传递机制，随着各类细菌全基因组的获得，人们对微生物电子传递机制将会有更多的发现与更深入的探索[6]。

(1) 生物膜机制

生物膜机制主要是指微生物能够集中在微生物燃料电池的阳极表面，形成一层薄薄的生物膜，在无电子中间介体的条件下通过纳米导线或细胞表面直接接触电极进行电子传递的方式。传递方式主要有以下两种。

① 直接接触传递　这种作用方式是指微生物直接与阳极表面进行接触。菌株 *S. putrefactions* IR-1 是首次报道的能够直接进行电子转移的产电微生物，通过在阳极表面形成电化学活性生物膜来促进直接电子转移。有研究发现，电活性生物膜在不同的生长阶段其内阻也存在较大的差异，可以考虑在生物膜的不同阶段采取合适的手段降低其内阻从而提高 MFC 的产电性能。

② “纳米导线”传递　微生物可以自身合成具有一定导电性能的菌毛或鞭毛，能通过该种“纳米导线”间接地与阳极接触，从而实现较远距离的电子传递。但是该方式存在一定的缺陷，如微生物合成“纳米导线”需要较多的能量，因此投加过多的底物可能影响 MFC 的性能。Reguera 等首次发现了菌株 *G. Sulfurreducens* 在还原三价铁的过程中生成了类似于菌毛的“纳米导线”，通过测定电导率，发现其具有很好的导电性能。继 *G. sulfurreducens* 之后研究最多的产电菌是 *S. oneidensis*，该菌在缺氧条件下能分泌大量的有机化合物和无机化合物，最初认为该菌的“纳米导线”是基于菌毛的结构，但是进一步的研究证明 *S. oneidensis* 并不产生菌毛结构，其“纳米导线”是该菌的细胞外膜和周质的扩展部分。

(2) 电子穿梭机制

所谓电子穿梭机制，即微生物利用外加或自身分泌的电子穿梭体（氧化还原介体），将代谢产生的电子转移至电极表面。由于微生物细胞膜的阻碍，大多数微生物自身不能将电子传递到电极上，需要借助可溶性氧化还原介体来进行电子传递。根据介体的不同(外源介体、微生物次级代谢物)，有介体电子传递可分为 2 种方式：a. 外源介体的有介体电子传递；b. 以微生物次级代谢物为介体的电子传递。

3.1.3 存在的问题与发展方向

虽然微生物燃料电池在结构和功能上与普通燃料电池相差无几，但是前者的产电密度却比普通燃料电池要低 2～3 个数量级，离实际应用尚有很大的距离。因此，如何进一步提高微生物燃料电池的功率密度始终是各国研究者的主要工作方向。目前，主要从以下 2 个方面着手提高电池的产电性能。

① 微生物产电和电子传递机理的研究　微生物是 MFC 的核心内容，也是微生物燃料电池与普通燃料电池的根本区别所在。明确微生物的产电及电子传递机理，可以更充分地发挥微生物的作用，指导构建更有效的微生物燃料电池。

② MFC 结构的优化　目前已建立了多种结构和形式的微生物燃料电池，每种形式都具备各自的特点。但是如何充分发挥每一部分的作用，解决质子传递、氧气渗透、催

化剂水淹等问题，需要对现有 MFC 进行优化。其中，对阳极材料的研究直接影响着 MFC 的性能。阳极是微生物的载体，阳极材料的表面和结构特性直接影响微生物的附着、生长和电子传递等过程，通过对微生物燃料电池中阳极特性的研究，一方面可以筛选出高性能的阳极材料，充分发挥产电微生物的作用，提高微生物燃料电池的产电能力；另一方面也可以作为研究微生物的有效辅助工具，进一步明确微生物的产电机理和电子传递机理。

3.2 生物电化学系统污染物降解的机理

Mohan 等的研究发现，MFCs 有较一般厌氧生物处理更强的有机物耐受能力和污染物降解能力。对此，他们的推测是 MFCs 除了生物降解的功效外，还具有一些电极直接或间接氧化的电化学催化功效，即电极表面形成活性氧、次氯酸等强氧化性分子对底物进行氧化降解。但这种电化学反应的发生一般对电池的电压（＞2.0V）、pH（碱性）以及电极材料（金属电极）等都有较高要求，而一般 MFCs 的电压低于 1.0V，pH 为中性，电极为碳基质，因而 MFCs 中电极氧化对有机物降解的贡献有限。Mohan 等也认为，微生物的代谢活动在 MFCs 的有机物降解中发挥了主要作用。

3.2.1 更有效的微生物代谢模式

微生物通过氧化磷酸化（电子传递链）途径形成质子动势产生 ATP 是最有效的能量获取方式。而在缺少电子受体的厌氧环境中，异氧微生物主要通过发酵或底物磷酸化的方式代谢有机底物。基于此，刺激微生物呼吸（电子传递）过程、调控微生物的代谢方式及速率是较为常用的促进生物修复效果的手段。例如，有选择性地向污染环境中添加微生物容易利用的电子供体（乙酸盐、乙醇等）或者电子受体（O_2、硝酸盐、三价铁等）可以分别促进电子受体类或电子供体类污染物的降解脱毒。MFCs 阳极可以作为一种稳定、经济有效的电子受体维持局部环境中微生物的厌氧呼吸。Morris 等的研究认为，电极对微生物呼吸的热力学效果与硝酸盐接近，尽管电极的氧化还原电位（－0.2V）一般远低于后者（＋0.46V）。Yan 等的研究以及 Morris 的 SMFCs 实验均表明，电极对底泥微生物降解有机物的强化作用优于三价铁（＋0.37V），与 Morris 等的观点相符。

在缺少电子受体的条件下，微生物的发酵过程往往会产生大量的有机酸、氢气等小分子产物，而这些产物的积累往往会对底物的持续降解形成反馈抑制。而产电微生物电极呼吸偏好利用小分子有机物（乙酸、乳酸等），这种“接力式”的代谢模式可以解除装置中的反馈抑制现象，能够更彻底地转化有机物中的化学能。另外，电极呼吸过程中底物的代谢途径与微生物发酵不同，一些发酵中不能利用的底物在产电过程中被代谢降解。

3.2.2 电极呼吸生物膜具有更高的代谢活性

自然界中大部分微生物以生物膜的形式生存，相互协作，以提高对不利条件的应对能力。在 MFCs 中，电极生物膜在产电和污染物降解过程中都发挥着至关重要的作用。按每个微生物细胞在电极表面占据 $1\mu m^2$ 的面积估算，单层生物膜在 $1cm^2$ 的电极表面将聚集 $10^6 \sim 10^8$ 个微生物细胞。Lovley 认为电极及其表面大量的微生物细胞可以对污染物进行吸附并集中降解。由于传质受阻，非产电条件下生物膜内部细胞的代谢活性往往会逐渐降低。而在产电 MFCs 中，生物膜内部细胞靠近电极（电子受体），可以维持更有效的呼吸。基于细胞膜通透性的荧光染色和转录谱分析表明，产电生物膜内层和外层细胞可以维持相当高的代谢活性，而且闭路状态下的电极生物膜活性比开路维持得更久。开路或闭路对浮游微生物的活性没有显著影响。

对于电极生物膜的高活性还有另外一种可能的解释：附着于基质生长的微生物活性往往比浮游状态的微生物具有更高的活性，尤其是表面呈电负性的基质。MFCs 阳极一般呈电负性，可以调节细胞膜的 pH 值，促进质子跨膜运输，产生更多的 ATP，有助于维持生物膜的代谢活性。

最近的研究还表明，产电条件下有利于提高电极生物膜内物质的扩散效率。扩散效率的提高有利于生物膜内营养物质及代谢产物的运输，这可能也是电极呼吸生物膜维持较高代谢活性的原因之一。此外，较高的扩散效率还意味着污染物在生物膜内进行更有效的流通，与微生物细胞接触的机会也会增大，这也有利于污染物在 MFCs 阳极室内的降解。

3.3 电子供体分类

为了把 Fe(Ⅲ) 还原菌的生理特性与它们潜在的环境作用相关联起来，对支持 Fe(Ⅲ) 还原的电子供体的了解是相当重要的。在大多数沉积环境中，支持 Fe(Ⅲ) 和 Mn（Ⅵ）还原的电子供体为沉积物中的复杂有机物质（Lovley，1991)。尽管 Fe(Ⅲ) 还原菌也能以糖和氨基酸作为电子供体，然而在沉积环境里它们与发酵微生物相比并不具有竞争性。就目前看来，不直接参与 Fe(Ⅲ) 还原的微生物把复杂的有机物降解为发酵产物，而这些发酵产物正是主要的电子受体（Lovley，2006)。由于在厌氧环境中，硫酸盐还原是主要的终端电子受体过程，乙酸盐就成为主要的发酵中间产物，但是生成一些其他的少数发酵酸（Kusel 等，2002)。在氧化有机物还原 Fe(Ⅲ) 的过程中，氢作为中间产物参与其中的程度还不清楚，但是氢在硫酸盐还原以及甲烷生成环境中可能并不重要，因为很多发酵微生物能把电子流传递给 Fe(Ⅲ)，否则这些电子流就会被用来产氢。有些 Fe(Ⅲ) 还原菌能代谢单环芳香化合物（Coates 等，1995）和从复杂有机物中释放出来的长链脂肪酸（Coates 等，1999)，并最终以 Fe(Ⅲ) 作为单一电子受体把它们氧化为二氧化碳。

在水热环境里，氢通常在水热流体中以高浓度出现，可能成为一个重要的电子受体，硫也可能相似。最近发现有些嗜热 Fe(Ⅲ）还原菌能够氧化诸如乙酸盐（Tor 等，2001)、单环芳香化合物（Tor 和 Lovley，2001）以及长链脂肪酸（Kashefi 等，2002）等重要的有机碳源。实际上，Fe(Ⅲ）还原嗜热菌是目前唯一能够纯培养的并能够在高于 80℃的热环境里代谢这些有机碳源的微生物。

3.3.1 有机污染物电子供体

几十年来 BES 研究工作取得长足进展，尤其在电子供体研究方面，人们尝试以不同有机物作为电子供体来发掘 BES 应用潜力。国内外研究人员研究了以多种类型的废水和有机物作为电子供体与不同的 MFC 设计和操作条件，并报道了最大功率密度值。表 3-1 比较了以不同有机污染物作为电子供体时的 MFC 效能。研究显示，MFC 可以处理有机物同时产生电能。目前对有机物作为电子供体的研究报道较多，研究人员也开始研究有毒难降解有机污染物、新型污染物，如抗生素类污染物作为电子供体，但此方面还需进一步深入研究。

表 3-1 以不同有机污染物作为电子供体时的 MFC 效能

底物	阳极	培养液/细菌	反应器结构	最大功率密度/(mW/m²)	参考文献
糖类					
葡萄糖	炭布	混合细菌培养液	双室	约 2160	[7]
乳糖	炭布	混合细菌培养液	双室	17.2	[8]
果糖	炭布	混合细菌培养液	双室	约 1810	[7]
纤维素	炭布	纤维素降解菌	双室	188	[9,10]
糖类衍生物					
半乳糖醛酸	炭布	混合细菌培养液	双室	约 1480	[7]
葡萄糖醛酸	炭布	混合细菌培养液	双室	约 2770	[7]
葡糖酸	炭布	混合细菌培养液	双室	约 2050	[7]
多元醇					
半乳糖醇	炭布	混合细菌培养液	单室	约 2650	[11]
乙醇	—	β-变形菌	双室	40±2	[12,13]
氨基酸					
丝氨酸	炭布	生活污水	单室	768	[14]
丙氨酸	炭布	生活污水	单室	556	[14]
有机酸(盐)					
乙酸	炭布	生活污水	单室	835	[15]
丙酸盐	炭布	厌氧污泥	双室	115.6	[16]
乙酸盐	炭布	硫还原地杆菌	双室	48.4±0.3	[17,18]
乳酸盐	炭布	地杆菌属	双室	52±4.7	[17,18]

续表

底物	阳极	培养液/细菌	反应器结构	最大功率密度/(mW/m²)	参考文献
其他					
海洋沉积物	石墨	变形菌	双室	14	[19,20]
加入乙酸盐的海洋沉积物	耐腐蚀石墨	变形菌	双室	25.4～26.6	[21,22]
苯酚	炭布	厌氧污泥	单室	31.3	[23]
硫化物	炭布	假单胞菌	双室	29.3	[24]
四硫磺酸盐	石墨板	需氧废水处理水样	双室	13.9	[25]
糖醛	炭布	厌氧和好氧污泥	单室	361	[26]
污水污泥	铂	大肠杆菌	单室	6000	[27,28]

微生物燃料电池处理易降解废弃物的情况如下。

相对容易降解的废弃物，包括小分子有机物、碳水化合物、蛋白质、脂肪、木质纤维素（生物质）、实际废水和污泥等，都可作为微生物燃料电池的底物。由于这些废弃物具有较低的氧化还原电位并富含电子，因此常被用作阳极产电微生物和其他种类微生物的碳源和能源。

早期微生物燃料电池多数是以葡萄糖或者乙酸钠作为反应底物。葡萄糖是生物体内新陈代谢不可缺少的营养物质，它的氧化反应放出的热量是人类生命活动所需能量的重要来源，且对微生物没有毒害作用，因此微生物可以在葡萄糖或者乙酸钠的存在下正常生长，并且很容易利用它们作为能量来源，进行发电，同时葡萄糖或乙酸钠也被微生物氧化，从而可达到降解水中有机物，降低出水中化学需氧量的目的。

乙酸和葡萄糖是最常见的两种微生物燃料电池的底物。它们也是许多废弃物降解过程的中间产物。乙酸可被产电微生物直接代谢而产电，而葡萄糖一般需要经过发酵或其他代谢转化为挥发性脂肪酸、氢气等其他产物后被产电微生物利用。但是，据报道一种纯种细菌能直接代谢葡萄糖为二氧化碳并产电，从而具有较高的库仑效率。其他的小分子，包括挥发性脂肪酸、醇类，也被用作微生物燃料电池的底物。另外，草酸盐或者三氮基三乙酸也可以在微生物燃料电池的阳极被完全降解。

氨基酸和蛋白质可以用作微生物燃料电池的底物并伴随着电能的产生。半胱氨酸、牛血清蛋白或蛋白胨，以及肉制品加工废水，都在微生物燃料电池中被降解并产电。

木质纤维素（生物质的主要组成部分）的水解产物也被作为微生物燃料电池的阳极底物加以研究。木质纤维素水解产生的 12 种单糖被作为微生物燃料电池的阳极底物，结果所有单糖都能被降解并产电，超过 80%的 COD 被去除，库仑效率都高于 21%。以 6 种从木质纤维素水解得到的多元醇为底物也得到了超过 71%的 COD 去除率。半纤维素的一个水解产物——木糖醇，也可被微生物利用来产电。另外，木质纤维素的两种热解产物——戊糖和胡敏酸，也被放在微生物燃料电池阳极室进行测试。结果发现，戊糖作为阳极底物被降解并产生电能，而胡敏酸则作为氧化还原介体加速电子转移和提高输出电压。

纤维素在微生物燃料电池中的直接降解也被广泛研究。Niessen 等发现产电过程是通过中间产物而实现的。Rezaei 等则分离了一株纯种——*Enterobacter cloacae* ATCC 13047（T），其能独自降解纤维素并传递电子到阳极。瘤胃微生物也被用于提高纤维素的降解率和电流的产生量。Huang 和 Logan（2008）则研究了微生物燃料电池处理纸浆循环废水中的纤维素。

以木质纤维素为微生物燃料电池的底物也被深入研究。一种水生植物——*Canna indica*，被瘤胃微生物直接用来产电（Zang 等，2010）。木质纤维素水解产生的溶解性糖被发酵为挥发性脂肪酸等成分并继续被用来产电。Rezaei 等（2007）将几丁质加入沉积物微生物燃料电池中以增加输出电压，因为沉积物燃料电池中有限的碳源限制了输出功率。加入几丁质产生的电压与以纤维素为底物的微生物燃料电池产生的电压类似，且产电的持续时间更长。另外，玉米芯的生物精炼过程产生的有机物质，特别是酯类和呋喃酸衍生物，也能作为底物而被用于产电（Borole 等，2013）。

由于木质纤维素复杂的组成和结构，采用预处理方法及电化学方法来改善系统的效果。小麦秸秆被液化裂解后用作微生物燃料电池的底物（Zhang 等，2009）。而曝气预处理增加了玉米芯降解过程中产生的电流（Zuo 等，2006）。Wang 等（2009）通过生物增强的方法提高了微生物燃料电池降解玉米芯的速率和输出功率。另外，通过控制生物电化学系统的阴极电势在－0.6V 或－0.8V 时，滤纸中纤维素的降解速率提高，产甲烷活性也得到增强（Sasaki 等，2011）。此外，在硫化物存在的情况下，玉米芯处理过程中的滤液也可在微生物燃料电池中降解并伴随电流的产生（Zhang 等，2013），大约52％的 COD 和 91％的硫化物在 3d 内被去除。

市政废水的处理是微生物燃料电池技术的另一潜在应用。市政废水在常温和中温下可被处理并产电，而中温处理比常温有更高的COD 去除率和输出功率（Ahn 和 Logan，2010）。Feng 等（2008）研究了啤酒废水在微生物燃料电池中的处理及产电情况。而 Zhuang 等（2012）则串联几个管式微生物燃料电池，从而组成一个 10L 的电池堆用来处理啤酒废水。电池堆的开路电压达 23.0V，最大体积功率密度为 4.1W/m^3。Lu 等（2009）通过微生物燃料电池处理淀粉加工过程产生的废水，COD 和 NH_4^+-N 的去除率分别达 98％和 91％。猪粪废水也可在降解的同时产电（Min 等，2005），其中与气味相关的化合物和挥发性脂肪酸被完全去除（Kim 等，2008）。巧克力工业废水（Patil 等，2009）及 3 种不同的食品工业废弃物（Cercado-Quezada 等，2010）也被微生物燃料电池处理。Kassongo 和 Togo（2011）利用造纸废水作为微生物燃料电池底物产电和 COD 去除。*Enterobacter aerogenes* NBRC 12010 在 0.2V（Ag/AgCl 参比电极）的电势下处理含丙三醇的废水产生生物能源物质，如 H_2 和乙醇（Sakai 和 Yagishita，2007）。含丙三醇的生物柴油废水也可在微生物燃料电池的阳极被处理（Feng 等，2011），通过将炭布阳极替换为经热处理的炭刷电极，电能的产生和 COD 的去除可进一步提高。另外，生物柴油废水也可在一个上流式生物滤池型微生物燃料电池中被处理（Sukkasem 等，2011）。3 个串联的柱式微生物燃料电池被用于处理垃圾渗滤液（Galvez 等，2009），在水力停留时间为 4d 的回流式处理过程中，79％的 COD 被去除并伴随电流的产生。BOD_5 的去除则可与生物曝气滤池相比，且输出了电能并降低了曝气成本（Greenman

等，2009）。之后，有学者研究了垃圾渗滤液中NH_4^+-N的铵离子氧化及在微生物燃料电池中的还原（Puig等，2011；Lee等，2013）。食品废弃物的预处理增强了产电微生物的活性并提高了单室微生物燃料电池的性能（Goud和Mohan，2011）。

尿液作为一种能源和资源被用于微生物燃料电池产电，并通过生物质吸附或鸟粪石沉淀回收营养物质（如N、P）（Ieropoulos等，2012；Zang等，2012）。而且，以尿液作为底物的微生物燃料电池实现了对手机的充电（Ieropoulos等，2013）。富营养化湖泊中的有机物质，主要是蛋白质类，也可在微生物燃料电池中被降解（He等，2013），同时，微藻生物质被用于产电和丁醇的生产（Lakaniemi等，2012）。

污泥的弃置对于废水处理厂来说是一个很大的挑战，而微生物燃料电池可以利用污泥作为碳源产电，并脱除其中的氮（Dentel等，2004）。污泥首先被水解和发酵成挥发性脂肪酸，主要是乙酸和丙酸，然后被产电微生物进一步用来产生电流（Freguia等，2010）。Jiang等（2010）报道微生物燃料电池主要是利用污泥中胞外物质的厌水部分、溶解性微生物产物以及芳香基团蛋白质类物质作为底物。而以堆肥污泥为底物的微生物燃料电池，超过3个月的长期运行发现其能够稳定地运行，可达到超过95%的碳水化合物去除率（Scott和Murano，2007）。不仅仅是产电，消化后的污泥中的P的回收也可以通过微生物燃料电池得到增强（Fischer等，2011）。但是，Ge等（2013）研究发现，从能量回收的角度来看，微生物燃料电池产生的电能仅占总能量的很小一部分，而产甲烷却占能源的主要部分。因此，笔者认为微生物燃料电池相对于厌氧消化技术来说并不是一个有效回收原污泥中能量的途径。

污泥通过超声或碱性预处理能提高微生物燃料电池中电能的产生和降解效率（Jiang等，2010，2011）。超声促进了污泥的解体，而碱性预处理在解体污泥的同时也导致更多溶解性有机物质的释放，因此更多的COD和挥发性固体物质被降解。Guo等（2013）研究发现，单室无膜微生物燃料电池增强了污泥的厌氧消化。在外加1.4V或1.8V的电压下，氢气和甲烷的产生得到增强，有机物质的微生物转化速率也得以提高，同时维持了产甲烷菌所需的最佳pH值。生物阴极微生物燃料电池也被用于处理污泥和产电（Zhang等，2012）。相对于非生物阴极，生物阴极降低了内阻，从而增加了电流的产生。在15d的操作中，总COD去除率为40%，而库仑效率为19.4%。

海底或者河流中的沉积物（包括深海中的冷渗液）也可作为微生物燃料电池的底物用于产电（Reimer等，2001；Reimer等，2006；Donovan等，2008）。Shantaram等（2005）研究了通过微生物燃料电池驱动远程传感器运行的概念。微生物燃料电池产生的电能被存在电容中（2.1V），通过直流/直流转换可提高电压到3.3V。深海沉积物微生物燃料电池的实际应用也被报道。

3.3.2 难降解有机物电子供体

难降解有机污染物是指在自然条件下难以被生物降解的有机物，目前对难降解有机污染物的处理有生物法、物化法和化学氧化法三种。生物法的使用范围广，处理量大且成本低，但该方法具有局限性，当废水中含有难生物降解的有机物时其处理效果欠佳，甚至不能处理。物化法主要是吸附和萃取，易造成二次污染。化学氧化法选择性较强，难以实际应用[29]。而现在有许多新型的难降解有机物处理技术，如电解法、生物强化技术、细胞固定技术及酶技术等，但是技术都不完善，存在各种限制因素[30]。所以，寻求新的难降解有机物处理办法成为当今的研究热点。

微生物燃料电池在对无毒难降解有机物进行处理时有生物电力输出，且由于有微生物的存在，有机物降解率与降解速率明显提高。Zhang[31]研究发现，在双室的微生物燃料电池中，以对乙酰氨基酚为电子供体时，不需要持续地输入试剂，因为相对于传统的降解方法，微生物燃料电池有生物电力的输出。同时，对乙酰氨基酚在总铁浓度为5mg/L、pH 值为 2.0、外电阻达到 20Ω 的条件下，在微生物燃料电池中经过 9h 的降解，对乙酰氨基酚的降解率可以达到 75%，可以看出，微生物燃料电池在以对乙酰氨基酚为电子供体时的降解率较高。Mook 等[32]通过微生物燃料电池处理有机废水，在不同种类的有机废水中，有机物和硝酸盐类的降解率达到 90%以上，研究表明不同种类有机废水可以作为微生物燃料电池电子供体，并能实现较高的有机污染物降解率。Wang 等[33]利用 U 形管 MFC 降解处理烷烃和多环芳烃，结果显示，在微生物燃料电池运行 25d 后，芳烃的降解率增强 120%，且烷烃和多环芳烃的降解速率大大提高，这表明了微生物燃料电池在运行稳定后，难降解有机物的降解率和降解速率都较高。Guo 等[34]利用以颗粒活性炭和颗粒石墨为材料的微生物燃料电池处理炼油厂废水，以颗粒石墨为材料的微生物燃料电池的体积功率密度（330.4mW/cm^3）和除油效率（84%±3%）均比以颗粒活性炭为材料的微生物燃料电池和非微生物燃料电池处理方法的高，这说明微生物燃料电池的功率密度和效率仍有较大提升空间。Adelaja 等[35]探索了微生物燃料电池中盐度、温度对石油烃混合物（即菲和苯）降解的影响，结果表明，40℃时最高功率密度为 1.15mW/m^2，COD 去除率为 89.1%，降解效率为 97.1%，而在一定盐水条件下最大的面积功率密度是 1.06mW/m^2，COD 的去除率为 79.1%，降解效率为 91.6%，可见微生物燃料电池能够以难降解有机污染物为电子供体，并在一定的不利于微生物生长的环境条件下实现产能。以上研究体现了微生物燃料电池的一些特点：首先，和传统的降解方法相比，微生物燃料电池处理难降解有机物不需要持续外加能量，因为微生物自身可产生电力；其次，微生物燃料电池运行一段时间后达到稳定，即微生物数量较多时其对有机物的降解率和降解速率都会提高；最后，在不利于微生物生长的条件（如温度、盐度不适宜）下，微生物燃料电池的功率密度、COD 去除率、降解效率能够保持在较高水平。

微生物燃料电池处理难降解污染物被广泛研究。这些污染物包括酚类、（芳香）烃类、氮-杂环化合物、抗生素、氯化有机物、染料、硝基芳香化合物、（重）金属等。这些难降解物质通常是持久性的，自然衰减缓慢，通过微生物燃料电池或许可以加速其转化。下面将阐述这些污染物在微生物燃料电池的阳极、（生物）阴极以及集成过程中的降解。

（1）阳极降解

Luo 等（2009）研究了苯酚在微生物燃料电池阳极的降解。在有或者没有葡萄糖作为共基质的情况下，苯酚都可被去除并产生电流。微生物燃料电池也被用于模拟修复苯酚污染的土壤（Huang等，2011）。超过90%的苯酚在10d内被去除，其降解速率常数是开路对照下的23倍，表明微生物燃料电池明显增强了苯酚的厌氧转化（Huang等，2011）。Huang等（2012）也研究了五氯酚在微生物燃料电池阳极中的降解。15mg/L的五氯酚在以乙酸或葡萄糖为共基质存在时，微生物燃料电池中的降解速率比开路对照增加了1.2倍。笔者进一步在双室微生物燃料电池中矿化五氯酚。首先在生物电池阴极五氯酚利用乙酸氧化产生的电子进行脱氯，然后通过在阴极顶空注入的氧气矿化还原产物。而在单室微生物燃料电池中，五氯酚也得到了矿化（Huang等，2012）。以乙酸或葡萄糖为共基质，五氯酚被还原脱氯，而通过单室膜渗透进来的氧气则进一步氧化还原产物。木质纤维素生物质的水解产物包括呋喃衍生物和酚类，在单室微生物燃料电池中可以作为唯一碳源或者以葡萄糖为共基质被降解并产电（Catal等，2008）。结果显示，5-羟基甲基呋喃可作为唯一碳源产电，而其他化合物需要以葡萄糖作为共基质。同时，高浓度的呋喃衍生物和酸类会抑制产电微生物的活性。类似地，来自纤维素精炼过程的循环水中的呋喃衍生物和酚类，也可在微生物燃料电池中被降解（Borole等，2009）。Friman等（2013）则报道了纯种微生物 *Cupriavidus basilensis* 以酚类作为唯一碳源降解并产电。相比于开路对照，产电过程增强了酚的去除速率。同时，笔者报道了在微生物电解池模式下，外加125mV的电压也可提高酚的去除速率（Friman等，2013）。对苯二酸是一种典型的石化工业废弃物，也可在微生物燃料电池中被混合种群或者纯种用作底物并产电（Song等，2009；Marashi等，2013）。

3种芳香烃——苯、甲苯、萘可作为唯一碳源在阳极极化的电化学系统中被纯种微生物 *Geobacter metallireducens* 降解（Zhang等，2010）。^{14}C 同位素示踪表明了芳香烃完全矿化为 CO_2。Friman等（2012）也报道了甲苯作为唯一碳源在阴极极化的电化学系统中被纯种 *Pseudomonas putida* F1降解。Guo等（2014）研究了微生物燃料电池中几种纯种微生物在处理石油烃类污染物时的协同和拮抗作用。协同作用提高了降解速率和输出电压，而拮抗作用则相反。Rakoczy等（2013）则构建了一个长期运行770d的双室微生物燃料电池同时处理苯和硫化物。结果显示，两种污染物都得以去除，相应的库仑效率分别为18%和49%。Wang等（2012）研究了U形管微生物燃料电池模拟修复被石油污染的盐渍土。该过程产生了电流，同时增强了石油烃的降解。通过分析阳极附近富集的微生物种群也证明了这一点。精炼废水中含有的烃类污染物也作为微生物燃料电池中的唯一碳源被降解，与单纯的厌氧降解相比，微生物燃料电池提高了降解速率，产生了电流。含有石油和多环芳烃的实际场地污泥也在电化学系统中被除去污染物。油沙尾矿中的油污染物也在双室微生物燃料电池中被降解。在800h的运行中，大约28%的总COD被降解，选择的8种重金属也同时被去除。沉积物燃料电池与无定形氢氧化铁也被用于处理沉积物中的菲和芘。两种多环芳烃在240d的操作中有94%被去除，大大高于微生物燃料电池或者氢氧化铁的独自降解。这些研究为石油和柴油污染的地下水或沉积物的修复提供了有用的策略。

N-杂环化合物和抗生素在微生物燃料电池中的降解也被探索。在双室微生物燃料电池中，吡啶以葡萄糖为共基质或作为唯一碳源均可被降解并产生电流。通过逐渐驯化，500mg/L的吡啶作为唯一碳源可在24h内被降解同时产生电流。吲哚或者喹啉在

微生物燃料电池中的降解也与吡啶具有类似的表现。青霉素也可作为唯一碳源或以葡萄糖为共基质在微生物燃料电池中被降解并产电。50mg/L 的青霉素可在 24h 的降解中去除 98%。在以葡萄糖作为共基质时，青霉素的降解速率提高，这被认为是青霉素增加了产电微生物细胞膜的渗透性从而加快了电子传递速率。对乙酰氨基酚也可在微生物燃料电池阳极作为唯一碳源被降解和产电，而利用石墨烯修饰阴极则提高了系统的性能。Harnisch 等（2013）报道了两种抗生素——磺胺喹恶啉和磺胺吡啶，它们在生物电化学系统中 0.2V 的极化电势下被降解。Song 等（2013）则探索了甲硝唑以葡萄糖为共基质时在微生物燃料电池中的降解，在 1d 的处理中超过 85%被去除，而开路对照仅为 35%。

氯化有机物也可在微生物燃料电池中被降解。1,2-二氯乙烯在微生物燃料电池中的降解速率高于直接的厌氧降解。在 1 个月的运行中，超过 85%的底物被去除，相应的库仑效率为 25%。Aulenta 等（2013）通过阳极极化的生物电化学系统来降解 *cis*-二氯乙烯。在电压超过 1.5V（vs. SHE）时二氯乙烯被降解，而低于 1.0V 则不能被降解，这表明可能是电解产生的氧气导致了二氯乙烯的转化。在 70d 的操作中，微生物燃料电池相比于开路对照，提高了十溴联苯醚的去除速率并得到了更低的溴代产物。微生物燃料电池中功能基因的多样性和丰富度，包括与还原脱氯、羟基化、甲基化、芳香烃降解相关的基因，都比开路对照有明显的提高。

偶氮染料在微生物燃料电池阳极以共基质为电子供体时的降解研究较广泛。活性艳红 X-3B（active brilliant red X-3B）在单室空气阴极微生物燃料电池中被脱色（Sun 等，2009）。葡萄糖或乙酸都可作为共基质并伴随电流的产生。有学者也研究了不同的共基质对单室微生物燃料电池中脱色的影响（Cao 等，2010）。结果发现，葡萄糖是最佳底物，而乙醇和乙酸则次之。微生物的富集方法也对脱色表现有重要影响（Hou 等，2011a）。同时加入葡萄糖和刚果红（congo red），与顺序加入葡萄糖和刚果红所得到的输出电压和微生物种群有很大不同。相比于顺序加入，同时加入功率会提高 75%，且具有更多样化的阳极微生物种群。不同类型的膜，比如微滤膜、超滤膜、质子交换膜，同样影响刚果红的脱色（Hou 等，2011），其中超滤膜在脱色和产电方面的表现最好。另外，笔者也增大阳极面积以提高微生物燃料电池的表现（Sun 等，2012）。通过阳极面积的加倍，脱色加快 1.6 倍，而功率输出提高 22%。增大的阳极会吸附更多的微生物产电和脱色，并且降低了阳极电子转移阻抗。同时，外加的氧化还原介体，如蒽醌 2,6-二磺酸盐、核黄素、胡敏酸，都能提高微生物燃料电池的脱色率和产电率（Sun 等，2013）。这归功于氧化还原介体降低了阳极的电荷传递阻抗，从而提高电子转移速率。此外，刚果红在生物阴极、生物阳极微生物燃料电池中的应用较多。相比于非生物阴极，生物阴极脱色速率提高了 4 倍，但是输出功率有所降低。电化学阻抗谱分析表明，生物阴极有较低的电荷传递阻抗和可与 Pt 相媲美的高的催化活性。

许多研究集中在其他影响微生物燃料电池脱色偶氮染料的因素。Han 等（2011）用酿酒废水作为单室空气阴极微生物燃料电池的共基质脱色偶氮染料，从混合接种体中筛选的 4 株纯种也能脱色偶氮染料，但效率只有混合菌群的 10%。这表明了混合菌群在微生物燃料电池脱色偶氮染料中具有协同作用。在无膜生物电化学系统中偶氮染料也可被脱色（Wang 等，2013），通过逐渐增加偶氮染料浓度，阳极生物膜逐步被驯化，能耐受偶氮染料和还原产生的芳香胺。与有膜生物电化学系统相比，无膜系统具有更低的内阻而具有较高的脱色速率和输出功率。另外，模拟实际偶氮染料工业废水的条件，如高温和高盐，也对微生物燃料电池脱色产生影响（Fernando 等，2012）。50℃下的脱色速率比 30℃下快 2 倍。在中等盐度（1%）下脱色仍保持较高速率，但较高盐度（2.5%）则有明显的衰减。这些研究表明，微生物燃料电池可用于实际染料废水的脱色。

纯种微生物在微生物燃料电池中脱色偶氮染料也有研究成果。*Shewanella oneidensis* strain 14063 以丙酮酸为共基质可脱色酸性橙 7（acid orange 7）并伴随电流的产生（Fernando 等，2012）。而脱色产物则有可能扮演氧化还原介体的角色以促进偶氮染料的还原和电流的产生。

关于硝基芳香化合物在微生物燃料电池阳极的降解情况则少有报道。Liu 等（2013）结果显示，无论是否存在共基质，*p*-硝基酚都能在微生物燃料电池的阳极被完全去除，并产电。

（2）（生物）阴极降解

卤代污染物在微生物燃料电池（或生物电化学系统）非生物阴极的还原被广泛研究。4-氯酚在微生物燃料电池的阴极被完全脱氯。其脱氯速率在外加 0.7V 的生物电化学系统中得到明显提高。而碘代的 X-射线显影剂碘普罗胺可在生物电化学系统的石墨阴极被脱碘。当阴极电势低于 800mV(vs. SHE) 时，3 个碘原子被完全脱出并释放到阴极液中。这些工作表明，微生物燃料电池（或生物电化学系统）在非生物阴极脱卤是可行的。

同时，生物阴极的脱氯引起了极大的关注。在生物电化学系统中，−500mV（vs. SHE）极化的阴极可在脱氯微生物和氧化还原介体（甲基紫精）存在下将电子用于三氯乙烯的脱氯。随后，有学者研究了该体系脱氯和产氢的竞争关系（Aulenta 等，2008），结果表明，较低浓度的氧化还原介体——甲基紫精（25～750μm）有利于脱氯，而更高的浓度则有利于产氢。另外一种常见的氧化还原介体——蒽醌 2,6-二磺酸盐，在极化的非生物阴极中可选择性地促进三氯乙烯脱氯为 *cis*-二氯乙烯，而不能进一步脱氯，即便在有脱氯微生物存在的情况下。笔者亦发现在没有外加氧化还原介体的情况下，三氯乙烯也可在极化的生物阴极（−450mV，vs. SHE）被脱氯，表明混合脱氯微生物种群可自己产生电子穿梭体将三氯乙烯脱氯为更低的氯代产物。之后的研究显示，在没有外加或自生氧化还原介体的情况下，电化学系统的生物阴极也可实现三氯乙烯的脱氯。电化学阻抗谱表明生物阴极比非生物阴极的阻抗低一个数量级，这将会大大提高生物阴极的电子传递速率和脱氯速率。生物电化学系统的脱氯也在连续流下运行，极化的生物阴极（−250mV，vs. SHE）将三氯乙烯脱氯为 *cis*-二氯乙烯，脱氯过程比产甲烷或产氢过程要强。这些研究为氯代有机污染物在地下水中的修复提供了基础。Sun 等（2013）也报道了氯霉素在微生物燃料电池生物阴极的脱氯，1d 内有超过 86%的氯霉素被去除，而非生物阴极只有 63%。

偶氮染料在非生物阴极的还原被广泛研究。酸性橙 7 在生物电化学系统的非生物阴极被脱色（Mu 等，2009）。在各种电极电势条件下，脱色通过偶氮键的还原得以进行。

与加入共基质的厌氧还原反应相比，生物电化学系统具有相近的脱色速率，但消耗更少的有机物。具有不同结构的偶氮染料（甲基橙，orange Ⅰ，orange Ⅱ）对微生物染料电池阴极脱色的影响也被研究（Liu 等，2009）。结果显示 orange Ⅰ脱色最快而 orange Ⅱ脱色最慢。循环伏安分析表明甲基橙具有较高的电极电势，从而利于其快速还原。Kong 等（2013）展示了一个高效脱色套筒型的微生物燃料电池还原 acid orange 7，其大的膜面积和小的阴阳极距离有利于高效地脱色。

生物阴极也被富集用于偶氮染料的脱色（Wang 等，2013；Kong 等，2014）。相比于非生物阴极，生物阴极加快了染料的去除速率，这是由于生物阴极降低了电荷传递阻抗从而提高了极化电流。漆酶在双室微生物燃料电池的阴极用于脱色活性蓝 221（reactive blue 221），该酶加快了偶氮染料还原速率和系统的输出功率（Bakhshian等，2011）。之后，类似的漆酶阴极系统在甲基蓝修饰的阴极也被应用（Savizi 等，2012）。漆酶催化氧气的还原和活性蓝 221 的脱色。相比于未修饰的对照阴极，甲基蓝和漆酶的修饰提高了降解和电流的产生速率。

硝基芳香化合物在生物电化学系统中的还原首先被 Mu 等（2009）报道。硝基苯在连续流运行的反应器中在极化的非生物阴极被还原为苯胺。Li 等（2010）则将硝基苯同时放到微生物燃料电池的阳极和阴极。在以葡萄糖为共基质的阳极，硝基苯被还原，同时在非生物阴极硝基苯作为唯一电子受体也被还原，并伴随着电流的产生。Feng 等（2011）则研究了 *o*-硝基酚在微生物燃料电池的阴极以 Fe(Ⅱ)/Fe(Ⅲ) 为电子穿梭体的还原。电子穿梭体提高了还原和电能产生的速率。类似地，Shen 等（2012）也研究了 *p*-硝基酚在微生物燃料电池阴极的还原。3 种硝基酚（*o*-硝基酚、*m*-硝基酚、*p*-硝基酚）的不同结构对生物电化学系统中还原速率的影响也有差异（Shen 等，2013），*o*-硝基酚还原最快而 *p*-硝基酚还原最慢。量子化学计算和循环伏安分析也支持这一结论。

此后，生物阴极被用来提高硝基苯在生物电化学系统中的还原速率（Wang 等，2011）。在葡萄糖或 $NaHCO_3$ 存在时，外加 0.5V 的电压可稳定地还原硝基苯为苯胺。硝基苯的去除速率分别是非生物阴极和开路电势的 10.3 倍和 2.9 倍。在生物阴极，同时脱氯和硝基还原也可在外加 0.5V 的电压时实现（Liang 等，2013）。生物阴极的转化速率比非生物对照快 62%，且硝基的还原先于脱氯。

（3）集成过程中的降解

一个微生物燃料电池电氧化集成的系统被用于处理炼焦废水。在微生物燃料电池预处理阶段，52%的 COD 被去除，同时产生电流。接下来的电氧化过程能进一步去除 68%的 COD。电芬顿（Fenton）与微生物燃料电池集成的系统被用于处理垃圾渗滤液。磁黄铁矿涂覆的石墨阴极将氧气还原为 H_2O_2，然后产生 ·OH，从而氧化去除了 78%的 COD。类似地，两种雌激素——17-雌二醇和 17-乙炔基雌二醇也在微生物燃料电池驱动的芬顿系统中被氧化。降解发生在 Fe/Fe_2O_3-炭毡复合阴极，氧气在阴极被还原为 H_2O_2，从而形成芬顿反应。Han 等（2013）以金纳米颗粒修饰微生物燃料电池的阴极，从而提高亚甲基蓝的降解效率。亚甲基蓝首先在阴极被还原，并进一步被金纳米颗粒催化氧气还原生成的 H_2O_2 所矿化，在 5h 的反应中超过 96%的 COD 被去除。人工湿地系统也被集成到微生物燃料电池中用于处理亚甲基蓝废水。亚甲基蓝的降解伴随着电能产生，而超过 76%的染料和 75%的 COD 在这一集成系统中被去除。

如前所述，偶氮染料或硝基芳香化合物在微生物燃料电池（或生物电化学系统）的阴极或阳极通常被还原为无色的芳香胺类。但是由于还原产物的毒性和致癌风险，需要进行进一步的降解和矿化。集成阴阳极过程或其他技术（包括好氧法、物理化学法等）与微生物燃料电池的结合因此而开发。

Li 等（2010）探索了微生物燃料电池中刚果红的顺序厌氧好氧降解。在阳极室，以葡萄糖为共基质还原刚果红，而脱色溶液被转移到阴极室进一步处理。在阴极室，通过曝气微生物好氧降解还原产物，电流在这个过程中产生。类似地，活性艳红 X-3B 在阳极的脱色产物在好氧生物阴极被进一步处理（Sun 等，2011）。在这个过程中，微生物燃料电池的输出电压和功率密度比没有脱色产物的对照组要高，但 COD 的去除率并未增加。

Kalathil 等（2011）利用双室微生物燃料电池的生物阴极和生物阳极处理实际染料废水。厌氧阳极中的微生物利用废水中存在的共基质脱色染料，并释放电子到阳极。而生物阴极在曝气时降解脱色产物和染料，或利用阳极传递过来的电子进一步脱色染料。之后，有学者构建了一个以颗粒活性炭为阴极、阳极材料的无膜单室微生物燃料电池杂处理实际染料废水（Kalathil 等，2012）。闭路比开路有更高的降解效率，表明通过电路的电流促进了偶氮染料的脱色和 COD 的去除。系统的输出功率为 $8W/m^3$，表明颗粒活性炭生物阴极可取代贵金属（如 Pt）修饰的阴极。这一简单的结构也便于实际应用。

同时，茜素黄 R（alizarin yellow R）在一个连续流运行的上流式生物催化的电解池阴极被还原脱色后，被进一步在好氧生物接触池中氧化（Cui 等，2012）。在 0.5V 的电解电压下，色度在整个系统中从 320 降低到 80。活性红 272（reactive red 272）也可以在上流式固定床生物电化学系统中（恒电流）被降解（Cardenas Robles 等，2013），在无外加共基质情况下，染料在生物阴极的还原和生物阳极的氧化得以实现。在电流为 40mA、水力停留时间为 0.5h 的条件下，超过 95%的 COD 被去除。人工湿地-卫生污染燃料电池也被用来处理偶氮染料（Fang 等，2013）。活性艳红 X-3B 在以葡萄糖为共基质，水力停留时间为 3d 的连续流运行中，脱色伴随着水流不断发生，而脱色产物也在好氧生物阴极不断被降解。相对于单独的微生物燃料电池或开路条件下，人工湿地（植物）微生物燃料电池系统提高了脱色效率和功率输出。

电芬顿也被集成到微生物燃料电池中用于降解偶氮燃料（Feng 等，2010）。阳极产电微生物产生的电子传递到 CNT-(Ⅱ)FeOOH 复合阴极，并在中性条件下将氧气还原为 H_2O_2，其进一步生成 ·OH，脱色和矿化甲基橙Ⅱ，稍后聚吡咯/蒽醌-2,6-二磺酸盐修饰的阴极液在微生物驱动下的电芬顿反应中用于降解甲基橙 Ⅱ(Feng 等，2010)。与未修饰电极相比，功率输出提高了一个数量级。类似地，紫红色（amaranth）也在以石墨为阴极的微生物燃料电池-电芬顿系统中被降解（Fu 等，2010），罗丹明 B（rhodamine B）则在 Fe_2O_3-炭毡复合阴极的微生物燃料电池-电芬顿系统中被去除（Zhuang 等，2010）。这些结果表明，将电芬顿反应集成到微生物燃料电池中处理难降解污染物是可行的。此外，$FeVO_4$ 也被用作微生物燃料电池的阴极催化剂，驱动类芬顿反应来降解酸性橙（Luo 等，2011）。

在双室微生物燃料电池的阴极可用光催化增强的甲基橙还原（Ding 等，2010）。金红石涂覆的石墨阴极具有较低的极化阻抗，从而提高了电子转移速率，甲基橙的阴极还原和电能的产生得以增强。产电微生物合成的 Au-TiO_2 复合物也与产电微生物一起用于偶氮染料的降解。利用共基质乙酸提供的电子，甲基橙被产电微生物脱色，而接下来该复合物催化氧气氧化还原产物。没有复合物催化剂时，仅仅发生脱色而无法降解有毒的中间产物。在微生物燃料电池的阴极，高硫酸盐在 Fe(Ⅱ)-EDTA 的催化下被用于降解偶氮染料（Niu 等，2012），在酸性条件下超过 96%的耐光橙 G 在 12h 内被去除。

硝基苯在电化学系统中的顺序生物阴极还原、生物阳极氧化也被研究（Sun 等，2012）。在外加 2V 或 3.5V 电压下，硝基苯在生物阴极被还原为苯胺，与此同时苯胺在生物阳极被降解。降低的外加电压、高的底物浓度和天然有机物质的存在都会降低降解效率。

微生物燃料电池与芬顿反应结合可用来降解 *p*-硝基酚（Zhu 和 Ni，2009），反应物在不到 12h 内被完全降解并在 96h 内超过 85%被矿化。类似地，*p*-硝基酚也在微生物燃料电池体系中被降解（Tao 等，2013）。褐铁矿提供 Fe(Ⅱ)，而氧气被还原为 H_2O_2 并进一步生成·OH，用来降解污染物。Yuan 等（2010）则结合 TiO_2 的光催化氧化到微生物燃料电池中处理 *p*-硝基酚。TiO_2 光阳极产生的空穴被完全利用来降解污染物，而不是与电子结合。电子则在微生物燃料电池的阴极被还原，同时微生物燃料电池的阳极提供电子给光阴极，从而实现微生物燃料电池光催化降解的增强。与单纯的微生物燃料电池或者光催化降解相比，结合系统的降解速率提高了 2 倍。

（4）金属的去除

酸性尾矿废水中的 Fe(Ⅱ）在微生物燃料电池的阳极被选择性氧化为不溶性的 Fe(Ⅲ)，同时伴随电流的产生。在阳极形成的 Fe(Ⅲ）沉淀可以被回收为金属产品。进一步的研究表明，针铁矿商品产物可以从阴极还原得到。Cu(Ⅱ）也可在微生物燃料电池阴极被还原为金属 Cu。所有的 Cu(Ⅱ）都被完全还原，而形成的金属 Cu 中并无 CuO 或 Cu_2O。类似地，金属 Ag 也可从模拟摄影废水中通过微生物燃料电池而回收，95%的 Ag(Ⅰ）在阴极被还原，同时伴随着电流的产生。

单室微生物燃料电池中以乙酸或葡萄糖为共基质能去除废水中的亚硒酸盐，并伴随着电流的产生。亚硒酸盐被还原为 Se 沉积在阳极，从而能较方便地回收。Wang 等(2011）研究了 Hg(Ⅱ）在微生物燃料电池阴极的还原去除。浓度为 100mg/L 的 Hg(Ⅰ）可在 10h 内被降低到小于 1mg/L。另外，As(Ⅲ）的还原也可以在微生物燃料电池中得到增强。微生物燃料电池阳极的电子将阴极的氧气还原为 H_2O_2，然后氧化 As(Ⅲ）为 As(Ⅴ)，同时零价铁也被加速氧化并释放电子到微生物燃料电池的阴极。As(Ⅴ）通过吸附和与 Fe(Ⅲ）絮体形成共沉淀而被进一步去除。微生物燃料电池也可同时在阳极去除硫化物并在阴极去除 V(Ⅴ)。V(Ⅴ）在非生物阴极被硫化物在生物阳极氧化时传递出来的电子还原为 V。68%的 V 和 75%的 Cr(Ⅵ）在 10d 的运行中被还原为 V(Ⅳ）和 Cr(Ⅲ）并伴着电流的产生。与仅有 V 时相比，Cr(Ⅵ）降低了其还原效率。

含 Cr(Ⅵ）的实际电镀废水在微生物燃料电池阴极被完全还原，阴极表面的 Cr_2O_3 沉淀回收率为 66%。Cr(Ⅵ）也可在光催化的微生物燃料电池阴极被去除。光照条件下

Cr(Ⅵ) 在金红石涂覆的阴极的还原速率高达 1.6 倍，相应的输出电压提高了 1.5 倍。Cr(Ⅵ) 在微生物燃料电池的阴极液中可以被产生的 H_2O_2 还原。铁还原菌在炭毡阴极原位还原氧气为 H_2O_2，然后还原 Cr(Ⅵ)。生物阴极微生物燃料电池加速还原也受到了很大的关注。生物阴极可利用从生物阳极氧化乙酸产生的电子来还原 Cr(Ⅵ)。相比于非生物阴极，生物阴极大大提高了 Cr(Ⅵ) 还原为 Cr(Ⅲ) 沉淀的速率和电流的产生量。之后，极化的生物阴极也被用于促进 Cr(Ⅵ) 的还原。Xafenias 等（2013）研究了以乳酸为底物在生物阴极还原 *Shewanella oneidensis* MR-1 的情况。在－500mV(Ag/AgCl 参比电极）极化的生物阴极电势下，纯种微生物和底物共存时的还原速率比微生物和底物单独存在时都要高。核黄素被检出并被认为在电子传递中扮演了氧化还原介体的角色。当在微生物燃料电池模式下运行时，Cr(Ⅵ) 同样可以在生物阴极被还原并伴随电流的产生。这些研究为 Cr(Ⅵ) 污染的修复和去除提供了有用的方法。

3.3.3 有明显生物毒性有机污染物电子供体

有机废水中往往会含有高浓度的具有生物毒性的污染物，如酚、苯酚的同系物以及萘、蒽、苯并芘等[36]。这些污染物具有毒性大、难降解、环境残留时间长等特性，对环境的污染性极大。目前，环境中难降解有毒污染物的处理方法一般有物理法、生物法和化学法。物理法和化学法处理费用高，易造成二次污染[37]，而生物法占地面积大，操作条件苛刻。近年来利用微生物燃料电池处理废水成为研究热点，所以，利用 BES 处理有毒废水是现在的研究方向。

利用 BES 处理有毒有机污染物，产能微生物的生长、有机物降解效率会受到影响，BES 运行参数调节和产能微生物驯化可以在一定程度上克服有机污染物生物毒性带来的影响。杨婷[38]以氯酚为单一碳源，利用空气阴极研究外加电压对单室及双室微生物电解池降解氯酚的影响，研究结果表明，外加电压可提高氯酚的降解率，在单室微生物电解池中，外加电压为 0.2V 时，降解率最低，随着电压升高，氯酚降解率随之升高，电压 0.5V 时达到 99%。在双室微生物电解池中，外加电压对氯酚的降解也具有显著的促进效果。也就是说，微生物电解池以氯酚为电子供体时，适当提高外加驱动电压可以提高氯酚降解率。叶晔捷等[39]以对苯二甲酸为碳源，在双室微生物燃料电池中对其进行降解，经过 210h 的驯化，电压可达到 0.54V，体系最适 pH 值为 8，当底物浓度为 4000mg/L 时，最大输出功率密度为 96.3mW/m^2，库仑效率为 2.66%，COD 去除率为 80.3%，且对苯二甲酸的降解率可达 92%。这些结果说明，阳极产能微生物经过驯化，能够以有毒有机污染物为电子供体产能。Friman 等[40]以苯酚为唯一碳源，利用双室微生物燃料电池研究苯酚的降解速率，其中：在外部电压为 125mV 的闭路条件下，微生物生长的 OD 值可以达到 0.53，而在开路条件下只能到 0.24；在闭路条件下，苯酚的降解速率为 0.36mg/(L·h)，比开路条件下高了 47%～78%，并且微生物的总干重比开路条件下高了 48%。从结果可以看出，在闭路条件下微生物燃料电池对苯酚的降解速率更高，微生物量更大。以上研究显示了一些外界条件对 BES 的影响：首先，调整外界条件如输入电压时，微生物电解池中有毒有机污染物的降解率会提高；其次，微生物燃料电池经过一定时间的驯化，能够以有毒有机污染物为电子供体，实现较高输出功率密度、COD去除率和有机物降解率；最后，和开路条件下相比较，微生物燃料电池在闭路条件下对有机物的降解速率更高，微生物生长速率较高，微生物总干重也较大。

(1) 苯酚废水处理研究

苯酚是一种常见的有机污染物质，主要存在于炼油、炼焦、造纸、石油化工、机械加工、合成氨、木材防腐、化学、制药、涂料、煤气洗涤、塑料农药等企业的生产废水中。当苯酚浓度超过1mg/L就会对水体产生影响。近年来，芳香族化合物需求的增加和企业的生产规模不断扩大，导致含酚废水的排放量增大，给环境造成了严重污染。处理含酚废水的方法很多，诸如生物法、电催化氧化法、吸附法、光催化氧化法和膜处理法等。目前研究较多的比较经济的处理方法是厌氧处理法。

而微生物燃料电池技术在利用微生物降解污水中有机物的同时产生人们可以直接使用的能源。与厌氧生化相比，微生物燃料电池有其自身的优势：首先，它将底物直接转化为电能，保证了较高的能量转化效率；其次，不同于现有的生物处理，MFC在常温甚至是低温的环境条件下都能够有效运作；再次，MFC不需要进行废气处理，因为它所产生的废气的主要组分是二氧化碳，一般条件下不具有可再利用的能量；此外，MFC不需要能量输入，因为仅需通风就可以被动地补充阴极气体；最后，在缺乏电力基础设施的局部地区，MFC具有较大的应用潜力，同时也增加了用来满足我们对能源需求的燃料的多样性。

本节在研究双极室型MFC的基础上，以苯酚为代表性难降解有机物，与传统的厌氧法相比较，研究了其作为燃料进行降解并同时产生电能的可行性，旨在为MFC处理难降解有机物及其应用于废水处理提供基础，并针对不同反应条件下以苯酚为燃料的MFC进行了有机物的降解和产能的影响研究。

(2) 温度对微生物的影响

微生物燃料电极的阳极室是以微生物为生物催化剂，对微生物来说，温度是其生长必不可少的条件之一。各类微生物所生长的温度范围不同，约为5～80℃。此温度范围内，可分为最低生长温度、最高生长温度和最适合生长温度（是指微生物生长速度最快时的温度）。依据微生物适应的温度范围，微生物可以分为中温性、好热性（高温性）和好冷性（低温性）三类。中温性微生物（中温菌）的生长温度范围为20～45℃，好热性微生物（嗜热菌）的生长温度在45℃以上，好冷性微生物（嗜冷菌）的生长温度在20℃以下。废水好氧生物处理以中温菌为主，其生长繁殖的最适宜温度为20～37℃。当温度超过最高生长温度时，会使微生物的蛋白质迅速变性进而使酶系统遭到破坏而失去活性，严重者可以使微生物死亡。低温会使微生物代谢活力降低，进而处于生长繁殖停止状态，但仍保持生命活力。

厌氧生物处理中的中温性甲烷菌的最适合温度范围是25～40℃，高温性为50～60℃，厌氧生物处理常采用的温度为33～38℃和52～57℃。

(3) 温度对燃料电池反应的影响

对于燃料电池而言，温度越高，内阻（离子电阻）越低，同时反应所需活化能也就越少。由Nernst公式知，提高温度，电池的阴极电位也随之提高，阳极电位随之下降。

所以在一般燃料电池中提高温度有利于电能输出。由 Arrehenius 公式（$k=Ae$）可知，对一般反应来说，在反应物浓度相同的条件下，温度每升高 10℃反应速率大约增加 2～4 倍，相应地速率常数也按同样的倍数增加。

（4）不同底物浓度对去除苯酚的影响

把苯酚作为燃料的 MFC 取得了很高的去除率，尤其是在苯酚浓度较低时最高可以达到 99.6%，随着有机负荷的升高，苯酚的去除率降低，最终维持在 60%以上。在不同的有机负荷下，MFC 的苯酚去除效率比传统厌氧提高了 30%。说明了 MFC 不仅耐有机负荷的冲击，而且可以有效地提高苯酚的去除效率。测得的电压显示，不同底物浓度条件下平均电压为 250mV。微生物燃料电池的设计结合了厌氧生物处理的方法，可以推测负荷能力还有扩展的空间。在此基础上，可以进一步发展研究利用微生物燃料电池自身产能特性弥补污水厌氧生物降解耗能的技术。

MFC 对 COD 的去除率较厌氧有所提高，尤其是在高有机负荷条件下，去除率提高了 20%。MFC 体系不仅能加快苯酚的降解，同时可以促进有机物的去除。MFC 条件有利于微生物活性的迅速恢复，对厌氧反应器的快速启动具有意义。

（5）接种微生物对苯酚去除率的影响

研究了 MFC 中在有无微生物接种情况下苯酚的降解情况。实验测得的数据表明，在有微生物接种的情况下，ORP 值始终在－200mV 左右，而没有微生物时 ORP 值在 150mV 左右，表明体系中厌氧微生物已经不存在了，几乎没有电子的传递。从苯酚的降解情况可以看出，在开始阶段由于微生物的吸附作用，苯酚的去除率是差不多的，随着反应的进行，不接种的体系没有了微生物的作用，苯酚的去除率保持原有水平，而接种了微生物的体系有着较高的反应活性，可以较好地去除苯酚。这也说明了 MFC 体系保持着良好的厌氧去除效率，也可以验证反应开始时微生物的吸附作用是确实存在的。

（6）双酚废水处理研究

双酚 A（biphenol A，BPA）的化学名为 4-二羟基二苯基丙烷（$C_{15}H_{16}O_2$），是在酸性介质和催化剂作用下利用苯酚和丙酮经缩合、蒸馏、过滤、干燥制成的。双酚 A 是重要的精细化工原料，主要用于生产多种高分子材料，如聚碳酸酯、聚砜树脂、聚苯醚树脂等，还可作为聚氯乙烯热稳定剂、橡胶防老剂、农用杀虫剂、增塑剂等，在医药方面也被用作一种杀真菌药物。

利用双酚 A 所生产的产品广泛应用于生产罐头内包装、牙科填充剂、婴儿用品、食品包装材料等塑料行业，并不断研发出新的用途，因此，其在生产及使用过程中都有可能进入环境。

大量研究表明，双酚 A 具有生物毒性和内分泌干扰作用，少量摄取就能破坏人体的内分泌系统，属于内分泌干扰物质中的一种。随着双酚 A 的使用量大量增加，这类化合物已成为最普遍的污染物之一，其环境污染效应不容忽视。国内外对双酚 A 的降解研究多为生物方法，其他降解方法鲜见报道。

目前，世界各地地面水中均有检出 BPA 的痕迹。日本于 1998 年所做的内分泌干扰物质的污染状况调查发现，BPA 检出频率为 68%，河水中的 BPA 浓度为 0.01～0.268μg/L。1997 年，美国仍有 3600kg BPA 排放到地面水中，河流中 BPA 浓度为

0.14～14μg/L。在欧洲，河流中BPA最高浓度为25μg/L，均值为0.14μg/L。在我国，对北京市某典型污水厂的调查结果，进水中BPA浓度达到825μg/L。

在处理双酚A时，MFC法的去除率可以达到53%，而CAD只有不到20%。实验发现两种方法都有较高的COD去除率，进一步验证了BPA在传统厌氧体系和MFC体系中都被降解。在MFC法中实现生物产电的同时，还可以使BPA废水得到不同程度的净化处理。如果将该技术与现有的废水生物处理工艺相衔接，可使上述废水完全得到净化，实现达标排放。

在处理双酚A时，反应初期电压值较高，可以达到300mV，随后进入两个持续的产电阶段，总体来看微生物燃料电池在废水量400mL情况下最大的电压为245mV，如运用到实际处理废水中所获得的电能是很可观的，在有效地降解双酚A这种毒性物质的同时，可以达到产能的目的。

3.3.4 抗生素类有毒污染物电子供体

抗生素是人类医学的重大成就之一，对人类健康水平的提高以及生命安全的保障有着重大作用。但是抗生素结构复杂，种类繁多，用量广泛，造成了严重的污染。抗生素生产和应用已经有一段历史了，抗生素环境污染则在近些年才引起人们的关注。目前的抗生素废水处理主要包括物化法、化学法以及多种方法组合[41]。物化法主要包括吸附、反渗透、光降解等[42]。但是物化法具有吸附不彻底、时间长等缺点。化学法的原理为氧化和还原等。生物法包括好氧法、厌氧法等。生物处理方法效果较好，处理效率高，但是生物处理法具有高耗能、会产生耐药性细菌等弊端[43]。抗生素废水的处理仍需要深入地研究。

近年来，许多研究显示了生物可以降解抗生素废水（如内酰胺类），这使得以抗生素为电子供体的BES能源化处理抗生素废水成为可能。张翠萍等[44]以葡萄糖和喹啉为混合碳源，利用微生物燃料电池降解喹啉，结果显示，喹啉降解率达到90%以上，但是随着葡萄糖浓度的降低，MFC的电压逐渐下降而周期不断延长，通过对MFC中分离的一类产电菌Q1和三类非产电菌b、c、d的研究，得出Q1为产电菌且对喹啉的去除率可达90%，b、c、d为非产电菌，在MFC中对喹啉的去除率比Q1低，但高于在普通培养条件下喹啉的去除率[45,46]。这些结果表明，微生物燃料电池以喹啉为电子供体时，其他碳源如葡萄糖浓度对MFC的产电有影响。Wu等[47]发现当妥布霉素（tobramycin）浓度增加到2mmol/L时，对微生物燃料电池有一个明显的抑制作用，但经过一段时间，MFC可以恢复，且随着妥布霉素浓度的增加，妥布霉素抗性菌群落占有比例不断增大，其他群落的比例减小，说明抗生素浓度会影响MFC的性能。在微生物电解池降解抗生素方面也有类似的研究。孙飞等[48]在外加电源为0.5V的条件下，利用双室MEC研究生物阴极与非生物阴极对氯霉素的降解效率，研究发现，附着在生物阴极上的微生物获得电子后，可将电子用于还原氯霉素，且在葡萄糖和污泥发酵液分别存在时，生物阴极24h的氯霉素还原效率分别为86.3%和74.1%，高于非生物阴极的还原效率。上述研究体现了BES在以抗生素为电子供体时的几个影响因素：首先，微生物燃料电池通常可以以抗生素为电子供体，抗生素去除效果好，能够实现能源化处理；其次，碳源条件对产电效能有一定影响；最后，在微生物电解池中，生物阴极对抗生素的降解效率高于非生物阴极。

（1）抗生素废水

抗生素类废水主要来源于制药工业废水、医疗废水及人和动物的排泄物。在抗生素生产工艺中，还存在着提炼纯度低、原料利用不完全、生产废水中残留量高等因素，因此造成出水成分复杂、难生物降解等问题。虽然抗生素类药物在水体中的半衰期较短，但其在日常生活中的使用量大且频率高，有可能会形成“假性持久性”污染废水，以致产生更多新兴抗生素耐药细菌和抗生素耐药基因。目前抗生素的种类主要有大环内脂类、β-内酰胺类、磺胺类、四环素类、喹诺酮类等。与有机农药、PAHs、POPs等所引起的危害相比，抗生素作为人们日常生活中使用频繁且用量最大的一类常用药物，其引起的环境行为及可能产生的危害在最近十几年来引起了广泛关注。抗生素类药物由于自身结构及理化特征，通常具有较为普遍的特性，例如：易于形成生物累积；结构有较强的稳定性；易透过细胞膜进入细胞等。抗生素通过各种途径进入环境以后，可能会对生物的正常繁殖产生严重的影响，一方面可能会抑制有益微生物的活性；另一方面可能会刺激一些病原菌产生一定抗药性，从而对生态系统产生严重的不利影响。

（2）抗生素使用情况

自20世纪50年代以来，抗生素被广泛应用于人体临床治疗、畜牧养殖及水产养殖等方面，由于这类药物在体内的利用效率很低，大量未被完全利用的抗生素常常通过尿液、粪便排泄等排入环境中。近些年来各国研究人员均在不同的环境中发现了抗生素，如土壤、地表水、地下水、饮用水、沉积物及各种水生生物体内等系列环境介质中都已检测出不同浓度的抗生素类药物。如今我国是抗生素生产大国，同时也是使用大国，2006～2007年度卫生部发布的关于全国细菌耐药监测的结果显示，全国各医院抗生素类药物年均使用率高达74%，而没有哪个国家这样大规模地使用抗生素，尤其是在美、英等发达国家，抗生素使用率大约为22%～25%。

（3）抗生素及其抗性基因的危害

随着社会经济的不断发展，抗生素的广泛使用已经成为普遍现象，人类过度使用或滥用抗生素对身体健康具有极大的危害作用，主要表现在人体的不良反应以及对一些致病菌产生较强的耐药性。而目前人类在兽药、饲料以及水产养殖中使用的抗生素的总量要远大于人类自身所使用的，据报道这类兽用抗生素在全世界228个国家和地区在2010年的使用量约为63151t，预计2030年用量将增加67%，尤其是中国、美国、印度、巴西和德国等国最为严重。这些抗生素经过动物自身新陈代谢后，很大一部分直接或间接随着排泄物进入土壤和水体环境中，对水体环境的污染尤为严重。由于绝大多数抗生素是溶于水的，而水是绝大多数微生物最好的栖居地，同时水也是自然界中致病微生物传播疾病的最好的途径，随着河流、地下水、湖泊的流动，通过抗生素和环境微生物的长期交互作用会产生一种新型污染物：抗生素抗性基因（antibiotic resistance genes，ARGs）。与抗生素直接对环境的影响相比，抗生素抗性基因对生态系统的影响要严重得多，由于抗生素进入水体环境中后，长期对环境微生物的毒性进行压力选择，致使诱发形成抗生素抗性细菌（ARB），这种抗性细菌在生态系统中主要通过水平基因转移机制传播抗生素抗性基因（ARGs）。2006 年，Pruden 提出抗生素抗性基因的概念，2009 年，Xi 等对美国密歇根州和俄亥俄州的饮用水源地及自来水进行研究发现，存在抗生素抗性细菌和抗生素抗性基因。万古霉素抗性基因（*van A*）、β-内酰胺类抗性基因（*amp C*）以及四环素类抗性基因（*tet W*、*tet O*）也被 Pruden、Schwartz 等在饮用水中发现，慢慢地人们逐渐意识到抗生素抗性基因对生态环境的危害比抗生素本身还要大，因此近几年来抗生素抗性基因方面的研究越来越受到人们的关注。目前，已有许多报道称污水处理厂、医疗污水、畜禽水产养殖废水以及地表水甚至饮用水中有抗生素抗性细菌和抗生素抗性基因。尤其是医疗废水和畜禽、水产养殖废水最终会汇聚到污水处理厂，那么污水处理厂成为了抗生素进入环境生态系统的重要途径，因此在传统的污水处理过程中或者预处理阶段消除或解除抗生素的抗性具有重要的意义。

（4）抗生素在环境中的分布

抗生素主要对人类、畜禽和水产养殖等方面的疾病防治起重要作用，除一部分在生物体内被转化为代谢物外，另一部分被原位排入水体或土壤环境。由于之前抗生素在环境中的残留往往是痕量级（ng）的，人们对其所造成的恶劣影响往往不够重视。但随着抗生素的使用量越来越大，现在抗生素的滥用对生态环境的影响已经引起人们的高度重视。抗生素在环境中的残留主要存在于土壤、沉积物、水环境中，特别在水体环境中分布极为广泛。目前，在江河湖泊、地下水、饮用水、海水以及污水处理厂中已发现几百种抗生素残留。大环内酯类、磺胺类、青霉素类、氯霉素类和四环素类抗生素在德国、瑞士、美国和中国等不同国家和地区的污水处理厂及地表水中都以不同浓度被检测到。城市水体环境中抗生素药物污染的来源及归宿有多种，也表明抗生素进入水体环境的渠道有多种，而污水处理厂是低浓度抗生素进入环境的重要点源，最终增加了低残留难降解抗生素对人类和环境生态系统的暴露风险。

（5）几种典型抗生素的危害及其水中残留

呋喃西林、甲硝唑和氯霉素这些抗生素具有的共同特点是均含有硝基基团，且分别与呋喃环、咪唑环和苯环相连。硝基基团是抗生素分子中的活性基团，对于抗生素的药用效果起到重要作用。氯霉素和氟苯尼考具有的共同特点是抗生素分子结构中均含有 Cl 或 F 等卤素，这两种抗生素的卤素都在抗生素分子结构的侧链基团上，卤素的存在对于抗生素的药用效果也起到重要的作用。而氯霉素这种抗生素较为特殊，是由于它既含有硝基基团又含有 Cl 元素，因此在分子结构中它可能具有 2 个活性中心。在许多国家，这些抗生素已被禁止用于人类，但由于这类抗生素价格便宜、效果好，很多国家或地区仍然在畜禽及水产养殖等领域使用。特别是氯霉素和氟苯尼考，对于人类可能造成再生障碍性贫血并具有潜在致癌性，严重威胁人类健康。美国食品与药物管理局（US-FPA）已经禁止在供食用的动物上使用氯霉素，但由于氯霉素和氟苯尼考的廉价性和可获得性，其在我国水产、畜禽和蜜蜂等养殖业中仍然被广泛使用。

由于含硝基或卤代类抗生素在医疗和养殖业中的广泛使用，抗生素本身及其代谢产物随着污水处理厂出水进入地表水，尤其是人口密度大的城市污水处理厂中。呋喃西林和呋喃唑酮这两种硝基呋喃类抗生素使用量较大，这两种抗生素及其代谢产物在动物体内及水产品中的残留有较多报道，如在很多亚洲国家特别是印度的水产品黑虎虾中可以检测到150μg/kg的3-氨基-2-噁唑烷酮AOZ、氨基尿SEM和10～63μg/kg的呋喃西林。Hu研究表明在水产品鱼中呋喃唑酮具有2.0～5.0μg/kg的残留，其代谢产物AOZ具有0.4～0.6μg/kg的残留。由于生物降解的有限性，存在于水产养殖水体中未被及时利用的硝基呋喃类抗生素及其代谢产物污染了水体环境系统。但目前文献中较少报道其在环境中或者在水体环境中的残留问题，原因可能有两个：一是二者均在生物体内迅速代谢，例如呋喃西林和呋喃唑酮分别在动物体内被迅速代谢成氨基脲（SEM）和3-氨基-2-噁唑烷酮（AOZ）；二是目前的研究人员特别是水环境领域的研究人员对其在水中的残留及其对环境的危害研究得较少。氯霉素、氟苯尼考在水体环境中残留的研究报道较多。

我国北京的北运河中氯霉素的含量随季节变化而改变，从3月份的13.9ng/L±11.1ng/L到7月份的8.8ng/L±8.0ng/L，直至9月份的6.3ng/L±6.4ng/L。我国香港、台湾、广东珠江三角洲、江苏等地区的污水处理厂废水中都有高达1050ng/L浓度的氯霉素残留，养猪场废水中甚至达到11.5μg/L的浓度，而在我国贵阳的市政污水中也高达47.4g/L。此外，在国外如韩国（51ng/L）、德国（560ng/L）、西班牙（67ng/L）和新南威尔士（421ng/L）等国家、地区的污水处理厂中也检测到不同程度的氯霉素残留。氟苯尼考这种主要应用于动物的兽药抗生素在我国的养猪废水（106.6ng/L）、生活污水（0.03～2.84μg/L）及地表水（3.55～26.4ng/L）和韩国的制药废水（0.033～4.61μg/L）和生活污水（18.8μg/L）中也都有不同浓度的残留检出。硝基咪唑类抗生素甲硝唑的残留主要集中在城市污水处理厂或者医院废水中，如西班牙的污水处理厂和医院废水中的残留分别为17～67ng/L和0.50～9.4μg/L，我国台湾地区分别为100ng/L和1591ng/L，新南威尔士污水处理厂中为60～421ng/L。这些抗生素在全世界各国水体环境中的检出表明，这些硝基或卤代类抗生素在人们生活中的使用是广泛的，这种广泛的使用必然对水生态环境和人类健康是一种巨大的威胁。

（6）抗生素废水的处理技术

近年来，研究者对抗生素废水的高效降解进行了深入广泛的研究，致力于可以有效去除其抗菌作用，以便它能进一步被生物降解。这类废水的处理方法主要有物理化学方法和生物化学方法。物理化学方法主要有高级氧化、混凝沉淀和膜分离技术等。可用高级氧化技术处理的抗生素废水，BOD、COD的去除效率都很高，但出水中往往会残留有大量Fe^{2+}和Fe^{3+}，它们对后续的生化处理都是十分不利的，出水一般需采用氢氧化钙调节至碱性条件，然后再进行混凝沉淀处理。混凝沉淀是处理抗生素废水较常用的一种处理方法，且运行成本合理，有一定的应用价值。膜分离方法经常用于抗生素废水的浓缩和分离。生物化学方法主要有好氧生物处理技术和厌氧生物处理技术。好氧生物处理技术如生物流化床、氧化沟、生物转盘法、深井曝气、生物接触氧化法等，这些技术已被广泛应用，但由于抗生素废水属于高浓度有机废水，在处理前需要对其进行稀释，从而提高了管理成本及运行费用，同时也增加了能耗；厌氧生物处理技术如厌氧流化床、折流板反应器、升流式厌氧污泥床、厌氧-好氧组合技术等，可用于高浓度有机废水的处理，且具有污泥量少、耗能少、负荷高、产沼气等优点。MFC技术是生物处理技术的一种，并且关于MFC处理抗生素类物质废水已有报道。Wen等采用葡萄糖-头孢曲松钠、葡萄糖-盘尼西林共基质作为燃料，发现β-内酰胺类抗生素得到高效降解且对微生物产电起到了促进作用。

（7）甲硝唑、氯霉素、磺胺废水处理研究进展

本实验选用使用量大且使用频繁的3种典型的抗生素，即甲硝唑、氯霉素、磺胺。

① 甲硝唑是硝基咪唑类化合物，是一种常见的抗生素类药物，被广泛应用于治疗和预防厌氧菌感染。在医疗废水中检测到甲硝唑的最大浓度是9400ng/L，在污水处理厂中检测到甲硝唑的最大浓度是127ng/L。甲硝唑分子结构复杂，溶解性高，难生物降解并具有致癌性，因此将甲硝唑从环境中去除是非常必要的。目前该废水的处理方法通常是采用物理法、化学法和生物法。如Flemming曾报道过利用生物法降解甲硝唑：在一个摇瓶体系中，假设发生一级降解动力学反应，其半衰期范围是14～104d，起始拖延期是2～34d，甲硝唑的降解与污泥浓度有关；在缺氧条件下，生物降解速度减慢；最终产物分析表明产物无毒性。而对于MFC这种非常有潜力的生物处理技术处理甲硝唑废水的研究尚未见报道。

② 氯霉素是第一种被合成的抗生素，自1949年氯霉素被引入临床实践后得到大规模使用。作为一种有效的抑菌抗菌药物，其对于许多革兰氏阳性细菌和革兰氏阴性细菌，包括厌氧菌，具有很强的杀菌作用。然而，由于其具有致命的毒性，如潜在的致癌性和基因毒性等，美国食品和药物管理局禁止将其用于食品中。由于其生产成本低且实用性强等特点，在不发达国家被广泛应用。曾报道，一些亚洲国家包括我国在内，河流中氯霉素的浓度在26～2430ng/L之间，污水处理厂的出水中氯霉素的浓度在3～1050ng/L之间，特别是在贵阳的某污水处理厂出水中氯霉素浓度竟然高达47.7μg/L。如今在众多水流中均发现了氯霉素的抗菌和耐药基因毒性。在厌氧条件下氯霉素的毒性可以得到缓解，其主要原因是：硝基是氯霉素抗菌的一个重要基团，厌氧条件下，硝基芳香化合物可以转化为芳香胺类化合物，后者较前者的毒性弱且更容易矿化。脱卤作用使卤代化合物的毒性降低，更易生物降解。如今一些物理化学方法如光催化、Fenton处理、零价双金属纳米颗粒、微波射线等被用于氯霉素的去除均取得一定效果，但因这些方法耗能大、成本高等缺点限制了其实际应用。

③ 磺胺类抗生素具有抗菌性较广、使用简便、性质稳定等特点，但是滥用的磺胺抗生素可能会损害肾功能，可能导致新生幼儿畸形等。同时，磺胺类废水属于一种新兴的微污染物的废水，在市政污水处理厂中常常难以降解。因而，药物的残留可能促使污水处理厂废水的出水浓度达到μg/L级的范围。虽然这个浓度范围并没有达到生态毒理学的mg/L级范畴，但是由于它们长期累积的特性，会对环境造成一定的生态毒性。如果人们不知道某一种单一物质对环境的长期生态毒性，就很少能了解到它潜在的协同效应。因此，对于这类微污染物废水的去除方法需要深入地研究。目前已有一些复杂的技术用于处理这类废水，但这些技术往往需要消耗大量的能源或者化学物质，常见的处理方法有加氯消毒、紫外照射、纳米过滤、臭氧氧化、活化炭过滤、生物过滤、利用掺硼金刚石电极的电化学降解方法等。

（8）β-内酰胺类抗生素

β-内酰胺类抗生素的结构与细胞壁的成分黏肽结构中的*D*-丙氨酰-*D*-丙氨酸近似，

可与后者竞争转肽酶，阻碍黏肽的形成，造成细胞壁的缺损，使细菌失去细胞壁的渗透屏障。

青霉素作为抗生素中内酰胺类的一种，具有价格低廉、高效、低毒、性质稳定、疗效好等特点，已经成为治疗敏感菌感染的首选药，广泛应用于临床抗菌消炎。青霉素工业已经成为我国制药工业的重要产业之一，其生产能力居世界首位。青霉素在生物体内具有独特的代谢性质，其代谢后90%以原形排出体外，生活排放的废水中含有一定量的残留，又因为青霉素具有很强的抗氧化、抗降解能力，对微生物生长有抑制作用，使其难以被生物降解，随后排入自然水体造成污染残留，甚至通过畜牧、养殖途径进入食物链，间接导致动物和人体内产生的抗生素抗体增强，从而使药物的抗菌效力减弱。

底物的利用和降解是研究废水处理的重要方面，对于研究污水处理至关重要。为研究以葡萄糖-青霉素为底物的有机物降解能力，实验建立了有机物的降解动力学方程。底物的降解可以描述为下列一级动力学方程：

$$\ln(C_0/C)=kt$$

式中，C 为底物浓度，mg/L；C_0 为底物的初始浓度，mg/L；k 为降解动力学常数，h^{-1}；t 为降解时间，h。当青霉素的浓度由 0 增至 50mg/L 时，k_{COD} 由 0.117h^{-1} 增至 0.167h^{-1}，$k_{glucose}$ 由 0197h^{-1} 增至 0.224h^{-1}，$k_{penicillin}$ 为 0.282h^{-1}。在 12h 内，当以 1000mg/L 葡萄糖为 MFC 底物时，COD 的去除率为 76.5%，葡萄糖的去除率为 91.1%；当以 1000mg/L 葡萄糖＋50mg/L 青霉素混合基质为底物时，COD 的去除率为 87.1%，葡萄糖的去除率为 93.8%，青霉素的去除率为 95%。24h 时，葡萄糖和青霉素的去除率均大于 80%，几乎降解完全，此时的去除率大于 90%。结果表明：a. 底物的降解符合降解动力学方程，R^2 均大于 0.98；b. 证实青霉素在 MFC 中降解的可行性，为含青霉素废水的处理提供了新的方法；c. 青霉素的存在加速了 COD 和葡萄糖的降解。这可能是由于缺少细胞壁的阻碍作用，更有利于有机物进入细胞内部，有利于有机物的代谢和释放，有利于底物的降解。此外，MFC 中阳极的存在、电流的存在可能更有利于底物的降解。

头孢菌素类抗生素作为第三代头孢菌素，广泛应用于临床。因其结构中与青霉素一样，含有一个 β-内酰胺环，其抗菌作用机理与青霉素极相似，故这两类抗生素称为 β-内酰胺类抗生素。自从头孢菌素类抗生素问世以来，由于抗菌作用强、耐 β-内酰胺酶、临床疗效高、毒性低、过敏反应较青霉素少见等优点而被广泛应用。

实验启动期以 1000mg/L 葡萄糖作为 MFC 的燃料，连续进水，当 MFC 启动完成并稳定运行后，燃料换为头孢曲松钠模拟废水（1000mg/L 葡萄糖与不同浓度的头孢曲松钠混合溶液）。为研究头孢曲松钠废水的降解和产电的可行性，实验对 MFC 的产电性能（电压）、极化性能、功率密度、阴阳极电势、交流阻抗和 MFC 中废水的处理效果进行研究。

在 MFC 中，当以 1000mg/L 葡萄糖＋30mg/L 头孢曲松钠为底物时，头孢曲松钠在 24h 内的去除率为 72%，COD 去除率为 88%；当以 1000mg/L 葡萄糖＋50mg/L 头孢曲松钠为底物时，头孢曲松钠在 24h 内的去除率为 91%，COD 去除率为 96%。在 AR（厌氧反应器）中，当以 1000mg/L 葡萄糖＋30mg/L 头孢曲松钠为底物时，头孢曲松钠在24h内的去除率为46%，COD去除率为69%；当以1000mg/L葡萄糖+50mg/L头孢曲松钠为底物时，头孢曲松钠在24h内的去除率为51%，COD去除率为77%。结果表明：a. 头孢曲松钠可以在MFC中降解；b. 头孢曲松钠含量在一定浓度范围内的增加有利于MFC中头孢曲松钠和COD的降解；c. MFC中头孢曲松钠的处理效果均优于厌氧反应器。可能的原因是MFC中电流的产生对产电微生物的活性及代谢有促进作用。这些结果与已报道的研究类似，这些研究均发现MFC中底物的去除效果比普通的厌氧反应器效果好。该研究对能源和环境均有重大意义。虽然在一定范围内的头孢曲松钠（0～50mg/L）对产电微生物的活性没有抑制作用，但是继续增加头孢浓度可能会超过微生物的耐受范围，从而导致整个MFC系统的崩溃。

3.4 以有机污染物为电子供体时产能的主要影响因素

到目前为止，实验室里的微生物燃料电池的实际性能比理想性能还是低很多（Rabaey和Verstraete，2005）。微生物燃料电池的电能产生受很多因素的影响。然而，微生物燃料电池的一个显著特点就是其性能主要依赖于非生物的硬件部分而不是微生物的活性（Watanabe，2008）。微生物燃料电池的产电包括微生物的代谢、电子从细胞传递到阳极、质子从阳极转移到阴极以及阴极上电子受体的还原反应等几个主要过程，过程中每一个微小的细节都直接影响微生物燃料电池的性能，包括所用的产电微生物的类型、燃料的类型和浓度、离子强度、pH值、温度、电极材料以及质子半透膜等。此外，电池的构造作为最重要的硬件部分，在很大程度影响以上过程，进而影响整个电池系统的性能。

下面分别就几个主要影响因素展开讨论，但是需要清楚的是这些因素都存在于微生物燃料电池一个大系统内，各个因素并非独立，而是相互关联、相互影响的。

3.4.1 微生物种属的影响

目前，从微生物燃料电池中分离出的电化学活性微生物主要以细菌为主，分别为变形菌门、厚壁菌门和酸杆菌门。变形菌门是目前研究中发现电化学活性微生物最多的一门，且发现绝大多数产电菌为异化金属还原菌，并且多数为革兰氏阴性菌，其中兼性厌氧菌和严格厌氧菌偏多。希瓦氏菌属（*Shewanella*）和地杆菌属（*Geobacter*）是最早被研究并研究得较多的两个属，常用来作为研究微生物与电极间电子机理的模式菌。此外，真菌门的酵母菌也被发现具有产电能力。第一个发现的不需添加介体的产电微生物是异化Fe还原菌*Shewanella putrefaciens*，属γ-变形菌纲，但*S. putrefaciens*不能将底物彻底氧化，而能与电极间直接进行电子转移的δ-变形菌纲中的*G. sulfurreducens*可将乙酸钠彻底氧化为二氧化碳。对Fe(Ⅲ)的还原能力及对氧的耐受性常常是菌种的主要特征，已发现的电化学活性微生物按其对Fe(Ⅲ)的还原能力可分为严格厌氧、兼性厌氧及专性好氧的异化铁还原菌或非异化铁还原菌。

尽管很多微生物燃料电池采用纯培养的细菌，但是自然环境中的微生物菌落似乎更适合于利用废物产电的应用（Rabaey 等，2007）。与其他的微生物废物处理过程类似，微生物群落的结构与活性依赖环境因素，例如 pH 值、氧化还原电位、离子强度和温度等。然而，预测这些环境因素对微生物群落的影响却是很困难的，相关的微生物生态学模型和理论还未建立。环境因素也能影响微生物燃料电池中产电的其他过程，如质子传递效率和阳极活性等，正如前所述，环境因素改变会影响整个微生物燃料电池系统的各个过程和部分，例如燃料化合物的种类和浓度首先会影响质子传递效率，从而就会影响阴极和阳极的电势，进而影响阳极中微生物群落的结构和功能。

厌氧活性污泥通常用作微生物燃料电池的接种体（Rabaey 等，2004），有时也会直接用废水（He 等，2005）或土壤，然而关于接种体对微生物燃料电池的性能的影响还未见有系统的报道。微生物燃料电池中不同富集阶段的微生物群落对产电存在影响，分别用未处理的活性污泥、经过三价铁富集的微生物群落和已在阳极上形成生物膜的群落接种微生物燃料电池，比较它们的产电性能发现，用阳极生物膜接种的电池性能要优于活性污泥接种的电池，三价铁富集物接种的活性最低，因此建议微生物燃料电池的启动应当将正在工作的电池的阳极接种到新的电池中（Kim 等，2005）。在另外一个研究中，电池阳极上采取不断富集的方法会逐步提高微生物燃料电池的产电能力以及改变微生物群落特征（Rabaey 等，2004）。

利用微生物生态学的 rRNA 基因分子系统发育分析可以对微生物燃料电池中的细菌群落进行分析（Rabaey 等，2007），已有报道观察到微生物群落在结构上的变化趋势。通过比较 8 个不同微生物燃料电池中的微生物群落，结果表明变形杆菌门（Proteobacteria）最为常见，其次为厚壁菌门（Firmicutes）和拟杆菌门（Bacteroidetes）。然而，这种趋势仅仅只在门的水平上，在微生物燃料电池中并没有哪种细菌是普遍存在的，并且也很难将微生物菌落的结构与产电活性联系起来（Clauwaert 等，2008）。

很明显，改变操作条件可以提高微生物燃料电池的电能输出（Liu 等，2005）。然而，就目前看来升级电池并不是提高电能输出的一个革命性的方法。其瓶颈在于电池中微生物的低转化效率，即使是在最快的生长速率下，微生物的转化效率以及与电极之间的电子传递依然很慢。采用电化学技术分析微生物细胞与电极间的电子传递机制来提高微生物的产电效率，可能比以上群落组成分析更加有效（Rosso 等，2009）。

此外，高温能够加速几乎所有的反应动力学，包括生物的和化学的。利用嗜热微生物可能会提高电子的转化效率，降低电极反应的活化损失。Jong 等采用酿酒厂高温废水处理车间的废水作为接种体构建一个在 55℃下运行的嗜热微生物燃料电池，嗜热微生物燃料电池产生的最大面积功率密度达到 $1030mW/m^2$，除了两个阴极添加电子载体的常温微生物燃料电池外，均高于之前的常温微生物燃料电池（Jong 等，2006）。

(1) MFC 阳极微生物

微生物能与阳极相互作用，将电子传递给阳极形成电流。能与微生物燃料电池中阳极相互作用的微生物被称作产电微生物（current producing microorganisms），同义的名称还有电极还原菌（electrode-reducing microorganisms）、阳极菌（anodophiles）、阳极呼吸菌（anode-respiring bacteria）以及电化学活性菌（electrochemically active bacteria）等。要理解微生物的产电，就必须了解决定电子和质子流动的微生物代谢途径。除了阳极中底物对代谢的影响之外，电子受体、阳极的电极电势也会影响微生物的代谢。提高微生物燃料电池的电流就会降低阳极的电势，从而迫使细菌将电子交给氧化还原电位更低的化合物，阳极的电势将会决定细菌最终的电子受体，当然也就决定了细菌在阳极中的代谢途径。基于阳极的电势可以划分几种不同的代谢路径，如高氧化电位的氧化性代谢、中到低氧化电位的氧化性代谢以及最低的发酵代谢，因此目前所报道的产电微生物有好氧菌、兼性厌氧菌及严格厌氧菌等各种类型。

（2）阴极微生物

电极的电势如果足够低，则电极上的电子会通过产生氢气或其他的电子载体间接地传递给微生物。微生物可以用电极还原的蒽醌-2,6-二磺酸（AQDS）或是甲基紫罗碱作为电子供体来分别催化还原高氯酸盐和三氯乙烷（Aulenta 等，2007；Thrash 等，2007）。这些都是微生物间接利用电极电子的例子，然而有些微生物还可以直接从电极表面获得电子。电极直接传递电子给微生物首先在地杆菌属内观察到，它们能利用电极作为电子供体还原延胡索酸盐、硝酸盐或铀（Ⅵ）（Gregory 等，2004；Gregory 和 Lovley，2005）。微生物利用电极作为电子受体催化还原硝酸盐、铀和氯化物等，相比传统的生物修复方式具有潜在的优势。利用电极作为电子供体的微生物还原硝酸盐的研究已有报道（Clauwaert 等，2007），但是该过程中的微生物学原理还有待进一步的研究。

在阴极中，可能的电子受体有氧气和质子。在阴极表面附着生长的生物膜能促进氧气的还原（Bergel 等，2005；Clauwaert 等，2007；Rabaey 等，2008），然而，还没有证据表明该过程为微生物利用电极电子进行呼吸还原氧气，可能还存在其他的机制牵涉其中。还原质子产氢代表了一个潜在的能源产生途径，利用处于低电势的电极能富集出产氢能力更高的微生物，表明该途径能选择到质子还原菌（Rozendal 等，2007）。此外，一氧化碳能抑制产氢表明氢化酶主要参与产氢过程。生物电化学系统中有机物的降解和产电是由附着在电极材料上的生物膜完成的，生物膜上富集的产电微生物群落具有多样性，主要分布于变形菌门（Proteobacteria）、放线菌门（Actinobacteria）、厚壁菌门（Firmicutes）和醋杆菌门（Acidobacteria）。由于微生物种属不同，微生物的群落特征和产电能力明显不同，如表 3-2 所列。在以葡萄糖为底物的 MFC 中，不同种属的微生物降解葡萄糖会产生不同种类的副产物，副产物则对电池的库仑效率和功率密度产生影

表 3-2　MFC 中不同微生物种属的影响

底物	阳极	细菌	反应器结构	最大功率密度/(mW/m^2)	参考文献
葡萄糖	炭布	*Geobacter* spp.（Firmicutes）	双室	40.3±3.9	[17,18]
污水污泥	带有 Mn^{4+} 的石墨	*Escherichia coli*	单室	91	[50,51]
葡萄糖	聚四氟乙烯处理的碳纤维纸	*Electrochemically active bacteria*	双室	15.2	[52]
葡萄糖	石墨板	*Mixed culture*	双室空气阴极 MFC	283	[53,54]
葡萄糖	石墨	*Saccharomyces cerevisiae*	双室	16	[55]

响。由于乙酸盐在厌氧环境中含量最多且最简单，MFC 常以其为底物。在以乙酸钠为底物的 MFC 中，富集的微生物以变形菌门占多数，大部分为地杆菌属。谢珊等[49]发现在阴极室中接种硝化菌同时实现了产电和硝化的过程，并且两者在同一地方发生，不仅节省了曝气消耗的能源，充分利用了曝气中的溶解氧，而且由于硝化过程产生了质子，避免了阴极由于产电过程 pH 值升高的问题。

3.4.2 电池电极材料的影响

生物电化学系统中的电极分为阴极和阳极，其为催化剂和微生物的载体。电极材料的选择对有机污染物的降解和最终产能效率有着重要影响。阳极材料是产电微生物的催化反应界面，影响了微生物的附着、底物氧化、电子传递以及阴极氧化还原速率，其应选择导电性好、吸附性好的电极材料，目前较常用的有炭、石墨等。为实现 MFC 产电性能的提高，研究阳极材料的修饰和改性成为当前的主要方向。阴极材料是质子和电子的受体，氧化还原速率决定了有机物降解效能和产电性能，其应选择容易捕捉质子且吸氧电位高的电极材料，空气阴极通常将炭布作为基本材料，而直接使用的效果不理想，可使用高活性催化剂来改善，因此，目前研究重点是寻找高活性的廉价催化剂。

（1）阳极材料

在 MFC 中，影响电子传递速率的因素主要有：微生物对底物的氧化；电子从微生物到电极的传递；外电路的负载电阻；向阴极提供质子的过程；氧气的供给和阴极的反应。提高 MFC 的电能输出是目前研究的重点，电极材料的选择对最终产能效率有着决定性的影响。对于阳极，应选择吸附性能好、导电性能好的电极材料。对于阴极，应选择吸氧电位高且易于捕捉质子的电极材料。一般选择有掺杂的阴极材料（如载铂的炭电极）。从 MFC 的构成来看，阳极作为产电微生物附着的载体，不仅影响产电微生物的附着量，而且影响电子从微生物向阳极的传递，对提高 MFC 产电性能有至关重要的影响。因此，从提高 MFC 的产电能力出发，选择具有潜力的阳极材料开展研究，解析阳极材质和表面特性对微生物产电特性的影响，对提高 MFC 的产电能力具有十分重要的意义。在 MFC 中，高性能的阳极要易于产电微生物附着生长，易于电子从微生物体内向阳极传递，同时要求阳极内部电阻小、导电性强、电势稳定、生物相容性和化学稳定性好。目前有多种材料可以作为阳极，但是各种材料之间的差异以及各种阳极特性对电池性能的影响并没有得到深入的研究。

阳极直接参与微生物氧化底物的反应，并且 MFC 系统中的产电性能主要取决于吸附在阳极材料上的微生物的数量，阳极对于微生物的附着有着至关重要的作用（冯岑岑，2011）。因此，选择正确的高孔隙率、高导电性的阳极材料对 MFC 产电性能的提高有着极为重要的影响（冯雅丽等，2006）。阳极材料的必要条件是耐腐蚀、高导电率、高比表面积、高孔隙率和不易堵塞。高孔隙率和高比表面积能够使细菌很好地附着在材料上，并且只有高导电率且不易被腐蚀才能更容易地将电子导出，这就使得大多数金属被淘汰。

微生物燃料电池中常规的电极材料主要有石墨棒、石墨毯、石墨板、炭纸、炭布、泡沫炭和玻璃电极等，其中以炭为基本原料的炭纸、炭布、泡沫炭具有高导电性并且十分适合细菌的生长，因此在 MFC 中的使用非常普遍。但是在使用过程中要注意与之连接的导线要用环氧树脂封好，防止一段时间之后被腐蚀，也防止铜溶于溶液中致使细菌中毒。不同炭材料产能的直接对比研究比较少见。电极表面积的大小会影响 MFC 系统中的内阻，因此在双室 MFC 系统中只有阳极相对于阴极的表面积和阳离子交换膜同时增大的时候产电性能才能有所提高。石墨电极因其具有高导电性和相对准确的表面积被用于多数 MFC 中，其中石墨片由于没有孔隙产电能力低于石墨毯和石墨泡沫。据相关文献报道，石墨泡沫产生的电流密度是石墨棒的 2.4 倍，石墨毯作为电极产生的电流密度是石墨棒的 3 倍（Bond 等，2002；Chaudhuri 和 Lovley，2003；Liu 等，2005），这正是由于炭毯具有更大的比表面积和孔隙率，增加了细菌密度，从而增大电能的输出。导电聚合物是一种新型的电极材料，目前在 MFC 系统中使用导电聚合物作阳极的还不多。在最新的所有导电聚合物的研究中，聚吡咯由于具有良好的导电性、生物相容性和稳定性被认为是一种很具有研究价值的材料。在现有的研究中，有研究利用电聚吡咯作为微生物燃料电池的阳极，在很大程度上提高了 MFC 系统的功率密度，在该领域还有许多工作有待继续完成。

很多研究表明，金属添加到电极上进行涂层也能够增大功率。有研究表明，将铁的气相氧化物沉积在炭纸阳极上虽然不能有效提高最大功率，但是可以减少反应器的驯化时间（Kim 等，2005）。Fe_3O_4-石墨电极、$Fe_3O_4+Ni^{2+}$-石墨电极、$Mn^{2+}+Ni^{2+}$-石墨陶瓷混合物电极在沉积物燃料电池中的产电效果比普通石墨大 1.7～2.2 倍（Lowy 等，2006）。在研究中，也将铜网上修饰石墨粉作为阳极进行研究，并得到一定的结果，但是这个结果是金属的原因还是其他的原因还有待进一步的研究。

通过非金属处理和修饰阳极材料，可以提高电池功率。Park 等（2002）将中性红添加到石墨织物电极中，阳极微生物为腐败希瓦氏菌（*Shewanella putrefaciens*），底物使用乙酸盐，电池的功率密度由 $0.02mW/m^2$ 提高到 $9.1mW/m^2$。其他阳极处理方法如在含钴阳极中利用聚苯胺也可以显著地提高电池功率（Schroder 等，2003）。同时，现在也有很多人在研究非炭类阳极材料并取得了一定的进展。

（2）阴极材料

阴极性能是影响 MFC 性能的重要因素。阴极室中电极的材料和表面积以及阴极溶液中溶解氧的浓度影响着电能的产出。阴极通常以石墨、炭布或炭纸为基本材料，但直接使用效果不佳（特别是以氧为电子受体），可通过附着高活性催化剂得到改善。催化剂可降低阴极反应活化电势，从而加快反应速率。

目前所研究的 MFC 大多使用铂为催化剂，例如，使用高活性催化剂 Pt 或 Pt-Ru 提高了阴极效率。含铂电极更容易与氧结合，催化氧气参与电极反应，同时可以减少氧气向阳极的扩散。因为发生在阴极上的电子、质子和氢气在催化剂上的三相反应难于控制，因此阴极的设计是 MFC 使用和升级的一个挑战。一般来说，前面提到的用作阳极材料的炭布、炭纸、石墨等，同样可以用于阴极。

目前，阴极最常用的材料是一面含铂的炭布。Cheng 等（2006）以 Nafion（萘酚）溶液作为胶黏剂，用含 10%铂的炭黑制成糊状物均匀涂在电极的表面，在室温下干燥

24h后得到阴极材料。Park和Zeikus（2002，2003）在实验室中由硫酸铁（3%，质量分数）、细石墨（60%）、瓷土（36%，胶黏剂）和氯化镍在通氮气、1100℃下焙烧12h制成铁阴极，这种不含铂催化剂的阴极比普通石墨电极的产电功率大3.8倍，但是与相同尺寸的含铂阴极相比功率还是相差很多。

目前，可与铅-炭阴极相比的是过渡金属-炭阴极，Zhao等（2005）在电化学测试中发现使用两种不同的过渡金属催化剂，分别为二价铁苯二甲蓝（FePc）和四甲氧基苯基卟啉钴（CoTMPP）。这两种催化剂的阴极在电流密度为0.2mA/cm^{2}时，性能与铂-炭阴极相同或者更好。除此之外，Cheng等（2006）也做了一系列以CoTMPP为催化剂的MFC空气阴极实验。

MFC阴极研究领域的一个相对较新的领域是使用细菌作阴极催化剂。当MFC中使用含海水生物膜的不锈钢阴极时，功率比同条件下去生物膜提高了30倍。关于生物阴极的最早的真正突破是Clauwaert等（2007）发现硝酸盐可作为阴极电解液用于MFC中。阴极中的微生物通过利用阳极中的乙酸盐氧化提供的电子，对硝酸盐进行彻底的反硝化过程。

（3）不同电极材料对电压的影响

采用铜电极材料和炭电极材料，观察不同电极材料输出电压的不同，进而研究更适用于实验室燃料电池的电极材料。除了电极材料的不同以外，运行温度、运行时间、外接电阻阻值、阴阳极液等其他条件都保持一致，保证阴极材料是产生电压的唯一限制因素。在电池启动过程中，可观察到随着微生物的生长，输出电压也上升，趋于稳定后随着底物的消耗输出电压也开始降低，不同电极呈现不同的电压高低，说明希瓦氏菌对附着的电极材料有一定的选择性。

（4）膜和分隔物

膜主要是用于双室MFC，目的是使阳极和阴极的液体分开，膜允许阳极产生的质子扩散到阴极。膜的另一作用是阻止其他物质在两室间传递。膜的缺点是提高了MFC的成本并降低了MFC的产电效率。然而对于膜的长期稳定性，尤其是生物膜附着在其上的稳定性以及膜污染的问题至今未得到深入的研究。

3.4.3 电极液

尽管理论上质子、电子和氧气会在阴极表面形成水，不会使pH值改变，但微生物燃料电池运行一段时间后，阴极和阳极之间还是很容易产生pH值的偏离。这种pH值的偏离主要是由质子交换膜引起的，质子交换膜对质子跨膜扩散造成传递障碍，使得质子的跨膜转运速率要慢于质子在阳极的产生速率和在阴极的消耗速率，从而引起pH值的差值。但是反过来根据传质速率方程，pH值差值又会增加质子从阳极到阴极的扩散速率，并最终达到一个动态平衡。有机质生物降解过程产生的一些质子会传递到阴极与氧气结合，而另一些质子却不能迅速地跨过交换膜或盐桥到达阴极（Kim等，2007）。在起始pH值为7的缓冲系统中，接种运行5h后pH值差值达到4.1，其中阴极9.5，阳极5.4。应用硫酸盐缓冲液，阴极和阳极间的pH值变化均低于0.5个单位，并且电流强度提高1～2倍，原因可能是缓冲液补偿了质子的缓慢迁移并提高了阴极的质子可获得性（Gil等，2003）。在阴极添加HCl溶液后发现电流提高了将近1倍。可见阴极中的质子可获得性是电流产生的一个限制因素。通过添加NaCl增加离子强度也会提高电流输出，可能是由于NaCl增大了电解液的导电性（Jang等，2004）。

3.4.4 质子传递

在微生物燃料电池的阳极，微生物细胞催化分解有机物释放出等量的质子和电子，其中质子传递到阴极的速度和效率在很大程度上决定了微生物燃料电池的产电性能。电子通过外电路沿着电势升高的方向移动到阴极，而质子传递到阴极主要依靠浓度梯度驱动的扩散效应，其速度就要比电子慢很多。于是质子传递就成为微生物燃料电池中反应的主要限速步骤和导致内电阻的主要因素（Kim等，2007）。因此，质子半透膜虽然能起到隔离阳极和阴极并产生电势梯度的作用，但是也成了质子传递的主要障碍。在有PEM和不使用PEM的两个空气电极微生物燃料电池的比较中，不使用PEM的微生物燃料电池得到的最大电功率要比使用PEM增大了将近1倍（494W/m^2和260W/m^2），表明除掉PEM不仅更经济还能提高电池的性能。此外，PEM还能对电解液中的阳离子有选择性地透过，Na^+、K^+、Ca^{2+}和Mg^{2+}等穿过PEM的速率与质子差不多，导致这些阳离子集聚在阴极室内，从而形成的电势障碍又会反过来影响质子往阴极的传递（Rozendal等，2006）。由于阴极中的质子不断被消耗而阳极中的阳离子会往阴极聚集，导致阳极pH值降低而阴极pH值升高，从而引起阳极电势升高而阴极电势降低（Gil等，2003）。质子传递速率缓慢还会影响到阳极和阴极内的反应速率。在阳极中，质子的积累会抑制微生物与阳极之间的催化反应；而在阴极中，由于质子的可获得性降低从而使得阴极表面的还原反应活化能升高（Torres等，2008）。质子传递的效率依赖于PEM的类型（Kim等，2007）、缓冲液的浓度（Gil等，2003）和类型（Fan等，2007）以及两个电极之间的距离。减小电极间的距离可以显著提高电池的产电性能（Liu等，2005）。

3.4.5 阳极室的操作条件

阳极室中微生物所利用的燃料类型、浓度和进料速率也能影响微生物燃料电池的性能。对于给定的微生物或微生物群落，输出功率受不同燃料的影响很大。在分批或连续电池系统中，电流产生依赖于燃料的浓度，通常，在很多大的浓度范围内高浓度的燃料产生高的电能输出。接种腐败希瓦氏菌（*Shewanella putrefaciens*）的单腔微生物燃料电池内电流输出随着燃料乳酸浓度的提高而提高，直到乳酸达到200mmol/L的浓度（Park和Zeikus，2003）。Moon等也研究了燃料浓度对电池性能的影响，同样得到电流密度随燃料浓度的升高而增大（Moon等，2006）。

3.4.6 氧还原

通常都是利用氧气作为阴极中还原反应的电子受体，氧气还原的动力学因素也是微生物燃料电池性能的一个限制因子（Gil 等，2003）。石墨电极经常用于阴极内，但是其催化氧气还原的活性很低，采用铂修饰的石墨电极就能显著改善其催化活性（Pham 等，2004）。

此外，阴极电解液中氧气的浓度也是影响阴极反应的重要因素。氧气很难溶于水，在环境温度下氧气在水中的饱和溶解度只有 8mg/L，当氧气消耗的速度大于氧气溶于水的速度时电解液中的溶氧量就会降低，从而限制阴极的氧气还原反应。几个独立的研究表明，在低于空气饱和的溶氧水平以下，溶氧量是主要的限制因素（Gil 等，2003；Oh 等，2004；Pham 等，2004）。此外，氧气往阳极扩散的速度也依赖于溶氧的浓度，因此，阳极中的部分底物会直接利用氧气消耗掉而不是传递电子给电极（Liu 和 Logan，2004）。

考虑到氧气浓度低的反应动力学，铁氰化钾就经常被用作代替氧气的阴极电子受体。迄今为止，已报道的几个很高的电流输出（7200mW/m^2、4300mW/m^2、3600mW/m^2）都是利用铁氰化钾作为阴极的电子受体（Oh 等，2004；Rabaey 等，2004；Rabaey 等，2003），而用溶氧作为电子受体的研究中电流输出都小于 1000mmol/(L·m^2)。这很可能是因为铁氰化钾能提供大的传质速率和低的阴极反应自由能。

3.4.7 阳极和阴极的超电势

一般电极的超电势的影响因素主要有：电极的表面、电极的电化学特性、电极电势、电子的传递机理及其动力学规律以及微生物燃料电池的电流大小。为了避免这种损失，一些研究人员采用投加铁氰化物的方法。因为铁氰化物在空气中不会被空气完全氧化，所以它只能作为电子受体而不能作为介体。另外，为了使系统正常运行，阴极最好是一个完全敞开的环境。目前大部分微生物燃料电池都采用质子转换膜，然而质子转换膜对生物污染是很敏感的，而阳离子交换膜的性能和有机物降解效果最好。也有研究中不使用质子交换膜，而用炭纸或者微孔滤膜作为隔离物。这样虽然能显著地降低内在电阻，但是这一类型的隔离物会影响阴极电极，并且对阴极的催化剂具有毒性（在有阳极电解液组分存在的情况下）。

3.4.8 内阻与外阻

MFC 内阻主要取决于电极间电解液的阻力和质子交换膜的阻力。可以通过缩短电极间距离、增加离子浓度来降低 MFC 内阻。向阳极溶液中投加 NaCl 也会影响 MFC 内阻，随着 NaCl 含量的增加，MFC 的输出电流密度逐渐增加，但过量时内阻又会增大。无质子交换膜可以大大降低 MFC 的内阻，最大功率密度为有质子交换膜的 5 倍。

MFC 的产电能力大小，不仅与电池本身结构有关，还与操作方式及负载大小有关。当负载电阻过小时，电流大而电压小；当负载电阻过大时，电流小而电压大。这都不能保证 MFC 产电功率的最大化，故需确定合适的外路负载电压的大小。实验操作过程中，可以连续改变外电阻的条件，阳极电位发生变化，变化主要分为两个部分：外阻大时限制因素为外电阻对电子传递的阻碍；外阻小时限制因素为电池内阻及传质阻力。Ieropoulos 等发现微生物燃料电池以间歇放电方式为主，但是间歇放电方式不能维持恒定电压。

3.4.9 MFC 处理难降解有机废水的 COD 去除效果

研究 MFC 处理难降解有机废水，废水处理效果应是首要考虑的，其次才是产电。有机物的去除效率一般用 COD 的去除率表征。MFC 对这些废水的有机物去除率基本都超过 60%，比普通厌氧的 COD 去除率高。且有研究表明，用 MFC 处理难降解废水在 COD 去除率上是有一定优势的。汪家权等[56]在研究用 MFC 处理苯酚废水时发现 MFC 能促进有机物的去除，在不同的有机负荷条件下 MFC 对 COD 的去除率比普通厌氧法提高了 20%左右。刘兵[57]研究 MFC 法处理中药废水的实验表明，在中药废水 COD 的去除率上，MFC 法明显优于普通厌氧法。

难降解有机废水之所以难降解，就在于废水中含有普通废水处理方法不易去除的污染物，如造纸废水中的纤维素和半纤维素，垃圾渗滤液中含有的大量难降解的萘、菲等非氯化芳香族化合物，苯酚废水中的苯酚等。汪家权等[56]研究得出 MFC 法的苯酚去除率比普通厌氧法提高了 30%，表明 MFC 不仅能促进有机物的去除还能加快苯酚的降解。毕哲等[58]在研究中发现，双室 MFC 对偶氮染料 ABRX3B 的脱色率在设定的各取样时间段均高于传统厌氧处理，且 BCMFC 48h 的脱色率达到 94.4%，而传统厌氧处理仅为 81.1%，说明 BCMFC 较传统的厌氧生物脱色法具有更高的脱色速率。综上可以看出，MFC 在处理难降解废水的特征污染物上是有优势的，因此是具有发展潜力和研究必要的。

MFC 处理难降解有机废水和用 MFC 处理易降解废水一样，都受到高内阻的限制，抑制了产电量的提升，而内阻主要受反应器相关因素的影响，因此需要不断改进反应器。从反应器构造上来看，单室 MFC 不论在节省空间还是在减小内阻方面都优于双室 MFC。MFC 处理难降解废水与 MFC 处理易降解废水的不同之处在于其废水中含有难降解有机物，这些物质可能会抑制微生物生长或会对微生物产生毒性，使其在处理难降解废水时产电量不高。培养特征微生物来处理特征污染物，再进一步驯化出能接受多种电子供体的细菌是解决这一问题的方法之一。将 MFC 用于难降解有机废水的处理在很多方面优于现有工艺，如 MFC 可回收能量为污水处理提供电能，能使难降解废水的处理在比厌氧处理工艺更稳定的条件下运行，从而产生更少的剩余污泥。在可持续发展的今天，废物资源化已成为一个大趋势，只要是可循环利用的资源，都会尽可能地使用。因此，MFC 处理难降解废水还有很大的发展空间。

3.5 本章小结

BES 以有机污染物为电子供体处理废水，符合社会经济可持续发展战略的要求，不仅开辟了一条新的处理难降解有机废水的途径，也通过 BES 实现废水的资源化利用，为有效缓解当今的能源短缺问题提供技术参考。然而在 BES 处理难降解有机废水技术工程化应用方面，还有许多研究工作要做，尤其在提高以不同有机污染物作为生物电化学系统电子供体处理废水能力方面，应该进一步考察生物氧化及电子传递等各种影响因素。主要有以下几个方面。

① 复杂污染物组分作为电子供体。不同于机理研究中的单一电子供体，在实际的污水中，通常会含有多种不同的污染物，尤其难生物降解、具有生物毒性、多种污染物同时作为电子供体的生物氧化降解机理不够清楚，其生物协同效应作用机制应该进一步研究。

② 序批实验补加电子供体使反应器持续产电。补加电子供体后，短时间内输出电压快速上升，从而可以使其持续产电，但是反应器浓差极化现象并没有消除，阳极表面会有氢离子富集，从而影响了细菌的生理代谢，最终对产电也会有一定影响。

③ 提高生物催化氧化活性的研究。微生物作为生物电化学系统生物催化剂，其氧化还原活动中心包埋在蛋白质内部，生物催化活性弱，使有机污染物生物电化学反应变弱。应该重视提高生物催化活性，使更多有机污染物成为生物电化学系统电子供体的研究。

④ 阳极微生物生物多样性研究。阳极微生物通过生物协同效应完成有机污染物降解，阳极微生物也会对有毒有机污染组分生物胁迫效应产生响应，微生物种群结构会产生相应变化。其相应的生物协同效应和污染物降解效率变化机制需要深入研究。

⑤ 生物电化学系统的研究虽然有了一定的成果，但还局限于实验室研究水平，其产电效能及输出功率远不能用于工业化应用，电极材料和微生物都是影响产电和有机污染物降解效率的重要因素。因此，对这些因素进行深入研究和优化，生物电化学系统将有望得到更好、更快的发展且付诸实用。

⑥ 进一步探索阴极的功能性。新的阴极电子受体的开发是拓展微生物燃料电池功能性应用的重要环节，如何使阴极反应和阳极反应更加有效地结合是今后重要的研究方向之一。阴极反应和阳极反应的高效耦合将能通过微生物燃料电池系统阳极降解有机污染物产生的能量协同实现阴极的额外功能。

⑦ 微生物燃料电池的输出功率受多种因素的影响，在装置构型确定的情况下，MFC 输出功率受电活性微生物种类及活性、阳极底物种类及其浓度、阳极材料及其面积、阴极电子受体、膜材料及面积和电极间距等因素影响。一般而言，电活性微生物活性越强、阳极底物简单且浓度合适、阳极材料导电性能优异且表面积较大、阴极电子受体氧化还原电位较高、分隔膜性能较好且面积较大、电极间距离较小的 MFC 产电性能较好。然而，正因为 MFC 输出功率的影响因素较多，且各种因素间具有协同性，造成目前在 MFC 的研究中的输出功率不高、库仑效率较低等问题，使得 MFC 离实际应用还存在一定的距离。但微生物燃料电池作为一种能利用各种污水转换为电能的技术，环境因素及能源需求进一步刺激开发该项技术，相信在不远的将来微生物燃料电池在能源以及循环经济方面将发挥其优势，并得到广泛的应用。

⑧ MFC 将生物可降解的物质直接转化为电能，虽然 MFC 在电能输出方面目前尚

无竞争优势，但是在很多方面仍有很好的应用前景。例如利用电化学活性微生物构建的MFC或MEC平台，已在污水处理、生物修复、制取生物燃料及用于生物传感器等诸多方面显示出极大的开发应用前景。尤其是利用MFC的电量与底物BOD浓度之间的线性关系，用生物传感器可实现污水在线监测，同时克服传统BOD_5方法耗时长、过程繁琐及不能在线检测的不足，利用优化的电化学活性微生物可进一步提高对污水中BOD监测的灵敏度并缩短响应时间，构建低成本和高性能的MFC型BOD传感器是发展污水监测的有潜力的方向。另外，MFC在二氧化碳还原等方面的应用研究也在不断开发。但目前MFC的成本较高，输出功率仍不理想，微生物与电极间的电子转移机理尚不清楚，所以还未真正实现大规模的实际应用。

MFC在环境领域的应用前景非常诱人，因为只要是富含有机物的污水都可以使用这种技术，且反应条件温和，电池维护成本低，安全性强，清洁高效，无污染，可实现“零排放”，唯一产物是水。现在世界上一些发达国家的实验室正在加紧进行新型微生物燃料电池的研究，我国一些科研院所也在微生物燃料电池研究方面取得了初步成果。但有关MFC的研究目前仍处于前期探索和基础研究积累阶段，所获得的认识和信息还相当有限。如何提高微生物燃料电池的产电效率，使其真正应用于工业化，成为一种可代替的清洁能源，还需要生物学、电化学和环境工程等领域专家的携手努力。

参考文献

[1] 张吉强，郑平，季军远，等．微生物燃料电池及其在环境领域的应用［J］．水处理技术，2013（01）：12-18.

[2] Feng C，Sugiura N，Shimada S，et al. Development of a high performance electrochemical wastewater treatment system［J］. J Hazard Mater，2003，103（1-2）：65-78.

[3] Fontmorin J M，Fourcade F，Geneste F，et al. Combined process for 2,4-Dichlorophenoxyacetic acid treatment-Coupling of an electrochemical system with a biological treatment［J］. Biochem Eng J，2013，70：17-22.

[4] Logan B E，Hamelers B，Rozendal R A，et al. Microbial fuel cells：Methodology and technology［J］. Environ Sci Technol，2006，40（17）：5181-5192.

[5] Logan B E，Call D，Cheng S，et al. Microbial Electrolysis Cells for High Yield Hydrogen Gas Production from Organic Matter［J］. Environ Sci Technol，2008，42（23）：8630-8640.

[6] Khera J，Chandra A. Microbial Fuel Cells：Recent Trends［J］. Proceedings of the National Academy of Sciences India Section a-Physical Sciences，2012（01）：31-41.

[7] Catal T，Li K，Bermek H，Liu H. Electricity production from twelve monosaccharides using microbial fuel cells［J］. Journal of Power Sources，2008，175：196-200.

[8] Antonopoulou G，Stamatelatou K，Bebelis S，et al. Electricity generation from synthetic substrates and cheese whey using a two chamber microbial fuel cell［J］. Biochem Eng J，2010，50：10-15.

[9] Logan B E，Regan J M. Microbial fuel cells-challenges and applications［J］. Environ Sci Technol，2006，40：5172-5180.

[10] Hassan S H A，Kim Y S，Oh S E. Power generation from cellulose using mixed and pure cultures of cellulose-degrading bacteria in a microbial fuel cell［J］. Enzyme Microb Tech，2012，51：269-273.

[11] Catal T，Xu S，Li K，et al. Electricity generation from polyalcohols in single-chamber microbial fuel cells［J］. Biosens Bioelectron，2008，24：849-854.

[12] Zhou M，Chi M，Luo J，et al. An overview of electrode materials in microbial fuel cells［J］. J Power Sources，2011，196：4427-4435.

[13] Kim J R，Jung S H，Regan J M，et al. Electricity generation and microbial community analysis of alcohol pow-

ered microbial fuel cells [J]. Bioresour Technol, 2007, 98: 2568-2677.

[14] Yang Q, Wang X, Feng Y, et al. Electricity generation using eight amino acids by air-cathode microbial fuel cells [J]. Fuel, 2012, 102: 478-482.

[15] Kiely P D, Rader G, Regan J M, et al. Long-term cathode performance and the microbial communities that develop in microbial fuel cells fed different fermentation endproducts [J]. Bioresour Technol, 2011, 102: 361-366.

[16] Cárcer D A, Ha P T, Jang J K, et al. Microbial community differences between propionate-fed MFC systems under open and closed circuit conditions [J]. Appl Microbiol Biot, 2011, 89: 605-612.

[17] Bettin C. Applicability and Feasibility of Incorporating Microbial Fuel Cell Technology into Implantable Biomedical Devices [D]. The College of Engineering Honor Committee, 2006.

[18] Jung S, Regan J M. Comparison of anode bacterial communities and performance in microbial fuel cells with different electron donors [J]. Appl Microbiol Biot, 2007, 77: 393-402.

[19] Zhou M, Yang J, Wang H, et al. Bioelectrochemistry of microbial fuel cells and their potential applications in bioenergy [J]. Bioenergy Research: Advances and Applications, 2014: 131-147.

[20] Bond D R, Holmes D E, Tender L M, et al. Electrode-reducing microorganisms that harvest energy from marine sediments [J]. Science, 2002, 295: 483-485.

[21] Gil G C, Chang I S, Kim B H, et al. Operational parameters affecting the performannce of a mediator-less microbial fuel cell [J]. Biosens Bioelectron, 2003, 18: 327-334.

[22] Tender L M, Reimers C E, Stecher H A, et al. Harnessing microbially generated power on the seafloor [J]. Nat Biotechnol, 2002, 20: 821-825.

[23] Song T S, Wu X Y, Zhou C C. Effect of different acclimation methods on the performance of microbial fuel cells using phenol as substrate [J]. Bioprocess Biosyst Eng, 2014, 37: 133-138.

[24] Lee C Y, Ho K L, Lee D J, et al. Electricity harvest from wastewaters using microbial fuel cell with sulfide as sole electron donor [J]. Int J Hydrogen Energy, 2012, 37: 15787-15791.

[25] Sulonen M L K, Kokko M E, Lakaniemi A M, et al. Electricity generation from tetrathionate in microbial fuel cells by acidophiles [J]. J Hazard Mater, 2015, 284: 182-189.

[26] Luo Y, Liu G, Zhang R, et al. Power generation from furfural using the microbial fuel cell [J]. J Power Sources, 2010, 195: 190-194.

[27] Franks A E, Nevin K. Microbial fuel cells, A Current Review [J]. Energies, 2010, 3: 899-919.

[28] Schroder U, Niesen J, Scholz F. A generation of microbial fuel cells with current outputs boosted by more than one order of magnitude [J]. Angew Chem Int Edit, 2003, 42: 2880-2883.

[29] Wang B, Chang X, Ma H Z. Electrochemical Oxidation of Refractory Organics in the Coking Wastewater and Chemical Oxygen Demand (COD) Removal under Extremely Mild Conditions [J]. Ind Eng Chem Res, 2008, 47 (21): 8478-8483.

[30] 梁立伟，刘永革，赵兴龙，等．难降解有机物处理新技术 [J]．石油化工安全环保技术，2007，23 (5): 47-50.

[31] Zhang L J, Yin X J, Li S F Y. Bio-electrochemical degradation of paracetamol in a microbial fuel cell-Fenton system [J]. Chem Eng J, 2015, 276: 185-192.

[32] Mook W T, Aroua M K T, Chakrabarti M H, et al. A review on the effect of bio-electrodes on denitrification and organic matter removal processes in bio-electrochemical systems [J]. J Ind Eng Chem, 2013, 19 (1): 1-13.

[33] Wang X, Cai Z, Zhou Q X, et al. Bioelectrochemical stimulation of petroleum hydrocarbon degradation in saline soil using U-tube microbial fuel cells [J]. Biotechnol Bioeng, 2012, 109 (2): 426-433.

[34] Guo X, Zhan Y L, Chen C M, et al. Influence of packing material characteristics on the performance of microbial fuel cells using petroleum refinery wastewater as fuel [J]. Renew Energ, 2016, 87: 437-444.

[35] Adelaja O, Keshavarz T, Kyazze G. The effect of salinity, redox mediators and temperature on anaerobic bio-

degradation of petroleum hydrocarbons in microbial fuel cells [J]. J Hazard Mater, 2015, 283: 211-217.
[36] Farre M, Barcelo D. Toxicity testing of wastewater and sewage sludge by biosensors, bioassays and chemical analysis [J]. Trac-Trend Anal Chem, 2003, 22 (5): 299-310.
[37] 郭静波，陈微，马放，等．环境污染治理中难降解有机污染物的生物共代谢 [J]. 安全与环境学报，2014 (06)：223-227.
[38] 杨婷．生物电化学系统处理4-氯酚废水的实验研究 [D]. 哈尔滨：哈尔滨工程大学，2012.
[39] 叶晔捷，宋天顺，徐源，等．用高浓度对苯二甲酸溶液产电的微生物燃料电池 [J]. 环境科学，2009 (04)：1221-1226.
[40] Friman H, Schechter A, Nitzan Y, et al. Phenol degradation in bio-electrochemical cells [J]. Int Biodeter Biodegr, 2013, 84: 155-160.
[41] 史瑞明，王峰，杨玉萍．抗生素废水处理现状与研究进展 [J]. 山东化工，2007 (11)：10-14.
[42] Elmolla E S, Chaudhuri M. Photocatalytic degradation of amoxicillin, ampicillin and cloxacillin antibiotics in aqueous solution using UV/TiO(2) and UV/H(2)O(2)/TiO(2) photocatalysis [J]. Desalination, 2010, 252 (1-3): 46-52.
[43] 赵月龙，祁佩时，杨云龙．高浓度难降解有机废水处理技术综述 [J]. 四川环境，2006 (04)：98-103.
[44] 张翠萍，王志强，刘广立，等．降解喹啉的微生物燃料电池的产电特性研究 [J]. 环境科学学报，2009 (04)：740-746.
[45] 陈姗姗，张翠萍，刘广立，等．纯菌株与混合菌株在MFC中降解喹啉及产电性能的研究 [J]. 环境科学，2010 (09)：2148-2154.
[46] 陈姗姗，张翠萍，刘广立，等．一株以喹啉为燃料的产电假单胞菌（*Pseudomonas* sp.）Q1的特性研究 [J]. 环境科学学报，2010(06)：1130-1137.
[47] Wu W G, Lesnik K L, Xu S, et al. Impact of tobramycin on the performance of microbial fuel cell [J]. Microbial cell factories, 2014, 13 (1): 91.
[48] 孙飞，王爱杰，严群，等．生物电化学系统还原降解氯霉素 [J]. 生物工程学报，2013 (02)：161-168.
[49] 谢珊，陈阳，梁鹏，等．好氧生物阴极型微生物燃料电池的同时硝化和产电的研究 [J]. 环境科学，2010，31 (7)：1601-1605.
[50] Nevin K P, Richter H, Covalla S F, et al. Power output and columbic efficiencies from biofilms of Geobacter sulfurreducens comparable to mixed community microbial fuel cells [J]. Environ Microbiol, 2008, 10: 2505-2514.
[51] Park D H, Zeikus J D. Improved fuel cell and electrode designs for producing electricity from microbial degradation [J]. Biotechnol Bioeng, 2002, 81: 348-355.
[52] Rahimnejad M, Najafpour G, Ghoreyshi A A. Effect of mass transfer on performance of microbial fuel cell [J]. Intech, 2011, 5: 233-250.
[53] Potter M C. Electrical effects accompanying the decomposition of organic compounds [J]. Proceedings of the Royal Society of London. Series B, Containing Papers of a Biological Character, 1911, 84 (571): 260-276.
[54] Rahimnejad M, Ghoreyshi A A, Najafpour G, et al. Power generation from organic substrate in batch and continuous flow microbial fuel cell operations [J]. Applied Energy, 2011, 88 (11): 3999-4004.
[55] Rahimnejad M, Mokhtarian N, Najafpour G, et al. Low voltage power generation in abiofuel cell using anaerobic cultures [J]. World Appl Sci J, 2009, 6 (11): 1585-1588.
[56] 汪家权，夏雪兰，丁巍巍．微生物燃料电池处理苯酚废水运行条件研究 [J]. 环境科学学报，2010，30 (4)：735-741.
[57] 刘兵．微生物燃料电池处理含酚及特殊废水的应用研究 [D]. 合肥：合肥工业大学，2009.
[58] 毕哲，胡勇有，孙健，等．生物阴极型微生物燃料电池同步降解偶氮染料与产电性能研究 [J]. 环境科学学报，2009，29 (8)：1635-1642.

第4章

阴极催化剂

由于能源危机和特殊行业对高比能量电池的迫切需求，在生物燃料电池等的研究与开发过程中，电化学催化剂的研究进展迅速。人们在研究 Pt/C 及铂合金、其他过渡金属化合物、金属大环化合物、导电聚合物的基础上，又研制出了与碳纳米管（carbon nanotubes，CNTs）和改性石墨烯（modified grapheme，MG）相关的催化剂。近年来，金属有机骨架（metal organic frameworks，MOFs）由于其良好的催化活性受到人们重视，也被逐渐应用于燃料电池阴极催化领域。

4.1 概述

微生物燃料电池（microbial fuel cells，MFCs）技术是一种利用微生物氧化废水中的有机物和无机物，同时将化学能直接转换成电能的新型技术，具有广阔的发展前景[1]。传统的 MFCs 由阳极室和阴极室两个腔体组成，微生物氧化燃料产生电子和质子，电子通过载体、介体或直接传递到达阳极，再经外电路到达阴极，氧化所产生的质子通过质子交换膜等经内电路传递到阴极。在阴极上，电子和质子反应生成水。系统对外产生电流，完成化学能向电能的转化。但到目前为止，MFCs 的产电功率仍然很低，进一步提高 MFCs 的性能，控制制造成本，使其具备规模化生产并投入实际应用的条件是 MFCs 领域亟待解决的问题。研究表明，阴极是制约 MFCs 产电功率的主要因素[2]。

微生物电解池（microbial electrolysis cells，MECs）生物制氢技术是指在厌氧条件以及一定外加电压和催化剂的作用下，在处理废水的同时高效产氢[3]。位于阳极区的厌氧微生物分解废水中的有机物产生电子和质子，电子通过介体（如中性红等）或微生物的呼吸链传递到阳极，被阳极接收后通过外电路到达阴极，质子则被释放到溶液中，通过质子交换膜或直接通过电解液转移到阴极与电子结合生成氢气[4]。为了降低电能输入、提高氢气产率，MECs 的阴极需要用催化剂来降低析氢过电势[3]。

一直以来，MFCs 和 MECs 的阴极主要采用 Pt/C 作为阴极催化剂，但制备成本高。

国内外学者对于阴极催化剂的优化和材料的优选等方向都开展了广泛而深入的研究。经过大量的实验研究，阴极催化剂的性能及成本控制都有较大的提升。本章主要介绍了MFCs和MECs的阴极催化剂的种类和电催化性能。

4.1.1 生物电化学系统阴极反应

(1) 氧化还原反应（ORR）

在生物电化学系统（bio-electrochemical system，BES）中，尤其是MFCs，阴极发生的反应大多为氧还原反应（oxygen reduction reaction，ORR）。首先，在催化性能良好的MFC阴极中，氧分子由初始化学吸附固定在电极表面的最适反应位点，之后吸附的氧分子得到电子并解离，最后完成电子传递产生电流。其反应式通常为以下几种。

酸性条件：

$$O_2+4H^++4e \longrightarrow 2H_2O \tag{4-1}$$

碱性条件：

$$O_2+2H_2O+4e \longrightarrow 4OH^- \tag{4-2}$$

一般系统阴极的反应与理想条件偏差较大，因为阴极的一些实验条件会成为影响MFC阴极性能的热力学和动力学的限制因素，这些影响ORR反应的因素主要有电极材料的性质、pH值以及电流密度。因此，MFCs的阴极需要在适宜的温度、中性pH、较低的电解质浓度等条件下进行实验。有实验曾在系统pH值为7、氧分压为0.2bar（$1bar=10^5Pa$）时，测得ORR的理论氧化还原电势为0.81V，而通常传统的电化学催化条件下的开路电压小于0.51V，这说明在MFCs实际运行过程中，流动的电荷和产生的混合电势造成了系统的电压损失[5]。但是，无论在酸性还是碱性介质中，即使是在氧还原性能最好的铂电极上，阴极氧还原过电位也一直在0.25V以上[6]。

(2) 析氢反应（HER）

由于化石燃料的有限性和污染性，人们需要不断寻找能够替代化石燃料的清洁能源，作为交通运输所需的燃料。氢气作为新一代清洁能源受到了人们的高度重视，析氢反应（Hydrogen evolution reaction，HER）也成为迄今为止在研究方面投入最多的电化学反应之一。其电化学反应式在酸性和碱性条件下分别为：

酸性条件：

$$2H^++2e \longrightarrow H_2\uparrow \tag{4-3}$$

碱性条件：

$$2H_2O+2e \longrightarrow H_2\uparrow+2OH^- \tag{4-4}$$

但是，析氢反应并不像上述直接反应模式那样简单，析氢反应期间会发生放电反应、化合反应和离子反应等复杂反应，而且每一步都是限速反应。如果反应过程中的速率受到限制，系统阴极便会产生过电位。过电位是指一个电极反应偏离平衡时的电极电位与这个电极反应的平衡电位的差值。根据过电位产生原因的不同，通常可以把过电位分为电化学过电位、电阻过电位和浓差过电位。电化学过电位指的是在一定的电解池条件下，假定浓差极化可以忽略不计，要使这些电解池的电解顺利进行，就必须额外施加比该电解池的反电动势更大的电压。一般来说，析出金属的过电位较小，而析出气体，特别是氢气、氧气的过电位较大。

析氢反应过电位是各种电极过程中研究最早也是最多的反应，对于大部分能够催化HER的电极材料来说，阴极过电位在很宽的电流密度范围内可以用Tafel方程来描述：

$$\eta = a + b\lg i \tag{4-5}$$

式中　η——HER的阴极过电位；

i——电流密度；

a，b——常数，a强烈依赖于交换电流密度i_0，b是Tafel斜率。

阴极材料的析氢过电位越大，电解过程的不可逆程度也就越大，阴极的析氢反应就越难发生。高性能HER电极催化剂应该具有较高的交换电流密度和较小的Tafel斜率。电极材料的比表面积越大，其交换电流密度就越大。除交换电流密度以外，影响电催化活性的因素还有材料寿命、成本以及开路条件下催化剂的稳定性等因素。

4.1.2　电化学催化与生物电化学催化

(1) 电化学催化的原理及特点

电极与电解质界面间发生电化学反应产生的电荷转移，与其反应的活化能有关，而在电极表面上，利用物理、化学或生物方法负载上一些降低反应活化能的物质（催化剂）以加速电极反应的过程称为电化学催化过程，催化剂称为电化学催化剂。生物燃料电池的电化学催化过程与普通的电化学催化过程相似，但也有其特殊性。生物燃料电池的电化学催化过程常为多相催化过程。电化学催化的主要特点是反应速率受双电层内电场及电解质溶液性质的影响，且与电化学催化剂的活性有关。

无论是普通电池还是生物燃料电池，都是通过电池两极的电化学反应形成电场，由于电场中存在电场强度梯度形成双电层，双电层对电池中参与电化学反应的分子或离子具有明显的活化作用，能使反应的活化能大幅度下降，从而使生物燃料电池和普通电池的电化学催化反应都进行得更有效。例如，铂黑催化剂负电极上，可以将丙烷在150～200℃的条件下完全氧化为二氧化碳和水。而生物催化剂存在的条件下，葡萄糖可以在常温条件下被完全氧化为二氧化碳和水。由于生物催化反应更温和，因此也备受关注。通常，在电极与电解质界面上，大量的溶剂分子和电解质会被吸附，而电极反应过程与溶剂及电解质的性质相关，导致电极过程较简单的多相催化反应变成电极过程和电极表面的多相催化反应过程的综合反应过程。由于反应的复杂性，许多普通的多相催化研究工具的使用受到限制。为此，近年来提出一些适宜于研究电极过程的实验方法，如电位扫描技术、旋转环-盘电极技术以及在电化学反应过程中观测电极表面状态的光学、生物学和酶学方法等。

生物燃料电池中的电极反应通常由多步反应组成，电极过程由反应的限速步骤来控制。在实际研究中发现，电极反应速率都是单向的，而不是可逆反应的净速率，当电极过程处于稳态时，各步的净速率相等且不随时间的变化而改变。在电极过程动力学研究中，常用Butler-Vilmer方程描述其过程：

$$i=i_0\left[e^{\frac{\alpha nF\eta}{RT}}-e^{\frac{-(1-\alpha)nF\eta}{RT}}\right] \tag{4-6}$$

式中 i_0——交换电流密度，mA/cm^2；

η——浓差极化电位，mV；

i——反应的净电流密度，mA/cm^2；

α——阳极方向电荷传递系数；

n——电极反应中涉及的电子数目；

F——法拉第常数；

R——气体常数；

T——热力学温度。

在生物燃料电池中，由式（4-6）可知，为提高电催化剂的活性，可以增加 i_0 或 i 以加大电化学反应速率。

在反应物与催化剂之间的吸附或相互作用方面，应考虑反应过程的电子因素和几何空间的影响。在选择高活性电催化剂时，人们关注具有 d 带空穴的过渡金属。d 带空穴的存在，使金属具有从外界接受电子和吸附反应物并与之生成具有各种催化特性的吸附键的能力。但也不是 d 带空穴越多，催化活性就越大。因为 d 带空穴过多可能造成吸附太强，不利于催化反应。这一规律与在固/气异相催化体系建立的 Sabatier 原理一致。由 Pauling 化学键理论可知，d 轨道在金属键成键中所占的比例 $d\%$（杂化轨道中 d 原子轨道所占的百分数称为 d 特性百分数，用 $d\%$表示），可作为判断化学吸附键成键效率的判断依据。在对电极催化剂层的表面研究中发现，催化剂表面层对氧原子的吸附形式有多种，其中有的氧分子可以在电极表面形成桥式吸附，并且与电极催化剂层表面的活性中心保持适当距离，桥式吸附是该过程重要的成键方式。通常，吸附需要的活性中心应当具有未被充满的 d 空轨道，可以与氧分子的 π 轨道成键，吸附氧分子达到充分活化的目的，且成键强度适中[7]。

（2）生物电化学催化

生物燃料电池中使用的生物催化剂有酶、活细胞和模拟生物分子等。但无论哪种生物催化剂，酶是生物催化的核心，具有非常强的催化能力和超过其他催化剂的高度专一性。通常蛋白质的结构影响生物催化剂的活性，如氧化还原酶。在有些情况下，一些辅助因素（如酶催化）的存在可以促进生物催化反应的快速进行，辅助因素可以是金属酶中的金属离子或辅酶中的有机分子。因此，生物电化学催化过程可以定义为在生物催化剂（酶、活细胞和模拟活性生物分子酶）的存在或参与下，电化学反应的活化能降低，从而使生物电化学反应加快的过程。

在电化学体系中，生物催化剂的主要应用型研究如下：研制比现有无机催化剂性能更优，且适用于生物燃料电池电化学体系的生物催化剂；合成生物电化学体系中作为生物体内燃料的有机物；利用酶促反应遵循一般的化学反应动力学以及酶的专一性，研制高灵敏度的生物燃料电池电化学传感器。酶与反应物基质间有很大的相似性，因此，在研究过程中应当克服接近效应和辅助因素与酶之间的取向效应，以提高生物燃料电池中生物电化学催化剂的活性，同时注意消除生物电化学催化因存在亲核和亲电基团而引起的分子内催化效应，以及电场中酶活性基团的极化引起的电子密度变化和反应物基质引起的活性重新分布。

生物电催化剂与普通催化剂有一定的差异。酶氧化还原反应电子传导模型理论认为，在电场中，大分子酶在电场的感应下，可以同时含有能发生还原反应的阴极部分和发生氧化反应的阳极部分，可能导致电化学反应总的电荷转移为零。理论中提出的酶在电场中的电子转移控制及总的化学反应中没有向酶分子之外进行电子净转移的概念，可以帮助人们消除酶催化在生物燃料电池应用中不利于发电的因素。在生物电化学催化中，酶分子中确实存在电子或质子的转移（及酶分子中电荷从阴极点向阳极点的传输）。

4.1.3 阴极催化剂的制备

以氧气作为电子受体的 MFCs 主要包括：溶氧阴极 MFCs、生物阴极 MFCs 和空气阴极 MFCs。其中，空气阴极 MFCs 最具规模化应用的潜质。基本的空气阴极由朝向溶液一侧的催化剂层、炭布、炭基层以及空气侧的扩散层四部分所组成。空气阴极 MFCs 利用空气中通过扩散层直接进入 MFCs 的氧气作为阴极电子受体，显著提高了 MFCs 的产电能力[8]。

MFCs 中使用的大多数 ORR 催化剂都处于纳米尺度。纳米尺度催化剂较高的比表面积为 ORR 催化提供了额外的活性位点。另外，纳米尺度可能有助于抑制阴极生物膜的形成，从而增强传质。但是，由于纳米材料的理化性质，它对人类健康和生态系统具有潜在的风险。例如，纳米银具有杀菌作用，碳纳米管对微生物具有细胞毒性。它们的潜在释放和向自然水体的排入也具有一定的生态系统风险，特别是在使用大量催化剂的 MFCs 大规模应用中。催化剂释放的同时也会降低阴极的性能。因此，考虑到催化剂的潜在释放，需要进一步优化催化剂层的制备方法。

4.1.4 阴极催化剂的发展前景

目前国内外对新型氧还原催化剂的研究主要集中在以下 3 个方面：

① 减小 Pt 基催化剂的粒径以提高贵金属的分散度来增加其比表面积，制备具有特定表面取向的纳米催化剂，以提高单位活性位点的内在活性；

② 利用各种物理、化学手段，向 Pt 催化剂中添加其他金属元素组分使其合金化，或者将 Pt 分散到其他过渡金属、金属合金、核-壳结构或导电氧化物中，形成混合物、合金或表面仅含 Pt 的 Pt-Skin 型催化剂，以提高单位活性位点的内在活性，同时降低催化剂的负载量；

③ 开发非贵金属催化剂，譬如借鉴生物酶催化氧气高效还原，利用各种方法制备与这类生物酶的活性中心类似的仿生催化剂，使用各种方法如热解炭负载或无负载的过渡金属有机化合物、无机化合物，导电聚合物负载过渡金属，制备碳环上氮配位的过渡金属催化剂等。

4.2 金属阴极催化剂

4.2.1 贵金属铂（Pt）催化剂及其合金

铂因其导电性好、催化能力强等特点成为化学燃料电池和微生物燃料电池常用到的氧化还原催化剂。早在20世纪60年代初期，铂就已经被用作燃料电池阴极催化剂，但是因其成本高，易出现低电流密度，且容易在溶液作用下发生中毒反应等现象，使得铂越来越不适用于实验研究。如何降低铂阴极成本，以及寻找适用于氧化还原反应的非贵金属电催化剂来代替铂，成为改进阴极系统研究方面的重要课题[5]。

各金属与O_2、·O和·OH结合能的计算表明，Pt的催化活性最强[9]。具有d带空穴的铂能够与多种带电物发生吸附作用形成活性物质，降低阴极反应活化能，从而提高阴极反应速率，因此铂常作为MFCs的阴极催化剂。而对于Cu、Ag、Au、Zn、Cd和Hg等，由于其d轨道全充满电子，因此与氧分子作用较弱，很难打断O—O键。但是铂资源储量有限，价格昂贵，在开采和提取过程中造成的严重环境污染限制了铂催化剂的大规模使用[10]。此外，废水中的一些化学物质（如硫化物等）容易导致铂催化剂中毒[11]。

（1）Pt单质金属催化剂

1）Pt单晶的晶面取向、阴离子吸附对氧还原性能的影响　对涉及反应物或中间产物在电极表面发生吸附的电催化反应（例如氧还原反应），电极本身的晶面取向和表面结构等对吸附能、电极反应机理和动力学有很大影响。有学者利用旋转环-盘电极系统对铂单晶电极的3个基础晶面上的氧还原展开了系统的研究。他们的研究结果表明，氧还原的结构敏感性在很大程度上取决于电极表面对阴离子的吸附强度。例如，在硫酸溶液中氧还原的活性按照Pt(111)≪Pt(100)＜Pt(110)的顺序增加，该顺序刚好与硫酸根在这三个表面的吸附强度顺序相反。研究发现，硫酸根在Pt(111)晶面吸附很强，是因为（111）排列的Pt表面刚好能让硫酸根的3个氧原子以C_{3V}结构在表面吸附，并形成一层二维的$SO_4^{2-}+H_2O$的致密薄膜，从而阻碍了O_2与表面Pt原子的接触。值得指出的是，硫酸根在电极表面的吸附使氧还原活性$E<0.35V$时，由于氢在电极表面的欠电位吸附，氧还原反应的极限扩散电流开始减小，用旋转环-盘电极测量的结果显示这时会有H_2O_2生成，这是因为氢的吸附致使铂电极表面相邻的空位减少，部分吸附的O_2在O—O键未被打断以前就已经在电极表面生成H_2O_2/HO_2^-[12]。

2）Pt纳米催化剂的粒径效应　单晶电极上氧还原的结构效应主要表现为阴离子的吸附强弱会随着电极晶面取向的不同而变化。但是，对于Pt纳米粒子构成的催化剂，当其粒径不同时：一方面，表面晶面取向结构变化会影响氧还原的活性；另一方面，分散度、比表面积等的变化还会影响氧还原的质量比活性。对于由纳米粒子所构成电极的氧还原活性的评价有两个主要的标准：一个标准是电流对电极的活性面积进行归一化处理，得到电流密度（通常用mA/cm^2表示，这与本体电极相同）；另一个标准就是电极对负载的纳米催化剂的质量进行归一化处理，得到质量比活性（mass activity，通常用 mA/g Pt 表示）。下面讨论 Pt 纳米催化剂的粒径对电流密度和质量比活性的影响。

为提高催化剂的比质量活性，通常有 2 种方法：a. 提高单位质量（单位活性位）催化剂的内在活性；b. 提高单位质量催化剂的利用率（增加活性位点数）。为提高纳米粒子的稳定性，通常采用高分散的载体来负载纳米催化剂。在催化剂的实际制备中，减小载体上纳米催化剂粒径的基本策略有：a. 选用具有特定分散度（比表面积）的炭载体，降低 M/C 的质量分数；b. 维持金属的质量分数不变，采用更高比表面积的载体。

如将球形 Pt 纳米粒子的分散度由 $5m^2/g$ Pt 提高到 $80m^2/g$ Pt，这等效于将其粒径从约 15nm 降低到约 3nm，其表面原子数对总原子数的比例由 3%提高到 13%，将大大提高贵金属 Pt 的有效利用率。但一些研究结果表明，Pt 纳米粒子的粒径从 12nm 减小至 2.5nm 时，氧还原的电流密度降为原来的 1/4，而比质量活性在 3nm 时达到最大。这归因于在不同晶面取向上特征吸附的阴离子的阻碍作用不同，Pt 纳米颗粒表面的晶面取向分布随粒径的不同而变化。

（2）铂基二元金属合金催化剂

提高单位质量铂催化剂的内在氧还原活性主要有两种方法。一种是合成具有某种晶面优先取向的 Pt 纳米催化剂。一些研究证实，在没有强吸附的电解质水溶液中，以（111）面为主的正八面体 Pt 纳米颗粒确实比以（100）面为主的立方体 Pt 纳米颗粒活性要好，但是由于所测的纳米颗粒通常粒径较大，其比质量活性并不是很高。另一种更常用的方法是制备铂基二元或多元金属合金、混合物等。很多文献结果表明，向 Pt 中引入 Ti、Al、Y、Sc、Fe、Co、Ni、Mn、Cr、V、Cu、W、La、Ag 等都能让其在酸性介质中的氧还原活性有不同程度的提高。从热力学的角度看，非贵金属如 Co、Ni、Fe、Cu、Y 等若沉淀在催化剂的表面，在燃料电池的工作条件下都不稳定。由于表面能较低，大多数铂基合金材料在高温下退火后，Pt 都有从合金体相偏析到表面的趋势，会在催化剂表面形成一到数层 Pt 的壳层。处于表层的 Pt 原子能有效阻挡底层活性金属的解离，可在一定程度上维持合金催化剂的动力学稳定性。

20 世纪 70 年代初期，通过将 Pt 负载到高比表面积的活性炭上，不仅大大提高了 Pt 的利用率，而且降低了 Pt 负载量，美国 Los Alomos 国家实验室通过在质子膜燃料电池（PEMFC）的多孔气体扩散电极中浸渍质子导体并结合膜电极集合体的热压技术，扩展了电极的三维反应区，提高了催化剂的利用率，使 Pt 负载量由 $4\times10^{-3}g/cm^2$ 降低至 $0.4\times10^{-3}g/cm^2$ 或更低[13]。对 Pt 在 MFC 的阴极表面的制备也进行了大量的研究，Oh 等[14]以溶解氧为电子受体，以 Pt/C 为阴极催化剂，在接种 120h 后，功率达到 0.097mW，电子回收率在 63%～78%之间。如果除去阴极表面的 Pt，电能则减小 78%。后来人们又运用各种电沉积技术降低 Pt 的负载量，提高电池的性能。该技术的发展使得电极表面的载 Pt 厚度达到了 300～400nm。各种各样的电沉积 Pt 催化剂电极也被应用在 MFC 阴极催化剂的研究中[15]，例如：Mahlon 等[16]制备了厚度为 175～250nm 的催化剂电极；Liu 等[17]制备的载 Pt 电极的 Pt 的厚度为 250nm；Pham 等[15]制备了 Pt 厚度为 140nm 的 Pt/C 电极，其对氧还原表现出了很好的电催化活性；Logan 等[18]制备了原子比为 1∶1 的 Pt/Ru 的催化剂，覆盖厚度为 175nm 和 250nm，在 MFC

阴极催化剂的应用中取得了很好的效果；Park 等[19]通过电子束激发的方法制备了载 Pt 量（Pt 层厚 100nm）较低的催化剂，其在 MFC 阴极的分布单一均匀，催化剂用量小，性能更好，对氧在阴极的还原具有很好的催化效果。此外，Cheng 等[20]的研究表明，在 MFC 中，不同的黏结剂对 Pt 的性能也有影响，在同样的条件下，Nafion 的性能要优于聚四氟乙烯，他们的研究还表明，当载铂量从 $2\times10^{-3}g/cm^2$ 降至 $0.1\times10^{-3}g/cm^2$ 时，阴极电势只降低 20～40mV。因此，为降低成本，载 Pt 量一般可控制在 $0.1\times10^{-3}g/cm^2$ 左右。

Quan 等[21]以 Pd/Pt 合金作为催化剂，获得的最大功率密度为 $1274mW/m^2$，与相同条件下以 Pt/C 作为催化剂产生的功率密度相当。因此，比 Pt 廉价的 Pd 在 MFC 应用中取代 Pt 作为氧化还原催化剂是可行的。Quan 等分别用 Pt—C、Pt—C—M（M＝Ni、Co 和 Fe）作为 MFC 的阴极催化剂，发现这 4 种催化剂的催化活性和氧化还原性能的大小为：Pt—C—Fe＞Pt—C—Co＞Pt—C—Ni＞Pt—C，以 Pt—C—M 作阴极催化剂的 MFC 在不影响 COD 去除率的情况下比 Pt—C 作阴极催化剂的 MFC 的最大功率密度高 18%～31%，其中 Pt—C—Fe 催化活性最好，且 Pt 的用量减少，在一定程度上降低了成本。

4.2.2 过渡金属合金及氧化物催化剂

最近，众多研究者将 MFCs 用于有机废水的还原脱氯、制药废水的处理、废水中 H_2O_2 的化学生产以及厌氧消化过程的生物传感器等。然而，目前 MFCs 的输出功率低且有机污染物去除率不高，是制约其实际应用的瓶颈。通过筛选产电微生物、改进电池结构、改善电极材料、优化运行条件等途径均可提高 MFCs 的输出功率和废水中有机污染物去除率。其中，改善阴极反应条件是有效提高 MFCs 功率输出及污染物去除率的重要方法。

（1）催化机理

MFCs 的阴极催化剂中，以过渡金属及其合金作为材料的催化剂一般都具有较高的氧化还原电位，以此促进电子的交换，进而发生氧化还原反应。一些常见的高氧化还原电位的物质，如高锰酸钾、铁氰化钾、重铬酸钾等都是待选的可用物质，但由于其不可再生性、强氧化能力及其潜在的环境威胁，无法大量应用到 MFCs 的使用中。另外，阴极催化剂的表面形貌也是影响其催化特性的重要因素之一。催化剂的催化作用是在表面发生的，良好的催化剂一般具有较大的比表面积，这样可以加大与反应体系的接触面积，更好地发挥催化作用。特殊的表面形态有利于催化剂对于 O_2 的吸附，为氧化还原反应的发生提供足够的氧化剂，进而促进反应的进行。

（2）过渡金属及其合金催化剂

以 Pt 掺杂其他过渡金属作为合金为例，合金元素的添加改变了 Pt 原子外层的电子结构，增大了 Pt 原子 d 轨道空穴数，增强了 Pt 原子 d_z^2 或两个相邻的 Pt 原子 d_{xz} 或 d_{yz} 轨道与吸附的 O_2 分子 π 轨道的作用，降低了 O—O 键的键能，加快了 O—O 键断裂，促进了氧还原反应的发生，这被称为合金的电子效应。Pt 的合金催化剂中添加的非贵金属溶解会使催化剂的表面变得粗糙，增加 Pt 的有效活性表面积，从而提高合金催化剂活性，即为雷尼效应[22]。Kim 等[23]在 1993 年提出雷尼效应后，就对其进行了相关的研究。在他们的试验中，首先对 Pt—Fe 合金在 400～500℃下进行烧结，然后对合金进行酸化处理，溶解掉未合金化的过渡金属，使得 Pt 的活性表面积增加了两倍。王彦恩等[24]制备了 Pt—Fe 合金，采用 EDX、XRD 和电化学测量技术研究发现有 20%的 Fe 进入了 Pt 晶格形成 Pt—Fe 合金，酸处理后其表面积增加 30%，氧还原起始还原电位达到 0.70V，极限扩散电流密度达到 $5.15mA/cm^2$，比纯 Pt 的还原电位（0.63V）和电流密度（4.45mA/cm）高得多，提高了 Pt 的电催化活性。

金属镍因具有良好的耐腐蚀性和导电性被广泛用于制作合金催化剂。在 MEC 阴极催化剂的研究中，许多学者将镍作为研究对象。Hu 等[25]将 Ni-Mo、Ni-W 以电沉积的方法沉积到阴极炭布上，形成过渡金属合金催化剂。在对催化剂的产氢催化效果的实验中，Ni-Mo 催化剂的催化效果 [$2.0m^3/(m^3 \cdot d)$] 要优于 Ni-W 催化剂，与传统 Pt 催化剂 [$2.3m^3/(m^3 \cdot d)$] 相比略低。在长达 3d 的运行中，两种新型电池都没有甲烷产生。这说明，与贵金属 Pt 相比，其他过渡金属合金虽然在催化效果上略有不足，但是其低廉的价格是被大量应用于实践的优势。Manuel 等[26]通过沉积法将 Ni、Mo、Cr、Fe 沉积在连续流阴极炭布上，得到沉积量为 $1mg/cm^2$ 的合金催化剂，实验发现产氢率达到了 2.8～3.7L/(L 反应器·d)，其中甲烷含量低于 5%，得到了较高纯度的氢气。由此可见，过渡金属合金基于合金的电子效应和雷尼效应，从催化剂的催化能力和催化剂的有效活性表面积方面对催化剂的性能产生了很大的改进效果。

（3）过渡金属氧化物催化剂

过渡金属作为 MFCs 阴极催化剂，较高的平均氧化态和较大的比表面积仍然是评价其催化性能的重要指标。

MnO_2 在许多无机反应中充当廉价且高效的催化剂，袁浩然等[27]对 MnO_2 在 MFC 中的催化性能进行的研究发现，MnO_2 具有较强的阴极催化活性，如 β 型 MnO_2 的阴极电势为−0.16V，平均氧化态和比表面积分别为 $3.59m^2/g$ 和 $139.1m^2/g$（其中平均氧化态是指示 MnO_2 氧化活性的重要指标）。由此可知，MnO_2 具有较高的平均氧化态和较大的比表面积。另外，从动力学过程看，MnO_2 可有效催化 HO_2^-，从而加速氧还原的过程。具体反应过程如下所示：

$$H^+ + OH^- \longrightarrow H_2O \tag{4-7}$$

$$Mn^{4+} + e \longrightarrow Mn^{3+} \tag{4-8}$$

$$O_2 \longrightarrow O_{2,ads} \tag{4-9}$$

$$Mn^{3+} + O_{2,ads} \longrightarrow Mn^{4+} + O_{2,ads}{}^- \tag{4-10}$$

$$O_{2,ads}{}^- + H_2O + e \longrightarrow HO_2^- + OH^- \tag{4-11}$$

$$HO_2^- + H_2O + 2e \longrightarrow 3OH^- \tag{4-12}$$

以 MnO_2 作为阴极催化剂，与传统微生物燃料电池相比，具有较高的输出电压和较大的功率密度。另外，MnO_2 作为催化剂时，电池的阳极微生物驯化良好，阳极电极性能相对稳定（即阳极未对电池性能产生较大影响）。而与未负载催化剂的电池相比，负载了催化剂的电池阴极电势变化较大且势能更高（即负载了催化剂的电池阴极性能更佳）。因此，阴极催化剂 MnO_2 催化氧还原反应增大了 MFCs 阴极接受电子的速率，从而提升了电池的整体性能，是一种性能优良的催化剂。

与传统的催化剂相比，过渡金属氧化物在平均氧化态和比表面积方面都具有一定的优势，且从催化效果来看，具有较高的输出电压和较大的功率密度。将过渡金属氧化物作为阴极催化剂时，对阳极微生物的生长繁殖没有产生影响，对电池的整体效能没有产生副作用，是一种具有开发潜力的阴极催化剂。

4.2.3 金属大环化合物

制约燃料电池应用发展和商业化的关键因素之一是 Pt 或 Pt 合金的价格昂贵，Pt 易受 CO 等气体毒化，并且 Pt 资源稀少，无法满足燃料电池长期的全球范围的使用和发展。因此，研究并开发非 Pt 催化剂是燃料电池商业化服务于大众的必然选择。金属大环化合物是由具有高的共轭结构和稳定性的大环化合物与过渡金属配位或螯合形成的一类高效的氧还原催化剂，由于这些大环化合物自身的电子共轭体系有利于电子的流动，同时中心金属可以吸附氧分子，从而促进了氧还原的电催化，被认为是可以取代 Pt 基的有前景的催化剂[28]。常用的大分子结构（图 4-1）主要是卟啉（porphyrin）、酞菁（phthalocyanine）等。这类化合物自身具有特殊的大 π 共轭结构，电子分布均匀，因而有很好的稳定性；空穴中心氮原子具有孤电子对，具有强配位能力，因此可以与过渡金属螯合生成非常稳定的大环化合物。如金属酞菁环上的 π 轨道与中心金属 d 轨道进一步共轭，形成大的共轭体系，从而呈现出高度的稳定性。这类大分子化合物既是电子供体也是电子受体，并且具有高度的平面性，在平面的轴向方向可以发生催化反应，因而在催化剂方面备受关注[29]。

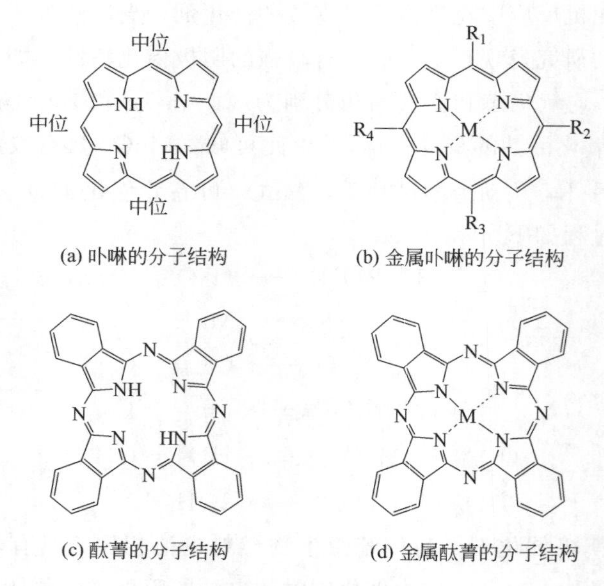

图 4-1 常用的大分子结构

4.2.3.1 金属大环化合物的分类[30]

(1) 卟啉

卟吩 (porphin) 环上被取代基所取代的大环化合物称为卟啉 (porphyrin)。其基本骨架为四个吡咯环和四个亚甲基连接而成的平面共轭体系。如图 4-1(a) 所示，卟吩分子中的 5、10、15、20 位分别被称为 α、β、γ、δ 位，或统称为中位 (meso-)，吡咯环上与碳相连的氢原子和与四个中位碳相连的氢原子均可被其他原子或原子团取代，形成卟啉。卟啉环内存在空穴，与氮相连的氢原子被金属元素取代后形成金属卟啉，如图 4-1(b)所示。

金属卟啉类物质是具有平面性的共轭大环分子，既可以给电子也可以得电子，并且自身的化学性质稳定，在平面的轴向方向可发生催化反应，这些特性使卟啉类化合物非常适合作催化剂。金属卟啉对氧气还原反应有很好的催化作用，近些年来已经有很多研究者将金属卟啉用于燃料电池的阴极催化剂。目前，通常将金属卟啉负载到导电的基质材料中以提高其导电性，进而提高该类催化剂的 ORR 催化性能。

(2) 酞菁

1907 年，Braunhe 和 Tchemiac 等在研究邻氰基苯甲酰胺时，偶然发现了酞菁。但直到 1933 年，伦敦大学 Linstead 等揭示了酞菁的结构，并合成了一系列的金属酞菁。酞菁包含 18 个 π 电子，是一类含氮的共轭芳香大环化合物。酞菁所含的 C—N 键基本相等，电子密度分布十分均匀，所以它有很好的稳定性。酞菁环内存在着空穴，可容纳金属元素（如钴、铁、镍、锌、铜等）从而形成金属酞菁。

金属酞菁由于其酞菁环上的 π 轨道与中心金属 d 轨道进一步共轭，形成较大的共轭体系，而呈现出高度的稳定性。酞菁类化合物具有优良的化学稳定性、热稳定性和独特的光、电、声、核磁性能，既可以是电子的给予体，也可以是电子的受体，且具有非常稳定的化学性质，这些特征使其可以作为某些反应的催化剂。其中，金属酞菁催化氧化还原反应的实用性最大、应用最广。金属酞菁为大环共轭体系，具有高度的平面性，在平面的轴向方向可以发生催化反应。金属酞菁类物质因其结构特殊，具有良好的电学性质，例如可以改善电池的充放电性质，进一步延长电池的寿命。

4.2.3.2 大环化合物在 O_2 催化还原中的电子转移[31]

(1) 电子转移途径

O_2 与平面 M—N_4 大环化合物发生作用，M 中的单电子占有 d_{z}^{2} 轨道和氧 p_z 轨道，形成 M—O σ 键，M 中的单电子占有 d_{yz} 轨道和氧其他单电子 p 轨道形成 M—O π 键，M—O σ 键正是 O_2 与 M 转移电子的通道。许多学者观察到 M—N_4 大环化合物催化还原 O_2 过程中伴有 M(Ⅱ)/M(Ⅰ) 和 M(Ⅲ)/M(Ⅱ) 氧化还原过程，认为 M(Ⅲ)/M(Ⅱ) 在 O_2 还原过程中起到关键作用。此现象适合于 Cr、Mn、Co 和 Fe 酞菁或卟啉。对于 Ni、Cu 酞菁或卟啉实验得到的是大环配合物的氧化还原过程。M(Ⅲ)/M(Ⅱ) 在 O_2 还原过程中起中介作用，可以由以下方程式表示：

$$O_2 + L_nN_4\text{—M(II)} \rightleftharpoons [L_nN_4\text{—M(III)}\cdots O_2^-] \quad (4\text{-}13)$$

$$[L_nN_4\text{—M(III)}\cdots O_2^-] + e \longrightarrow L_nN^4\text{—M(II)} + O_2^- \text{(决速步骤)} \quad (4\text{-}14)$$

$$O_2^- + H_2O + e \xrightarrow{\text{快速反应}} \text{中间体} \tag{4-15}$$

式中，L 表示大环上接的各种基团。

吸附于 Au（111）面的 CoPc 和 CuPc 的 STM 图像显示，Co(Ⅱ) d^7 体系在 Fermi 能级附近有明显的 d 轨道特性，而 CuPc 为中空的分子，Cu(Ⅱ) d^9 体系无 d 轨道特性。这种 d 轨道电子特性与金属酞菁催化还原 O_2 的催化活性实验的结果相符，解释了 CuPc 的催化活性远低于 CoPc 的原因。

（2）O_2 还原机理

O_2 的还原有两种途径：一种是 O_2 接受 4e 直接还原生成 H_2O；另外一种是 O_2 得到 2e 生成中间产物 HO_2^-、H_2O_2，造成燃料电池阴极能量的损失，并引起催化层和膜的腐蚀，所以应避免 O_2 的 2e 还原过程。在各金属酞菁（FePc、MnPc、CoPc、NiPc、CuPc）中，FePc 和 CoPc 的催化活性最高。普遍认为 FePc 直接还原 O_2 生成 H_2O 是一个 4e 反应过程，CoPc、NiPc、CuPc 催化还原 O_2 基本上为 2e 反应过程，MnPc 介于 2e 和 4e 之间，主要产物为 H_2O，同时有少量过氧化物。S. Baranton 等运用循环伏安法（CV）、旋转环-盘电极（RRDE）等对 FePc 还原 O_2 做了动力学研究，由 Koutecky-Levich 方程计算得到电子转移数 $n_t=3.9\sim4$。由 RRDE 技术同样可计算 n_t，得到的结果与 Koutecky-Levich 方程相符。RRDE 技术很好地表征了 n_t 与过电势的关系。在高过电势（300～700mV vs. RHE）下，n_t 为 3.9，随着过电势减小，I_D 增大，I_R 下降，n_t 增加到 4，O_2 直接还原为 H_2O。

α-FePc 还原 O_2 时可检测到两个还原波，低过电势的前波表示有 μ-oxo FePc 二聚物生成，高过电势的后波表示 O_2 在 FePc 单体上的吸附和还原。O_2 在 α-FePc 上的 4e 还原得益于 μ-oxo FePc 二聚物的形成，若 O_2 在 α-FePc 上的吸附是 M—O—O—M 形式，则 O_2 还原可由以下机理解释：

$$2Fe(\text{Ⅱ})Pc + O_2 \longrightarrow Fe(\text{Ⅲ})Pc—O—O—Fe(\text{Ⅲ})Pc \tag{4-16}$$

$$Fe(\text{Ⅲ})Pc—O—O—Fe(\text{Ⅲ})Pc + e \longrightarrow Fe(\text{Ⅱ})Pc—O + Fe(\text{Ⅲ})Pc—O \tag{4-17}$$

$$Fe(\text{Ⅱ})Pc—O + Fe(\text{Ⅲ})Pc—O + e \longrightarrow 2Fe(\text{Ⅱ})Pc—O \tag{4-18}$$

$$Fe(\text{Ⅱ})Pc—O + H^+ \longrightarrow Fe(\text{Ⅱ})Pc—OH(\text{决速步骤}) \tag{4-19}$$

$$Fe(\text{Ⅱ})Pc—OH + H^+ + e \longrightarrow Fe(\text{Ⅱ})Pc + H_2O \tag{4-20}$$

在 FeTsPc 和 CoTsPc 的混合催化剂中，FeTsPc 和 CoTsPc 互不干扰彼此的催化活性，Co 活性位上产生的过氧化物并不会在 Fe 活性位进一步还原或分解。这个结论证明了 O_2 在 Fe 活性位上的还原并不是先生成过氧化物再继续还原或分解，而是直接一步还原为 H_2O。

Co 大环化合物还原 O_2 的主要产物是过氧化物，其催化活性较 Fe 大环化合物弱，稳定性强于 Fe 大环化合物。但是一些双核 Co 大环化合物却能直接还原 O_2 为 H_2O。Anson 等研究了面对面双核 Co 卟啉（dicobalt face-to-face porphyrin）发现，当两个 Co(Ⅱ)中心离子距离 0.4nm 时，与 α-FePc 类似，O_2 桥式吸附于两个 Co(Ⅱ) 中心离子间，直接还原为 H_2O，此结论适合于酸性电解质。O_2 的 4e 还原同样可以在一些中心金属离子不同的双核 M—N_4 大环化合物中实现，如以蒽桥连接的 Mo-Zn 双核卟啉催

化还原 O_2 时转移的电子数为 4。

P. Convert 等报道了 CoTAA/GC 和 CoTAA/C 还原 O_2 时转移的电子介于 2～4 之间，CoTAA/C 转移的电子数略多于 CoTAA/GC。Au/PPy-CoTsPe 对氧的还原同样与电势相关，Koutecky-Levich 直线并不平行，高电势下，直线斜率为 13.8，低电势下降为 7.6。O_2 还原的 n_t 随电势下降而上升：450～550mV(vs. RHE)，n_t 接近 2；300～450mV(vs. RHE)，n_t 接近 3；电势继续下降到 150～250mV(vs. RHE) 后，n_t 接近 4。

（3）金属大环化合物-石墨烯复合材料的催化性能[30]

过渡金属大环化合物对氧还原的电催化活性和选择性取决于中心金属元素的种类、前驱体化合物、载体物质和热处理温度等因素。过渡金属的种类对氧还原的电催化活性起决定性作用，例如：在 Fe 大环化合物上，氧还原主要进行 4e 直接还原为水的反应；而在 Co 大环化合物上，由于氧吸附为端基式，有利于 2e 还原反应的进行，生成中间物 H_2O_2。过渡金属酞菁化合物对氧还原的电催化活性按 Fe、Co、Ni 和 Cu 的顺序依次减弱。

在一些情况下，过渡金属大环化合物的电催化性能并没有更好地展现出来，这是由于 M—N_4 大环化合物的导电性较弱，影响了 ORR 过程中的电子转移，因此可以考虑将这类大分子结构与导电材料相结合，利用两者的协同效应使其性能达到最佳。E. Claud 等将四甲氧基苯基卟啉钴（CoTMPP）负载到不同的炭载体（BP2000、Printex XE2 和 Vulcan XC-72）上，并研究和比较其氧还原性能。结果表明，复合之后复合物的电活性与炭载体导电能力的顺序是一致的，依次为 Printex XE2＞BP2000＞Vulcan XC-72，说明将酞菁负载到导电的载体上可以提高电导率。Kannall 等首先制得 CoPc 和 FePc 纳米粒子，然后将其负载到碳纳米管（MWCNTs）上，从而制备出 CoPc-MWCNTs 和 FePc-MWCNTs 催化剂，然后与单独的酞菁和多层碳纳米管在相同的条件下进行了一系列的电化学测试。结果表明，相比单独的酞菁和多层碳纳米管而言，复合催化剂的起峰电位发生了正移，极限电流也略有增加。通过紫外可见光谱测试，发现复合物的特征吸收峰与单独酞菁相比，发生了红移，这可以说明酞菁成功地复合在碳纳米管上，酞菁大环上的电子向碳纳米管发生流动，两者之间有强的 π-π 相互作用。计时电流测试结果表明，复合物的稳定性比单独的酞菁大有提高，进一步说明了催化剂性能的改善[29]。金属大环化合物-石墨烯复合材料具有优异的 ORR 催化性能归因于以下几个方面：

① 金属大环化合物具有大环共轭结构，可以通过强 π-π 相互作用紧密地固定在石墨烯片层上，从而提高复合材料的稳定性。

② 金属大环部分与 PSS-Gr 之间的协同作用及石墨烯的高导电性有助于 ORR 电子转移，从而提高所制备催化剂的催化活性。

③ 形成的微纳米结构增大了金属大环化合物-石墨烯复合材料的电活性表面积，为 ORR 提供更多活性位点。最后，二茂铁基可以确保快速的电子转移并催化过氧化氢的还原，有助于催化 4e 氧化还原反应过程。

（4）金属大环化合物催化剂的研究进展

1964 年，Jasinski 首次报道了钴酞菁作为氧气还原电化学反应催化剂，被应用于燃料电池中。1976年，Jahnke在惰性气体保护下热处理金属大环化合物，发现经热处理后，金属大环化合物催化ORR的活性和稳定性均有很大程度的提高。由于大环类催化剂的脱金属作用比较强，这些催化剂在中性或者碱性的环境中稳定，但在酸性条件下的稳定性比较差，这说明与应用在酸性体系的燃料电池（如直接甲酸、直接甲醇燃料电池）中相比，这类催化剂更适合中性条件下操作的MFCs。20世纪70～80年代，研究金属大环化合物作为碱性燃料电池的ORR电催化剂进入了高峰期。但该催化剂稳定性较差的问题没有得到很大的改善。20世纪90年代，关于该类催化剂的研究也逐渐变少了。直接甲醇燃料电池（DMFC）于20世纪90年代后期兴起，但存在“甲醇渗透”问题，因此金属大环化合物再度成为研究人员的研究热点。由于金属酞菁（MPc）和金属卟啉（MP）比铂类催化剂价格低廉，引起了人们的注意[32,33]。其中，FePc和CoPc是可替代铂系催化剂的有前景的阴极催化剂。但是，该类催化剂的催化活性不够高，稳定性较差，不能满足实际应用的条件[34]。为了克服这些缺点，金属大环化合物被负载到具有高的比表面积和优异的导电性的碳纳米材料（CNMs）上。CNMs作为基质材料可以通过π-π相互作用紧紧地固定金属大环化合物，进而提高催化剂的稳定性[35,36]。此外，制备的这种微纳米复合物可以提供充足的活性位点并且相互之间产生协同效应，从而提高催化剂的催化活性[37]。近几年来，许多研究者集中于研究热处理技术，首先将金属大环化合物负载到碳纳米材料上，经热处理后，该催化剂的催化活性、稳定性均得到了进一步提高[38,39]。Bogdanoff等[40]合成了一种具有多孔隙结构的新型钴卟啉化合物，添加金属草酸盐作为除气辅助剂使钴卟啉化合物在裂解过程中发生鼓泡。草酸盐的热解产物会在裂解产物中形成嵌入式框架，该框架可在后续的酸处理中去除，最后得到一个具有内嵌中心的高度多孔炭基催化剂。该催化剂在0.5mol/L H_2SO_4中对氧的还原电位为0.5V（相对于Ag/AgCl参比电极），已接近于氧在商业Pt/C催化剂（Pt的质量分数为20%）上的还原电位。Zhao等[41]研究了双室MFCs中通过热解法制备的铁酞菁（FePc）及钴卟啉（CoTMPP）对氧还原的催化特性，结果发现，CoTMPP和FePc的性能接近于商业Pt/C催化剂，并且Co大环化合物的性能要优于Fe大环化合物，这主要是因为CoTMPP中含有对氧还原催化活性更高的方向键。Yu等[42]也指出，FePc具有较高的催化剂利用率和较低的扩散电阻，因此对氧还原具有较好的催化活性。Yu等[43]也对金属大环化合物作为MFCs阴极催化剂进行了研究，结果表明，在中性pH条件下，金属大环化合物对氧还原的性能要高于Pt。为了使大环化合物的性能进一步提高，Chu等[44]对双金属离子的四苯基卟啉（TPP）进行了测试，活性顺序为CoTPP/FeTPP＞CuTPP/FeTPP＞VTPP/FeTPP＞NiTPP/FeTPP，其中，CoTPP/FeTPP对氧还原的电催化活性最好。马金福等[45]也对铁钴双核双金属酞菁阴极催化剂进行了研究，结果表明，过渡金属大环化合物对氧还原具有较高的电催化性能。然而，过渡金属大环化合物材料价格昂贵，制备过程复杂（需要高温热处理等）。同时，中间产物H_2O_2对催化剂结构有破坏作用，导致催化剂稳定性降低。为了改善过渡金属大环化合物的性能，简化制备程序，降低产品价格，可以在催化剂合成方法以及催化剂修饰方法等方面开展有益的研究工作[46]。

4.2.4 金属-有机骨架（MOFs）催化剂

4.2.4.1 MOFs的介绍

金属-有机骨架（metal-organic frameworks，MOFs）材料是近十多年发展起来的一类无机-有机杂化材料，由无机金属和有机配体通过自组装形成以金属为节点的网状结构材料，一般具有多变的拓扑结构以及物理化学性质。MOFs具有特殊的孔洞框架结构，材料种类繁多，比表面积大，其孔穴的大小、形状及构成等可以通过选择不同配体和金属离子，或者改变合成策略加以调节。构成MOFs的配体可以是有机酸，也可以是有机碱，还可以是其他特殊的结构，除此之外在配体上也可以连接特殊官能团，制备具有特殊功能的MOFs材料。由于MOFs具有特殊而又多样的结构，因此在功能材料、气体吸附、药物缓释、催化及有机合成等方面有广泛的应用。与传统的固体催化材料（如氧化物、分子筛和活性炭等）相比，MOFs具有以下4个特点：

① 比表面积大（如MIL-101的Langmuir比表面积为5900m^2/g）；

② 可方便地调控其结构性质（如孔径的扩张或压缩）及表面功能基团；

③ 具有像分子筛一样的"择形催化"特性；

④ 具有很高的孔隙率，完全暴露在表面和孔道的金属离子具有100%的可利用率，使MOFs材料既有均相催化剂的高活性又有多相催化剂的易回收特点。

4.2.4.2 MOFs材料的合成方法[47]

（1）水热/溶剂热合成

水热合成是一种常用的无机材料的合成方法，在纳米、生物和地质材料中有广泛的应用。此法主要是以水作为溶剂，将反应原料配制成溶液，在水热釜中封装并加热至一定温度（一般为100～200℃），水热釜使得该合成体系维持在一定的自生压力范围内。在这种非平衡态的合成体系内进行液相反应，往往能够制备出具有特殊优良性质的多孔纳米材料，这也是目前合成MOFs材料最常用的方法之一。

溶剂热法与水热法原理一样，只是溶剂不再局限于水。溶剂热法是MOFs材料合成中非常重要也是最常见的手段之一，一般是将反应物与有机胺、乙醇或甲醇等溶剂混合，放入密封容器，例如带有聚四氟乙烯衬里的不锈钢反应器或玻璃试管中加热，温度一般为100～200℃。在自生压力下反应，随着温度的升高，反应物逐渐溶解。这种方法反应时间较短，而且解决了反应物在室温下不能溶解的问题。合成中所使用的溶剂通常带有不同的官能团，尤其是有机溶剂，具有不同的极性、介电常数、沸点和黏度等，从而可以大大地增加合成路线和合成产物结构的多样性。溶剂热生长技术具有晶体生长完美、设备简单、节省能耗等优点，成为近年来使用的热点。例如，MOFs材料中非常著名的IRMOF系列材料、ZIF系列材料、UiO系列材料以及PCN系列材料等，大多数都是采用溶剂热方法合成的。

（2）微波合成

与用电加热的传统水热/溶剂热方法相比，微波合成方法主要是加热方式不同。直流电源提供微波发生器的磁控管所需的直流功率，微波发生器产生交变电场，作用在处于微波场中的物体上。由于电荷分布不均的小分子迅速吸收电磁波而使其产生高速转动和碰撞，从而极性分子随外电场变化而摆动并产生热效应，使反应物的温度在很短的时间内迅速升高。因此，微波加热的特点是反应时间短（一般能把反应时间从几天减少至几小时甚至几分钟），能快速结晶成核。另外，微波合成还具有相选择、形貌/尺寸可控、反应参数易控等优势[48]。Bromberg 等[49]采用微波加热方式，不加 HF 合成了 MIL-101（Cr），并研究了其中负载多金属氧酸盐后的催化机制。与之前的合成方法相比，此方法避免使用有毒、有害且具有高腐蚀性的 HF，有效减少了环境污染。

（3）超声合成

超声合成能在溶剂中不断使气泡产生、生长和破裂，即形成声波空穴（acoustic cavitation）。声波空穴可以产生局部高温（大约 5000K）和高压（大约 1000atm，1atm＝101325Pa）。因此，采用超声方法进行 MOFs 晶体合成，能提高反应物的活性[50,51]。同时，超声合成能使成核均匀，可大幅减少晶化时间，有助于形成较小的晶体尺寸。

（4）离子热合成

离子热合成（ionothermal synthesis）是一种新开发的晶体材料制备方法。离子液体是一种低蒸气压、高极性、高热稳定性的绿色溶剂，具有非常好的溶解性能，同时可减少因挥发而产生的环境污染问题[52]。离子液体可作为溶剂和模板剂应用在 MOFs 合成中。

（5）电化学合成

相比于其他方法，电化学合成有以下几个优势：

① 反应通常在室温下进行，一般无需加热，节省能耗；

② 反应速率快，通常在 1h 之内完成；

③ 基本上能 100%地利用有机配体；

④ 不用金属盐，所以循环使用溶剂时不用去除 NO_3^-、Cl^- 等阴离子，也没有残余的阴离子；

⑤ 能实现连续生产[53]。

以金属板为电极阳极，放入装有有机配体和溶剂的电解槽中（为了提高溶剂的导电性，有时需要加入导电能力强的电解质），在直流电压下作用一段时间之后即可得到 MOFs 样品。

（6）机械化学合成

利用机械化学合成的方法制备 MOFs 材料[54~57]能快速有效地制备高分散性化合物。粉末在高能球磨机中通过颗粒与磨球之间长时间的激烈冲击、碰撞，使粉末颗粒反复产生冷焊、断裂。这样不仅可以使颗粒破碎，增大反应物的接触面积，同时还可以使新生物质表面活性增大，表面自由能降低，进而促进化学反应，使一些只有在高温等较为苛刻的条件下才能发生的化学反应在低温下顺利进行。机械化学合成是一种无溶剂的化学合成方法，和常规的水热/溶剂热合成相比，这种固-固反应不但节省了溶剂，也省去了过滤、离心等过程，因此很容易从实验室规模扩展到工业规模。采用机械化学合成法制备 MOFs 材料时，先把固体反应物（金属盐和有机配体）进行混合，不加或为了湿润而添加少量溶剂，在球磨机或玛瑙研钵中进行机械研磨，就能得到 MOFs 粉末。

4.2.4.3 MOFs材料的活化

一般MOFs材料在溶剂中合成，合成之后MOFs的孔道内和表面不可避免地存在一些未反应的有机配体、金属盐离子以及溶剂分子。在MOFs材料使用之前去除这些杂质的过程称作MOFs的活化。活化过程对材料的结构特征影响很大，方法主要有溶剂交换活化、高温煅烧活化、超临界CO_2活化以及超声活化等。

(1) 溶剂交换活化

溶剂交换活化法是大多数MOFs材料（如含有锌、铜、镍、钴、锰等二价金属）活化时采用的方法。此方法的过程是，利用溶剂的溶解性，将MOFs孔道及表面的杂质溶解掉，然后去除溶剂，即可达到目的。如果采用沸点较高的溶剂，如*N*,*N*-二甲基甲酰胺等，一般在处理结束时需要采用沸点较低的溶剂，如甲醇、丙酮、二氯甲烷等来进一步交换高沸点溶剂，然后低沸点溶剂直接挥发掉，或者在真空条件下去除溶剂。此过程的特点是处理条件温和，特别适合于不太稳定的MOFs。缺点是处理时间长，消耗溶剂多。为了节省溶剂，提高活化效率，还可以采用索氏提取器来活化MOFs材料。索氏提取器的工作原理是将样品置于沸腾的有机溶剂与冷凝管之间，冷凝下来的溶剂不断地将样品中的可溶性物质溶出。工作时，提取瓶内加入低沸点溶剂，比如甲醇、二氯甲烷、水等，加热提取瓶，溶剂汽化，由连接管上升进入冷凝器，凝成液体滴入提取管内，如此循环往复，直到抽取完全为止。此方法是在溶剂的沸点温度下活化MOFs材料，温度较高，溶剂对杂质的溶解性好，提高了活化效率，但不适用于不稳定的MOFs材料。例如，Chowdhury等[58]在合成Cu-BTC后，采用甲醇作为溶剂来连续萃取Cu-BTC的杂质，将其比表面积提高到1482m^2/g。Hamon等[59]在合成MIL-100(Cr)后，为了去除未反应的均苯三酸配体和金属离子，分别用水和乙醇对MOF样品进行了回流萃取，使其比表面积达到1720m^2/g。Kong等[60]合成MOF-74(Mg)之后，首先用热的*N*,*N*-二甲基甲酰胺冲洗，然后以甲醇为溶剂，用索氏提取器萃取两周，所得样品的朗格缪尔比表面积达到了1946m^2/g。

(2) 高温煅烧活化

高温煅烧活化是指在较高温度（一般是300℃以上）下煅烧合成MOFs样品，以去除孔道内未反应的有机配体。此方法只适用于稳定性较高的MOFs材料。Barthelet等[61]在300℃下活化MIL-47（V），将MOFs置于管式马弗炉中煅烧24h，以去除未反应的对苯二甲酸配体。Ferey等[52]在300～320℃下对MIL-53（Al）和MIL-53（Cr）进行煅烧活化，使其比表面积达到1100m^2/g。

(3) 超临界CO_2活化

超临界CO_2活化是利用CO_2在其超临界状态下的强溶解性能去除MOFs孔道内的杂质。此方法适用于一些采用常规方法活化会导致孔道坍塌的稳定性较低的材料。首次将超临界CO_2活化方法引入MOFs活化领域的是美国西北大学Nelson教授组[62]。他们对IRMOF-3、IRMOF-16以及两个新合成的MOFs材料，用包括超临界CO_2活化在内的多种方法进行处理，发现与常规的溶剂交换或者真空加热方法相比，采用超临界CO_2活化能大幅度提高MOFs材料的比表面积。

（4）超声活化

超声活化的主要原理是利用超声所产生的声波空穴气泡，加快有机胺分子在 MOFs 材料孔道中的扩散速率，从而使有机胺能更容易且快速地移除杂质。该方法应用于 MIL 系列材料（如 MIL-47 和 MIL-53s）的合成[63]。反应在水中进行，而有机配体（对苯二甲酸、均苯三酸等）在水中的溶解度很小，大量残留在体系中的这些配体在碱性溶剂 *N*,*N*-二甲基甲酰胺、*N*,*N*-二乙基甲酰胺、*N*,*N*-二甲基乙酰胺等溶剂中的溶解性较好，因此在 MOFs 的稳定性较高的条件下可用超声活化法。此方法得到的 MOFs 比表面积，比高温煅烧和加热方法得到的有所提高，且具有所用时间短、需要溶剂少、成本低等优点。

4.2.4.4 MOFs 催化剂的分类

（1）Fe-MOFs 催化剂

Fe(BTC)（BTC：1,3,5-均苯三羧酸）是一种商品化的 MOF 材料（商品名：Basolite F300）。在它的结构中，位于节点 Fe 的一个配位点被溶剂分子占据，可以参与催化反应。Mikami 等[64]将 NHPI（*N*-羟基邻苯二甲酰亚胺）负载在 Fe(BTC) 上制成双功能多相催化剂 NHPI/Fe(BTC)。宋国强等以硝酸铁为金属离子前驱体、均苯三甲酸为有机配体，采用水热法合成了金属有机骨架 MOF(Fe) 催化剂，应用 X 射线衍射、N_2 吸附-脱附、透射电镜、红外光谱和热重等方法对催化剂的结构进行了表征，并采用循环伏安法测试了催化剂在碱性电解质中的氧气还原（ORR）催化性能，采用旋转圆盘电极进一步研究了催化剂的 ORR 动力学行为。结果表明，所制 MOF（Fe）具有良好的晶型结构、较大的比表面积、丰富的微孔以及较高的热稳定性，且表现出良好的 ORR 催化活性。该催化剂在碱性电解质中也表现出较好的水氧化反应（OER）催化性能。

（2）Cu-MOFs 催化剂

2013 年 Anbu 课题组[65]用电化学方法，以纯度为 99.9% 的铜电极和均苯三甲酸（H_3BTC）为原料，合成了 $Cu_3(BTC)_2$。该催化剂中，Cu 以 Cu^{2+} 的形式存在于骨架的节点上，H_3BTC 提供了支撑骨架。以 $Cu_3(BTC)_2$ 为催化剂、$NaBH_4$ 为还原剂来催化硝基芳烃的还原。该方法避免了使用氢气，简化了反应条件，在 50℃ 下就得到了还原产物，产率在 95% 以上。与传统的金属加无机酸和氢气还原体系相比，不仅条件简单、收率高，而且环保安全。与 Cu-MOFs 的合成应用相关的研究已经有很多，但应用于 MFCs 和 MECs 的 Cu-MOFs 较少。

（3）Ni-MOFs 催化剂

由于 MOFs 为网状骨架结构，具有很大的比表面积，在功能材料、气体吸附、药物缓释、催化及有机合成等方面有广泛的应用。其 Langmuir 比表面积可达到 $4500m^2/g$[43]。MOF 通过与不同的金属自组装，可形成多种孔洞均一的可控结构，携带的金属催化剂可对反应物进行像分子筛一样的选择性催化[44]。另外，金属裸露在孔隙之间，使其催化性能大大提高，在催化有机合成中的应用也十分广泛。此外，孔洞结构为其提供了吸附气体的功能[45,66,67]。基于诸多功能，近几年来，Rossi 等[68]将金属有机骨架负载在活性炭（Fe-N-C/AC）上。活性炭（AC）上负载 MOFs 增强了阴极的性能，但是在废水中存在金属螯合剂或配体（例如磷酸盐）的情况下需要考虑使用寿命。使用MOFs催化剂阴极和磷酸盐缓冲液产生的功率密度随着时间的推移而降低，但是在8周后它们仍然比纯活性炭大41%。随着时间的推移废水的功率也下降，但比以前报道的铂催化阴极的最大功率密度高53%。这些结果表明，MFCs交流阴极的性能随着时间的推移降低，但是功率依然保持在高于未处理的交流阴极的水平，用MOFs处理含有磷酸盐的溶液或废水有利于改善MFCs发电。

（4）Pd-MOFs催化剂

钯作为贵金属催化剂，一般是在配体的配合下使用的。若单独使用钯化合物作催化剂而不加配体，往往表现不出高效的催化性能。直接以二价钯作为金属节点用于含钯MOF复合物的制备并用于催化反应的报道较少。但钯负载在其他金属上形成的MOF往往能表现出优异的催化性能[69]。

Li等[70]于1999年制备了一种具有特殊结构的MOF，是以$Zn_4O_6^+$为金属中心，以对苯二甲酸苯基酯为骨架的立方网络结构，称为MOF-5。2008年Opelt等[71]用MOF-5和硝酸钯在三乙胺和DMF的混合溶剂中用共沉淀法制备了以MOF-5为载体负载Pd（Ⅱ）的Pd/MOF-5多相催化剂。将该催化剂用于肉桂酸乙酯的催化氢化反应中，结果发现Pd/MOF-5能高效、高选择性地催化肉桂酸乙酯中双键的还原，产率达100%，但不会还原苯环和酯基。该反应中无需加入配体，只需在有氢源的情况下就能高产率地得到相应产物。另外，与传统的Pd/C催化的加氢反应相比，该负载催化剂的催化活性更高，而且能反复使用5次以上。Liu课题组[72]用制备的Cu（DBC）作为载体，在亚胺型PySI配体和$PdCl_2$存在下，制备了负载型的钯纳米催化剂Pd/Cu-BDC/PySI，其平均粒径为260nm。研究发现，该催化剂能高效催化Suzuki反应，反应条件温和简单，反应时间短，产物收率高，取代基的电子效应对该反应几乎无影响。

4.2.4.5 类沸石咪唑酯骨架材料

MOFs作为催化剂具有3个显著特点：a. 高的多孔率；b. 稳定的配位键；c. 通过选择组件（金属中心和有机配体）和它们之间的连接方式准确地控制MOF的孔径、形状、维度以及化学环境等[73~75]。传统的MOFs材料作为酸性催化剂或催化剂载体已经应用于一系列反应，如诺尔葛耳缩合反应[76]、醇醛缩合反应[77]、氧化[78]、氢化、Suzuki交叉偶联反应[78]、Friedel-Crams烷基化反应[79]。

类沸石咪唑酯骨架（zeolitic imidazolate framework，ZIF）材料是由二价过渡族金属离子与咪唑基配体络合后形成的一种具有沸石拓扑结构的新型MOFs材料[80]。通过调节金属离子和有机配体的种类及配体间的相互作用得到不同结构的ZIF材料。ZIF材料与传统的沸石分子筛有相似的拓扑结构，ZIF化合物可表示为$M(IM)_2$，其中M和IM分别为金属离子和含有N咪唑或咪唑衍生物基的配体。ZIF材料一般是由金属锌离子或钴离子与咪唑基有机配体通过N原子桥联构成的四面体，两者形成的四面体结构单元再与相邻的金属或有机配体相连，最终形成三维骨架结构的ZIFs材料。目前合成拓扑结构的ZIFs材料有ANA、BCT、DFT、GIS、GME、LTA、MER、RHO及SOD等[81,82]。ZIFs材料不仅展现出了无机沸石的高稳定性，还可以通过调节金属离子与有机配体获得不同的结构和功能；其不仅展现出了 MOFs 材料的优点，而且在热稳定性（达到 550℃）和化学稳定性（耐热碱和有机溶剂等）方面与 MOFs 材料相比有了很大的提升。Jiang 等[83]以多微孔的 MOFs 为贵金属 NPs 的载体，通过简单的固体研磨方法将 AuNPs 嵌入 MOFs 中，应用于气相催化氧化 CO 反应。Au/ZIF-8 作为催化剂时，CO 的氧化活性取决于 AuNPs 的尺寸和负载量，Au 的负载量增大会增加催化活性，但过量后会导致 AuNPs 的聚集而降低催化活性。此外，载入 Au 及循环催化反应之后，ZIF-8 的结构没有坍塌。而 ZIF-8 作为单一催化剂时，从室温到 300℃其 CO 的转化率是微不足道的。Li 通过连续沉淀还原方法，用 ZIF-8 固定高度分散的 Ni 纳米粒子，使其呈现高催化活性，可在室温下将氨硼烷（NH_3BH_3，AB）水解并长久性制氢，循环使用 5 次后，催化活性仍得以保持。ZIF-8 对于有效地固定镍纳米颗粒（NiNPs）具有优越的性能，可阻止 NiNPs 团聚，并增大 NiNPs 的催化比表面积。

4.3 非金属阴极催化剂

4.3.1 导电聚合物催化剂

4.3.1.1 导电聚合物的介绍

导电聚合物（ECP）具有高导电性和环境稳定性，非常适合电催化应用，是一种能够进行氧还原催化的导电高分子催化剂，例如聚苯胺（PANI）、聚吡咯（PPy）和聚噻吩（PTh）。在 MFCs 阴极催化剂应用中，ECP 通常与其他活性电催化材料结合使用以提高催化性能。

与传统的炭材料催化剂载体相比，导电聚合物作为催化剂载体具有一些独特的优点：制备简单、易操作，原料来源广，成本相对低廉；通过官能团的引入，可对其结构及性能进行改进、调控；易形成三维多孔结构，比表面积高；既能质子导电又能电子导电；有良好的电化学活性与高的抗氧化腐蚀能力。另外，导电聚合物的引入可为电荷在其表面与金属催化剂间的传递提供低的电压降，有利于电荷的传输与转移；导电高分子较长的 π 电子共轭结构与金属纳米颗粒间会存在一定的电子效应，影响金属纳米颗粒表面的电子分布，其作为载体可以提高催化剂颗粒的分散度，增大有效催化表面积，提高催化剂的利用率，还能对氧化过程中的中间产物产生影响，从而对其电催化活性及抗毒化性能产生影响。

下面着重介绍 PANI。聚苯胺的电导率主要取决于掺杂率和氧化程度两个因素。氧化程度一定时，随掺杂率的提高，电导率也不断提高。可以通过控制 pH 值来控制掺杂率，从而控制电导率。华南理工大学曾幸荣等[84]曾选用盐酸为掺杂剂得出 pH 值对聚苯胺的掺杂百分率及电导率的影响。$pH>4$ 时，掺杂百分率很小，产物是绝缘体；当 pH 值减小至 4 后，掺杂百分率则迅速增大，电导率也大幅度提高；当 pH 值为 1.5 时，掺杂百分率已超过 40%，掺杂产物已具有较好的导电性；此后，pH 值再减小时，掺杂百分率及电导率变化幅度不大，并趋于平稳。实验表明，即使用 12.0mol/L 的盐酸，掺杂百分率也只有 46.7%，即分子链中平均每两个氮原子只有近一个被质子化。关于氧化程度对电导率的影响，对以电化学法合成的聚苯胺的研究较多，因为电化学法合成的聚苯胺，其氧化程度可由电极电位来控制。实验表明，在一定 pH 值下，随电位升高，电导率逐渐增大，随后达到一个平台。但电位继续升高时，电导率却急剧下降，最后呈现绝缘体行为。扫描电位的变化反映在聚苯胺的结构上，说明聚苯胺表现三种“导电”状态：最高氧化态和最低还原态均为绝缘状态，而只有中间的半氧化态具有导电性。

4.3.1.2 导电聚合物作为催化剂载体在电催化中的应用

近年来，研究者们的注意力主要集中于 PANI、PPy、PTh 以及它们的一些衍生物或复合物在燃料电池电催化方面的研究。

PANI 属于半导体范畴，结构疏松的 PANI 具有较大的比表面积和较多的活性位点。因此，PANI 能使电荷在金属粒子与电极之间进行更有效的传递。同时，PANI 的存在使金属颗粒获得较高的分散性和稳定性，这对贵金属纳米粒子尤为重要。量子化学计算表明，PANI 的催化活性是由其特定的电子结构引起的，因此在某些活性炭中心提供电子密度时，通过桥吸附模型可逆地吸附了氧。化学吸附的氧分子的键长增加，导致高度的活化，因此，化学吸附的氧分子可以容易地减少。白立俊等[85]采用溶胶凝胶法和原位复合技术分别制备 $La_xSr_{1-x}CoO_3$ 和 $La_{0.7}Sr_{0.3}CoO_3$/PANI 复合材料阴极催化剂，并应用于厌氧单室微生物燃料电池。在相同条件下，PANI 修饰的 $La_{0.7}Sr_{0.3}CoO_3$/PANI 催化剂电极的氧还原电位比 $La_{0.5}Sr_{0.5}CoO_3$、$La_{0.7}Sr_{0.3}CoO_3$、$La_{0.8}Sr_{0.2}CoO_3$ 三种催化剂修饰的峰电位发生明显正移，且峰电流明显增大。这表明 PANI 的加入提高了 $La_{0.7}Sr_{0.3}CoO_3$/PANI 催化氧还原反应的能力，聚苯胺的修饰有利于改善复合材料在中性磷酸盐缓冲溶液中的电化学性能，这与催化剂的比表面积、微观结构有密切关系。对于$La_{0.7}Sr_{0.3}CoO_3$/PANI 复合材料，推测由于具有 π 电子体系 PANI 的修饰，使 PANI 与钙钛矿 $La_{0.7}Sr_{0.3}CoO_3$ 之间发生良好的协同作用，降低复合材料的电荷转移电阻。同时 $La_{0.7}Sr_{0.3}CoO_3$/PANI 表面较为粗糙，为氧气在催化剂层内的扩散传质提供有利通道，在一定程度上降低阴极的极化，使得 AFBMFC 的产电性能显著提高。

沉积了某种金属微粒的 PAn 电极，对某些电化学反应具有很高的电催化活性。吴婉群等[86]以电位扫描法把铂微粒沉积在 PAn 薄膜上制得铂微粒修饰的聚苯胺薄膜电极。该电极的催化活性以甲醛在 0.5mol/L 硫酸溶液中的电化学氧化测定。它集催化活性和电活性于一体，对甲醛在酸性介质中的电化学氧化显示了非常高的电催化活性。李五湖等[87]选用多聚磷酸为电解质电聚合苯胺，然后将钯微粒嵌入沉积到 PAn 中，研究其对甲酸氧化的电催化作用，认为 PAn（Pd）电极的高催化活性可能来源于 PAn 与 Pd 微粒的协同效应。

贺馨平[88]使用简单的煅烧法，使用苯胺与吡咯的共聚物提供丰富的氮源和碳源，以三氯化铁作为铁元素的前躯体，以炭布为支撑载体，合成了铁与氮掺杂的炭材料催化剂（Fe—N/C）。以具有三维结构的炭布作为支撑骨架为氧气与电解液离子的传输提供了有效而快速的路径，也为电子的传输提供了直接的路径。苯胺与吡咯共聚物通过原位聚合的方法修饰在炭布表面，然后，把产物置于三氯化铁溶液中发生络合反应，反应结束后，将其在氮气环境下高温热解而得到无黏结剂的 Fe—N/C催化剂。因为热处理可将氧还原程序由两电子路径转换为四电子路径[89]，所以热解温度对产物性能有着重要的影响。尽管在氧还原催化反应的机理上仍有很多争议，但已证实催化剂中 Fe—N_x 对氧还原活性有着积极作用，合成的 Fe—N/C 催化剂包含密度高且分散均匀的活性位点，从而使其具备高的氧还原活性和长久的稳定性。在不同热解温度条件下制备的 Fe—N/C 电极材料，越高的热解温度越能够促进炭的石墨化，这也是高的热解温度可以增强炭材料导电性的原因。与对比催化剂 Pt/C 相比，同样负载量的 Fe—N/C-850 催化剂在碱性与酸性溶液中均展现出更高的 ORR 电流，并且电流的衰减速率明显低于 Pt/C 材料。由此也可以预见，电极材料 Fe—N/C-850 在燃料电池领域有很好的应用前景。

4.3.2 碳纳米管（CNTs）催化剂

4.3.2.1 CNTs 的结构

CNTs 可以看作由石墨片卷曲而成的空心圆柱结构，相邻的同轴圆柱之间间距相当，约为 0.34nm，根据纳米管管壁中碳原子层数可以分为单壁碳纳米管（SWNTs）和多壁碳纳米管（MWNTs）[90]。CNTs 中的碳原子主要是通过 sp^3 杂化形成化学键，然而，这种圆柱状的中空结构弯曲会导致量子限域和 σ-π 再杂化，其中三个 σ 键稍微偏离平面，而离域的 π 轨道则更加偏向管的外侧，这使得 CNTs 具有比石墨更高的机械强度、更优异的导电性能和导热性能等。此外，在标准的六元网络中也会有五元环或七元环缺陷，形成闭口的、弯曲的、环形或螺旋状的 CNTs。由于 π 电子的再分布，此时电子将定域在五元环和七元环上。

4.3.2.2 CNTs 催化剂的优势

（1）良好的导电、导热性能

CNTs 具有优异的结构、高比表面积、低阻抗、高导电性和电化学稳定性[91,92]。CNTs 可以被看成具有良好导电性能的一维量子导线，其导电率通常可达铜的 1 万倍，这预示着 CNTs 在超导领域的应用前景[93]。

（2）比表面积大、催化活性高

用 CNTs 作为催化剂担体比传统的催化剂担体具有更大的优越性，因为它是功能性复合材料，其不仅具有很高的表面积，而且是一种电导体。进入碳纳米管内部的金属晶体与纤维在界面处能产生强相互作用，改变催化剂颗粒的形貌特性，从而形成特殊的活性和选择性，因此，将其应用于催化剂和催化剂担体的相关开发很有前景。目前，面市的产品有碳纳米管分散液、碳纳米管涂料、碳纳米管抗静电塑胶粒、碳纳米管阻尼器、碳纳米管发泡材、碳纳米管溶剂型树脂、碳纳米管线材等[101]。MFCs 应用中常用其作为阴极催化剂[94]。

4.3.2.3 CNTs/聚合物的制备[95]

CNTs/聚合物的性能取决于制备 CNTs 的方法、CNTs 的纯化、CNTs 的长径比、

CNTs 在聚合物中的分散和排列等因素。

要想制备性能优异的 CNTs/聚合物复合材料，必须使 CNTs 均匀地分散到聚合物基体中。由于 CNTs 不能溶解在聚合物中，因此要阻止 CNTs 聚集成束或缠绕会存在一定的困难。对 CNTs 表面进行化学修饰可以改善与提高 CNTs 在聚合物基体中的分散性，在化学修饰前，应对 CNTs 进行纯化、切割、解缠以及活化等处理[96]。Shofner 等[97]先将 SWNT 氟化修饰后与聚乙烯（PE）制备成 SWNT/PE 复合材料。结果表明，SWNT 与 PE 之间形成的共价键极大地改善了 CNTs 在 PE 基体中的分散性。王国建等[98]以叠氮基团为中间体，可将由原子转移自由基聚合法（ATRP）制得的一端含叠氮基的聚苯乙烯（PS）以共价键接到 CNTs 的表面上，实现 CNTs 的表面修饰。利用叠氮基团作为中介进行高分子接枝，可以避免对 CNTs 进行酸处理过程中对 CNTs 管壁造成破坏。Rasheed 等[99]将 SWNT 与苯乙烯-苯酚乙烯共聚物（PSVPh）共混制备成 SWNT/PSVPh 复合材料，发现 PSVPh 之间形成的氢键可以改善 SWNT 在共聚物中的分散度，而且 SWNT 的分散程度与共聚物中苯酚乙烯的含量有关，当苯酚乙烯的含量为 20%时，氧化的 SWNT 与 PSVPh 之间形成的氢键可以最大限度地改善 SWNT 在共聚物中的分散。CNTs 在聚合物中的分散状况可以通过扫描电镜、透射电镜、光学显微镜成像、偏振拉曼光谱[100]、共焦显微镜成像[101]、UV-vis-near-IR 光谱分析[102]等技术进行评估。

目前，制备 CNTs/聚合物复合材料的方法主要有物理共混法、原位聚合法。随着研究工作的进一步开展，CNTs/聚合物复合材料的制备方法也有了新的进展。

（1）物理共混法

物理共混法主要包括溶液共混法和熔融共混法。溶液共混法是首先将 CNTs 分散在适当的溶剂中，然后在一定温度下将 CNTs 与聚合物进行共混，最后通过蒸发、沉淀或浇铸成膜的方法制得 CNTs/聚合物复合材料。通过简单的搅拌方法很难将纯化的 CNTs 分散在溶剂中，而高能超声波法可以将 CNTs/聚合物混合在不同的溶剂中以获得 CNTs/聚合物的亚稳态的悬浮液。值得注意的是长时间将 CNTs 置于超声波中将会缩短 CNTs 的长度，而减小 CNTs 的长径比将会对复合材料的性能产生不利的影响[102]。

可以采用表面活性剂来分散 CNTs。Islam 等[103]在低功率、高频率（2W、55kHz）的超声波条件下，将 SWNT 分散于表面活性剂——十二烷基苯磺酸钠水溶液中，原子力显微镜观察到（63±5）%的 SWNT 剥落成单根的 SWNT。采用表面活性剂来改善 CNTs 的分散引起的主要问题是表面活性剂会留在制得的 CNTs/聚合物复合材料中，从而影响复合材料的最终性能。Bryning 等[104]报道在相同的 CNTs 含量下，添加了表面活性剂的 CNTs/环氧树脂的热导率比没有加表面活性剂的 CNTs/环氧树脂的热导率要低。Sundararajan 等[105]报道表面活性剂会促使聚碳酸酯结晶，从而降低了 CNTs/聚碳酸酯（PC）的透明度以及力学性能。

采用溶液共混的方法制备 CNTs/聚合物时，在缓慢的溶剂蒸发过程中，CNTs 将趋于团聚，会导致 CNTs 在聚合物基体中分布不均匀。Singh 等[106]首先将 SWNT/PC 复合材料沉积在基体上，再将 SWNT/PC 复合薄膜进行湿法退火处理，继而迅速升高温度将溶剂二氯代苯蒸发出去后得到了含 0.06%～0.25%的 SWNT 透明 PC 薄膜。SEM

显示，SWNT含量低至0.06%的情况下，SWNT仍然可以在薄膜中形成纠缠网络。为了避免在蒸发的过程中CNTs的团聚，Du等[107]采用聚流的方法制备了SWNT/聚甲基丙烯酸甲酯（PMMA）复合材料，它是通过让沉淀的聚合物分子链夹住SWNT来阻止SWNT成束，以实现SWNT在聚合物中的良好分散。

熔融共混是利用流体剪切力破坏CNTs的团聚或阻止团聚的形成，使CNTs分散在聚合物熔体中。相对于溶液共混而言，熔融共混对CNTs在聚合物基体中分散的程度不够，而且由于在CNTs含量高的时候，熔体的黏度非常高，所以熔融共混的方法仅适合于制备低CNTs含量的CNTs/聚合物复合材料。目前，采用熔融共混法制备CNTs较成功的例子有MWNT/尼龙6（Nylon6）、SWNT/聚丙烯（PP）、SWNT/聚酰亚胺（PI）等。采用熔融共混法制备的CNTs/聚合物复合材料能直接用于挤出、注射、压缩等加工方法成型，不必考虑保存问题，因而它在大规模生产中有很好的应用前景。

（2）原位聚合法

原位聚合法是一种令人振奋的制备CNTs/聚合物复合材料的方法。在原位聚合法中，CNTs首先被加入低分子量及低黏度的溶液中，然后通过机械混合使CNTs均匀分散在溶液中，最后利用引发剂打开CNTs的π键或其表面的官能团，使其参与聚合得到CNTs/聚合物复合材料。

与溶液共混法相似，采用原位法制备CNTs/聚合物复合材料时，CNTs的表面修饰能改善CNTs在液体（如单体、溶剂）中的分散，进而改善CNTs在聚合物基体中的分散，而且原位聚合法可以通过缩聚反应使CNTs与聚合物之间形成共价键，加强了CNTs与聚合物间的界面作用。利用原位聚合反应，Xu等[108]首先将MWNT与纯苯乙烯单体在超声波下分散均匀，然后在^{60}Co γ射线引发下合成了聚苯乙烯接枝的MWNT复合材料，得到的MWNT/PS能够溶于四氢呋喃、甲苯、氯仿等常规溶剂中，拉曼光谱观察到聚苯乙烯与MWNT之间形成了共价键，而CNTs的结构完整性并没有遭到破坏。

Ma等[109]用原位电化学聚合的方法制备了自掺杂的聚苯胺（PANI）/ss-DNA/SWNT复合材料，发现ss-DNA/SWNT在自掺杂的PANI的聚合过程中扮演着分子模板以及传导的聚阴离子掺杂剂的角色，从而加快PANI的聚合速度，增强了复合材料的导电性及氧化还原活性。PANI/ss-DNA/SWNT复合材料可用于生物传感器，ss-DNA包覆的SWNT可以增强自掺杂PANI的生物分子探测灵敏度。金电极表面经一层PANI/ss-DNA/SWNT膜改性后，复合材料中的ss-DNA/SWNT可以增加电极表面的有效面积，增大了可用于探测多巴胺的多硼酸官能团的密度，因此极大地增强了探测的灵敏性，浓度低至为1nmol/L的多巴胺都可以被探测到。

Kong等[110]用原位ATRP方法，在MWNT表面接枝PMMA，MWNT表面上接枝的PMMA层的厚度可以通过单体MMA与MWNT的比值来控制，并且这种方法可用于制备以CNTs为核、以两亲性的共聚物PMMA-b-聚羟基乙烷丙烯酸甲酯（PHEMA）为壳的核壳结构的纳米复合材料，为开发与制备CNTs/聚合物复合材料提供了一条崭新的途径。

（3）其他的方法

Haggenmueller等[111]采用热聚沉的方法制备了SWNT/PE复合材料。首先将

SWNT悬浮在1,2-二氯代苯中，超声波处理48h后，将温度升高到97℃，随后将溶解在1,2-二氯代苯中的热PE溶液加入CNTs悬浮液中，继续用超声波处理5min后将SWNT-PE悬浮液冷却到70℃左右使PE结晶，过滤干燥后就可以得到SWNT/PE复合材料。Vigolo等[112]采用一种聚沉纺丝的方法制备了高CNTs含量的CNTs/聚合物薄膜，他们首先将SWNT分散在表面活性剂——十二烷基磺酸钠（SDS）的水溶液里，再缓慢注入聚乙烯醇（PVA）溶液中。由于PVA溶液比SWNT的SDS分散液黏度大，流动过程中会在注射头的尖端产生剪切，受层流场作用的影响，当SWNT分散液被射出注射头时相互粘在一起，形成具有良好定向排列的CNTs/PVA复合纤维。

图4-2为CNTs、Pt和CNTs/Pt电极的形貌。Pt均匀分布在CNTs表面，这可能是由C的高比表面积引起的。CNTs为Pt在其表面上的分布提供了足够的空间。然而，CNTs未完全均匀分散。TEM上的黑点图像［图4-2(b)］显示Pt纳米颗粒被吸附在CNTs表面上。在图4-2(c)中显示了Pt在炭布表面上的分散。

图4-2　CNTs、Pt和CNTs/Pt电极的形貌

4.3.2.4　金属掺杂类

CNTs是一种具有孔状结构的导体材料，而且对其他低温燃料电池的氧还原也具有很好的催化性能，其中孔结构可以起到纳米反应器的作用，可以有效地避免贵金属催化剂粒子的团聚，增大贵金属的有效面积，有效防止金属的脱落[46]。

（1）Pt/CNTs

Ghasemi等[113]经过研究发现，CNTs能够改善MFCs中的电极催化性能，Pt/

CNTs 可作为 MFCs 阴极催化剂的良好替代品，通过降低铂的用量来降低 MFCs 的制造成本，从而使其更经济。

（2）MnO_x/CNT

Zhang 等[114]用涂有 MnO_2 的 CNTs 作为阴极催化剂，MnO_2 在 CNTs 表面的均匀分布提高了催化剂的催化活性和氧化还原反应的电子传递速率。因此，已经在进行合成 MnO_x/碳纳米管（MnO_x/CNTs）复合材料以期改善电化学催化剂性能的研究。MnO_x/CNTs 复合材料在碱性介质的四电子路径中表现出良好的催化活性和定位机制[115]，在锂电池中具有良好的反应性[116]。MnO_x/CNTs 复合材料在中性介质中的 ORR 性能还有待研究。此外，MnO_x/CNTs 复合材料增强 MFCs 阴极氧化还原还需进一步阐述[114]。

（3）MoO_3/GNS/CNTs

MoO_3 具有较好的催化性能，但 MoO_3 的导电性和比表面积有限，制约了其性能的发挥。CNTs 穿插在 MoO_3/GNS 中，促使材料形成多孔的三维结构，增加其反应的活性点位的同时降低氧化还原的过电位，可直接提高 MoO_3/GNS/CNTs 复合材料的氧化还原性能。因此，利用石墨烯、CNTs 的协同作用与 MoO_3 构成三维复合材料可在氧还原反应中表现出优异的性能。下面为其制备及相关研究。

采用简单水热法制备 MoO/GNS/CNTs 复合材料，对材料进行表征，并考察其作为 MFCs 阴极的电化学性能和电池产电性能，可得如下结论：

① SEM 结果显示，碳纳米管和颗粒状的 MoO 均匀地嵌入并被包裹在石墨烯内部，形成三维多孔结构复合材料；XRD 结果表明催化剂 MoO 为 h-MoO 和 α-MoO 的混合物。

② 电化学实验表明，复合材料具有较好的氧化还原催化性能。相对比单一 MoO 材料，MoO/GNS/CNTs 复合材料的氧还原起始电位正移 400mV，氧还原电流提高 2.2 倍。

③ MoO/GNS/CNTs 复合阴极应用于 MFCs，最大功率密度和开路电位分别为 $510mW/m^2$ 和 447mV，比未修饰 MoO 阴极的最大功率密度和开路电位分别提高了 44%和 27%，同时比 MoO/GNS 与 MoO/CNTs 两种材料的性能也明显要好。此外，MoO/GNS/CNTs 复合阴极的 MFCs 开路电位与商业 Pt/C 的接近，最大功率达到商业 Pt/C 的 83%，是 MFCs 中一种优良的阴极材料，具有良好的产电性能，作为一种低成本的氧还原催化剂在 MFCs 中将有广泛的应用前景[117]。

（4）Co/Fe/N/CNTs

Deng 等[118]研究了 Co/Fe/N/CNTs 作为 MFCs 阴极催化剂的性能，其功率密度能达到 $751mW/m^2$，是同等条件下 Pt/C 催化剂的 1.5 倍。

4.3.2.5 有机物掺杂类

（1）CNTs/PPy

Ghasemi 等[119]采用化学氧化法制备了 CNTs/PPy 纳米复合材料，得到最大功率密度和库仑效率分别约为 $113mW/m^2$ 和 21%，而传统的阴极催化剂——Pt 催化剂为 $122.7mW/m^2$ 和 24.6%，两个系统的 COD 去除率都超过了 80%，表明 CNT/PPy 纳米黏土与 MFC 中的 Pt 催化剂相比，可以使用复合氧化物作为可能的低成本替代品。

（2）MWCNTs 修饰

赵华章[120]采用多壁碳纳米管（MWCNTs）层层自组装的方式对电极进行修饰。他采用强酸氧化的方式成功地向 MWCNTs 表面引入了羧基，使其呈电负性，可改善其在水中的分散性，然后与正电性的聚乙烯亚胺（EPI）通过静电引力进行了自组装。这种方法可以显著提高碳纳米管含量并可对修饰层进行有效控制。另外，由紫外近红外和循环伏安测试证明，组装过程中 CNTs 在电极表面上均匀增长，电化学响应逐步改善；从扫描电子显微镜中看到，碳纳米管在电极表面形成了相互交织的三维网状结构，极大地增加了碳纳米管含量和电极表面积。

MWCNTs 表面上的羟基可以增加金属纳米粒子的化学反应性，以 MWCNTs 修饰的电极构成的单室 MFCs 性能相较于其他未修饰电极可以提高很多。

（3）FeTSPc/MWCNTs

通过 π-π 共轭作用的非共价键修饰方法将含有 FeN_4 活性中心的四磺酸酞菁铁（FeTSPc）修饰于多壁碳纳米管（MWCNTs）载体表面，制备了 FeTSPc/MWCNTs 复合物。

对 MWCNTs 和 FeTSPc/MWCNTs 分散后进行 SEM 表征。从图 4-3(a) 中可以看出，MWCNTs 的管壁比较光滑，而且相互团聚成束。经过 FeTSPc 的表面修饰后［图 4-3(b)］，FeTSPc 附着于 MWCNTs 上，FeTSPc/MWCNTs 空间排布均匀，管壁比未修饰前粗糙，而且其管径均匀，都约为 10nm，编织成布满小孔的三维网状结构。细小的管径以及多孔网状结构使 FeTSPc/MWCNTs 具有很大的比表面积，这可能为 FeTSPc/MWCNTs 催化氧气还原提供更多的催化活性位点。

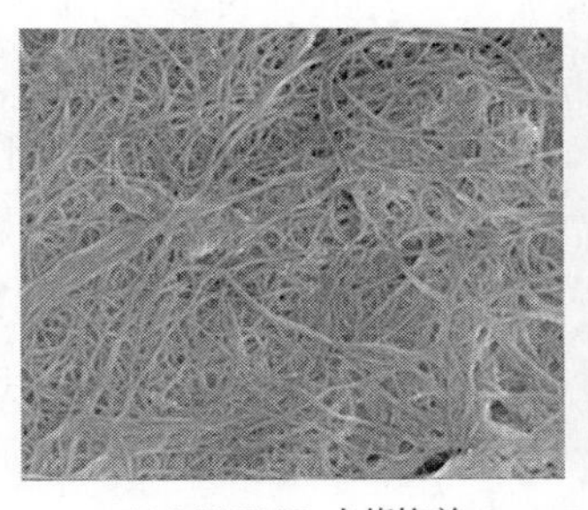

(a) MWCNTs 未修饰前

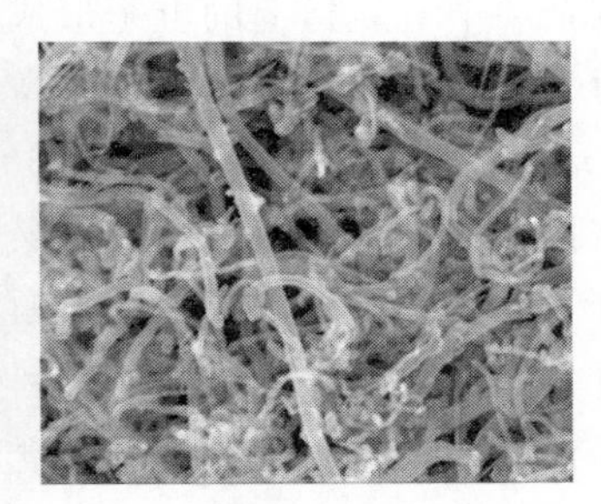

(b) FeTSPc 表面修饰后

图 4-3　MWCNTs 和 FeTSPc/MWCNTs 的 SEM 图

① FeTSPc/MWCNTs 在中性溶液中的还原峰电位为 −0.006V，比 Pt/C 催化剂的还原峰电位正移了 0.044V，还原峰电流也比较大，具有与 Pt/C 催化剂相当的 ORR 催化活性。

② FeTSPc/MWCNTs 作为 ORR 催化剂应用于 *E. coli*-MFCs 的阴极，其最大电流密度和最大功率密度分别为 2792mA/m^2 和 932mW/m^2，结果均比 Pt/C-MFCs 略高。使用 FeTSPc/MWCNTs 作为催化剂能加速 *E. coli*-MFCs 中 ORR 过程，提高电池的产电性能并使电池稳定运行[121]。

4.3.3 改性石墨烯（MG）催化剂

4.3.3.1 石墨烯材料的性质

石墨烯是由碳六元环组成的二维（2D）周期蜂窝状点阵结构，由它可以制备零维（0D）的富勒烯、一维（1D）的碳纳米管或者三维（3D）的石墨，可以看出石墨烯是构成其他石墨材料的基本单元[122]。石墨烯 C—C 键长度大约为 0.142nm，单原子层厚度只有 0.335nm，具有很好的结晶性及导电性。

石墨烯特殊的结构使其具备了其他炭材料所没有的许多特殊性质，具有重要的研究价值和应用前景。其主要性质包括以下几方面。

① 力学性质　石墨烯的二维结构使其具有较好的柔韧性，当受到外部机械力时碳原子会弯曲变形以适应外力，从而保持结构的稳定性。因此，利用石墨烯良好的柔韧性，可以将其制成膜状结构制备电子元件。

② 热学性质　石墨烯中的电子运动速度约为光速的 1/300，远超过电子在一般导体中的运动速度，所以电子穿过石墨烯产生的阻力非常小，具有较高的热导率。

③ 电学性质　石墨烯具有特殊的电子结构，每个碳原子贡献一个自由电子，这些电子的自由移动使石墨烯具备较好的导电性。

④ 其他性质　石墨烯的单原子层结构使其具有较大的比表面积，石墨烯还具有量子霍尔效应、量子隧穿效应以及独特的载流子迁移和运输特性[122]。

4.3.3.2 催化机理

石墨烯是由碳六元环组成的二维（2D）周期蜂窝状点阵结构，每个碳原子均为 sp^2 杂化，并贡献剩余一个 p 轨道上的电子形成大 π 键，π 电子可以自由移动[123]，展现出优异的电学、力学和热学等性能。由于其高导电性、高电子迁移率［电子迁移率约高达 $200000cm^2/(V \cdot s)$］、超大比表面积（$2630m^2/g$）和良好的化学稳定性，可以显著提高复合材料的催化性能。一方面，由于石墨烯超大的比表面积，为纳米颗粒的附着及吸附氧提供大量有效的附着点位，减少纳米颗粒的团聚，并使复合材料具有多孔分级的特征结构，形成更多的催化活性位点，并有利于氧气的吸附；另一方面，由于石墨烯优异的电学性质，可有效提升复合材料的电子迁移效率[123]。因此，石墨烯在燃料电池阴极 ORR 催化剂方面展现出极大的应用空间和前景[124]。

石墨烯良好的导电性以及高的比表面积可以作为 MFCs 的阳极材料，提高电子传输速率和细菌附着量，进而提高电极的产电性能。Wu 等[125]采用溶液法制得厚度不到 20nm、光透过率超过 80%的石墨烯薄膜，有望作为有机太阳能电池的阴极来使用。Liu 等[126]发现当石墨烯在 160℃煅烧处理 20min 后用作太阳能电池的受体材料时，能量转换率达到了 1.4%。利用电化学方法将石墨烯沉积到炭布上作为 MFC 的阳极材料，可以使石墨烯改性电极功率密度提高 2.7 倍，使能量转换率提高了 3 倍[127]。Hou 等[128]用石墨烯聚苯胺改性 MFC 阳极，PANI-ERGNO/CC 最大功率密度为 $1390mW/m^2$，比炭布阳极大 3 倍。Zhang 等[129]用石墨烯改性阳极，表面积是石墨毡的 500 倍，最大的功率密度为 $2668mW/m^2$，是不锈钢网电极的 18 倍。Fu 等[130]使用新颖的 PVA-GO 水凝胶策略首次构建了3D多孔石墨烯气凝胶支撑的Ni/MnO双功能电催化剂。由此产生的Ni-MnO/rGO气凝胶在碱性电解液中对ORR和OER都具有优越的双功能催化性能。他发现这种双功能催化剂可以使自制的Zn-空气电池具有较好的功率密度，并且比Pt/C+RuO_2 催化剂的循环稳定性更高。Qu等[131]直接采用石墨烯作为燃料电池阴极催化剂，但是发现其活性很低，且反应中的电子转移遵循二电子转移机理，得出结论：未经改性的石墨烯并不适合直接用于燃料电池的阴极催化剂。在这种背景下，人们开展了许多对石墨烯进行改性的研究工作。

4.3.3.3 改性石墨烯（MG）催化剂的分类

改性石墨烯作为催化剂可以分为两大类：一是直接用作ORR催化剂，依据六元碳环结构的改变以及C原子核外电子云密度的变化，为 O_2 的直接4e反应提供催化活性点；二是作为金属或金属氧化物的载体，借助与负载物之间的强相互作用，稳定活性组分，并起到协同催化的作用[123]。

（1）改性石墨烯直接作为阴极催化剂

1）掺杂型石墨烯及其氧还原催化活性　由于杂原子和C原子的电负性不同，在石墨烯中引入杂原子常常可使石墨烯中的C原子附近电荷密度发生改变，从而使其表面的吸附特性发生变化，表现出一定的ORR催化活性。目前的研究报道中，主要掺杂元素为氮，也有掺入其他杂原子（如B、P、S）的[123]。

① 掺氮石墨烯（NG）催化剂。N作为元素周期表中与碳相邻的元素，其原子尺寸接近碳原子，在掺杂的过程中所引发的晶格错配最小化，被认为是最具潜力的GR掺杂原子[132]。当氮原子掺杂到石墨烯 sp^2 杂化的碳骨架中时，其具有的孤电子对可以与石墨烯的大 π 键形成离域共轭系统。受N原子的影响，石墨烯中C原子的电荷分布和自旋密度改变，从而在NG表面产生利于ORR的4e转移“活性位点”，大大提高其ORR电催化活性。Qu等[131]以甲烷和氨气作为混合气的主要成分，通过化学气相沉积（CVD）的方法，在Ni基底上沉积制备了N掺杂GR。在以0.1mol/L KOH作为电解质的条件下，该N掺杂GR的稳态催化电流密度约为$-0.75mA/cm^2$，高于Pt/C约3倍，其稳定性也明显高于Pt/C。

对NG的结构影响其参与ORR的机理，目前比较合理的解释是NG的碳晶格中存在三种N—C构型[133]：石墨型N、吡啶型N和吡咯型N。在这三种N—C构型中，石墨型N和吡啶型N为 sp^2 杂化，而吡咯型N为 sp^3 杂化。同时，由于NG中还含有一定的吡啶型N—O键，因此氮原子掺杂为改变石墨烯性质提供了有效途径，使NG成为优良的阴极ORR催化剂。

② 其他元素掺杂石墨烯催化剂。也有许多报道指出非N元素掺杂的石墨烯用于ORR。从电负性角度考虑，目前其他元素掺杂石墨烯主要可分为两类：比C电负性低的B掺杂[134]或B-N共掺杂[135]；与C电负性相近的S掺杂[136,137]、Se掺杂[136,138]、I掺杂[139]。Sheng等[134]采用氧化石墨和 B_2O_3 在1200℃下热处理得到硼含量为3.2%（质量分数）的硼掺杂石墨烯（BG）。在碱性溶液中，BG上的ORR起始电位比未掺杂B的石墨烯提高0.1V，这是由于缺电子的B掺入石墨烯晶格可能会增强氧气在催化剂

表面的吸附，并为 O—O 键断裂提供更多的活性位点。Yang 等[136]在 600～1050℃下热处理氧化石墨和对二苯二硫的混合物制备了 S 掺杂的石墨烯（S-graphene）。碱性条件下的 ORR 极化曲线表明，S-graphene 的活性随热处理温度的升高而升高，900℃下热处理所得的 S-graphene-900 与 20%（质量分数）的商业 Pt/C 催化剂活性相近，而 1050℃下热处理制得的 S-graphene-1050 的极限电流密度是商业 Pt/C 催化剂的两倍。他们又采用热处理法氧化石墨和二苯联硒化物得到 Se 掺杂的石墨烯，发现 1050℃下热处理制得的 Se-graphene-1050 表现出一定的 ORR 催化活性。除此之外，他们在 500～1000℃下热处理氧化石墨和碘的混合物，成功制备了碘掺杂的石墨烯[139]。实验结果表明，碱性条件下，900℃下热处理的 I-graphene-900 具有与 20%（质量分数）的商业 Pt/C 作为催化剂时相近的 ORR 起始电位。

研究表明，作为与氮同一主族的磷元素也是一种很有潜力的掺杂元素。一些课题组进行了与石墨烯相关炭材料在掺杂磷后的 ORR 催化方面的研究。如 Liu 等[140]制备的磷掺杂石墨烯在碱性介质下表现出一定的 ORR 电催化活性。

2）表面修饰石墨烯催化剂　石墨烯的表面修饰定义为：充分利用石墨烯独特的二维结构，对石墨烯表面进行功能化或通过复合其他带有活性组分的物质，使石墨烯保持原有性质的同时具备其他特殊性能。表面修饰使原本惰性的石墨烯表面添加更多的“活性位点”，从而为 ORR 所涉及的 O_2 化学吸附、O—O 键的断裂和 O—H 键的形成等一系列中间过程提供更多的反应场所，表现出更好的 ORR 催化活性。

目前，用于 ORR 的表面修饰的石墨烯普遍来自于含 N 高分子聚合物的表面功能化以及氮掺杂炭材料的复合。Ma 等[141]在负载 Ni 催化剂的石墨烯上热解吡啶，成功制备了氮掺杂 CNTs 修饰的石墨烯（NCNTs/G），该催化剂在碱性电解质中的 ORR 起始电位仅与 Pt/C 相差 0.1V。Lai 等[142]通过热处理含氮聚合物/RGO 复合物（聚苯胺/RGO 或聚吡咯/RGO）得到石墨烯复合物，与在氨气氛中热处理 GO 制备的 NG 进行 ORR 性能的比较，发现 N 原子键合状态对 ORR 选择性和催化活性具有显著的影响。Sun 等[143]用三聚氰胺石墨相氮化碳（GCN）功能化石墨烯形成层状复合材料 G-GCN，使石墨烯的导电性和 ORR 催化活性明显增强。

（2）改性石墨烯作为载体制备阴极催化剂

早期涉及的一些石墨烯作为载体的研究显示，一般的载体为多壁碳纳米管（MCNTs）表层的石墨烯片层、层数较少的石墨或者氧化石墨烯（GO）。这些载体在燃料电池催化剂的应用方面存在很多问题，如：MCNTs 表层的石墨烯片层由于缺乏表面缺陷和官能团而难以固定催化剂活性组分；憎水的石墨烯由于范德华作用力而容易相互团聚，使得活性组分分散不均匀；GO 中含有大量的含氧基团，使其导电性不佳等。但是通过对石墨烯的改性（即各种方式的掺杂和表面修饰），可以使其表面特性发生较大变化，为载体与活性组分的相互作用提供可能，因而改性石墨烯（MG）作为载体在燃料电池阴极催化剂领域应用较为广泛。

① Pt 系金属/改性石墨烯催化剂　在贵金属中，Pt 是公认的最佳 ORR 催化剂，但其价格高昂一直是燃料电池大规模商业化应用的障碍。改性石墨烯所具备的高比表面积、高导电性以及高稳定性等优点使它可以作为载体制备 Pt 系催化剂，能够有效提高

Pt颗粒的分散度并减少团聚，从而提高催化活性和稳定性，实现以更少的Pt使用量来达到更高的ORR催化效率。例如，罗保民等[144]以氯化亚锡和氧化石墨烯为前驱物制备了二氧化锡/石墨烯复合材料，并以其为载体负载了铂纳米颗粒催化剂，从而制备铂/二氧化锡/石墨烯复合催化剂，他们发现所制备的铂纳米颗粒具有蕊心立方结构，二氧化锡是网方晶型，所制备催化剂的活性和抗中毒能力优于商业催化剂。Guo等[145]使用液相自组装的方法在GR表面沉积FePt合金纳米颗粒，制得的材料在0.1mol/L $HClO_4$酸性电解液中的ORR活性和稳定性得到明显提高。尤其是当样品经过100℃高温处理后，其在特征电势区域（0.512～0.557V）的ORR活性比商业Pt/C高出5.9～8.8倍。

目前在改性的石墨烯中，修饰或复合的还原氧化石墨烯（RGO）以及氮掺杂的石墨烯（NG）是最常用的Pt系催化剂载体。因为RGO憎水性强，在水溶液中易团聚在一起，比表面积会大大降低。但将RGO适当功能化或者将其与具有空间位阻的物质混合，能有效减少石墨烯在催化剂制备过程中的团聚，提高金属颗粒的分散性。Shao等[146]采用Pt沉积在聚季铵盐（PDDA）包覆的RGO上的方式，促进了RGO的分散，制备出的20%(质量分数)Pt/GN催化剂具有电化学稳定性，经过44h的衰减测试，其电化学比表面（ESA）和0.9V时的ORR电流密度是20%(质量分数)Pt/CNTs和商业ETEK 20%(质量分数)Pt/C催化剂的2～3倍。Nam等[147]用十六烷基三甲基溴化铵（CTAB）功能化石墨烯，然后负载PtCo制备成PtCo/CTAB-G催化剂用于ORR。由于CTAB与石墨烯表面形成了非共价键，在保持石墨烯固有电子结构和性质的同时能够使PtCo纳米颗粒功能化，减少了纳米颗粒的聚集，在大量循环测试后依然保持1～2nm的粒径，显现了PtCo/CTAB-G的ORR活性和长期稳定性。

Liu等[148]研究了石墨烯和金属纳米颗粒间的相互作用对·O、·OH、·OOH吸附的影响以及与ORR电催化性能的相互关系。他发现N或B的掺杂能够调节单空穴石墨烯的d键中心，从而调节化合物对·O、·OH、·OOH吸附能力。含有缺陷的石墨烯载体不仅能固定金属纳米颗粒，而且可以减小金属颗粒与含氧化合物间的吸附能，从而减轻ORR活性位点的中毒。

② 非贵金属/改性石墨烯催化剂及其氧化物　近年来，对GR负载的非铂金属及其氧化物复合材料的广泛研究显示出其作为新型、廉价ORR催化剂的潜力。一些原本ORR活性不高的纳米材料，与GR（或掺杂GR）复合后，会显著地提升复合材料的ORR性能。Co_2O_3纳米材料本身的ORR活性极低，Liang等[149]以$Co(OAc)_2$、NH_4OH和石墨烯氧化物为前驱体制备了Co_3O_4复合的掺氮石墨烯（Co_3O_4/N-rmGO）。在碱性环境下，Co_3O_4/N-rmGO与Pt/C具有相近的ORR催化剂活性。他们认为这种不寻常的催化活性源自Co_3O_4和掺氮石墨烯间的协同化学耦合效应。Wu等[150]首次以具有大孔隙率和多维电子传导能力的3D氮掺杂石墨烯凝胶（N-GA）为载体，制备出了Fe_3O_4/N-GA催化剂，并用于碱性条件下的ORR，结果显示该催化剂具有比商业Pt/C催化剂更佳的稳定性。郭文显等[117]采用简单的水热合成法制备了氧化钼（MoO_3）/石墨烯（GNS）/碳纳米管（CNTs）复合材料。结果表明，复合材料的氧还原电流和起始电位均大大优于单一的MoO_3，表现出较好的催化性能。以3mg/cm^{2}的MoO_3/GNS/

CNTs复合材料作为阴极催化剂时，MFCs的最大功率密度为510mW/m^2，达到商业Pt/C的83%。Dai等[151]以$MgSO_4 \cdot 7H_2O$和氧化石墨烯（GO）为前体，以水合肼为添加剂，通过简单的水热法合成了一系列nano-$Mg(OH)_2$/石墨烯（GR）复合材料。线性扫描伏安法实验表明，由50%(质量分数)$MgSO_4 \cdot 7H_2O$和50%(质量分数)GO合成的2$^{\#}$复合材料（GO：40mg；$MgSO_4 \cdot 7H_2O$：40mg；蒸馏水：40mL；水合肼：2mL）在反应中显示出最佳催化活性。在MECs中，采用2$^{\#}$复合材料作为阴极催化剂，发现nano-$Mg(OH)_2$/Gr阴极在电流密度和能量效率方面与Pt/C阴极相当。郭文显等[152]基于石墨烯和过渡金属碳化钴钼的独特优势，以石墨粉为原料，利用改良Hummers法制备还原氧化石墨烯，以溶体法结合碳热还原法制备了碳化钴钼，并以石墨烯作为载体负载碳化钴钼，结果显示复合材料的氧还原反应为高效的4e转移过程。以6mg/cm^{2}的石墨烯/碳化钴钼复合材料作为阴极催化剂时，MFCs的最大功率密度为418mW/m^2，达到商业Pt/C的68.3%。

热处理Fe盐（如$FeCl_3$）、石墨氮化碳（g-C_3N_4）和RGO混合物可以制备酸性条件下ORR活性较好的Fe-N-石墨烯催化剂。如Byon等制备的Fe-N-RGO具有高达1.5mA/mg的ORR质量活性，并能在80℃、输出电压为0.5V时稳定放电70h以上。Jiang等[153]将血红素负载在石墨烯上，经过600℃热处理得到高性能的ORR催化剂。在0.5mol/L H_2SO_4溶液中，该催化剂ORR极化曲线的半波电位可以达到750mV左右。电池温度为60℃时，阴极催化剂载量为2.5mg/cm^{2}的单电池在H_2/O_2测试时的最大功率密度可以达到300mW/cm^2。

其他GR基复合材料，例如Mn_3O_4/N掺GR复合材料[154]、$NiCo_2O_4$/还原氧化石墨烯复合材料[155]，也表现出很好的ORR催化性能。这些GR基复合材料的ORR催化性能的提高有赖于金属-氮-碳（M-N-C）结构的形成。研究显示，M-N-C型催化剂是用于替代Pt基材料最为理想的ORR催化剂。制备这类材料一般以炭材料作为基底，原料成本低、制备方法简便、活性高且稳定性好。同时，因GR自身的诸多优点，也使它成为M-N-C型催化剂碳基底的理想选择。

4.3.4 生物催化剂

4.3.4.1 生物催化剂的来源

微生物参与MFC阴极反应，最初是在海底沉积物MFC中被发现。生物阴极型MFC是以微生物作为阴极的催化剂，它不仅具有高的催化性能，而且微生物在充足的营养条件下能够不断地繁殖，能够保证阴极催化作用的连续性，此外微生物还能够降解污染物。

传统MFC主要由生物阳极与非生物阴极组成，属于半生物燃料电池，存在化学药剂再生困难、需要铂等贵金属催化及成本高等缺陷。Xia等[156]以生物阴极为研究对象，以炭布为阴极的电极材料，成功构建了双室空气阴极MFC，最大功率密度达到554mW/m^2，而Pt作催化剂时功率密度为(576±16)mW/m^2。相比于贵金属催化剂，微生物催化剂不仅降低了微生物燃料电池应用的成本，而且还可以保持高的催化性能。

因此，寻找一种高电导率、高生物适应性以及能够加强生物催化性能的电极材料对MFC的发展有很大的影响。为了提高空气-生物阴极的产电效率，人们进行了以铁、锰等过渡金属氧化物修饰电极材料的研究。在厌氧、缺氧环境中，生物阴极可将硝酸盐和硫酸盐等作为最终电子受体[157]。

4.3.4.2 生物催化剂的电子转移机制

在好氧呼吸的电子传递链中，每通过1mol电子，就有5mol的质子被输送到细胞质中，在ATP合成过程中（1.25mol ATP/mol电子），产生1mol ATP需要3～4mol质子（ZDP＋Pi ⟶ ATP），1mol ATP具有30.54kJ的能量，因此1mol电子具有38kJ能量。NADH氧化［－0.320V(vs. SHE)］和氧气还原[＋0.816V(vs. SHE)］过程能够释放的电势能是110kJ/mol电子，这意味着好氧电子传递链1.14V的电势中仅有0.4V可以转化成ATP（35%）。在实际中，还存在很多不同的、复杂的电子传递链，因此ATP的生成量更低，但至少存在一个质子泵来生成ATP。

在生物阴极中，阴极的平衡电位可以理解成是对酶化合物的平衡电位的粗略估计。酶是生物阴极中微生物电子传递链的电子供体。好氧生物阴极的平衡电位大约为＋0.5V(vs. SHE)，这表明细胞色素将电子转移到氧化酶上，进而使电子进入电子传递链。对于反硝化生物阴极，阴极的平衡电位通常在0V(vs. SHE）左右。假设，醌（Q）型分子可以直接或在内生电子介体的辅助下被还原，则一些酶可以从醌池获得电子产生质子推动力用于ATP的合成。

生物阴极利用微生物催化阴极反应，与非生物阴极相比，具有以下优势：a. 降低了MFCs的构建和运行成本，微生物本身作为催化剂参与电子传递，无需添加重金属催化材料和电子传递介体；b. 保证了MFCs的持续运行，避免铂等催化材料的中毒失效以及电子传递介体的补充问题；c. MFCs生物阴极中进行的反硝化过程可应用于废水或污泥脱氮。

4.3.4.3 生物催化剂的分类

现已证实，在阴极表面由某些微生物生成的生物膜可用于催化还原反应。因此，利用生物对阴极进行修饰或将其直接作为催化剂的微生物燃料电池的阴极称为生物阴极。生物阴极一般分为两类：a. 好氧生物阴极，微生物利用氧气催化氧化过渡金属，如Mn（Ⅱ）或Fe(Ⅱ)；b. 厌氧生物阴极，以无机盐或离子作为最终电子受体，如硝酸盐、硫酸盐、铁、锰、砷酸盐、尿素、延胡索酸盐和二氧化碳。

（1）好氧生物阴极

空气中的氧气是生物阴极中常用的电子受体。Kongtani等[158]以炭纸作电极、大肠杆菌中的CueO酶作阴极催化剂构建了空气扩散酶阴极，在柠檬酸盐缓冲液中(1.0mol/L，pH＝5.0，25℃）得到的电流密度为200A/m^2。Clauwaert等[159]以乙酸为阳极底物，以阴极为空气生物阴极，构建了一种管状MFCs，结果表明，模式获得的最大体积功率密度为（83±11）W/m^3，库仑效率为20%～40%；连续流动模式获得的最大体积功率密度为（65±5）W/m^3，库仑效率为（90±3）%。Zhang等[160]采用阳极接种厌氧污泥、阴极接种好氧污泥，经过9d延滞期，在外电阻为500Ω时获得的电压为 0.32V；当阴极曝气速度为 300mL/min 时，最大体积功率密度为 24.7W/m^3，此时电流密度为 17.2A/m^3。谢珊等[161]阴极室接种硝化菌可实现同时硝化和产电过程，并且二者发生在同一区域，不仅能够充分利用曝气中的溶解氧，节省曝气能源消耗，而且硝化过程额外产生的质子有效地避免了产电过程所造成的阴极 pH 值升高等问题；MFCs 稳定运行时的最大电流和最大体积功率密度分别为 47mA 和 45.5W/m^3。Wu 等[162]利用微生物将溶液中 Pd^{2+} 在细胞膜上还原生成 Pd 纳米颗粒，研究表明该纳米粒子具有很高的催化效果，可作为阴极催化剂显著提高氧气的还原效率。

(2) 厌氧生物阴极

厌氧生物阴极一般是以某些化合物如硝酸盐、硒酸盐、砷酸盐、延胡索酸等代替氧气作为最终电子受体，在厌氧微生物作用下实现转化。与好氧生物阴极相比，厌氧生物阴极可以避免由于氧气扩散到阳极室所造成的电子损失，从而提高了库仑效率。

在自养反硝化过程中，微生物呼吸作用消耗的无机电子供体通常是氢气或还原性硫、铁或锰化合物，使用亚硝酸、亚硝酸盐、氧化亚氮和二氧化氮作为电子受体。而异养反硝化微生物在反硝化过程中呼吸利用有机电子供体。自养反硝化比异养反硝化产生的生物量少，同时也避免了有机碳污染。在某些情况下，阳极生成的氧气可用于硝化作用，而阴极生成的氢气可用于反硝化过程。在阳极没有氧气生成的情况下，阳极的碳氧化反应可以使这种电池在缺氧条件下运行，并持续产生碳酸氢盐 pH 缓冲溶液。

1996 年，Lewis 提出了可以还原硝酸盐的生物阴极的概念（同时也提到这并不一定可行）。直到 2004 年，Gregory 和他的同事才首次证实，从底泥富集的菌种在－0.300V (vs. SHE) 的电位下，能够直接从阴极获得电子，将硝酸盐还原为亚硝酸盐 [4A/m^3 净阴极容积 (NCC)]。将不同类型的污泥和底泥混合作为反硝化生物阴极的接种源，就会实现完全从硝酸盐到氮气的反硝化过程。这种生物阴极可以与乙酸氧化型生物阳极结合，他们组合而成的管状微生物燃料电池仍然能产生高达 8W/m^3 NCC 的电能，且最大反硝化速率为 0.15kg/(m^3 NCC·d)(58A/m^3 NCC)。

Lefebvre 等[163]利用异养脱氮生物膜构建了生物阴极 MFCs，可以稳定运行 45d，最大面积功率密度为 9.4mW/m^2，COD 去除率为 65%，氮去除率达到 84%，生活污水中的悬浮物去除 30%，乙酸的去除率达到 95%。Cao 等[164]在阴极室中接种光营养的污泥，以溶解的二氧化碳（碳酸氢盐）作为电子受体，并以 0.24V 的恒定电位驯化一个月后，电流可以保持在 1mA，每得到 1mol 电子可消耗 (0.28±0.02)g 碳酸氢盐，最终获得的最大面积功率密度达到 750mW/m^2。Strycharz 及其同事的研究证明，在乙酸钠溶液作为阳极电解液中充当生物阳极之后，*Geobacter lovleyi* 可以在无介体体系中将四氯乙烯还原成顺式二氯乙烯。Aulenta 及其同事的研究证明，*Dehalococcoides* spp. 的混合培养可以将三氯乙烯还原成氯乙烯和乙烯。一个以 *Methanobacterium palustre* 为主要物种的生物阴极生物膜，可以在没有氢作为中间产物、阴极电势低于－0.6V (vs. SHE) 条件下直接产生甲烷。

4.3.4.4 生物阴极微生物

废水中微生物能够附着于电极材料上形成具有电化学活性的生物膜，它们是产电与处理污染物的关键，因此，研究阴极微生物的功能对阐述污染物转化机制、解释电子传递机理、提高生物阴极性能具有重要意义。

Virdis 等[165]研究了不同操作条件下微生物的代谢及同步硝化反硝化过程中阴极生物膜的组成，结果得到最大氮去除效率为（6.9±0.5)%，FISH 结果显示在生物膜的外层是硝化细菌，而内层则以反硝化细菌为主。Erable 等[166]将不锈钢电极插入海水中，在 200mV(vs. Ag/AgCl）条件下极化后形成具有电化学活性的生物膜，将其刮下并悬浮于电化学反应器中密闭培养，通过分离纯菌并对其中的 30 多种微生物进行电化学活性研究，发现只有 *Winogradskyella poriferorum* 和 *Acinetobacter johsonii* 两种菌产生的电流密度分别达到生物膜所产生的电流密度的 7%和 3%。Mao 等[167]研究了生物阴极中存在铁/锰氧化菌时 MFC 的性能，并利用扫描电镜-能谱仪观测微生物的形态，结果显示铁/锰氧化菌在阴极上的生物量为（7.5～20.0)×10^5 MPN/mL。Chen 等[168]发现当阴极液的流速为 20mL/min 时，随着微生物的增长，内阻由 40.2Ω 下降到 14.0Ω，生物群落分析显示 β-变形菌（β-Proteobacteria)、拟杆菌（Bacteroidetes)、α-变形菌（α-Proteobacteria)、绿菌（Chlorobi)、放线菌（Actinobacteria)、δ-变形菌（δ-Proteobacteria）和 γ-变形菌（γ-Proteobacteria）所占的比例分别为 50.0%、21.6%、9.5%、8.1%、4.1%、4.1%和 2.6%。生物阴极研究中所报道的微生物种类丰富，其中 75%的已知微生物属于变形菌门，此外还有大量的混合微生物没有得到鉴定。还可以发现，生物阴极微生物种群与电极材料、电子受体之间没有一一对应关系，如均以玻碳为电极材料、O_2 为电子受体时，生物阴极上被鉴定的微生物包括 *Bacillus subitilis*[169]、*Micrococcus luteus*[166]、*Staphylococcus carnusus*[169]等多种细菌。某些微生物则在处理不同污染物的生物阴极上均有发现，如 *Geobacter sulfurreducens* 既出现在还原延胡索酸盐和琥珀酸盐的生物阴极上[169～171]，也在去除污染物的生物阴极上被鉴定出来[172]。

4.3.4.5 生物催化剂的发展概况

近几年，人们利用 MnO_x/C，并研究其在中性溶液中的催化活性，结果显示该催化剂适合作为微生物燃料电池的阴极材料使用。深入研究表明，涂了二价离子的 MnO_x/C 不仅强化了 O 利用微生物氧化亚铁硫杆菌来确保反应器独立，在生物体吸附的颗粒（聚氨基甲酸乙酯泡沫）上 Fe(Ⅱ）连续再氧化为 Fe(Ⅲ)，同时，反应器与阴极室相连，在阴极室中不断提供 Fe(Ⅲ）离子作为电子受体。尽管固定在微生物吸附颗粒上的微生物与石墨毡阴极没有直接接触，但该阴极仍然可以认为是生物阴极。结果显示，最大面积功率密度为 1.2W/m^2，电流密度为 4.4A/m^2。人们还在阳极室引入了氰亚铁酸钾作介质，阴极室注入了亚甲基蓝和硫堇蓝作介质，使用普通的小球藻从大气中吸收 CO_2；此外，最适宜普通小球藻生长的条件为照射到反应器的通量为 32.3lm 和含 CO_2 体积分数 10%的供气。基于这些条件，能获得的最大电压可达 70mV。

由于具有生物和电化学催化的双重功能，生物阴极已在污染物处理与资源回收等方面表现出了较佳的性能，目前已成为 MFC 研究的重要方向之一，但由于起步较晚，生物阴极的相关研究报道相对不多，尤其是生物阴极研究中缺少如阳极体系中 *Geobacter sulfurreducens*[173]、*Shewanella oneidensis*[174] 等模式菌株，可以用来研究电极反应机理。目前，研究者对生物阴极微生物的作用机理尤其是电子传递机制还不够了解，限制了其功能的提高，进而影响了实际应用。

关于生物阴极下一步研究的重点包括如下几个方面：a. 通过使用基因和蛋白质的分子生物学技术（如基因组学技术、蛋白质二维电泳等）深入研究阴极微生物组成、演替和功能；b. 在微生物学基础上，结合现代分析化学与电化学分析技术，阐明污染物代谢途径和阴极-微生物电子传递机制；c. 探索高效、低成本的阴极和隔膜材料，从而在提高生物阴极处理效率的同时降低构建成本，促进生物阴极的推广应用；d. 应用微生物电合成[175]阐明微生物的代谢途径及微生物与电极表面的相互作用，扩展生物电极的功能化，为基因工程改造产电菌从而提高整体微生物燃料电池的性能提供理论依据，这也是未来一个重要的发展方向。

4.4 本章小结

由于全球的能源短缺和环境污染问题越来越严重，能从废水中获得能量的 MFC 具有很广阔的前景。电极材料的长期稳定性和成本对 MFC 的应用非常重要。同时，由于各种因素（例如微生物生长、pH 值、温度等）都影响着 MFC 的性能，全方位研究阴极的催化性能还有很多工作要做。与其他交叉学科结合、改性阴极材料、使用复合催化剂等方法可以扩展 MFC 的应用。MFC 的阴极存在着成本过高、催化活性低等问题。当催化剂功能丧失时必须更换阴极，这导致了 MFC 总成本的增加。当催化剂层的孔隙被堵塞时，仅清洗生物膜不能有效地恢复催化剂的功能，由此减少了氧的转移而使得 ORR 反应动力学降低。一方面，阴极微生物分泌的胞外聚合物质容易导致 ORR 催化剂性能不稳定；另一方面，化学污染（例如 Pt 上的硫）容易导致 ORR 催化剂功能丧失。因此，深入了解催化剂功能下降的机理、采用抗污染材料作为催化剂或黏合剂，以及寻找高效催化且功能持久稳定的催化剂是未来研究发展的重要方向。

参 考 文 献

[1] Logan B E, Hamelers B, Rozendal R, et al. Microbial fuel cells: methodology and technology [J]. Environmental science and technology, 2006, 40 (17): 5181-5192.

[2] Zhao F, Harnisch F, Schroder U, et al. Challenges and constraints of using oxygen cathodes in microbial fuel cells [J]. Environmental science and technology, 2006, 40: 5193-5199.

[3] Wrana N, Sparling R, Cicek N, et al. Hydrogen gas production in a microbial electrolysis cell by electrohydrogenesis [J]. Journal of cleaner production, 2010, 18 (SUPPL. 1): S105-S111.

[4] 蒋阳月，徐源，陈英文，等．微生物电解池制氢技术的研究进展［J］．现代化工，2012，32（10）：34-38.

[5] 谢静怡，李永峰，郑阳．环境生物电化学原理与应用［M］．哈尔滨：哈尔滨工业大学出版社，2014.

[6] 张兴祥，耿宏章．碳纳米纤维、石墨烯纤维及薄膜［M］．北京：科学出版社，2017.

[7] 王黎，姜彬慧．环境生物燃料电池理论技术与应用［M］．北京：科学出版社，2010.

[8] Cheng S, Liu H, Logan B E. Increased performance of single-chamber microbial fuel cells using an improved cathode structure [J]. Electrochemistry communications, 2006, 8: 489-494.

[9] Lima F H B, Zhang J, Shao M H, et al. Catalytic activity-d-band center correlation for the O_2 reduction reaction on platinum in alkaline solutions [J]. Journal of physical chemistry C, 2007, 111 (1): 404-410.

[10] Rabaey K, Verstraete W. Microbial fuel cells: novel biotechnology for energy generation [J]. Trends in biotechnology, 2005, 23 (6): 291-298.

[11] Kundu A, Sahu J N, Redzwan G, et al. An overview of cathode material and catalysts suitable for generating hydrogen in microbial electrolysis cell [J]. International journal of hydrogen energy, 2013, 38 (4): 1745-1757.

[12] 孙世刚，陈胜利．电催化［M］．北京：化学工业出版社，2013.

[13] Ticianelli E A, Derouin C R, Srinivasan S. Localization of platinum in low catalyst loading electrodes to to attain high power densities in SPE fuel cells [J]. Journal of electroanalytical chemistry and interfacial electrochemistry, 1988, 251 (2): 275-295.

[14] Oh S, Min B, Logan B E. Cathode Performance as a Factor in Electricity Generation in Microbial Fuel Cells [J]. Environmental science and technology, 2004, 38 (18): 4900-4904.

[15] Pham T H, Jang J K, Chang I S, et al. Improvement of Cathode Reaction of a Mediatorless Microbial Fuel Cell [J]. Journal of microbiology and biotechnology, 2004 14 (2): 324-329.

[16] Mahlon S, Gottesfeld S. High Performance Catalyzed Membranes of Ultra-low Pt Loading for Polymer Electrolyte Fuel Cells [J]. Journal of the electrochemical society, 1992, 139: 28-30.

[17] Liu H, Logan B E. Electricity generation using an air-cathode single chamber microbial fuel cell in the presence and absence of a proton exchange membrane [J]. Environmental science and technology, 2004, 38 (14): 4040-4046.

[18] Logan B E, Murano C, Scott K, et al. Electricity generation from cysteine in a microbial fuel cell [J]. Water research, 2005, 39 (5): 942-952.

[19] Park H I, Mushtaq U, Perello D, et al. Effective and low-cost platinum electrodes for microbial fuel cells deposited by electron beam evaporation [J]. Energy and fuels, 2007, 21 (5): 2984-2990.

[20] Cheng S, Liu H, Logan B E. Power densities using different cathode catalysts (Pt and CoTMPP) and polymer binders (Nafion and PTFE) in single chamber microbial fuel cells [J]. Environmental science and technology, 2006, 40 (1): 364-369.

[21] Quan X C, Mei Y, Xu H D, et al. Optimization of Pt-Pd alloy catalyst and supporting materials for oxygen reduction in air-cathode Microbial Fuel Cells [J]. Electrochimica acta, 2015, 165: 72-77.

[22] 崔鑫，林瑞，赵天天，等．过渡金属合金催化剂催化作用机理研究进展［J］．化工进展，2014，33（S1）：150-157.

[23] Kim K T, Hwang J T, Kim Y G, et al. Surface and catalytic properties of iron-platinum/carbon electrocatalysts for cathodic oxygen reduction in PAFC [J]. ChemInform, 1993, 24 (14).

[24] 王彦恩，唐亚文，周益明．Fe 对 Pt-Fe/C 催化剂电催化氧还原反应活性的影响［J］．高等学校化学学报，2007（04）：743-746.

[25] Hu H, Fan Y, Liu H. Hydrogen production in single-chamber tubular microbial electrolysis cells using non-precious-metal catalysts [J]. International journal of hydrogen energy, 2009, 34 (20): 8535-8542.

[26] Manuel M F, Neburchilov V, Wang H, et al. Hydrogen production in a microbial electrolysis cell with nickel-based gas diffusion cathodes [J]. Journal of power sources, 2010, 195 (17): 5514-5519.

[27] 袁浩然，邓丽芳，黄宏宇，等．MnO_2 为阴极催化剂的微生物燃料电池处理城市垃圾渗滤液研究［J］．太阳能学报，2014，35（09）：1715-1722.

[28] 余远斌，杨锦宗．酞菁催化剂的研究进展［J］．北京工业大学学报，1998，24（2）：115-120.

[29] 李婷．金属酞菁/石墨烯复合材料的制备及其在氧还原中的应用［D］．长春：长春理工大学，2016.

[30] 李蒙．金属大环化合物石墨烯复合材料作为高效的氧还原催化剂 [D]．长春：长春理工大学，2014.

[31] 邬静杰，潘牧，马文涛，等．M-N_4 大环化合物对 O_2 的催化还原机理 [J]．电池工业，2008，13 (4)：123-127.

[32] Alt H，Binder H，Sandstede G. Mechanism of the electrocatalytic reduction of oxygen on metal chelates [J]. Journal of catalysis，1973，28 (1)：8-19.

[33] Kruusengerg I，Sammelselg V，Tammeveveski K，et al. Oxygen reduction on graphene-supported MN_4 macrocycles in alkaline media [J]. Electrochemistry communications，2013，33：18-22.

[34] Liu B C，Bruckner C，Lei Y，et al. Cobalt porphyrin-based material as methanol tolerant cathode in single chamber microbial fuel cells (SCMFCs) [J]. Journal of power sources，2014，257：246-253.

[35] Coutanceau C，Elhourch A，Crouigneau P，et al. Conducting polymer electrodes modified by metal tetrasulfonated phthalocyanines：Preparation and electrocatalytic behaviour towards dioxygen reduction in acid medium [J]. Electrochimica acta，1995，40 (17)：2739-2748.

[36] Morozan A，Campidelli S，Filoramo A，et al. Catalytic activity of cobalt and iron phthalocyanines or porphyrins supported on different carbon nanotubes towards oxygen reduction reaction [J]. Carbon，2011，49 (14)：4839-4847.

[37] Bao Q L，Loh K P. Graphene Photonics，Plasmonics，and Broadband Optoelectronic Devices [J]. ACS Nano，2012，6 (5)：3677-3694.

[38] Kong H C，Yuan X X，Xia X Y，et al. Effects of preparation on electrochemical properties of CoTMPP/C as catalyst for oxygen reduction reaction in acid media [J]. International journal of hydrogen energy，2012，37 (17)：13082-13087.

[39] Othman R，Dicks A L，Zhu Z H，et al. Review：Non precious metal catalysts for the PEM fuel cell cathode [J]. International journal of hydrogen energy，2012，37 (1)：357-372.

[40] Bogdanoff P，Herrmann I，Hilgendorff M，et al. Probing Structural Effects of Pyrolysed CoTMPP-based Electrocatalysts for Oxygen Reduction via New Preparation Strategies [J]. Journal of new materials for electrochemical systems，2004，7 (2)：85-92.

[41] Zhao F，Harnisch F，Schroder U，et al. Application of pyrolysed iron(Ⅱ) phthalocyanine and CoTMPP based oxygen reduction catalysts as cathode materials in microbial fuel cells [J]. Electrochemistry communications，2005，7 (12)：1405-1410.

[42] Yu E H，Cheng S A，Scott K，et al. Microbial Fuel Cell Performance with Non-Pt Cathode Catalysts [J]. Journal of power sources，2007，171 (2)：275-281.

[43] Yu E H，Cheng S A，Logan B E，et al. Electrochemical Reduction of oxygen with Iron Phthalocyanine in Neutral Media [J]. Journal of applied electrochemistry，2009，39 (5)：705-711.

[44] Chu D，Jiang R Z. Novel electrocatalysts for direct methanol fuel cells [J]. Solid state ionics，2002，148 (3-4)：591-599.

[45] 马金福，刘艳，赖俊华，等．双核双金属酞菁（$FeCoPc_2$）阴极催化直接硼氢化物燃料电池 [J]．电化学，2009，15 (03)：280-283.

[46] 杨改秀，孔晓英，孙永明，等．微生物燃料电池非生物阴极催化剂的研究进展 [J]．应用化学，2012，29 (2)：123-128.

[47] 仲崇立，刘大欢，杨庆元．金属-有机骨架材料的构效关系及设计 [M]．北京：科学出版社，2017.

[48] Khan N A，Haque M M，Jhung S H. Accelerated syntheses of porous isostructural lanthanide benzene-tricarboxylates (Ln-BTC) under ultrasound at room temperature [J]. European journal of inorganic chemistry，2010 (31)：4975-4981.

[49] Bromberg L，Diao Y，Wu H，et al. Chromium(Ⅲ) Terephthalate Metal Organic Framework (MIL-101)：HF-Free Synthesis，Structure，Polyoxometalate Composites，and Catalytic Properties [J]. Chemistry of materials，2012，24 (9)：1664-1675.

[50] Jones W D, Kosar W P. Carbon-hydrogen bond activation by ruthenium for the catalytic synthesis of indoles [J]. Journal of the american chemical society, 1986, 108 (18): 5641-5642.
[51] Tandiono T, Ow DS-W, Driessen L, et al. Sonolysis of Escherichia coli and Pichia pastoris in microfluidics [J]. Lab on a Chip, 2012, 12 (4): 780-786.
[52] Ferey G, Latroche M, Serre C, et al. Hydrogen adsorption in the nanoporous metal-benzenedicarboxylate $M(OH)(O_2C\text{-}C_6H_4\text{-}CO_2)(M=Al^{3+}, Cr^{3+})$, MIL-53 [J]. Chemical communications, 2003, 24: 2976-2977.
[53] Joaristi A M, Juan A J, Serra C P, et al. Electrochemical Synthesis of Some Archetypical Zn^{2+}, Cu^{2+}, and Al^{3+} Metal Organic Frameworks [J]. Crystal growth and design, 2012, 12 (7): 2489-2498.
[54] Stojakovic J, Farris B S, Macgillivray L R. Vortex grinding for mechanochemistry: application for automated supramolecular catalysis and preparation of a metal-organic framework [J]. Chemical communications, 2012, 48 (64): 7958-7960.
[55] Pichon A, Lazuen G A, James S L. Solvent-free synthesis of a microporous metal-organic framework [J]. Royal society of chemistry, 2006, 8 (3): 211-214.
[56] Braga D, Curzi M, Johansson A, et al. Simple and Quantitative Mechanochemical Preparation of a Porous Crystalline Material Based on a 1D Coordination Network for Uptake of Small Molecules [J]. Angewandte chemie-international edition, 2006, 45 (1): 142-146.
[57] Klimakow M, Kllobes P, Emmerling F, et al. Characterization of mechanochemically synthesized MOFs [J]. Micropor mesopor mat, 2012, 154 (SI): 113-118.
[58] Chowdhury P, Bikkina C, Gumma S, et al. Comparison of adsorption isotherms on Cu-BTC metal organic frameworks synthesized from different routes [J]. Microporous and mesoporous materials, 2009, 117 (1-2): 406-413.
[59] Hamon L, Pingruber G D, Heymans N, et al. Separation of CO_2-CH_4 mixtures in the mesoporous MIL-100 (Cr) MOF: Experimental and modelling approaches [J]. Royal society of chemistry, 2012, 41 (14): 4052-4059.
[60] Kong X Q, Scott E, Ding W, et al. CO_2 dynamics in a metal-organic framework with open metal sites [J]. Journal of the american chemical society, 2012, 134 (35): 14341-14344.
[61] Barthelet K, Marrot J, Riou D, et al. A breathinghybrid organic-inorganic solid with very large pores and high magnetic characteristics [J]. Angewandte chemie-international edition, 2002, 41 (2): 281-284.
[62] Nelson A P, Farha O K, Mulfort K L, et al. Supercritical processing as a route to high internal surface areas and microporosity in metal-organic framework materials [J]. Journal of the American chemical society, 2009, 131 (2): 458-460.
[63] Haque E, Khan N A, Lee J E, et al. Facile purification of porous metal terephthalates with ultrasonic treatment in the presence of amides [J]. Chemistry-A European Journal, 2009, 15 (43): 11730-11736.
[64] Mikami Y, Dhakshinamoorthy A, Alvaro M, et al. Superior performance of Fe(BTC) with respect to other metal-containing solids in the N-hydroxyphthalimide-promoted heterogeneous aerobic oxidation of cycloalkanes [J]. Chemcatchem, 2013, 5 (7): 1964-1970.
[65] Senthil K R, Senthil K S, Anbu K M. Efficient electrosynthesis of highly active $Cu_3(BTC)_2$-MOF and its catalytic application to chemical reduction [J]. Microporous mesoporous mater, 2013, 168 (Supplement C): 57-64.
[66] 黎林清，吕迎，李军，等．金属-有机骨架材料在烯烃氧化中的应用 [J]. 化学进展，2012，05：747-756.
[67] Behrens K, Mondal S S, Noske R, et al. Microwave-Assisted Synthesis of Defects Metal-Imidazolate-Amide-Imidate Frameworks and Improved CO_2Capture [J]. Inorganic Chemistry, 2015, 54 (20): 10073-10080.
[68] Rossi R, Yang W L, Setti L, et al. Assessment of a metal-organic framework catalyst in air cathode microbial fuel cells over time with different buffers and solutions [J]. Bioresource technology, 2017, 233: 399-405.

[69] 徐光利，刚芳莉，董涛生，等．金属有机框架物催化有机反应综述 [J]. 有机化学，2016，36 (07)：1513-1527.

[70] Li H，Eddaoudi M，O'keeffe M，et al. Design and synthesis of an exceptionally stable and highly porous metal-organic framework [J]. Nature，1999，402：276.

[71] Opelt S，Dietzsch E，et al. Preparation of palladium supported on MOF-5 and its use as hydrogenation catalyst [J]. Catalysis communications，2008，9 (6)：1286-1290.

[72] Rostamnia S，Alamgholiloo H，Liu X. Pd-grafted open metal site copper-benzene-1，4-dicarboxylate metal organic frameworks (Cu-BDC MOF's) as promising interfacial catalysts for sustainable Suzuki coupling [J]. Journal of colloid and interface science，2016，469 (Supplement C)：310-317.

[73] Ferey G，Mellot D C，Serre C，et al. A Chromium Terephthalate-Based Solid with Unusually Large Pore Volumes and Surface Area [J]. Science，2005，309 (5743)：2040-2042.

[74] Kitagawa S，Kondo M. Functional Micropore Chemistry of Crystalline Metal Complex-Assembled Compounds [J]. ChemInform，1998，29 (47).

[75] Corma A，Garcia H，Xamena F. Engineering metal organic frameworks for heterogeneous catalysis [J]. Chemical reviews，2010，110 (8)：4606-4655.

[76] Gascon J，Aktay U，Hernandez A M，et al. Amino-based metal-organic frameworks as stable，highly active basic catalysts [J]. Journal of catalysis，2009，261 (1)：75-87.

[77] Dewa T，Saiki T，Aoyama Y，et al. Enolization and aldol reactions of ketone with a La^{3+}-immobilized organic solid in water. A microporous enolase mimic [J]. Journal of the American chemical society，2001，123 (3)：502-503.

[78] Françesc X，Llabrési X，Alberto A，et al. MOFs as catalysts：Activity，reusability and shape-selectivity of a Pd-containing MOF [J]. Journal of catalysis，2007，250 (2)：294-298.

[79] Ahmed J，Yuan Y，Zhou L H，et al. Carbon supported cobalt oxide nanoparticles-iron phthalocyanine as alternative cathode catalyst for oxygen reduction in microbial fuel cells [J]. Journal of power sources，2012，208：170-175.

[80] Park K S，Ni Z，Cote A P，et al. Exceptional chemical and thermal stability of zeolitic imidazolate frameworks [J]. Proceedings of the national academy of sciences of the united states of America，2006，103 (27)：10186-10191.

[81] Wang B，Cote A P，Furukawa H，et al. Colossal cages in zeolitic imidazolate frameworks as selective carbon dioxide reservoirs [J]. Nature，2008，453 (7192)：207-211.

[82] Phan A，Doonan C J，Yaghi O M，et al. Synthesis，Structure，and Carbon Dioxide Capture Properties of Zeolitic Imidazolate Frameworks [J]. Accounts of chemical research，2010，43 (1)：58-67.

[83] Jiang H L，Liu B，Akita T，et al. Au/ZIF-8：CO oxidation over gold nanoparticles deposited to metal-organic framework [J]. Journal of the American chemical society，2009，131 (32)：11302-11303.

[84] 曾幸荣，龚克成．盐酸掺杂聚苯胺的结构变化及其性能 [J]. 塑料工业，1989 (04)：38-41.

[85] 白立俊，王许云，郭庆杰．微生物燃料电池 $La_{0.7}Sr_{0.3}CoO_3$/PANI 阴极催化剂的制备及其应用 [J]. 青岛科技大学学报：自然科学版，2014，35 (6)：561-566.

[86] 吴婉群，王月丰，范例．铂微粒修饰的聚苯胺薄膜电极对甲醛氧化的电催化作用 [J]. 应用化学，1995，12 (1)：68-72.

[87] 李五湖，陈琳琳，钟起玲．钯微粒修饰聚苯胺电极对甲酸氧化的电催化研究 [J]. 应用化学，1993，10 (4)：55-57.

[88] 贺馨平．基于聚苯胺的复合电极材料制备及电化学性能研究 [D]. 长春：吉林大学，2017.

[89] He Y，Zhu C，Chen K J，et al. Development of high-performance cathode catalyst of polypyrrole modified carbon supported CoOOH for direct borohydride fuel cell [J]. Journal of power sources，2017，339：13-19.

[90] 张兴祥，耿宏章．碳纳米纤维、石墨烯纤维及薄膜 [M]. 北京：科学出版社，2017.

[91] Pyun S I, Rhee C K. An investigation of fractal characteristics of mesoporous carbon electrodes with various pore structures [J]. Electrochimica acta, 2004, 49 (24): 4171-4180.

[92] Fisher E. Metal-nanocluster-filled carbon nanotubes: Catalytic properties and possible applications in electrochemical energy storage and production [J]. Langmuir, 1999, 15 (3): 750-758.

[93] 新华能. 划时代的新材料——碳纳米管 [J]. 应用链接, 2013 (10): 83-84.

[94] Tsai H-Y A, Shih E P, Wu C C, et al. Microbial fuel cell performance of multiwall carbon nanotubes on carbon cloth as electrodes [J]. Journal of power sources, 2009, 194 (1): 199-205.

[95] 肖军华, 曹有名, 周彦豪. 碳纳米管/聚合物复合材料的研究进展 [J]. 塑料, 2007, 36 (4): 78-84.

[96] Xie X L, Mai Y W, Zhou X P. Dispersion and alignment of Carbon nanotubes in polymer matrix: A review [J]. Materials science and engineering, 2005, 49 (4): 89-112.

[97] Shofner M L, Barrera E V, Khabashesku V N. Processing and mechanical properties of fluorinated single-wall carbon nanotube-polyethylene composites [J]. Chemistry of materials, 2006, 18 (4): 906-913.

[98] 王国建, 董玥, 邱军, 等. 聚苯乙烯修饰碳纳米管表面的研究 [J]. 高等学校化学学报, 2006 (06): 1157-1161.

[99] Rasheed A, Dadmun M D, Iv A I. Improving dispersion of single-walled carbon nanotubes in a polymer matrix using specific interactions [J]. Chemistry of materials, 2006, 18 (15): 3513-3522.

[100] Du F, Scogna R C, Zhou W. Nanotube networks in polymer nanocomposites: Rheology and electrical conductivity [J]. Macromolecules, 2004, 37 (24): 9048-9055.

[101] Bellayer S, Gilman J W, Eiddlman N, et al. Preparation of homogeneously dispersed multiwalled carbon nanotube/polystyrene nanocomposites via melt extrusion using trialkyl imidazolium compatibilizer [J]. Advanced functional materials, 2005, 15 (6): 910-916.

[102] Chatterjee T, Yurekli K, Krishnamoorti R, et al. Single-walled carbon nanotube dispersions in poly (ethylene oxide) [J]. Advanced functional materials, 2005, 15 (11): 1832-1838.

[103] Islam M F, Rojas E, Berey D M, et al. High weight fraction surfactant solubilization of single-wall carbon nanotubes in water [J]. Nano letters, 2003, 3 (2): 269-273.

[104] Bryning M B, Milkie D E, Islam M F, et al. Thermal conductivity and interfacial resistance in single-wall carbon nanotube epoxy composites [J]. Applied physics letters, 2005, 87 (16): 1-3.

[105] Sundararajan P R, Singh S, Moniruzzaman M. Surfactant-induced crystallization of polycarbonate [J]. Macromolecules, 2004, 37: 10208-10211.

[106] Singh S, Pei Y Q, Miller R, et al. Long-Range, Entangled Carbon Nanotube Networks in Polycarbonate [J]. Advaced functional materials, 2003, 13 (11): 868-872.

[107] Du F, Fischer J E, Winey K I. Coagulation method for preparing single-walled carbon nanotube/poly (methyl methacrylate) composites and their modulus, electrical conductivity, and thermal stability [J]. Journal of polymer science, part B: polymer physics, 2003, 41 (24): 3333-3338.

[108] Xu H, Wang X, Zhang Y. Single-step in situ preparation of polymer-grafted multi-walled carbon nanotube composites under ^{60}Co γ-ray irradiation [J]. Chemistry of materials, 2006, 18 (13): 2929-2934.

[109] Ma Y, Ali S R, Dodoo A S, et al. Enhanced sensitivity for biosensors: Multiple functions of DNA-wrapped single-walled carbon nanotubes in self-doped polyaniline nanocomposites [J]. Journal of physical chemistry B, 2006, 110 (33): 16359-16365.

[110] Kong H, Gao C, Yan D. Controlled Functionalization of Multiwalled Carbon Nanotubes by in Situ Atom Transfer Radical Polymerization [J]. Journal of the American chemical society, 2004, 126 (2): 412-413.

[111] Haggenmueller R, Fischer J E, Winey L I. Single wall carbon nanotube/polyethylene nanocomposites: nucleating and templating polyethylene crystallites [J]. Macromolecules, 2006, 39 (8): 2964-2971.

[112] Vigolo B, Penicadu A, Coulon C, et al. Macroscopic fibers and ribbons of oriented carbon nanotubes [J]. Science, 2009, 290 (5495): 1331-1334.

[113] Ghasemi M, Ismail M M, Kamarudin S K, et al. Carbon nanotube as an alternative cathode support and catalyst for microbial fuel cells [J]. Applied energy, 2013, 102: 1050-1056.

[114] Zhang Y, Hu Y, Li S, et al. Manganese dioxide-coated carbon nanotubes as an improved cathodic catalyst for oxygen reduction in a microbial fuel cell [J]. Journal of power sources, 2011, 196 (22): 9284-9289.

[115] Gong K P, Yu P, Su L, et al. Polymer-assisted synthesis of manganese dioxide/carbon nanotube nanocomposite with excellent electrocatalytic activity toward reduction of oxygen [J]. Journal of physical chemistry C, 2007, 111 (5): 1882-1887.

[116] Reddy A L M, Shaijumon M M, Gowda S R, et al. Coaxial MnO_2/carbon nanotube array electrodes for high-performance lithium batteries [J]. Nano letters, 2009, 9 (3): 1002-1006.

[117] 郭文显，陈妹琼，程发良．MoO_3/石墨烯/碳纳米管复合阴极在 MFCs 中的应用 [J]. 化工学报，2017，68 (3)：1199-1204.

[118] Deng L, Zhou M, Liu C, et al. Development of high performance of Co/Fe/N/CNT nanocatalyst for oxygen reduction in microbial fuel cells [J]. Talanta, 2010, 81 (1-2): 444-448.

[119] Ghasemi M, Daud W R W, Hassan S H A. Carbon nanotube/polypyrrole nanocomposite as a novel cathode catalyst and proper alternative for Pt in microbial fuel cell [J]. International journal of hydrogen energy, 2016 (41): 4872-4878.

[120] 赵华章．碳纳米管修饰电极在微生物燃料电池中的应用及对电子转移的影响 [A]. 中国科学技术协会．广东省科协资助学术会议总结材料 [C]. 中国科学技术协会：广东省科学技术协会科技交流部，2010：1.

[121] 李旭文，张叶臻，莫光权，等．酞菁铁-碳纳米管复合物为阴极催化剂的微生物燃料电池 [J]. 广东化工，2012，39 (4)：51-81.

[122] 孔令迎．石墨烯和碳纳米材料改性阳极在 MFC 中的应用 [D]. 青岛：青岛科技大学，2014.

[123] 钟铁良，莫再勇，杨莉君，等．改性石墨烯用作燃料电池阴极催化剂 [J]. 化学进展，2013，25 (5)：717-725.

[124] 郭嘉，康龙田，曹战民．石墨烯基复合纳米材料在燃料电池阴极氧气还原反应催化剂上的应用 [J]. 化工新型材料，2016，44 (12)：7-9.

[125] Wu J, Becerril H A, Bao Z, et al. Organic solar cells with solution-processed graphene transparent electrodes [J]. Applied physics letters, 2008, 92 (26): 263-302.

[126] Liu Z, Liu Q, Huang Y, et al. Organic photovoltaic devices based on a novel acceptor material: Graphene [J]. Advanced materials, 2008, 20 (20): 3924-3930.

[127] Liu J, Qiao Y, Guo C X, et al. Graphene/carbon cloth anode for high-performance mediatorless microbial fuel cell [J]. Bioresource technology, 2012, 114: 275-280.

[128] Hou J, Liu Z, Zhang P. A new method for fabrication of graphene/polyaniline nanocomplex modified microbial fuel cell anodes [J]. Journal of power source, 2013, 224: 139-144.

[129] Zhang Y, Mo G. A graphene modified anode to improve the performanceof microbial fuel cells [J]. Journal of power source, 2011, 196: 5402-5407.

[130] Fu G T, Yan X X, Chen Y F, et al. Boosting Bifunctional Oxygen Electrocatalysis with 3D Graphene Aerogel-Supported Ni/MnO Particles [J]. Advanced materials, 2018, 30 (5).

[131] Qu L, Liu Y, Baek J B, et al. Nitrogen-doped graphene as efficient metal-free electrocatalyst for oxygen reduction in full cells [J]. ACS Nano, 2010, 4 (3): 1321-1326.

[132] Wood K, O'hayre R, Pylypenko S, et al. Recent progress on nitrogen/carbon structures designed for use in energy and sustainability applications [J]. Energy and environmental science, April 2014, 7 (4): 1212-1249.

[133] Biddingger E J, Von D D, Ozkan U S. Nitrogen-Containing Carbon Nanostructures as Oxygen-Reduction Catalysts [J]. Topics in catalysis, 2009, 52 (11): 1566-1574.

[134] Sheng Z H, Gao H L, Bao W J, et al. Synthesis of boron doped graphene for oxygen reduction reaction in fu-

el cells [J]. Journal of materials chemistry，2012，22 (2)：390-395.

[135] Wang S，Zhang L，Xia Z，et al. BCN graphene as efficient metal-free electrocatalyst for the oxygen reduction reaction [J]. Angewandte chemie international edition，2012，51 (17)：4209-4212.

[136] Yang Z，Yao Z，Li G，et al. Sulfur-Doped Graphene as an Efficient Metal-free Cathode Catalyst for Oxygen Reduction [J]. ACS Nano，2011，6 (1)：205-211.

[137] Yang S，Zhi L，Tang K，et al. Efficient Synthesis of Heteroatom (N or S)-Doped Graphene Based on Ultrathin Graphene Oxide-Porous Silica Sheets for Oxygen Reduction Reactions [J]. Advanced functional materials，2012，22 (17)：3634-3640.

[138] Jin Z，Nie H，Yang Z，et al. Metal-free selenium doped carbon nanotube/graphene networks as a synergistically improved cathode catalyst for oxygen reduction reaction [J]. Nanoscale，2012，4 (20)：6455-6460.

[139] Zhen Y，Nie H，Zhi Y，et al. Catalyst-free synthesis of iodine-doped graphenevia a facile thermal annealing process and its use for electrocatalytic oxygen reduction in an alkaline medium [J]. Chemical communications (Cambridge)，2012，48 (7)：1027-1029.

[140] Liu Z W，Peng F，Wang H J，et al. Phosphorus-doped graphite layers with high electrocatalytic activity for the O2 reduction in an alkaline medium [J]. Angewandte chemie international edition，2011，50 (14)：3257-3261.

[141] Ma Y，Sun L，Huang W，et al. Three-dimensional nitrogen-doped carbon nanotubes/graphene structure used as a metal-free electrocatalyst for the oxygen reduction reaction [J]. The journal of physical chemistry C，2011，115 (50)：24592-24597.

[142] Lai L，Potts J，Zhan D，et al. Exploration of the active center structure of nitrogen-doped graphene-based catalysts for oxygen reduction reaction [J]. Energy & environmental science，2012，5 (7)：7936-7942.

[143] Sun Y，Li C，Xu Y，et al. Chemically converted graphene as substrate for immobilizing and enhancing the activity of a polymeric catalyst [J]. Chemical communications (Cambridge)，2010，46 (26)：4740-4742.

[144] 罗保民，李芬芬，蒋婷婷，等. 铂/二氧化锡/石墨烯复合催化剂的制备及其催化甲醇氧化性能 [J]. 广东化工，2017，44 (11)：51-52.

[145] Guo S，Sun S J. FePt Nanoparticles Assembled on Graphene as Enhanced Catalyst for Oxygen Reduction Reaction [J]. Journal of the American chemical society，2012，134 (5)：2492-2495.

[146] Shao Y Y，Zhang S，Wang C M，et al. Highly durable graphene nanoplatelets supported Pt nanocatalysts for oxygen reduction [J]. Journal of power sources，2010，195：4600-4065.

[147] Nam K W，Song J C，Oh K H，et al. Monodispersed PtCo nanoparticles on hexadecyltrimethylammonium bromide treated graphene as an effective oxygen reduction reaction catalyst for proton exchange membrane fuel cells [J]. Carbon，2012，50 (10)：3739-3747.

[148] Liu X，Li L，Meng C. Palladium nanoparticles/defective graphene composites as oxygen reduction electrocatalysts：a first-principles study [J]. Journal of physical chemistry C，2012，116 (4)：2710-2719.

[149] Liang Y Y，Li Y G，Wang H L，et al. Co_3O_4 nanocrystals on graphene as a synergistic catalyst for oxygen reduction reaction [J]. Nature materials，2011，10 (10)：780-786.

[150] Wu Z S，Yang S，Sun Y，et al. 3D Nitrogen-Doped Graphene Aerogel-Supported Fe3O4 Nanoparticles as Efficient Electrocatalysts for the Oxygen Reduction Reaction [J]. Journal of the american chemical society，2012，134 (22)：9082-9085.

[151] Dai H Y，Yang H M，Liu X，et al. Electrochemical evaluation of nano-Mg $(OH)_2$/graphene as a catalyst for hydrogen evolution in microbial electrolysis cell [J]. Fuel，2016，174：251-256.

[152] 郭文显，陈妹琼，张敏，等. 石墨烯/碳化钴钼复合材料作为微生物燃料电池阴极催化剂的研究 [J]. 环境工程学报，2016，10 (11)：6529-6535.

[153] Jiang R Z，Tran D T，Chu D，et al. Heat-treated hemin supported on graphene nanoplatelets for the oxygen reduction reaction [J]. Electrochemistry Communications，2012，19：73-76.

[154] Duan J, Chen S, Dai S, et al. Shape control of Mn_3O_4 nanoparticles on nitrogen-doped graphene for enhanced oxygen reduction activity [J]. Advanced Functional Materials, 2014, 24 (14): 2072-2078.

[155] Liang Y Y, Li Y G, Wang H L, et al. Co_3O_4 nanocrystals on graphene as a synergistic catalyst for oxygen reduction reaction [J]. Nature Materials, 2011, 10 (10): 780-786.

[156] Xia X, Tokash J C, Zhang F, et al. Oxygen-reducing biocathodes operating with passive oxygen transfer in microbial fuel cells [J]. Environmental Science and technology, 2013, 47 (4): 2085-2091.

[157] 毛艳萍，蔡兰坤，张乐华，等．生物阴极微生物燃料电池 [J]. 化学进展，2009，21 (Z2): 1672-1677.

[158] Kongtani R, Tsujimura S, Kano K. Air diffusion biocathode with CuO as electrocatalyst adsorbed on carbon particle-modified electrodes [J]. Bioelectrochemistry, 2009, 76 (1): 10-13.

[159] Clauwaert P, Van D, Boon N, et al. Open Air Biocathode Enables Effective Electricity Generation with Microbial Fuel Cells [J]. Environmental Science and technology, 2007, 41 (21): 7564-7569.

[160] Zhang J N, Zhao Q L, Aelterman P, et al. Electricity generation in a microbial fuel cell with a microbially catalyzed cathode [J]. Biotechnology letters, 2008, 30 (10): 1771.

[161] 谢珊，陈阳，梁鹏，等．好氧生物阴极型微生物燃料电池的同时硝化和产电的研究 [J]. 环境科学，2010，31 (07): 1601-1606.

[162] Wu X, Zhao F, Rahunen N, et al. A Role for Microbial Palladium Nanoparticles in Extracellular Electron Transfer [J]. Angewandte chemie international edition, 2011, 50 (2): 427-430.

[163] Lefebvre O, Al-Mamun A, Ng H Y. A microbial fuel cell equipped with a biocathode for organic removal and denitrification [J]. Water science and technology, 2008, 58 (4): 881-885.

[164] Cao X, Huang X, Liang P, et al. A completely anoxic microbial fuel cell using a photo-biocathode for cathodic carbon dioxide reduction [J]. Energy & Environmental Science, 2009, 2 (5): 498-501.

[165] Virdis B, Read S T, Rabaey K, et al. Biofilm stratification during simultaneous nitrification and denitrification (SND) at a biocathode [J]. Bioresource technology, 2011, 102 (1): 334-341.

[166] Erable B, Vandecandelaere I, Faimali M, et al. Marine aerobic biofilm as biocathode catalyst [J]. Bioelectrochemistry, 2010, 78 (1): 51-56.

[167] Mao Y, Zhang L, Li D, et al. Power generation from a biocathode microbial fuel cell biocatalyzed by ferro/manganese-oxidizing bacteria [J]. Electrochim acta, 2010, 55 (27): 7804-7808.

[168] Chen G W, Choi S J, Lee T H, et al. Application of biocathode in microbial fuel cells: cell performance and microbial community [J]. Applied microbiology and biotechnology, 2008, 79 (3): 379-388.

[169] Cournet A, Marie-Line Délia Bergel A, et al. Electrochemical reduction of oxygen catalyzed by a wide range of bacteria including Gram-positive [J]. Electrochemistry communications, 2010, 12 (4): 505-508.

[170] Rabaey K, Read S T, Clauwaert P, et al. Cathodic oxygen reduction catalyzed by bacteria in microbial fuel cells [J]. The isme journal, 2008, 2: 519-527.

[171] Freguia S, Tsujimura S, Kano K. Electron transfer pathways in microbial oxygen biocathodes [J]. Electrochim acta, 2010, 55 (3): 813-818.

[172] Gregory K B, Lovley D R. Remediation and Recovery of Uranium from Contaminated Subsurface Environments with Electrodes [J]. Environ science and technology, 2005, 39 (22): 8943-8947.

[173] Lovley D R. Bug juice: harvesting electricity with microorganisms [J]. Nature reviews microbiology, 2006, 4 (7): 497-508.

[174] Hartshorne R S, Reardon C L, Ross D, et al. Characterization of an electron conduit between bacteria and the extracellular environment [J]. Proceedings of the national academy of sciences, 2009, 106 (52): 22169-22174.

[175] Rabaey K, Rozendal R A. Microbial electrosynthesis-revisiting the electrical route for microbial production [J]. Nature reviews microbiology, 2010, 8 (10): 706-716.

第5章

生物电化学系统电荷转移机制

MFCs正受到学术界越来越多的关注，但在实际应用中往往出现产电效率低的问题，这与微生物生物催化活性、底物[1]、电池结构[2]、电极材料[3]和操作条件[4]等很多因素有关[5]。在这些因素中，弄清电子在微生物燃料电池中如何产生和传递，深入剖析电子转移机制，对实现能源转换、提高电池性能具有重要意义。

5.1 电子传递基本知识

5.1.1 原理

微生物燃料电池作为一种高效能的绿色电源，能够利用微生物降解多种复杂有机物，产生电子并传递到电极上完成能量输出[6]，是一种将燃料的化学能直接转化为电能的新型生物反应装置。作为目前国际研究的热点领域之一，与太阳能、核能、风能相比，微生物燃料电池具有低能耗、燃料来源广泛、不产生二次污染及对反应条件要求不高的特点，受到人们越来越多的关注。早在1910年，Potter[7]首次发现了细菌的培养液能产生电流，并用铂作为电极成功制造出世界上第一个微生物燃料电池，发现可以产生0.3～0.5V的开路电压，从此开始了微生物产电的研究。20世纪50年代初，随着航天领域的快速发展，对MFC的研究也越来越多。19世纪60年代，NASA为了探索太空航行中能否将人类产生的废物用于产电制定了一系列项目。20世纪70年代，MFC作为心脏起搏器等人造器官电源受到越来越多的关注。早在1991年，Habermann等[8]就发现MFCs能够处理废水，生活废水、养殖废水和玉米秸秆都是MFCs的良好生物燃料。近30年来，越来越多的研究集中在将产电与生物修复、传感器、驱动小型监测设备相结合[9～11]，在航天、医疗器械方面同样具有十分广阔的应用前景。

电子流动是微生物新陈代谢的固有特征。微生物将电子从电子供体（低电势）传递给电子受体（高电势），根据电子受体存在位置分为呼吸作用和发酵作用。电子供体能否进行发酵作用取决于热力学限制。

理论上微生物的能量增益 ΔG(kJ/mol) 由式(5-1) 决定：

$$\Delta G=-nFE_{emf} \tag{5-1}$$

式中 n——反应中电子转移数量；

F——法拉第常数，96485C/mol；

E_{emf}——电子供体和电子受体间的电势差，V。

微生物会尽可能选择电势最高且可用的电子受体或是电势最低的电子供体来获取最大能量增益，这样使新陈代谢更易进行。在微生物环境中，可溶性物质通常都会被消耗殆尽，之后再利用非可溶性物质。在利用非可溶性电子受体或电子供体时，需要将电子导出胞外以完成还原过程，这个过程被称为胞外电子传递（extracellular electron transfer，EET)。近年提出的 EET 机制主要分为直接电子传递和间接电子传递两大类。通过胞外电子传递将微生物新陈代谢与电极联系起来，从而形成电流。

根据反应器构型的不同可将 MFCs 分为以下三类。

(1) 双室型 MFCs (图 5-1)

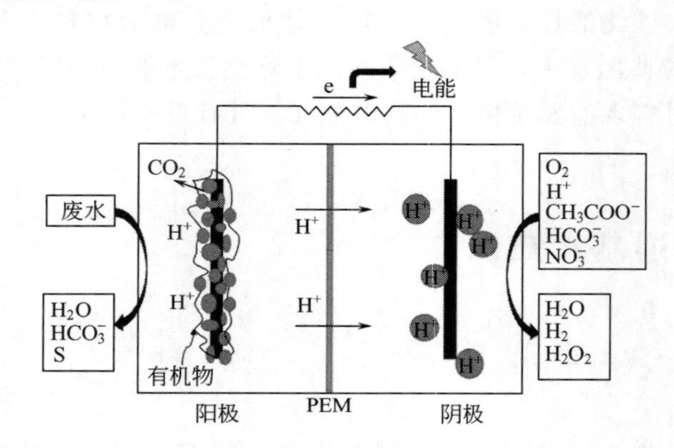

图 5-1 双室型 MFCs

MFCs 通常由两个电极室组成：阳极室和阴极室。在阳极室内，附着于阳极的微生物代替传统的金属催化剂，在无氧条件下将作为电子供体的有机污染物（如葡萄糖、乙酸盐等）氧化并释放电子、质子和代谢产物，电子经过外电路转移到阴极形成外电流，质子经过离子交换膜（PEM）或盐桥转移到阴极。最终在阴极室内，电子、质子和电子受体（如氧气、铁氰化钾等）在催化剂的作用下发生还原反应，至此完成电池内部的电荷转移，形成回路向外输出电压[6]。膜的种类有两种，即阳离子交换膜和阴离子交换膜，主要阻止阴极中的铁氰化物或水中的溶解氧与阳极室中的溶液混合。但膜会增大电池的内阻，降低功率输出，Zhang 等的研究还发现，膜的扭曲变形会降低功率输出，添加支架矫正膜变形可有效促进其产电性能。

(2) 单室型 MFCs (图 5-2)

该装置是将阴极直接暴露在空气中，其原理与双室型类似，只是阴极的反应是以氧气为电子受体。因为不使用质子膜，从而内阻更低。单室型 MFCs 的阴极一般为扩散性空气阴极。

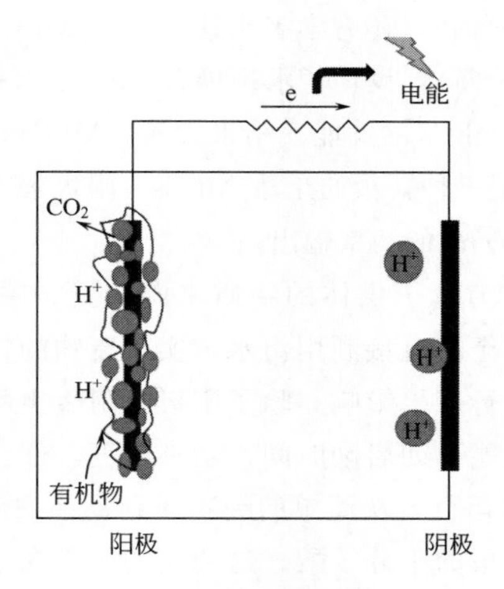

图 5-2 单室型 MFCs

(3) 沉积物型 MFCs（图 5-3）

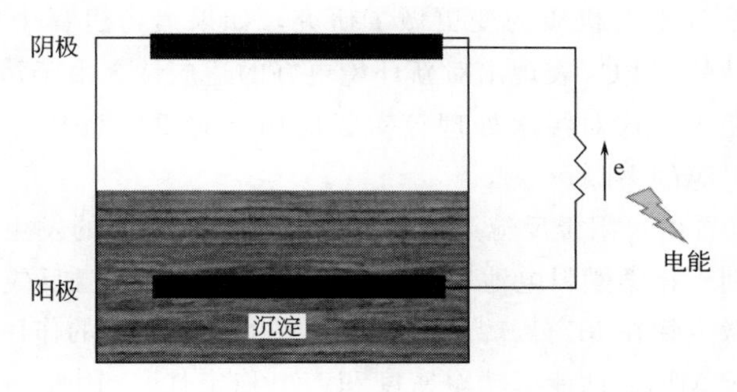

图 5-3 沉积物型 MFCs

沉积物型微生物燃料电池（sediment microbial fuel cell，SMFCs）可理解为一种特殊的单室型微生物燃料电池，是将阳极埋在底层沉积物中，阴极置于水面上，水体充当电解质，由于电解质的电导率与可供阳极棒附生的微生物利用的物质不同，SMFCs 的内阻一般比双室型和单室型 MFCs 要大。目前沉积物构型多用于有机物含量丰富的海底、河底污泥的研究，也可用土壤代替沉积物，土壤中含有丰富多样的微生物，分布广、易获取，有机质含量巨大。土壤中广泛存在的产电微生物可利用有机质为底物，氧气或硝酸盐等为电子受体进行自发产电。Wolinska 等[12] 构建的土壤 MFC 分别以葡萄糖和稻草作为碳源，调节土壤湿度，装置运行一段时间后，发现以葡萄糖和以稻草为碳源的 MFCs 都有明显的电压产生，分别为（372.5±5）mV、（319.3±4）mV，面积功率密度可分别达到 $32mW/m^2$、$10.6 \sim 10.8mW/m^2$。这说明土壤 MFC 的产电能力会因土壤的性质如碳源、含水率等不同而有差异，但因土壤来源广泛，是一种可与污泥、废水及沉积物 MFCs 相媲美的产电系统。Dunaj 等[13] 构建农业土壤 MFCs 和森林土壤 MFCs，研究土壤有机物、营养物、细菌群落结构和 MFCs 的性能之间的关系。虽然农业土壤的碳氮比、多酚含量和乙酸盐浓度要比森林土壤 MFCs 低，但装置运行一段时间后，农业土壤 MFCs 得到了 $42.49mW/m^2$ 的面积功率输出密度，是森林土壤 MFC（$2.44mW/m^2$）的 17 倍，原因可能是森林土壤中的有机物质矿化度较高，导致可用有机物质的量比农业土壤低。另外，还有学者组建了土壤 MFCs 与植物根系相耦合的微生物电化学产电体系。如 Kaku 等[14]设计了水稻耦合 MFC，水稻根部分泌的有机物可以被微生物直接利用，从而提高 MFCs 的性能。结果表明，MFCs 的最大面积功率密度可达到 $6mW/m^2$。Chen 等[15]构建了一种新颖的土壤 MFCs，阴极埋在水稻土壤中来捕获稻根中释放的氧，可以实现约 $5mW/m^2$的功率输出。

在微生物燃料电池中作为电子供体的物质来源广泛，除一般简单的有机物如葡萄糖、氨基酸、蛋白质等，甚至可直接利用污水，实现废物的再利用，底物的种类、浓度及生物可利用性都会对其运行产生影响。除了阳极上附生生物膜的微生物群落结构组成外，底物还会影响其产电性能，如启动时间、功率密度、库仑效率、运行时间等。很多底物可以用来支撑 MFCs 的运行，从简单的纯物质到复杂的混合物，如污水等。总的来说，它们可被分为糖类与简单的小分子酸。这两类的区别在于，糖类要被分解为简单的小分子酸才可以用来发电。小分子酸，如乙酸，由于其具有很好的生物可利用性，且可以直接耦合发电过程，为 MFCs 常用的有机质。而糖类可以支撑一个多向性更高的微生物群落。Wang 等[16]还对有机质的变更做了研究，如果运行过程中更改有机质或其他运行条件，糖类启动的 MFCs 表现出对新环境更好的适应性。由于污水中的有机质是复杂的且其性质经常变更，这对污水处理等实际应用具有重大意义，目前已应用于石油烃、多氯联苯、染料等的去除。

从图 5-1 中可以看出，阳极反应产生的电子驱动整个反应的发生，重要的是微生物的催化作用，这有别于化学燃料电池中所使用的昂贵催化剂，且反应条件要求低，无反应底物浓度影响。微生物在 MFCs 产电过程中发挥了至关重要的作用，电子从产生到运移的过程将直接影响 MFCs 性能（功率密度和产电稳定性）。因此，电子转移机制是目前 MFCs 研究的热点和难点。

5.1.2 产电微生物

有机物在细胞内被降解失去电子，电子首先被电子载体所接受，再通过完整的电子传递链传递到胞外的电极。我们把那些能够进行电子传递的微生物叫作产电菌或产电微生物（exoelectrogens）[17]。在 MFCs 系统中，产电菌直接或间接地通过介质将氧化有机物获得的电子传递到阳极上产生电流，在微生物燃料电池的运行过程中起到生物催化剂的作用，是燃料电池成功启动必不可少的一部分。产电菌广泛存在于土壤、污泥、底泥沉积物和水体等多种环境介质中，不同环境中、不同种类的产电菌具有不同的产电能力和菌落特征，这都直接影响 MFCs 的产电性能，从而决定 MFCs 在工程实践中的性能与应用。目前在 MFCs 阳极处发现的产电菌群种类丰富，多为革兰氏阴性微生物，呈现多元化趋势。在 MFCs 实际应用中，阳极表面菌中多为混合菌，纯菌种比较少，这是因为混合菌底物来源广泛，能利用周围环境中的有机物，适应性强，反应约束条件少且操作简便。研究发现的产电菌已超过一百种，包括 α-变形菌[18]、β-变形菌[19]、γ-变形菌[20]、ε-变形菌[21]、δ-变形菌[22]、厚壁菌[23]、酸杆菌[24]和放线菌[25]等，仍有许多具有产电特性的微生物等待被发掘。希瓦氏菌属（*Shewanella*）和地杆菌属（*Geobacter*）都属于变形菌门，为革兰氏阴性微生物，是目前MFCs研究中应用最多的纯培养微生物[26]。几乎所有的MFCs电子传递方式都是依据上述两类微生物的研究而发现并提出的，其中，*Shewanella* 广泛存在于各种自然环境中的氧化还原界面，其电子传递方式包括了所有已知的电子传递机制，作为产电模式菌希瓦氏菌（*Shewanella*）具有广泛的代表性[27]。

对现有产电菌分类总结如下。

（1）细菌类

① 希瓦氏菌（*Shewanella*）具有铁还原性，在有氧条件下可以进行呼吸代谢产生CO_2，在厌氧条件下进行发酵作用获得自身生存所需能量（表5-1）。

表5-1　希瓦氏菌[28]

菌名	相关研究
腐败希瓦氏菌(*S. putrefactions* IR-1)	能直接进行电子转移的产电微生物[29]
奥奈达希瓦氏菌(*S. oneidensis* DSP10)	可以在有氧环境中生活，分解利用有机物质[30]，通过条件驯化和重定向筛选可扩大其底物利用范围[31]
奥奈达希瓦氏菌(*S. oneidensis* MR-1)	全基因组序列已获得，是研究电子传递机理最为常用的模式菌株，该菌株能够分泌出核黄素，作为电子传递的媒介[32]
S. japonica	能利用多种碳源产电，通过自身分泌到胞外的中介体进行电子传递，有望发展海洋环境下的MFC[33]
脱色希瓦氏菌(*S. decolorationis* S12)	能够高效还原偶氮物质，许多物质都能作为其催化氧化的电子供体，在厌氧环境下还能利用Fe(Ⅲ)[34]

② 地杆菌（*Geobacter*）菌属的微生物均为严格厌氧菌，仅能在厌氧条件下生存，该类细菌在MFC的阳极上可以高度富集，所以在无外加电子受体的条件下也可以以电极为受体而氧化还原体系中的电子供体（表5-2）。目前，已获得菌株 *Geobacter sulfurreducens* 的全基因组[35]，随后有研究者对 *Geobacter metallireducens* 进行了基因组测序[36]，有助于今后通过分子手段研究获得具有较高产电特性的微生物。

表5-2　地杆菌[28]

菌名	相关研究
硫还原地杆菌(*G. sulfurreducens*)	在研究某一新种产电微生物时，常与该菌进行对比研究，在相同的MFC中，该菌的产电效率往往最高[37]
金属还原地杆菌(*G. metallireducens*)	专性厌氧，能够还原铁、锰及铀等重金属，减轻放射性元素对环境的污染，具有降低或消除有害污染物毒性的能力，能够直接与电极间进行电子转移，且产电性能良好[38]

③ 除 *Shewanella* 和 *Geobacter* 两大菌属外，研究发现假单胞菌属、苍白杆菌属、红育菌属、红假单胞菌属、梭菌属、肠杆菌属、考克氏菌属、克雷伯氏菌属、柠檬酸细菌属及甲苯单胞菌属等也有产电微生物的存在（表5-3）。

表 5-3 其他菌属产电微生物[28]

菌属	菌名	相关研究
假单胞菌属(*Pseudomonas*)	铜绿假单胞菌(*P. aeruginosa*)	最早报道出的能够产生电子穿梭介体的一类微生物,在产电的同时能够产生绿脓菌素,研究发现延长该菌的存活时间可提高 MFC 的产电能力[39,40]
苍白杆菌属(*Ochrobactrum*)	人苍白杆菌(*O. anthropi* YZ-1)	既可以氧化分解复杂的有机物,也可以利用简单的有机酸类物质进行产电,虽然产电性能不错,但由于是条件致病菌,所以该菌在 MFC 中的应用受到限制[41]
红育菌属(*Rhodoferax*)	铁还原红育菌(*R. ferrireducens*)	该菌能彻底氧化分解葡萄糖进行产电,是一种兼性厌氧菌,由细胞转移至阴极的电子利用率高达 81%,可在无催化剂的条件下直接转移电子[19]
红假单胞菌属(*Rhodopseudomonas*)	沼泽红假单胞菌(*R. palustris* DX-1)	该菌为 α-变形菌,研究发现该菌代谢途径多种多样,且产电能力很强,高于某些混菌体系下的功率密度,证明了单一菌种也可以有较高的产电能力[42]
梭菌属(*Clostridium*)	丁酸梭菌(*C. butyricum* EG3)	该菌不能在有氧气的环境中生存,在无氧条件下能够分解氧化许多种类的有机物质,是一种革兰氏阳性菌[43]
肠杆菌属(*Enterobacter*)	产气肠杆菌(*E. aerogenes* XM02)	兼性厌氧菌,能利用多种底物产电,为直接电子转移机制[44]
考克氏菌属(*Kocuria*)	嗜根考克氏菌(*K. rhizophila* P2-A-5)	最早报道的 *K. rhizophila* 是具有产电性的微生物[45]
克雷伯氏菌属(*Klebisella*)	克雷伯氏菌(*K.* sp. IR21)	新型异化铁还原菌,在不添加人工介质条件下能产电,可用作提高 MFC 系统产电能力的生物催化剂[46]
柠檬酸细菌属(*Citrobacter*)	柠檬酸细菌(*C.* sp. LAR-1)	采用铁还原培养基富集分离获得的具有高的铁还原性的菌株,LAR-1 纯培养启动 MFC 的最高功率密度可达 $610mV/m^2$[47]
甲苯单胞菌属(*Tolumonas*)	*T. osonensis* P2-A-1	利用 PBBM 培养基厌氧分离阳极生物膜获得,其最大功率密度可达 $424mV/m^2$,用 1mmol/LEDTA 处理细胞可明显提高功率密度,高达 $509.1mV/m^2$[48]
地发菌属(*Geothrix*)	*G. fermentans*	首次发现的变形菌门和厚壁菌门以外能彻底氧化分解底物产电的微生物[49]
耐寒杆菌属(*Geopsychrobacter*)	耐寒细菌(*G. electrodiphilus*)	最早报道的地杆菌科中的具有耐寒性的产电菌,是一类新属新种,能够彻底氧化分解乙酸、苹果酸和延胡索酸等有机物质产电,适用于发展海水沉积物 MFC[50]
气单胞菌属(*Aeromonas*)	嗜水气单胞菌(*A. hydrophila* PA3)	由人造废水为燃料的 MFC 筛得,循环伏安扫描试验进一步证实该菌具有电化学活性,这说明电化学活性在 *A. hydrophilia* 菌种中可能是一个普遍的特性[43]
弓形杆菌属(*Arcobacter*)	布氏弓形杆菌(*A. butzleri*)	从酸性 MFC 中分离得到,在偏酸性的环境中产生电能,是 Epsilon 变形菌纲中首次发现的产电微生物[51]
丛毛单胞菌属(*Comamonas*)	睾丸酮丛毛单胞菌(*C. testosteroni*)	由阳极生物膜纯培养分离得到的反硝化细菌,是 MFC 阳极生物膜生物群落中主要的脱氮菌种之一,该菌不能利用水合 Fe(Ⅲ)氧化物进行呼吸[52]

(2) 真菌类

21 世纪,有学者开始研究 MFC 系统中具有产电特性的真核生物,如酵母真菌[53]等。因为真核细胞结构更加复杂,所以目前从 MFC 中分离发现的真菌类产电微生物远没有原核生物多[54]。但是酵母菌对于MFC的发展有以下几个优势[53~55]：

① 酵母细胞容易控制，而且能分解较复杂的有机物，如淀粉、纤维素等；

② MFC阳极室多为厌氧或兼性厌氧环境，酵母菌能在厌氧条件下存活，所以分离纯化获得具有电化学活性的酵母真菌对MFC的发现具有深远意义。

表5-4汇总了相关真菌类产电微生物的研究。

表5-4 真菌类产电微生物的研究[28]

菌名	相关研究
异常汉逊酵母(*Hansenul aanmala*)	能通过外膜上的电化学活性酶将电子直接传递到电极表面，以葡萄糖为基质，由其构建的MFC最大体积功率密度为2.9W/m³[56]
假丝酵母菌(*Candida* sp. IRII)	铁还原酵母菌，当将其接种到传统MFC中用于治理UASB不达标污水时，可明显提高最大功率密度和库仑效率，对于加强MFC性能是十分有前途的生物催化剂[57]
酿酒酵母(*Saccharomyces cerevisiae*)	当以该菌作生物催化剂时，研究发现其能很快生存下来并且起到生物催化剂的作用。广泛存在于环境中，易于获得且对环境没有危害，对其进行深入研究有望加速MFC的应用[58]
Arxula adeninivorans	Haslett在胞外环境检测到电活性分子，发现该菌能分泌胞外氧化还原分子。Williams鉴定电化学活性分子是尿酸。尿酸的电化学性能表明其是伏安传感器的重要分析物质，也可能是该菌的传播机制。在很多方面都表现出*A. adeninivorans*是MFC理想的生物催化剂[59,60]

目前，获得产电微生物的途径主要有两种：一种是直接验证法，即将获得的纯菌接种至相应的电化学系统中监测其是否能产生电流，该法直接果断，能明确表征接种的菌株是否具有产电特性，但是微生物的种群是十分庞大的，不可能一一鉴定所有菌种，所以该法具有一定的盲目性；另一种途径是对混合菌体系进行电化学富集后，MFC阳极生物膜中产电微生物比例增大，再利用特定培养基对阳极生物膜或阳极液进行分离纯化，从而可以更高效地筛选产电微生物[28]。近几年，为提高产电微生物筛选的有效性，研究发现，对MFC的阳极进行修饰改变其理化特性可以促进阳极生物膜的形成及增大电子转移速率，从而可以更有针对性地获得具有优良特性的电微生物。Vamshi等通过碘丙烷和加热预处理生物催化剂来抑制非产电微生物的生长，从而选择富集产电微生物，筛选出了少数属于黄单胞菌属（*Xanthomonas*）、假单胞菌属（*Pseudomonas*）、黄雷沃菌属（*Prevotella*）的胞外产电微生物，MFC的功率输出也得到提高。此外，产电微生物的分离培养条件对其筛选结果也有很大影响。自然环境中微生物的数量高达10^6之多，但是人类依靠传统的纯培养方法仅能分离出环境中不足1.0%的微生物，还有许多未培养微生物等待被发现。对于微生物燃料电池中的产电微生物而言，亦是如此，有必要结合分子生物学技术发展更高效的微生物培养技术，筛选出优良的产电微生物。通过对不同运行状态下MFC系统进行产电微生物的筛选工作，有助于对比不同条件下最优产电微生物的种类差异，从而更有针对性地开展相应产电微生物的应用，使发展中的微生物燃料电池技术更有效地应用到实际产能和污染物治理中。

MFC作为一种复合体系，其兼具厌氧处理和好氧处理的特点。在MFC的整个运行过程中，因为有电子的产生与传输，微生物燃料电池才得以产生电能。产电微生物作为微生物反应体系的生物催化剂，对该过程起着决定性的影响，所以研究产电微生物在

MFC 中的作用对于深入开展相关应用研究十分必要。李晶等研究微生物发酵与产电之间的关系发现，MFC 的产电过程可能是发酵菌与产电菌共同作用的结果，不同种类的微生物依次降解基质，分步利用自身生长所需有机物，协同代谢作用将有机物的化学能转变为电能。在研究 MFC 中纯菌株与混菌株的产电性能差异时发现，不同菌种的组合对 MFC 污水治理能力及产电情况均有影响。可见，对产电微生物及产电微生物与非产电微生物之间进行合理组合有望提高 MFC 的产电性能。

5.2 胞内电子传递

在微生物燃料电池中，产电微生物的代谢活动与电子的产生与转移密切相关。生物电化学系统的首要应用是有机物的阳极氧化。微生物代谢过程包括柠檬酸循环和糖酵解等，因此绝大多数微生物都能将生物燃料彻底氧化成二氧化碳和水，但具体代谢过程如何则取决于底物种类。以葡萄糖为例，生物阳极的微生物群落可将葡萄糖转化为等值的电能，以阳极电流的形式表现出来，其反应方程式为：

$$C_6H_{12}O_6 + 6H_2O \longrightarrow 6CO_2 + 24H^+ + 24e \qquad (5\text{-}2)$$

能够通过这个过程被氧化的底物是非常广泛的，从简单的有机酸如甲酸、乙酸、丙酸、丁酸等，甚至到复杂的有机物如葡萄糖、木糖和蛋白质等，其库仑效率可达100%[61]。根据电子受体的不同，将阳极除底物参与的反应分为呼吸作用和发酵作用两类。

5.2.1 呼吸作用

微生物的繁殖需要消耗能量，这些能量来源于微生物体内糖类、脂类和蛋白质等有机物的氧化分解。反应底物进入微生物体内后在脱氢酶的作用下通过一系列的氧化分解最终生成二氧化碳、水和其他产物，并释放能量，称为呼吸作用。呼吸作用的目的是通过释放底物里的能量，制造三磷酸腺苷（ATP）——细胞最主要的直接能量供应者，供生命活动使用。阳极氧化过程本身要经过三羧酸循环（tricarboxylic acid cycle，TCA，也叫柠檬酸循环）和膜界面电子传递链。以底物为葡萄糖时为例，其呼吸氧化全过程可以分为 3 个阶段。

5.2.1.1 第一阶段——糖酵解

一个分子的葡萄糖分解为两个分子的丙酮酸，在分解的过程中产生少量的氢（用 H^+ 表示），同时释放少量的能量。这个阶段是在细胞质基质中进行的。糖酵解的第一步反应是由己糖激酶催化葡萄糖的 C6 被磷酸化，形成 6-磷酸葡萄糖。该激酶需要 Mg^{2+} 作为辅助因子，同时消耗一分子 ATP，该反应是不可逆反应。第二步是一个醛糖-酮糖同分异构化反应，此反应由磷酸己糖异构酶催化醛糖和酮糖的异构转变，需要 Mg^{2+} 参与，该反应可逆。接下来是由磷酸果糖激酶催化 6-磷酸果糖磷酸化生成 1,6-二磷酸果糖，消耗了第二个 ATP 分子。之后在醛缩酶的作用下，使己糖磷酸 1,6-二磷酸果糖 C3 和 C4 之间的键断裂，生成一分子 3-磷酸甘油醛和一分子磷酸二羟丙酮。在 NAD^+ 和 H_3PO_4 存在下，由 3-磷酸甘油醛脱氢酶催化生成 1,3-二磷酸甘油酸，这一步是酵解中唯一的氧化反应。在磷酸甘油酸激酶的作用下，将 1,3-二磷酸甘油酸高能磷酰基转给 ADP 形成 ATP 和 3-磷酸甘油酸。在磷酸甘油酸变位酶催化下，甘油酸-3-磷酸分子中 C3 的磷酸基团转移到 C2 上，形成甘油酸-2-磷酸，需要 Mg^{2+} 参与。之后是在烯醇化酶催化下，甘油酸-2-磷酸脱水，分子内部能量重新分布而生成磷酸烯醇式丙酮酸烯醇磷酸键，这是糖酵解途径中第二种高能磷酸化合物。最后一步是在丙酮酸激酶催化下，磷酸烯醇式丙酮酸分子高能磷酸基团转移给 ADP 生成 ATP，是糖酵解途径第二次底物水平磷酸化反应，需要 Mg^{2+} 和 K^+ 参与，反应不可逆。葡萄糖需 10 步酶促反应达

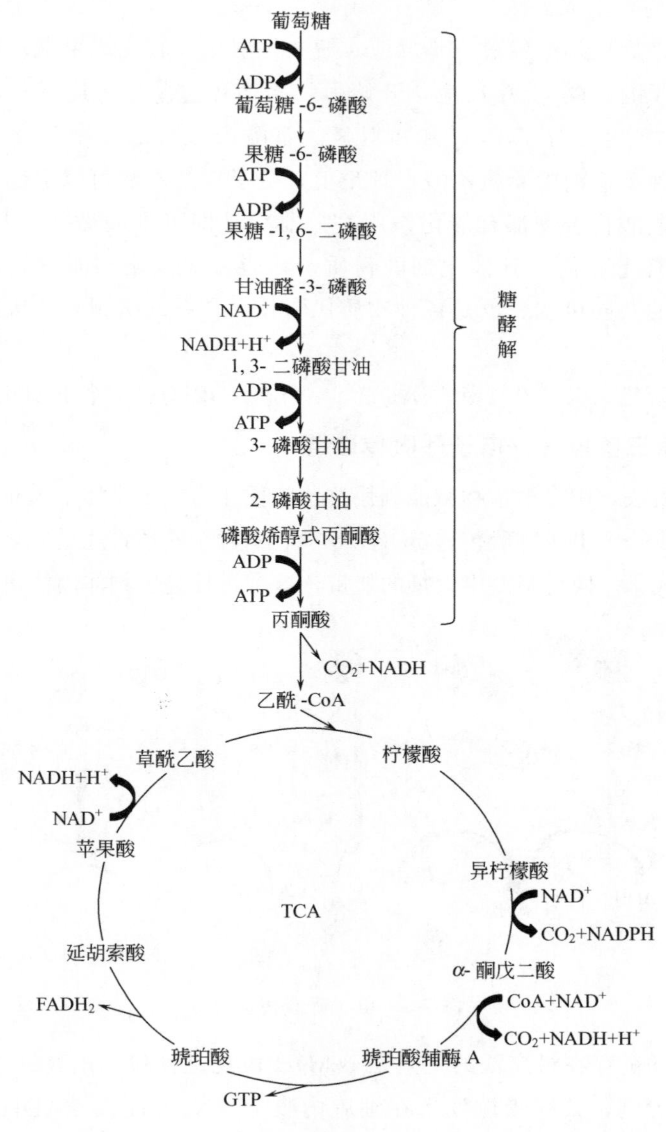

图 5-4　阳极呼吸氧化机制——以葡萄糖为例

到乙酰辅酶 A，且每一步都需接受一种酶的催化，而其他简单有机物如乙酸、丁酸和甲醇则只需要一步或两步就可以产生乙酰辅酶 A 进入 TCA 循环（图 5-4）。

5.2.1.2 第二阶段——TCA

丙酮酸经一系列的反应，分解成二氧化碳和氢，同时释放出少量的能量。

三羧酸循环是在需氧生物中普遍存在的环状反应序列。循环由连续的酶促反应组成，反应中间物质都是含有 3 个羧基的三羧酸或含有 2 个羧基的二羧酸，故称三羧酸循环。因柠檬酸是环上物质，又称柠檬酸循环。也可用发现者的名字命名为克雷布斯循环。在循环开始时，一个乙酰基以乙酰-CoA 的形式，与一分子四碳化合物草酰乙酸缩合成六碳三羧基化合物柠檬酸。柠檬酸然后转变成另一个六碳三羧酸异柠檬酸。异柠檬酸脱氢并失去 CO_2，生成五碳二羧酸——α-酮戊二酸。后者再脱去 1 个 CO_2，产生四碳二羧酸琥珀酸。最后琥珀酸经过三步反应，脱去 2 对氢又转变成草酰乙酸。再生的草酰乙酸可与另一分子的乙酰-CoA 反应，开始另一次循环。循环每运行一周，消耗 1 分子乙酰基（二碳），产生 2 分子 CO_2 和 4 对氢。草酰乙酸参加了循环反应，但没有净消耗。如果没有其他反应消除草酰乙酸，理论上一分子草酰乙酸可以引起无限的乙酰基进行氧化。环上的羧酸化合物都有催化作用，只要少量即可推动循环。凡能转变成乙酰-CoA 或三羧酸循环上任何一种催化剂的物质，都能参加该循环而被氧化。所以此循环是各种物质氧化的共同机制，也是各种物质代谢相互联系的机制。三羧酸循环必须在有氧的情况下进行。

通过前两个阶段，共产生 2 个 NADH、1 个 NADPH 和 1 个 $FADH_2$（图 5-4）。

5.2.1.3 第三阶段——电子呼吸传递链

经过前两个阶段，阳极微生物就能利用这些物质作为电子供体，这也是电子传递链的起点，即第三阶段——电子呼吸传递链（图 5-5），前两个阶段产生的氢，经过一系列的反应与氧气结合生成水，同时释放出大量的能量，这个过程是生物体内能量的主要来源。

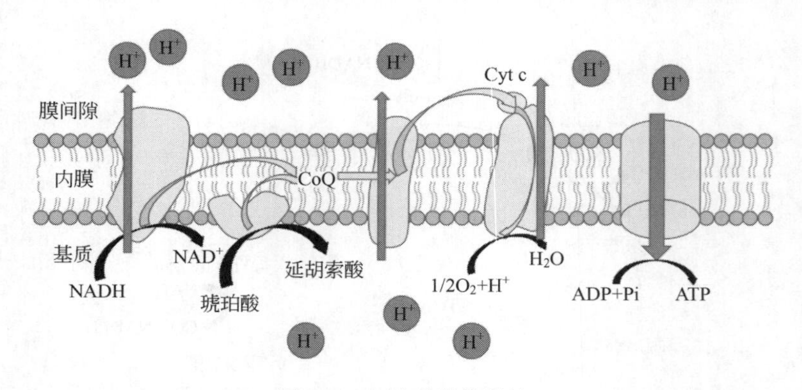

图 5-5　电子呼吸传递链

电子呼吸传递链存在最广泛的主要是 NADH 氧化过程和琥珀酸氧化过程两条途径。以革兰氏阴性菌为例，其呼吸链发生在细胞内膜上。NADH 及 $FADH_2$ 作为电子携带者参与到电子传递链过程，经由黄素蛋白、铁硫蛋白、醌和一系列细胞色素进行传递。

如图 5-6 所示，电子供体如葡萄糖被氧化脱氢产电生成的 NADH 和 $FADH_2$，作为电子传递链起始端，其中 NADH 在脱氢酶的作用下将两个氢传递给 FMN（黄素单核苷酸），形成 $FMNH_2$，再由 $FMNH_2$ 通过铁硫中心将氢传递给辅酶 Q（CoQ），形成 $CoQH_2$。铁硫蛋白类的活性部位含硫及非卟啉铁，故称铁硫中心，其作用是通过铁的变价传递电子。在从 NADH 到氧的呼吸链中，有多个不同的铁硫中心，有的在 NADH 脱氢酶中，有的和细胞色素 b 及 c_1 有关。$CoQH_2$ 中的两个氢原子解离为 $2H^+ + 2e$，H^+ 通过内膜向外传递，e 经细胞色素传递与游离的氢和 O_2 结合生成水；而 $FADH_2$ 则是不通过 FMN，直接通过铁硫中心将氢交给 CoQ，后续转移过程与 NADH 相同，所以 $FADH_2$ 呼吸链比 NADH 呼吸链短，伴随着呼吸链产生的 ATP 也略少。电子传递至细胞内膜，经由 CoQ 和细胞色素 c 传递至细胞周质。在细菌体内，细胞外膜、内膜及细胞周质环境中均有呼吸作用发生，其膜上含有可供电子传递进行的蛋白质和酶，整个电子传递链过程需要通过 NADH 脱氢酶、泛醌、CoQ 和细胞色素，电子穿过这几种蛋白最终到达电子受体上与之结合。

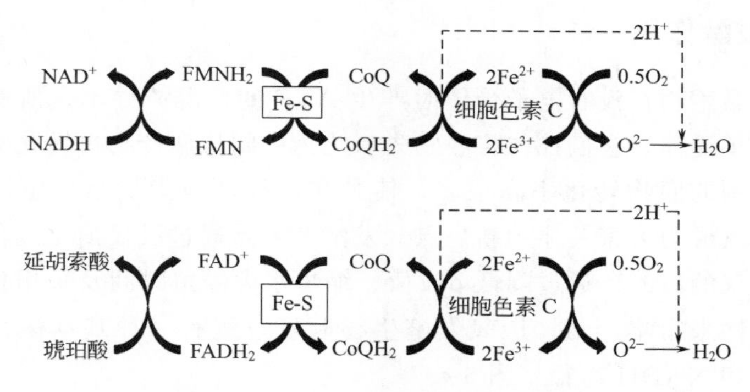

图 5-6　NADH 呼吸链和琥珀酸呼吸链

在底物氧化的第三阶段，即电子呼吸传递链过程中会产生透过膜的质子推动力，10 个质子被推进细胞质时，就会传递 2 个电子（由 NADH 产生的）。质子传递不是一个持续的过程，而是阶越式的。事实上，只有复合物Ⅰ、Ⅲ和Ⅳ被证明与质子的产生有关。

① 电子穿过复合体Ⅰ时，有 4 个质子从基质泵入膜间隙。尚不清楚其中的机制，但似乎与复合体Ⅰ的构象改变有关，这可使该蛋白质在膜的 N 侧结合质子，并在 P 侧释放它们。最后，电子从铁硫簇链转移到膜中的泛醌分子上。泛醌的还原也有助于质子梯度的产生，因为基质中的两个质子被用于泛酚（QH_2）的还原。

② 复合物Ⅲ传递的质子用于形成细胞色素 b、铁硫蛋白及细胞色素 c_1。当辅酶 Q 在膜的内侧还原为泛酚，而在另一侧氧化为泛醌时，质子的跨膜净转移随之发生，从而增加了质子梯度。通过相当复杂的两步机制完成反应是重要的，因为它增加了质子转移的效率。如果替换 Q 循环，直接用 1 个 QH_2 分子来还原 2 个细胞色素 c 分子，则每还原 1 个细胞色素 c 只能传送 1 个质子，效率将会减半。

③ 复合物Ⅳ承载了电子传递链的最终反应，在跨膜泵送质子时将电子转移到氧上。

这一步，氧作为最终电子受体，也称“末端电子受体”，被还原为水。直接泵送的质子和在氧的还原中消耗的基质中的质子都能影响质子梯度。所催化的反应为细胞色素 c 的氧化及氧的还原。

质子推动力通过跨膜 ATP 合成酶促进 ATP 生成，质子回到细胞质时产生电化学电势，这一过程叫作氧化磷酸化。产生 1 个 ATP 需要 3 个质子，我们通常认为每个 NADH 可产生 3 个 ATP[62]。这一比率称为呼吸速率，其实际值往往小于理论值，因为质子推动力会被其他细胞活动消耗，如细胞运动等。

电子向阳极电极传递的最后一步可以通过直接或间接的方式来完成，具体内容见 5.3 部分相关内容。

MFC 阳极微生物呼吸代谢产生电子，阳极电极作为末端电子受体，氧化过程中产生的能量用于自身群体的生长。由于阳极电势限制了能量的增长，细菌量远远小于耗氧代谢的细菌量，反过来也使得剩余污泥产量更小，库仑效率更高，这使得 MFC 相对于传统污水处理技术更有优势，因此得到越来越多的关注。

5.2.2 发酵作用

发酵作用是微生物在没有电子受体时产生 ATP 的情况。并不是所有细菌都能利用阳极作为直接电子受体，它们往往将底物先氧化为中间代谢产物再转化为发酵产物，发酵作用比呼吸作用的底物转化率高很多，使其在阳极环境中更具竞争性。在实际研究中，厌氧发酵制氢成为大家关注的新焦点。发酵制氢是通过厌氧消化过程中的产甲烷过程来达到产生氢气的目的。通过降低 pH 值、缩短水力停留时间及采用化学处理的手段抑制产甲烷菌活性来富集产氢。厌氧发酵生物制氢过程有三种基本途径，即混合酸发酵、丁酸性发酵和 NADH 途径（图 5-7）。

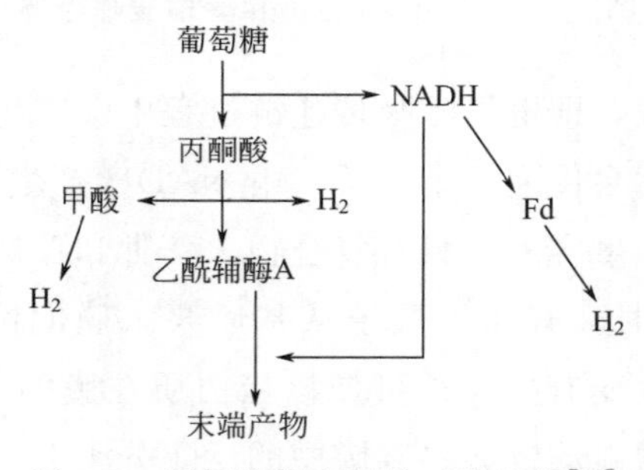

图 5-7　厌氧发酵产氢的三种途径[63]

在厌氧发酵中，葡萄糖首先经糖酵解等途径生成丙酮酸，合成还原态的 NADH。然后丙酮酸被转化为乙酰辅酶 A，生成氢气和二氧化碳。丙酮酸还可以转化为乙酰和甲酸，而甲酸极易被 *Escherichiacoli* 等厌氧发酵细菌转化为氢气和二氧化碳。在不同条件下乙酰辅酶 A 最终被不同微生物转化为乙酸、丁酸和乙醇等。NADH 用于形成丁酸和乙醇，剩余的 NADH 被氧化为 NAD^+ 并释放。影响产氢的因素有 pH 值、温度、底物种类和浓度、水力停留时间、溶液的氧化还原电位等。反应的液相产物有乙酸、丙酸、丁酸、醇类、乳酸等。

5.3 胞外电子传递

5.3.1 电子传递途径

微生物细胞膜主要由脂类、蛋白质和多糖组成，细胞壁的主要成分为肽聚糖，不能导电，因此大多数微生物不能将电子直接透过外膜传递到胞外。与之相对，产电微生物具有电化学活性，可以通过呼吸作用氧化底物并有效地将电子传递至胞外。对于产电微生物电子传递机制的研究主要借助电化学技术与手段，如循环伏安曲线法、计时电流法等。电子经胞内产生及传递后，需经过胞外电子传递到外部电极上实现电子转移，此过程可以看作将微生物的氧化呼吸链延伸到细胞外的外界环境。关于电子传递研究发展时间可表示为图 5-8。

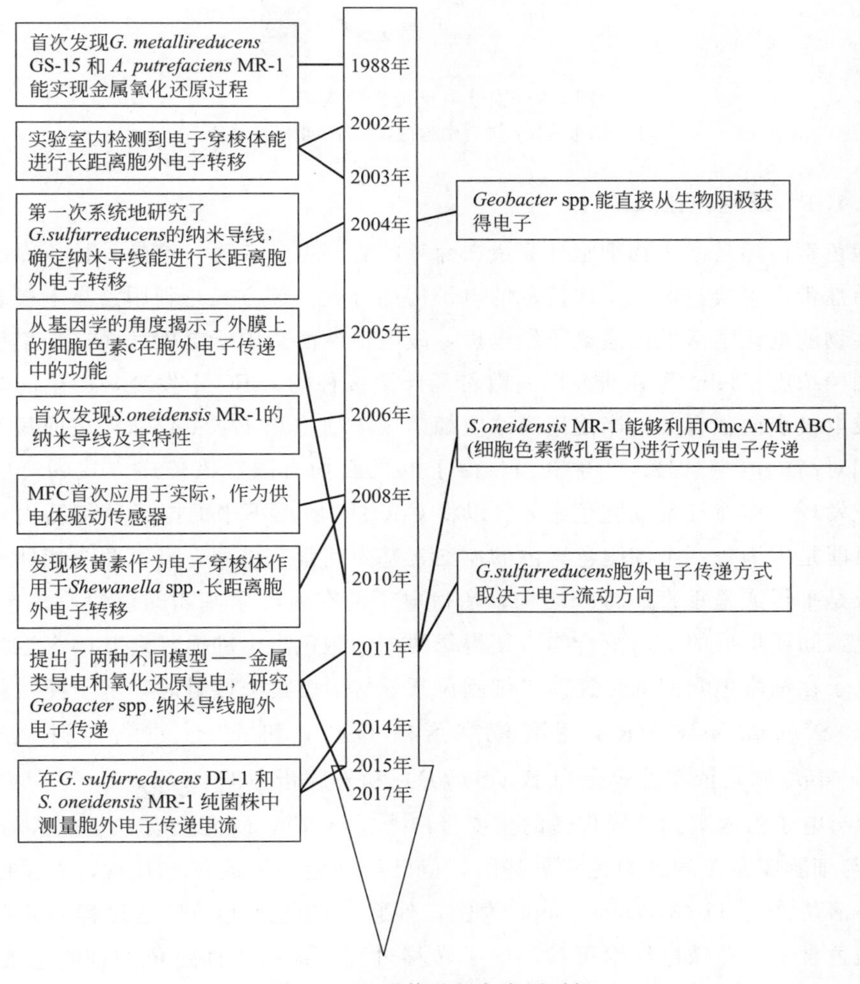

图 5-8 电子传递研究发展时间

微生物产电过程与自然环境中生物地化过程的主要区别是电子传递至外加电极而非自然的电子受体。目前研究发现的胞外电子传递模式根据作用距离主要分为三种(图 5-9)。

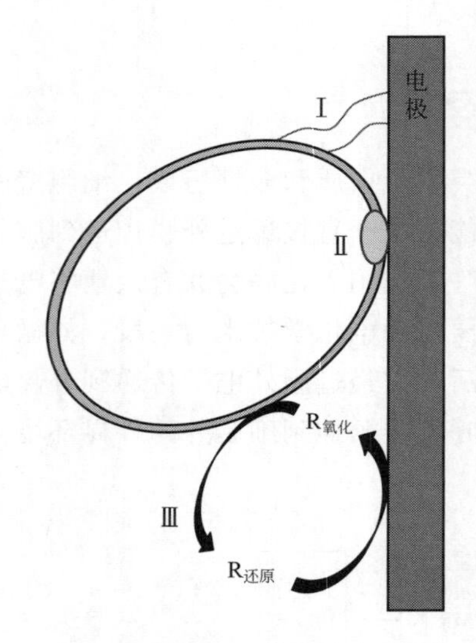

图 5-9　胞外电子传递模式图[64]

Ⅰ—纳米导线；Ⅱ—细胞色素；Ⅲ—电子穿梭体

5.3.1.1　细胞色素

细胞色素传递是微生物细胞外膜蛋白介导的直接电子传递，这是一种依靠胞外的氧化还原活性蛋白直接与电子受体接触的电子传递方式。该方式是利用紧靠电极表面的一单层微生物的电化学活性传递电子给电极，故电池性能受限于电极表面这一单层微生物的最大细菌浓度。Kim 等在研究以腐败希瓦氏菌接种的 MFC 中发现，产生的电量与细菌浓度及电极表面积有关，当使用高浓度细菌（干细胞 0.47g/L）和大表面积的电极时会产生相对高的电量（12h 产生 3C）。由于电极面积有限，该传递方式的产电效率有限。研究发现，多血红素细胞色素 c 可以将 $CoQH_2$ 解离下来的电子从细胞内传递到电极上。可能是因为每一个细胞色素内的血红素基团间紧密排列，且每两个相邻血红素的铁卟啉或是平行或是垂直的特殊结构，使得电子能在血红素基团间被快速传递；同时，在细胞色素间所形成的蛋白复合物，使得每两个细胞色素上的血红素基团靠近排列，从而完成电子在细胞色素间的传递。当细胞色素 c 与阳极紧密接触时，电子便被传递到电极上[65]。*S. oneidensis* MR-1 主要依靠蛋白 *OmcA* 和 *MtrC* 进行胞外电子传递，*Geobacter* spp. 则是依靠外膜蛋白 B（*OmpB*）和外膜蛋白 C（*OmpC*）等[66]。细胞色素 c 是参与电子由内膜到外膜传递的重要蛋白[67]。目前，研究发现 *S. oneidensis* MR-1 有 42 个与细胞膜相关的细胞色素 c 基因，但已经确定功能的仅有几种，大量的基因功能都还不清楚[68]。以 *Geobacter* spp. 为例，外膜上的胞外电子传递过程与几种蛋白有关。细胞色素中的亚铁血红素可参与电子转移过程，细胞表面定位的细胞色素（*MtrC* 和 *OmcA*）是电子传递过程的重要元素。

5.3.1.2 纳米导线

纳米导线传递是微生物生成纳米导线介导的直接电子传递。纳米导线是指特定条件下由硫还原地杆菌（*Geobacter sulfurreducens*）等微生物形成的类似纤毛或菌毛（pili）的能导电物质，由蛋白质组成，位于细胞一侧，对电子转移给胞外电子受体具有重要的意义[69]。图 5-10为纳米导线的电镜图。

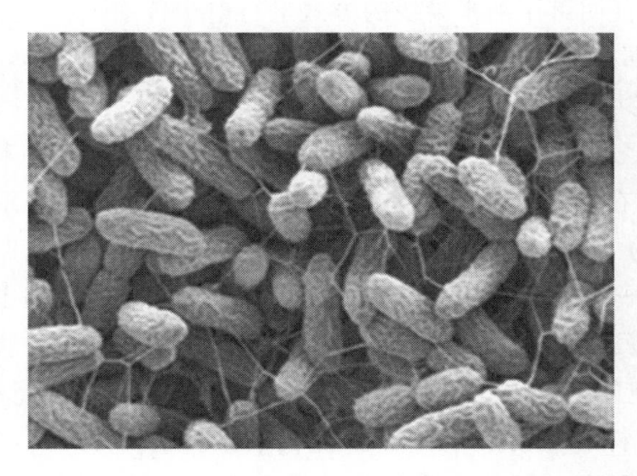

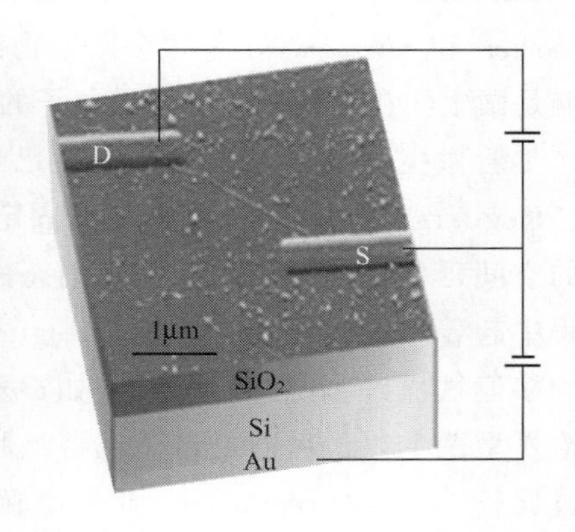

图 5-10　纳米导线电镜图[70]

尽管目前对微生物纳米导线了解较少，但其作为有效的远距离（几十甚至几百纳米）电子传递机制已被广泛接受，避免了需要直接接触电极才能进行电子转移的限制，延长了电子传递的距离。但是该方式也存在缺陷，微生物合成纳米导线需要较多的能量，因此投加过多的底物可能影响 MFC 的性能。纳米导线这一概念最开始于 2005 年由 Reguera 等[71]提出，他们发现硫还原地杆菌（*Geobacter sulfurreducens*）菌毛具有导电性，他们将这种生长在细胞周围类似于纤毛的丝状物质定义为纳米导线（microbial nanowires）。同时发现它也具有与金属导体相似的温度依赖特性：在较高温度时，其电导率与温度成反比；而在较低温度时，其电导率与温度成正比。这些导电性和温度依赖特性与合成的金属纳米结构极其相似，今后可以利用基因手段增加纳米微丝的数量并通过改变外界温度来调节其电导率，使它能应用于微型电子设备中。但 *S. oneidensis* 并不产生菌毛结构，其纳米导线是该菌的细胞外膜和周质的扩展部分[72]。Richter 等通过循环伏安法（cyclicvoltammetry）证明了 *G. sulfurreducens* 的菌毛（type Ⅳ pili）在细胞间的电子传递以及从生物膜至电极表面的电子转移过程中均起着重要的电传导作用。2006 年，Gorby 等发现希瓦氏菌（*Shewanella oneidensis*）在恒化培养且可溶性电子受体受限制的条件下，生长出直径 50～150nm、长度几十微米细长的微丝——纳米导线。这些微丝呈现出典型的树枝状的形态学特征，如束状或纳米电缆状。*Shewanella* 树枝状纳米导线与 *Geobacter* 纳米导线在形态上有明显的区别，这可能是由于培养条件的差异。Gorby 采用纳米级的微电极检测纳米导线的导电性，用纳米导线将检测电极连接起来后，施加外源电压，沿着纳米导线有一个很强的响应电流，在偏压为 100mV、电阻为 386MΩ 电极的条件下其电子传递效率达到了 $10^9 s^{-1}$，当纳米导线被切断后，检测不到响应电流，说明了 *Shewanella* 纳米导线具有导电性。同时，利用隧道扫描电镜

(scanning tunneling microscopy）和隧道光谱（tunneling spectroscopy）等技术对其导电性进行检测，实验结果也进一步证实了它的导电性。此外，*Shewanella* 纳米导线具有很强的弹性，具备聚合导电材料的特性[73]。纳米导线的形成可以使产电菌在阳极上形成较厚的生物膜，形成了交织的纳米电网，使电子在细胞之间进行传递，保持了较厚生物膜内微生物的电化学活性，提高了产电量。除此之外，蓝细菌 *Synechocystis* PCC6803 和 *Pelotomaculum thermopropionicum* 也被证明可用纳米导线的方式进行电子传递[73]。总之，*Geobacter* 和 *Shewanella* 等很多微生物都会利用这些具有导电性的菌毛进行电子传递，这可能是微生物在不利环境中传递电子的共同策略。

尽管微生物纳米导线的导电性已经得到证实，但是目前它的电子传递机制尚未明晰。Reguera 等发现的Ⅳ型菌毛是固定在细胞内膜上的，贯穿细胞周质和外膜，向细胞外的空间延伸，同时发现菌毛在固态的 Fe(Ⅲ）氧化物还原过程和微生物燃料电池产电过程中起着重要的作用。因此，Reguera 推测电子可能是由内膜、细胞周质及外膜中相应的多亚铁血红蛋白细胞色素（如 *OmcE* 和 *OmcS* 等）依次从内膜、细胞周质及外膜传递给Ⅳ型菌毛，最后通过该菌毛将细胞外膜的电子传递给胞外电子受体。Richter 等[74] 通过比较 *G. sulfurreducens* 野生型菌株和删除 *OmcB*、*OmcS*、*OmcE*、*OmcZ*、*pilA* 等基因的突变菌在 MFC 中的产电情况研究电子传递途径，结果表明：与接种野生型菌株的电池相比，接种删除 *OmcB*、*OmcS*、*OmcE* 的突变菌的电池产电量变化不大，但是接种删除 *OmcZ* 和 *pilA* 的突变菌株的电池产电量及其阳极生物膜形成都受到不同程度的抑制。此结果证明细胞色素 *OmcZ* 和菌毛 *pilA* 是参与 *G. sulfurreducens* 从生物膜至阳极进行远距离电子转移的关键组分结构[75]。Malvankar 等用巯基乙醇（细胞色素变性剂）处理 *G. sulfurreducens* 菌毛，研究发现细胞色素变性后对菌毛的电导率影响不大，说明细胞色素 *OmcS* 变性后并不影响电子在菌毛上的传递。但是在 *G. sulfurreducens* 还原 Fe(Ⅲ）氧化物的实验过程中，与野生型的菌株相比，删除 *OmcS* 基因后的突变株无法还原 Fe(Ⅲ）氧化物，说明 *OmcS* 在 Fe(Ⅲ）氧化物的还原过程中是不可或缺的。因此，研究者推测 *OmcS* 可能是在菌毛和 Fe(Ⅲ）氧化物之间起着桥梁作用，帮助电子从菌毛末端传递至胞外 Fe(Ⅲ）氧化物。最新研究发现，*G. sulfurreducens* 菌毛的电子传递方式与某些合成有机聚合导电物的导电方式很相似，这些有机聚合物由芳香族氨基酸组成，它们是通过芳香族氨基酸上的 π 键进行电子传递的。通过一系列电化学实验、导电性的温度依赖实验、导电性的 pH 依赖性实验及蛋白质分子结构分析等研究 *G. sulfurreducens* 菌毛，Lovley 提出一个新的假设：*G. sulfurreducens* 先将电子从生物膜转移到菌毛，再通过组成菌毛的芳香族氨基酸上的共价 π 键来传递电子，最后由 *OmcS* 将电子传递至 Fe(Ⅲ）氧化物或者由 *OmcZ* 将电子传递至胞外电极。

Shewanella 纳米导线主要由菌毛结构蛋白组成，其上附带有细胞色素 c。Gorby 等[73]用隧道扫描显微镜分析证实了 *S. oneidensis* MR-1 可以通过纳米导线进行胞外电子传递，但需要依靠 *MtrC* 途径才能进行 Fe(Ⅲ）氧化物还原和 MFC 生物阳极呼吸产电活动。研究发现，敲除 *MtrC*/*OmcA* 基因后可以降低 *Shewanella* 纳米导线的导电性，说明细胞色素 *MtrC*/*OmcA* 在 *Shewanella* 纳米导线的电子传导过程中起着重要的作用。此外，*Shewanella* 的蛋白分泌系统是Ⅱ型分泌系统，在 Fe(Ⅲ）氧化物还原过程中参与

MtrC 和 *OmcA* 的跨膜转运和定位，研究发现缺失Ⅱ型分泌途径的缺陷菌株产生的菌毛的导电性也比较差。因此，推测 *Shewanella* 纳米导线进行胞外电子传递可能有 2 个途径：

① 内膜的细胞色素 *CymA* 将电子传递给细胞周质中的 *MtrA*，*MtrA* 再与外膜蛋白 *MtrB* 进行反应（外膜蛋白 *MtrB* 虽然不是细胞色素，但 *MtrB* 在细胞周质中的细胞色素与外膜细胞色素之间的电子传递过程中起着桥梁的作用），再通过 *MtrB* 将电子传递给 *MtrC*，然后将电子传递至纳米导线上的细胞色素蛋白，最后由该细胞色素蛋白沿着纳米导线将电子传递到胞外。

② 通过Ⅱ型分泌系统，将电子通过胞内膜的复合蛋白传递给细胞周质中的 *MtrC* 和 *OmcA*，再由这两个细胞色素传递至外膜的复合蛋白质，最后传递给纳米导线上的细胞色素蛋白。

另外，Kato 等向沉积物中添加了可导电的铁氧化物，其功率密度与对照相比提高了 30 倍，而添加了可溶性铁的功率密度只增加了 10 倍，说明铁与微生物的鞭毛相连形成纳米导线，促进电子的传递，而非充当了电子载体的作用。Lenin 等[44]向 SMFC 中添加了不同比例的炭片，结果证明，20%的添加量能获得最高的功率输出，而超过此范围，则对产电产生抑制作用。

5.3.1.3 电子穿梭体

电子穿梭体（electron shuttles，ES）介导的间接电子传递，使得微生物可以在环境中对远距离的电子受体进行氧化还原，摆脱了直接接触的限制。我们通常认为直接电子传递方式（细胞色素、纳米导线）比利用电子穿梭体介导的间接电子传递方式效率更高，但越来越多的研究表明结果并非如此。当一些菌株附着在恒电位电极上且溶液中无可溶性电子受体时，微生物自身会分泌电子穿梭体，其积累量会使电子向电极传递的速率增加几倍，且由于电子穿梭体的非特异性，使其在混菌条件下能够被其他菌株利用，使电子传递更为容易。

在 MFC 最初的研究中，正是以投加氧化还原介体作为电子传递体来进行的。此过程是微生物借助分解过程产生的小分子物质或是人工投加的可溶性物质使电子从呼吸链及内部代谢物中转移到电极表面。电子穿梭体是一类氧化还原介体（redox mediator），携带电子后通过扩散作用传递给胞外电子受体，之后又处于氧化态，该物质重复此过程完成电子传递。作为氧化还原介体须具备以下几个特点：a. 容易通过细胞壁；b. 易于从细胞膜上获取电子；c. 电极反应快；d. 溶解度、稳定性等要好，不会被微生物代谢；e. 对微生物无害。

目前已知的电子穿梭体主要包括两类：

一是微生物自身分泌的小分子物质，通常叫作内生 ES，如黄素（flavin）[76]、吩嗪（phenazine）[77]、半胱氨酸（cysteine）[78]、醌类（quinone）[79]等（表 5-5）。二是天然存在或人工合成的电子介体，即外源 ES。因为浓度低，且被发现于非常复杂的混合微生物体系（如微生物群落或者生活废水），使得氧化还原介体的鉴定成了一项非常复杂的任务。技术手段也成为鉴定的限制因素。对氧化还原介体进行完整的、准确的鉴定需要运用分光光度法、比色法及其他的分离/分析手段。

表 5-5 微生物自身产生的氧化还原介体[81]

名称	产生菌	特性
吩嗪	*Pseudomonas* sp.	具有抗真菌的特性,有助于细胞间信号传递和维持氧化还原动态平衡,其中以绿脓菌素最为典型
黄素	*Shewanella* sp.	介导不溶性三价铁氧化物还原
醌类	*Pseudomonas* sp. BN6 *Sphingomonas xenophaga*	该种介体为水溶性醌,能够促进电子向固态电极转移的速率
细胞色素和溶解酶	*Geobacter sulfurreducens*	产生的溶解酶和胞外细胞色素可以作为 Fe(Ⅲ)还原和中间电子传递的氧化还原介体(具有争议)
黑色素	*Shewanella algae* BrY	其化学结构非常复杂,与细菌的生物膜联结在一起还原 Fe(Ⅲ)
1,4-二羟基-2-萘酸	*Propionibacterium freudenreichii*	只有在合适的电位下以电极作为电子受体时才会产生

(1) 黄素

基于对希瓦氏菌生理学和遗传学的认识及其参与生物电化学过程的功能，长期以来人们一直在研究它的胞外电子传递途径。黄素（flavin）是 *Shewanella oneidensis* 体内分泌的一种氧化还原穿梭体，主要为核黄素（RF）和黄素单核苷酸（FMN），很多希瓦氏菌能利用黄素介导三价铁氧化物还原，微克水平的黄素能使电子传递效率提高 3.7 倍以上[32]。Marsili 也证实了 *Shewanella oneidensis* MR-1 和 MR-4 在培养过程中也能利用黄素将电子传递至胞外处于氧化电势的电极。但黄素分泌物可被光降解，并且某些细菌可将其作为碳源，使其作为电子穿梭体的作用受到限制[80]。

(2) 吩嗪

吩嗪不是第一种被人们所知的可溶性氧化还原介体，但是这种由 γ-变形细菌 *Pseudomonas* sp. 产生的物质目前已得到广泛的研究，主要是因为它们具有抗真菌特性。此外，自然界土壤微生物中的抗生素还有助于细胞间信号传递和维持氧化还原动态平衡，以确保微生物能在高电流密度和低营养条件下生存。吩嗪的作用机制（也许是其他氧化还原介体）可能为各种微生物在相似的亚细胞位置上从电子传递链捕获得到电子。从应用的角度看，内源氧化还原介体可以使不产生中介体的菌种，甚至是革兰氏阳性菌进行胞外电子传递。

(3) 醌类

研究者发现，由 *Pseudomonas* sp. BN6 微生物分泌的醌-氢醌（quinone-hydroquinone）氧化还原电对在胞外萘磺酸盐降解中具有重要作用。2-氨基-3-羧基-1,4-萘醌（ACNQ）在胞外还原中的作用也有研究。其他萘醌是在 *Sphingomonas xenophaga* BN6 厌氧降解萘-2-磺酸盐的过程中被分离得到的，经高效液相色谱和质谱（HPLC-MS）鉴别 4-氨基-1,2-萘醌和 4-乙醇-1,2-萘醌。研究表明，嗜酸菌可以产生促进胞外铁还原的介体，薄层分析结果显示这种介体是水溶性的醌。在进一步的研究中发现，这种介体促进了电子向固态电极转移的速率，这一点是通过更高电势条件下运行的 MFC 反映出来的。目前，这种介体还没有鉴定出来，这是除变形细菌以外首例发现的由细菌产生的内源介体。

(4) 黑色素

Shewanella algae BrY 能在氧化 H_2的过程中还原 Fe(Ⅲ)，这是因为它产生的胞外黑色素可以充当氧化还原介体使 Fe(Ⅲ) 还原。胞外黑色素的化学结构非常复杂，将黑色素归为氧化还原介体还存有疑问。

(5) 其他介体

除上述外还存在着其他的内源性氧化还原介体，如 1,4-二羟基-2-萘酸是由细菌 *Propionibacterium freudenreichii* 产生的氧化还原介体，但只有在合适的电位下以电极作为电子受体时才会产生。

随着研究者们对可溶性氧化还原介体的关注，他们发现了一些已知的"电活性细菌"(如 *Proteobacteria*) 之外的能产生中介体的微生物。近年来，发现富集的光合细菌可产生一种或多种氧化还原介体。通过荧光光谱分析发现，吲哚是丰度最高的电子传递物质。在嗜热菌 *Pyrobaculum aerophilum* 中也发现了一种未被鉴定的可促进胞外铁还原的氧化还原介体。

天然存在或人工合成的电子介体，即外源 ES，常用的有腐殖酸和中性红、蒽酮等一些用于染料合成的物质[82]。外源 ES 又可分为人造介体和天然存在的氧化还原介体。人造介体是很容易得到的人工化学合成的氧化还原介体，且通过有效的分子设计，它们的氧化还原电位可以在很大范围内调整，并且还能增加阳极和阴极间的电势差，从而使产生的功率增加。人造氧化还原介体只是应用在特殊状况下，如在没有电活性微生物的条件下用以降解复杂底物。人造介体可以降低电子传递过程中产生的过电势，并通过细菌生物膜获得电子。人造氧化还原介体对于酵母在 MFC 中的应用是必不可少的，因为酵母的电子传递链位于细胞的线粒体中。通常情况下，像 *Saccharomices cerevisiae* 这样的酵母基本不能产生内源性氧化还原介体。人造氧化还原介体最大的优势在于它的非特异性。倘若氧化还原介体电对的实际电位在有机底物氧化电位与电极电位之间，那么单一的中介体就可以在混菌的条件下被几种不同的细菌利用，将电子传递至电极。这种非特异性可使研究者们能从几乎所有的革兰氏阴性菌中得到电子，从而也使人造氧化还原介体成为实验室生物电化学系统 (BES) 的最佳选择，利用这样的系统可以获得活细胞氧化还原过程的有效信息。还可以利用人造介体来研究那些不适合直接将电子传递至电极的革兰氏阳性菌以及生物膜或细胞壁较厚的微生物。在制备新型电极材料方面，研究者对人造氧化还原介体寄予厚望，以期可以呈数量级地提高电子在电极上的转移速率。

表 5-6 总结了目前应用的人造外源性氧化还原介体，并简述了其特性，以供研究者在应用上进行选择。天然存在的氧化还原介体 (表 5-7)，在地表环境下运行的生物电化学系统中，如沉积物微生物燃料电池或是深海无人值守的发电器通常都在有机碳浓度较低的情况下运行的，而且被成分复杂的有机物、腐殖酸 (HA) 以及大量含硫化合物所包围。环境中的这些物质在细菌和电极间进行胞外电子传递过程中是起作用的。

表 5-6　人造外源性氧化还原介体[81]

名称	来源	特性
硫堇	人工合成染料	常用于染染色质和黏蛋白的一种噻嗪类碱性染料
中性红	人工合成染料	一种碱性吩嗪染料
甲基紫精	人工合成染料	能被苛性碱溶液水解，在生物学上用作指示剂（蓝色至无色）
刃天青	人工合成染剂	酸碱指示剂，一种氧化还原指示剂，在缺氧环境下由粉红变为无色
蒽酮	人工合成染剂	用于有机合成，制备苯并蒽酮和染料，也用于糖类的比色测定；由蒽醌用锡和盐酸或用保险粉还原而制得
2,6-二磺酸盐	人工合成染剂	用于染料合成、有机合成等工业
铁氰化钾	无机化合物	俗称赤血盐，工业上常用于影片冲印、食品防腐剂等方面，试验中用铁氰化钾来提高溶液的氧化还原电势

表 5-7　天然氧化还原介体[81]

名称	来源	特性
腐殖酸(HA)	陆地和海洋环境中	HA 种类繁多，是可溶性高分子量有机化合物，含有醌结构，源于酶的解聚作用和植物性生物高聚物的氧化
半胱氨酸	土壤	土壤中常见的必需氨基酸，也是一种微生物生长基质中普遍采用的还原剂

(6) 腐殖酸

腐殖酸（HA）种类繁多，是可溶性高分子量有机化合物。它们主要来源于酶的解聚作用和植物性生物高聚物的氧化，普遍存在于陆地和海洋环境中（表 5-7）。HA 可以阻碍微生物的降解作用，因此一般也很少参与微生物的新陈代谢，尤其在缺氧的条件下，异化金属还原菌可利用 HA 作为胞外电子受体，也作为 Fe(Ⅲ) 胞外呼吸作用的氧化还原介体。事实上，HA 含醌结构，这一结构可被分解为对苯二酚。对苯二酚可将电子传递至电极和其他细菌。虽然未分解的 HA 既可作为电子受体，也可作为电极介体，但是对于它在有机碳含量较低的环境（如沉积物）中是否有助于 Fe(Ⅲ) 还原仍然存在争议。

(7) 半胱氨酸

半胱氨酸是土壤中常见的必需氨基酸，是微生物生长基质中普遍采用的还原剂（表 5-7）。研究者发现，在 *Geobacter sulfurreducens* 和 *Wolinella succinogene* 共培养过程中半胱氨酸能够在种间传递电子。另外，在 *G. sulfurreducens* 纯培养中加入半胱氨酸可使胞外电子还原的速率增加。

ES 介导的胞外电子传递过程受多种因素影响，包括 ES 种类、ES 的扩散作用、氧化还原电势等[83]。由于外源 ES 中大部分价格昂贵且有毒，因此少添加甚至不添加外源 ES 是目前值得关注的领域。除此之外，目前对穿梭体的研究主要集中在对电子传递的影响，而 ES 本身对微生物的生长代谢的影响仍需要进一步进行实验研究。

一种产电微生物的胞外电子传递方式随微生物形态不同而有所不同。研究发现，*Geobacter sulfurreducens* 在阳极表面生物膜形成初期阶段，依靠黄素进行电子传递，而在之后生物膜形成阶段则是依靠细胞色素 c 和菌毛传递电子。*Shewanella oneidensis*

MR-1 直接接触导电、分泌核黄素物质及表面菌毛传递电子的研究皆有报道。Kotloski 等通过变异技术对比了两种分泌黄素的 *Shewanella oneidensis* strain MR-1，得出通过电子穿梭体进行传递的电子约为总传递电子能力的 75%，黄素控制着 *Shewanella oneidensis* 的电子传递过程[76]。然而在 Fapetu 等的研究中却证明 *Shewanella oneidensis* 中 66%～74%的电子传递来源于直接电子传递过程[84]，得出这种不同结果的原因还需深入研究。

根据氧化电位的不同，电子可以进入不同的传递链阶段。核黄素在电势－200mV 左右可以传递电子，而苯醌可以在较高的电势下传递电子。绿脓菌素作为吩嗪类的一种，其标准氧化还原电势大约为－100mV。当细菌与电极间建立电接触时，电子的传递就不能完全通过电子传递链来进行，溶液中的电位太低，达不到溶解性中介体或是细胞色素用于最终电子传递的电位，它们就不能从电子传递链进一步接受电子，导致 ATP 产量减少，用于细菌生长的能量也随之降低。Fregllia 等发现，当阳极电势从－20mV，降低至－220mV 时，细菌生长速率由 30%降至 0。

电子传递除了发生在产电菌与电极间外，不同微生物间也会发生电子传递。近年来有关种间电子传递的研究也越来越多，且多集中在直接电子传递[85,86]。Summers 等发现 *G. metallireducens* 和 *G. sulfurreducens* 能够共生且产生一种导电聚合物，该导电聚合物内通过菌毛存在电子交换[87]。Boon 等发现 *P. thermopropionicum* 能产生纳米导线，与一种产甲烷菌 *M. Thermautotrophicus* 存在电子传递上的联系[88]。之后，Schaefer 等[89] 证明生物膜上的不同种微生物通过群体感应（quorum-sensing）物质相互联系。种间电子传递模式的存在使得整个电子传递过程更加复杂，这对 MFCs 整体性能的影响是促进还是抑制，目前还不是很清楚，产电菌与非产电菌之间是否存在联系，是否会对电子传递速率产生影响，这都是我们需要深入探索的。

5.3.2 影响因素

5.3.2.1 外电阻

电子由细胞释放到阳极的过程受很多因素影响。外电路电阻虽不直接作用于电极，但其高低影响微生物群落结构形态和数量、COD 消耗情况、电子转移等，进而影响电池产电效率及有机污染物降解情况[90～92]。根据欧姆定律可知：

$$U_{\text{output}}=\frac{V}{R_{\text{内阻}}+R_{\text{外阻}}}R_{\text{外阻}} \tag{5-3}$$

外电阻值越大，电路中电流越小，输出电压越高，当内外阻值相同时，输出功率最高。Jung 和 Regan[93] 的研究表明，不同外电阻能够改表阳极电势，即改变阳极接受电子的能力，这些改变会影响到阳极产电微生物和非产电微生物（如产甲烷菌）的竞争关系。外阻阻值大小对微生物群落结构分布有影响。Kim 等[94] 研究发现当外阻为 0.1kΩ 时，厚壁菌门（Firmicutes）作为整个阳极生物膜的优势菌群，含量大于 45%，然而当外阻为 5kΩ 时，厚壁菌门和嗜热丝菌门的含量都大于 34%，*Caldiserica* sp. 在高外阻条件下可能更有利于功率的提高。对于同一种细菌来说，外阻对生物膜形成及电子传递也会产生影响。Mclean 等[95]以 *Shewanella oneidensis* MR1 为模式微生物，探究不同外阻条件下细胞电子传递速率，发现：当外阻为 100Ω 时，电子传递速率为 1.3×10^6 e/(cell · s) 阳极生物膜厚度<5μm；当阻值调到 1MΩ 时，电子传递速率减为原来的 1/3 左右，生物膜厚度达到 50μm。这一结果表明，外电路负载越大，电子传递速率反而越小，生物膜结构与电子传递存在某种联系。因此，选择合适的外电阻值大小对于 MFCs 的性能表现具有重要意义。

5.3.2.2 阳极材料

除了外电阻外，阳极材料的选择也会影响电子传递过程。阳极材料对电子传递的影响主要体现在以下 2 个方面。

（1）阳极表面粗糙程度及形态

这与微生物的附着能力密切相关。Flint 等[96]的研究表明，当电极表面粗糙度与微生物细胞大小越接近时，微生物附着能力越强，生物量越大。纳米颗粒、纳米线、纳米网及纳米阵列等结构特殊、性能优异，其作为电极材料能提高 MFCs 的产电效率，是理想的 MFCs 电极材料。碳纳米管、石墨烯及二氧化钛等纳米材料可控的导电性使其在电子器件及设备中有广泛的应用。这些新型复合纳米材料作为 MFCs 电极时兼有纳米材料和半导体材料的优点，导电性良好，具有抗腐蚀性能、化学稳定性，生物相容性好，比表面积大和活性位点多，有利于反应的进行，体现了更高的电子转移效率和较低的内阻，催化性能高，因此被广泛研究，是目前 MFCs 阳极材料的研究热点之一，具有广阔的应用前景。碳纳米材料作为 MFCs 阳极材料，不仅具有良好的导电性、稳定的化学性质、较高的比表面积等特点，同时，通过对其进行杂化，能增加微生物附着点，提高电子传递速率，改善电化学性能。赵广超等研究表明，碳纳米管（CNTs）作为 MFCs 电极材料时与菌体细胞紧密结合，能促进菌体与电极间的电子传递，增强产电功率。量子点（QDs）已在太阳能电池中广泛应用。LEE 等制备了在 N 掺杂的多壁碳纳米管上沉积亚磷酸铟量子点（InPQDs：NCNTs）复合材料。复合材料中的 QDs 能促进电子转移，NCNTs 能增强电子分离、运输及电荷收集，这样具有协同作用的杂化半导体纳米材料可提高功率转换效率，有利于电子传递。次素琴等制备的竹节状 N 掺杂碳纳米管（Bamboo-NCNTs）也证明 N 掺杂对 CNTs 活性位点的增加和生物相容性的改善有促进作用，适于作 MFCs 阳极材料。N 元素的掺杂能强化 π-π 键，新形成的 C—N 键对电子转移也有帮助。基于这一基本原理，为进一步提高导电性能，研究者们还研究了金属掺杂对其性能的影响。王亚琼等用微波辅助法合成纳米碳化钼与碳纳米管复合材料（Mo_2C/CNTs），并将其作为 MFC 阳极，这种新型的阳极材料具有促进生物膜形成和对氢的氧化能力。Mo 的质量分数为 16.7%的 Mo_2C/CNTs，其电催化活性与 Pt 的质量分数为 20%的阳极材料活性相同。ERBAY 等在不锈钢网格上原位径向生长不同长度、不同修饰密度的 CNTs 形成碳纳米管-不锈钢网格（CNTs-SS）。CNTs 的碳环与微生物间的捕捉通过 π-π 键，良好的电荷传递特性能减小电荷传递内阻，同时，CNTs 为原位生长，其欧姆损耗也较小，有助于提高功率密度（3.36W/m^2）。石墨烯作为衬底材料能降低电子转移阻力，促进细菌与电极之间的联系，从而提高 MFCs 产电率。从一维

CNTs 到二维石墨烯材料，再到三维石墨烯凝胶，随着多维层状结构的增加，微生物在电极表面的富集数量也逐渐增加，是理想的 MFCs 电极材料。Kirubaharan 等利用 CVD 技术制备 N 掺杂石墨烯片（NGNS）作阳极催化剂。N 掺杂后石墨烯表面官能团带电，从而增加静电力，能改善电子传递速率和电极持久性。NGNS 的最大电流密度为 $6.3A/m^2$，最大功率密度达 $1.008W/m^2$，远高于 N 掺杂碳纳米颗粒（NDCN）作为电极材料的最大功率密度（$0.298W/m^2$）。Li 等通过高压热沉积法研制了 3D 还原型石墨烯-Ni 复合材料（3DrGO-Ni）作为阳极。rGO 有效地增加了比表面积，为微生物提供更多的生长点；3D 多孔 Ni 架结构可以有效地进行电子传递和微生物营养物质的运输，其体积功率密度达 $661W/m^3$。除阳极材料材质外，阳极材料的形态同样会对电池性能产生影响。平面型阳极多为炭布、炭纸及以二者为基体合成的复合型材料，其缺点是增大阳极面积必须增加反应器体积，不利于提高单位体积的产电功率。而立体型阳极（如石墨棒、炭刷等）则可以在相同阳极室体积下增加微生物附着的表面积，从而增大单位产电能力。

（2）电极材料的改性，经不同材料对电极进行掺杂和表面修饰都会对电子传递产生不同程度的影响。

表面经碳纳米管和纳米纤维修饰的石墨烯电极可以明显提高细胞色素 c 和电极间的电子传递效率[69]。Sun 等将石墨烯与聚苯胺复合作为电极，以 *Shewanella oneidensis* MR-1 为模式菌株，发现无论是直接电子传递效率还是间接电子传递效率都有所提升[97]。研究合适的阳极材料具备的结构特征，分析其对产电菌产电性能的影响，对提高 MFCs 产电能力具有十分重要的意义。

目前对于电子转移机制的信息还不是很完善，只是通过电子传递速率这一因素解释电子传递过程，对于微生物在电极表面增殖的过程还需进一步探索。加强产电菌和电极之间的接触能从一定程度上促进阳极电子的传递。通过提供充足底物、改善阳极材料、基因手段调控增强微生物在阳极表面的成膜能力，寻求合适外阻的手段，改善微生物群落结构，提高产电菌数目和电子传递特性，进而提高 MFCs 产电性能。

5.4 质子迁移

底物被氧化产生电子的同时产生质子，质子在 MFCs 中向阴极室迁移。此过程直接影响电池的内阻，是限制 MFCs 用于实际的关键步骤之一，许多研究者致力于提高质子传递速率的研究。影响质子传递的因素很多，主要有底物和电解液的离子浓度、质子交换膜的内阻、MFCs 的构造等。研究发现，高浓度的缓冲液可以在某种程度上减弱质子交换的限制，同时增大电解液的离子浓度可以提高能量输出。在传统 MFCs 中，质子交换膜是重要组件，其作用在于维持电极两端 pH 值的平衡以有效传输质子，使电极反应正常进行，同时抑制反应气体向阳极渗透。质子交换膜的性能好坏直接关系到 MFCs 的工作效率及产电能力。理想的质子交换膜可将质子高效率传递到阴极并能阻止底物或电子受体的迁移。目前，Nafion 膜研究最多，它是一种全氟磺酸质子交换膜，具有较高的离子传导性（10～2s/cm）。Logan 等发现当交换膜的面积小于电极面积时，内阻增加，会导致输出功率降低。已有的 MFCs 中，大多采用商业化的质子交换膜，而专门对 MFCs 膜材料的研究不多。商业化的质子交换膜成本过高，影响工业化应用。Min 等采用盐桥的方式来替代交换膜，但功率密度比使用膜降低了两个数量级。Liu 等以葡萄糖和废水为燃料研究了无膜 MFCs，最大输出功率明显提高，比采用 Nafion 膜的 MFCs 分别增加 1.9 倍和 5.2 倍，但电池的库仑效率有所降低。去除质子交换膜，可减少质子向阴极传递的阻力，从而降低内阻，提高输出。同时，没有膜的阻拦，阴极电子受体易进入阳极，减少电能的转化。此外，在质子迁移系统中，氧气等电子受体向阳极的扩散现象值得关注。其会使兼性和好氧微生物消耗部分燃料，同时抑制厌氧微生物的代谢，导致库仑效率的降低。Liu 等研究发现，无膜 MFCs 比 Nafion 膜 MFCs 扩散至阳极室的氧气增加约 3 倍，以葡萄糖为底物时，约 28% 被微生物因好氧代谢而消耗。可见，MFCs 中阴阳极隔离材料的研究颇为重要，良好性能材料的应用会提高电池的产能效率。近期研究发现，对于以氧气作为电子受体的 MFCs，可在阳极室添加溶氧去除剂以维持阳极厌氧环境，如半胱氨酸的添加可使电能产率约提高 14%。

5.5 阴极接收电子

经外电路传递的电子到达阴极后，与质子、电子受体在催化剂或微生物的作用下发生反应。目前在阴极附近发现 *Desulfovibrio marrakechenisis* 和 *Comamonas testosteroni* 参与氧气的还原过程[98]。此过程中，电子受体在催化剂条件下的还原速率直接决定电池产电性能的好坏。

MFCs 的阴极通常以 O_2 作为电子受体。O_2 具有氧化电势高、廉价易得的特点，因状态不同，分为气态氧和溶解氧两种形式。通过向水中曝气的方式，在氧气未达到饱和浓度时，氧浓度大小影响电池性能。最大电压、库仑效率和最大输出功率都随溶解氧减少而减小，溶氧浓度对总氮和总磷的去除也有影响[99]。目前使用较多的是直接将气体扩散电极一面暴露在空气中的单室空气阴极 MFCs，可解决曝气带来的能耗问题。空气中的 O_2 首先通过扩散层进入溶液，然后经化学吸附到电极表面被催化剂还原，疏水透气层多采用聚四氟乙烯（PTFE）组成多孔结构保障空气进入，因此催化剂的选择将直接影响氧还原速率。

O_2 根据在阴极结合电子能力的不同发生不同反应：

① 二电子反应　其反应方程式可写为：

$$O_2+2e+2H^+ \xrightarrow{\text{催化剂}} H_2O_2 \tag{5-4}$$

产生的过氧化氢具有强氧化性，结合 Fe^{2+} 参考 Fenton 反应，产生的羟基氧化电位为 2.8eV（1eV＝1.6×10J），氧化性仅次于氟，可用于去除绝大部分难以生物降解的有机物，并解决了传统 Fenton 反应过氧化氢不宜储存和运输的缺点。将微生物燃料电池与 Fenton 反应相结合的方式降解污染物已经受到越来越多人的关注[100]。

② 四电子反应　其方程式可写为：

$$O_2 + 4e + 4H^+ \xrightarrow{\text{催化剂}} 2H_2O \tag{5-5}$$

O_2 的还原速率取决于催化剂的选择。根据催化剂种类可将 MFCs 阴极分为生物型阴极和非生物型阴极。非生物型阴极常用的催化剂，研究最开始集中在贵金属上，如 Pt、Ag、Ni 等，具有空的 d 轨道的铂能够与多种带电物发生吸附作用，可以形成活性物质促进反应的进行，并且可以降低阴极反应活化能，提高阴极反应速率，是目前使用最广泛的高效催化剂，但由于 Pt 储量有限，价格昂贵，严重制约其在商业生产中的规模化应用，国内外围绕降低 Pt 负载量和提高催化效率的研究很多。Pt/C 是目前为止使用最广泛的阴极电极材料，能有效降低氧还原过电位，催化效果好，且较于贵金属成本低。Quan 等以 Pt/Pd 合金作为催化剂，获得的最大面积功率密度为 $1274mW/m^2$，与相同条件下以 Pt/C 作为催化剂产生的功率密度相当，因此，比 Pt 廉价的 Pd 由于其高催化活性，使其在 MFC 应用中取代 Pt 作为氧化还原催化剂是可行的。除此之外，阴极催化剂还包括大环化合物、金属氧化物（主要是锰类、铁类）、碳催化剂（石墨烯、碳纳米管等）和将几种材料合成得到的复合催化剂[3]。过渡态金属氧化物由于具有来源广、廉价等优点被用于 MFC 阴极催化剂。考虑到性能和成本因素，炭基材料作为氧还原材料受到越来越多的欢迎，其主要的优势有：无毒性，化学性质稳定，导电性和抗腐蚀性良好，且具有较高的析氢电位[101]。通过掺杂氮、磷、硼、硫及卤素等，炭基材料可获得更优秀的催化活性。

相较于非生物型阴极，科学家考虑用微生物体内的酶作为催化剂，取代金属催化剂，降低成本。除此之外生物阴极还具有以下优势：

① 能避免催化剂中毒，稳定性强；

② 利用生物阴极在厌氧条件下的反硝化作用，在阴极室生长的微生物也可以处理废水；

③ 降低运行成本，操作简单。

一般来说，我们可以将生物阴极按照电子受体的不同分为好氧型生物阴极（aerobic biocathode）和厌氧型生物阴极（anaerobic biocathode）。研究发现，MFC 生物阴极的电子传递机制主要有两种，分别为直接电子传递机制和间接电子传递机制。用 PANI 及其聚合物修饰生物阴极，涂上导电聚合物后阴极生物膜变厚，从生物多样性角度分析，阴极生物膜上的主导微生物从修饰前的 β-变形杆菌纲变成修饰后的 α-变形杆菌纲、γ-变形杆菌纲。生物型阴极正在受到越来越多的关注[102]。

结合实际工业应用，空气扩散阴极是扩大 MFCs 的最佳选择。制备空气阴极的材料包括集电材料、催化剂、黏结剂和扩散层等。集电极用于支撑催化层和扩散层，防止阴极变形，并形成电子流动通道。理想的集电极应具有价格低廉、抗水压、良好的导电性、良好的催化剂附着状态（即具有三维结构）、防析盐和漏水等性质。目前，常用的集电极材料有炭布、炭纸、炭网、石墨毡、镍网、泡沫镍、不锈钢、铜及其他新型材料（如双面布料）等。炭布是最早作为集电极使用的材料，目前在小型 MFC 中使用得较多，且大部分会用 PTFE 溶液进行憎水处理。Luo 等对比了 2 种材料——炭布和炭网的性能，发现炭布阴极 MFC 的产能要略高于炭网，但炭网的成本仅为炭布的 2.5%，因此，炭网更适用于扩大化 MFC 中。炭布的成本较高，制作及安装困难，不利于扩大化使用且为二维结构，而泡沫镍和双层不锈钢网则具有三维结构，使得催化剂能均匀分布于三维网络中，有利于阴极性能的提高。吴健成对炭布阴极、泡沫镍阴极及不锈钢阴极的性能与成本进行了详细的分析与比较。Cheng 等认为泡沫镍阴极要优于炭布和不锈钢阴极，因为以泡沫镍作为集电极、活性炭作为催化剂制得的阴极与 Pt/炭布阴极相比，在 AC-MFC 中产能相差不大，而前者成本仅为后者的 1/30。相对镍而言，不锈钢网承受水压的情况更为理想，且成本更低。不锈钢网的目数对其性能存在一定的影响，较小的目数（30 目）性能较好，而当采用双层不锈钢时，能够形成三维网状结构，甚至在一定程度上优于泡沫镍的性能。由于铜比不锈钢的导电性好，以铜作为集电极可以增加 MFC 能量输出，因此，开发导电性好且具有三维网状结构的材料是今后的研究方向。黏结剂用于固定催化剂，使催化层黏附到炭基层、微孔层（MPL）或集电体上，对阴极性能有重要影响。目前使用较多的黏结剂有 Nafion 和 PTFE，此外也有诸如 PDMS、聚苯基砜、PVDF、Q-FPAE、PVA 等其他黏结剂，也发展了一些直接使催化剂附到集电体上而无须使用黏结剂的方法。Nafion 黏结剂的性能优于 PTFE，但 Nafion 造价高，不适于大尺寸 MFC 的使用。以 Pt 作催化剂时，用 Nafion 作黏结剂的比较多。PTFE 含量由低升高时能够提高 TPI 的氧含量，但超过一定限度会导致阴极导电率下降和疏水性过强，不利于电子和质子向 TPI 的移动，$m(\mathrm{AC}):m(\mathrm{PTFE})=6$ 时阴极性能最好。而 PDMS 用作黏结剂可以改善氧气向三相界面的传送，减小阴极阻力，与 Nafion 用作黏结剂时相比，AC-MFC 产能相近，但前者稳定性更好，且成本仅为 Nafion 的 0.23%，是 Nafion 的一种有效且廉价的替代物。此外，利用氨蒸气诱导的方法使氧化钴催化剂直接附着于集电极上，未使用黏结剂，这样制得的阴极性能比使用 Nafion 的更佳[26]。扩散层用于控制氧气扩散速度，防止漏水和析盐。扩散层一般是用疏水材料与导电炭（如炭黑）混合制成，以同时具有导电性和疏水性。黏结剂一般可以用作扩散层材料，其中 PTFE 和 PDMS 是使用较多的两种，也有其他材料如 Goretex 布（炭材料）、玻璃纤维的报道。在空气阴极中，PTFE 作为扩散层适用于炭布上，不适于金属网阴极（如不锈钢网和镍网），这是因为在网状阴极中，PTFE 能直接渗穿整个阴极，污染催化层，导致制作困难。金属网阴极用 PDMS 制作较为合适。用不锈钢作集电极时，PDMS 作为扩散层的效果与 PTFE 相近，而前者的成本低于后者。为简化扩散层制作过程，Luo 等将 Goretex 布热压到炭布阴极的空气侧作为扩散层，与 4 层 PTFE 作为扩散层时相比，AC-SCMFC 的产能和碳当量（CE 值）均相近。尽管 Goretex 比 PTFE 的成本更高，但热压的方法可用于不同的阴极材料上，适于扩大化阴极的制作。扩大化 MFCs 有两种方法：一种是采用大体积反应器 MFC；另一种是将多个小尺寸的 MFC 组装在一起。在扩大化的过程中，紧凑结构和多电极的使用有利于提升性能，但在组装反应器，特别是在有多个独立阳极的条件下，应尽量避免某一阳极单独和阴极直接连接，否则会造成整个电池性能的大幅下降。体积对 AC-MFC 的产能影响巨大。一般而言，单一扩大 MFCs 的体积往往使得产能急速下降，这是因为扩大体积会使得阴极相对面积下降，阴阳极距离增加，内阻增加，反应液传质变缓。大量研究表明，阴极面积的增加比阳极面积的增加对 MFC 的 COD 去除率和产电电流的增加更有效，但阴极面积的增加会导致 CE 值的减小。同时，MFC 的能量密度随着单位体积的阴极面积在一定范围内的增大而几乎呈正比增加[34]。Feng 等[103]对 250L 的大型 MFC 进行了研究，这是目前最大的 MFC 单元，其高内阻限制了产电，而低电流密度限制了 CE 值。Jeon 等试验了一种正六边形的 1.29L 的 AC-SCMFC，阴极为含 Pt 炭布，最高产能达 $6W/m^3$，具有高 COD 去除率和低 CE 值。将多个小型 AC-MFC 连接成大体积 MFCs 涉及水力连接和电力连接两个方面。近几年关于多个 MFCs 连接的研究中，水力连接采用串联的连续流模型居多，而电力连接中串联、并联及混联均有研究。Choi 等研究了不同的水力连接和电力连接方式对 AC-MFC 处理生活废水的影响，发现串联流动下电力并联连接最有利于产能、COD 去除率和 CE 值的提高，并且应尽量避免水力串联时电极串联，以免出现电压反转现象。Ieropoulos 等在电力连接 24 个小型（6.25mL）AC-MFC 时，先将每 2 个以并联方式连接组成 12 个单元，再将这 12 个单元串联连接成一个整体，这样既不会出现电极反转现象，也能保证有足够多的串联数量来形成相对高的电压。Ren 等发现，当多个小反应器（14mL）的水力连接方式为串联，选择电力连接方式时，相对于将所有的阴极和阳极作为一个整体进行连接，将每个小反应器的阴、阳极单独连接产能效果更好，并且，阻隔反应器间的离子交换并不会影响整体性能。Zhuang 等将 40 个管状 AC-MFC 组合成一个 10L 的蛇型 MFCs，比较了串联型和混联型两种电力连接方式对 MFC 处理酿酒厂废水的影响，结果发现，混联型的产能及 CE 值高于串联型，但开路电压要低得多。目前，MFCs 与传统厌氧发酵技术相比还有一定的差距，扩大化 MFCs 还需要不断进行研究与优化。除氧气外，铁氰化物、重铬酸钾、高锰酸钾、过硫酸钾等也经常作为最终电子受体使用[104]。铁氰化钾能明显降低阴极过电位，使 MFCs 在低电势下运行，相较于氧气输出功率更高[105]，但由于其无法再生，需定期补充且对微生物有毒性，无法长期稳定运行，因此不适合大规模应用到实际中。重铬酸钾、高锰酸钾、过硫酸钾也存在不可再生利用的问题。近几年出现越来越多的新型电子受体，Dai 等首次将溴酸钠（$NaBrO_3$）作为电子受体，当 $NaBrO_3$ 浓度为 100mmol/L、pH＝3.0 时，电池开路电压达到最大为 1.635V[106]。在厌氧条件下，许多化合物，如硝酸盐、硫酸盐和二氧化碳等都可以作为电子受体，其一大优势是通过阻断氧气向阳极的扩散，防止氧气消耗电子导致库仑效率下降。

5.6 本章小结

微生物燃料电池未来的发展应是同时实现产电与污染修复的双向高效运行。目前应用到实际的沉积物 MFCs，主要利用底泥如海底、湖底沉积物发电，能确保大范围内监控装置的能源供给，减少定期更换电池不便的问题[107]。但在目前还只是应用于简单的污水处理和微型生物发电。MFCs 距离运用到实际领域还有很长的路要走，会遇到诸如产电效率、材料成本、实际物理和化学边界条件等的限制，仅是从电子传递角度来看，还有许多现阶段研究不清楚的地方，其在反应体系中的运移情况将直接影响系统的性能发挥。目前研究多围绕于 *Shewanella* 和 *Geobacter*，其理论对于其他研究尚少或其他未知的产电微生物是否同样适用也还不清楚。为提高 MFCs 的产电能力，未来的研究应侧重在：

① 重视数值模拟与实验相结合的方法　数值模拟作为一种重要的科学探究方法，能够节省时间与成本，并且可以提供可借鉴性的实验结果，起到导向的作用。

② 将相似理论运用于 MFCs 的研究中　在大型连续流 MFCs 中，可以尝试采用相似理论缩减反应器模型，为扩大化研究提供一种新的思路。

③ 加强对 MFCs 的理论分析　目前对 MFCs 的研究主要以实验探究为主，已经建立的 MFCs 数学模型数量有限。根据数学模型进行理论分析能够为实验探究提供一定的指导。

④ 对电子传递的影响因素的研究　包括产电菌本身的附着情况、产电效率的影响因素。也可通过人为手段调控加快传递效率，为高效阳极材料的开发提供借鉴。另外，无论是通过细胞色素、纳米导线还是电子中介体传递电子，我们对其组成、传递机制的认识都还不是很清楚，纳米导电是否还具有除传递电子外的其他功能，接下来更应该从分子的角度继续对其进行研究。

⑤ 高效产电菌的筛选及应用　单一产电菌往往代谢能力有限，培养条件苛刻，结合基因工程考虑人工构建混菌体系，提高产电效率。另外，包括纳米导线的制备，结合基因工程考虑是否能够人工改造。

⑥ 开展 MFCs 反应器放大的应用研究　目前还多处于实验室阶段，考虑到自然环境的复杂性，例如用于远洋或废水检测的生物传感器等，其在实际应用中是否还会遇到新的问题有待继续研究。

参 考 文 献

［1］ Raschitor A，Soreanu G，Fernandez M C，et al. Bioelectro-Claus processes using MFC technology：Influence of co-substrate [J]. Bioresource technology，2015，189：94-98.

［2］ Fan Y，Hu H，Liu H. Enhanced Coulombic efficiency and power density of air-cathode microbial fuel cells with an improved cell configuration [J]. Journal of Power Sources，2007，171（2）：348-354.

［3］ Ben L K，Daud W R W，Ghasemi M，et al. Non-Pt catalyst as oxygen reduction reaction in microbial fuel cells：A review [J]. International Journal of Hydrogen Energy，2014，39（10）：4870-4883.

［4］ Sajana T，Ghangrekar M，Mitra A. Effect of operating parameters on the performance of sediment microbial fuel cell treating aquaculture water [J]. Aquacultural Engineering，2014，61：17-26.

［5］ 顾熠澐．微生物燃料电池输出功率影响因素综述 [J]. 水电与新能源，2014，2（115）：69-74.

［6］ Logan B E，Hamelers B，Rozendal R，et al. Microbial Fuel Cells：Methodology and Technology [J]. Environ Sci Technol，2006，40（17）：5181-5192.

［7］ Potter M C. Electrical effects accompanying the decomposition of organic compounds [J]. Proceedings of the Royal Society of London Series B，Containing Papers of a Biological Character，1911，84（571）：260-276.

［8］ Habermann W and Pommer E H. Biological fuel cells with sulphide storage capacity [J]. Applied microbiology and biotechnology，1991，35（1）：128-133.

[9] Singh L，Wahid Z A. Methods for enhancing bio-hydrogen production from biological process：a review [J]. Journal of Industrial and Engineering Chemistry，2015，21：70-80.

[10] Jiang Y，Liang P，Liu P，et al. A cathode-shared microbial fuel cell sensor array for water alert system [J]. International Journal of Hydrogen Energy，2017，42 (7)：4342-4348.

[11] Schneider G，Kovacs T，Rakhely G，et al. Biosensoric potential of microbial fuel cells [J]. Applied microbiology and biotechnology，2016，100 (16)：7001-7009.

[12] Wolinska A，Stepniewska Z，Bielecka A，et al. Bioelectricity production from soil using microbial fuel cells [J]. Applied biochemistry and biotechnology，2014，173 (8)：2287-2296.

[13] Dunaj S J，Vallino J J，Hines M E，et al. Relationships between soil organic matter，nutrients，bacterial community structure，and the performance of microbial fuel cells [J]. Environmental science & technology，2012，46 (3)：1914-1922.

[14] Kaku N，Yonezawa N，Kodama Y，et al. Plant/microbe cooperation for electricity generation in a rice paddy field [J]. Applied microbiology and biotechnology，2008，79 (1)：43-49.

[15] Chen Z，Huang Y C，Liang J H，et al. A novel sediment microbial fuel cell with a biocathode in the rice rhizosphere [J]. Bioresource technology，2012，108：55-59.

[16] Wang H，Luo H，Fallgren P H，et al. Bioelectrochemical system platform for sustainable environmental remediation and energy generation [J]. Biotechnology advances，2015，33 (3-4)：317-334.

[17] Kumar R，Singh L，Wahid Z A，et al. Exoelectrogens in microbial fuel cells toward bioelectricity generation：a review [J]. International Journal of Energy Research，2015，39 (8)：1048-1067.

[18] Park T J，Ding W，Cheng S，et al. Microbial community in microbial fuel cell (MFC) medium and effluent enriched with purple photosynthetic bacterium (*Rhodopseudomonas* sp.) [J]. AMB Express，2014，4 (1)：22.

[19] Chaudhuri S K，Lovley D R. Electricity generation by direct oxidation of glucose in mediatorless microbial fuel cells [J]. Nature biotechnology，2003，21 (10)：1229-1232.

[20] Rezaei F，Xing D，Wagner R，et al. Simultaneous cellulose degradation and electricity production by *Enterobacter cloacae* in a microbial fuel cell [J]. Applied and environmental microbiology，2009，75 (11)：3673-3678.

[21] Toh H，Sharma V K，Oshima K，et al. Complete genome sequences of *Arcobacter butzleri* ED-1 and *Arcobacter* sp. strain L，both isolated from a microbial fuel cell [J]. Journal of bacteriology，2011，193 (22)：6411-6412.

[22] Bond D R，Holmes D E，Tender L M，et al. Electrode-reducing microorganisms that harvest energy from marine sediments [J]. Science，2002，295 (5554)：483-485.

[23] Deng H，Xue H，Zhong W. A Novel Exoelectrogenic Bacterium Phylogenetically Related to Clostridium sporogenes Isolated from Copper Contaminated Soil [J]. Electroanalysis，2017，29 (5).

[24] Xu S，Liu H. New exoelectrogen *Citrobacter* sp. SX-1 isolated from a microbial fuel cell [J]. Journal of applied microbiology，2011，111 (5)：1108-1115.

[25] Toth E M，Keki Z，Bohus V，et al. *Aquipuribacter hungaricus gen.* nov.，sp. nov.，an actinobacterium isolated from the ultrapure water system of a power plant [J]. International journal of systematic and evolutionary microbiology，2012，62 (3)：556-562.

[26] Rotaru D E H，Franks A E，Orellana R，et al. Geobacter：the microbe electric's physiology，ecology，and practical applications [J]. Adv Microb Physiol，2011，59 (1).

[27] 刘鹏程，朱雯雯，肖翔．产电微生物西瓦氏菌厌氧呼吸代谢网络研究进展 [J]. 微生物学通报，2015，41 (11)：2238-2244.

[28] 张霞，肖莹，周巧红，等．微生物燃料电池中产电微生物的研究进展 [J]. 生物技术通报，2017，33 (10)：64-73.

[29] Kim H J，Park H S，Hyun M S，et al. A mediator-less microbial fuel cell using a metal reducing bacterium，

Shewanella putrefaciens [J]. Enzyme and Microbial technology, 2002, 30 (2): 145-152.

[30] Ringeisen B R, Henderson E, Wu P K, et al. High power density from a miniature microbial fuel cell using Shewanella oneidensis DSP10 [J]. Environmental science & technology, 2006, 40 (8): 2629-2634.

[31] Sekar R, Shin H D, Dichristina T J. Activation of an otherwise silent xylose metabolic pathway in Shewanella oneidensis [J]. Applied and environmental microbiology, 2016, 82 (13): 3996-4005.

[32] Marsili E, Baron D B, Shikhare I D, et al. *Shewanella* secretes flavins that mediate extracellular electron transfer [J]. Proceedings of the National Academy of Sciences, 2008, 105 (10): 3968-3973.

[33] Biffinger J C, Fitzgerald L A, Ray R, et al. The utility of *Shewanella japonica* for microbial fuel cells [J]. Bioresource technology, 2011, 102 (1): 290-297.

[34] Xu M, Guo J, Chen Y, et al. *Shewanella decolorationis* sp. nov., a dye-decolorizing bacterium isolated from activated sludge of a waste-water treatment plant [J]. International Journal of Systematic and Evolutionary Microbiology, 2005, 55 (1): 363-368.

[35] Coppi M V, Leang C, Sandler S J, et al. Development of a Genetic System for *Geobacter sulfurreducens* [J]. Applied and environmental microbiology, 2001, 67 (7): 3180-3187.

[36] Aklujkar M, Krushkal J, Dibartolo G, et al. The genome sequence of *Geobacter metallireducens*: features of metabolism, physiology and regulation common and dissimilar to Geobacter sulfurreducens [J]. BMC microbiology, 2009, 9 (1): 109.

[37] Yi H, Nevin K P, Kim B C, et al. Selection of a variant of *Geobacter sulfurreducens* with enhanced capacity for current production in microbial fuel cells [J]. Biosensors and Bioelectronics, 2009, 24 (12): 3498-3503.

[38] Call D F, Logan B E. A method for high throughput bioelectrochemical research based on small scale microbial electrolysis cells [J]. Biosensors and Bioelectronics, 2011, 26 (11): 4526-4531.

[39] Rabaey K, Boon N, Siciliano S D, et al. Biofuel cells select for microbial consortia that self-mediate electron transfer [J]. Applied and environmental microbiology, 2004, 70 (9): 5373-5382.

[40] 游婷. 铜绿假单胞菌存活时间延长可提高生物燃料电池的产电量 [J]. 生物工程学报, 2017, 33 (4): 601-608.

[41] Zuo Y, Xing D, Regan J M, et al. Isolation of the exoelectrogenic bacterium *Ochrobactrum anthropi* YZ-1 by using a U-tube microbial fuel cell [J]. Applied and environmental microbiology, 2008, 74 (10): 3130-3137.

[42] Xing D, Zuo Y, Cheng S, et al. Electricity generation by Rhodopseudomonas palustris DX-1 [J]. Environmental Science & Technology, 2008, 42 (11): 4146-4151.

[43] Pham C A, Jung S J, Phung N T, et al. A novel electrochemically active and Fe(Ⅲ)-reducing bacterium phylogenetically related to *Aeromonas hydrophila*, isolated from a microbial fuel cell [J]. FEMS Microbiology Letters, 2003, 223 (1): 129-134.

[44] Lenin B M and Venkata M S. Influence of graphite flake addition to sediment on electrogenesis in a sediment-type fuel cell [J]. Bioresource technology, 2012, 110: 206-213.

[45] 李明, 梁湘, 骆健美, 等. 一株产电菌嗜根考克氏菌 (*Kocuria rhizophila*) 的分离及其产电性能优化 [J]. 环境科学学报, 2015, 35 (10): 3078-3087.

[46] Lee Y Y, Kim T G, Cho K S. Enhancement of electricity production in a mediatorless air-cathode microbial fuel cell using *Klebsiella* sp. IR21 [J]. Bioprocess and biosystems engineering, 2016, 39 (6): 1005-1014.

[47] Liu L, Lee D J, Wang A, et al. Isolation of Fe(Ⅲ)-reducing bacterium, *Citrobacter* sp. LAR-1, for startup of microbial fuel cell [J]. International journal of hydrogen energy, 2016, 41 (7): 4498-4503.

[48] Luo J, Yang J, He H, et al. A new electrochemically active bacterium phylogenetically related to *Tolumonas osonensis* and power performance in MFCs [J]. Bioresource technology, 2013, 139: 141-148.

[49] Bond D R, Lovley D R. Evidence for involvement of an electron shuttle in electricity generation by *Geothrix fermentans* [J]. Applied and environmental microbiology, 2005, 7 (4): 2186-2189.

[50] Holmes D E, Nicoll J S, Bond D R, et al. Potential role of a novel psychrotolerant member of the family

Geobacteraceae, *Geopsychrobacter* electrodiphilus gen. nov., sp. nov., in electricity production by a marine sediment fuel cell [J]. Applied and environmental microbiology, 2004, 70 (10): 6023-6030.

[51] Fedorovich V, Knighton M C, Pagaling E, et al. Novel electrochemically active bacterium phylogenetically related to Arcobacter butzleri, isolated from a microbial fuel cell [J]. Applied and environmental microbiology, 2009, 75 (23): 7326-7334.

[52] Xing D, Cheng S, Logan B E, et al. Isolation of the exoelectrogenic denitrifying bacterium *Comamonas denitrificans* based on dilution to extinction [J]. Applied microbiology and biotechnology, 2010, 85 (5): 1575-1587.

[53] Mao L, Verwoerd W S. Selection of organisms for systems biology study of microbial electricity generation: a review [J]. International Journal of Energy and Environmental Engineering, 2013, 4 (1): 17.

[54] Hubenova Y, Mitov M. Potential application of Candida melibiosica in biofuel cells [J]. Bioelectrochemistry, 2010, 78 (1): 57-61.

[55] Schaetzle O, Barrlere F, Baronian K. Bacteria and yeasts as catalysts in microbial fuel cells: electron transfer from micro-organisms to electrodes for green electricity [J]. Energy & Environmental Science, 2008, 1 (6): 607-620.

[56] Prasad D, Arun S, Murugesan M, et al. Direct electron transfer with yeast cells and construction of a mediatorless microbial fuel cell [J]. Biosensors and Bioelectronics, 2007, 22 (11): 2604-2610.

[57] Lee Y Y, Kim T G, Cho K S. Isolation and characterization of a novel electricity-producing yeast, Candida sp. IR11 [J]. Bioresource technology, 2015, 192: 556-563.

[58] Raghavulu S V, Goud R K, Sarma P, et al. Saccharomyces cerevisiae as anodic biocatalyst for power generation in biofuel cell: influence of redox condition and substrate load [J]. Bioresource technology, 2011, 102 (3): 2751-2757.

[59] Haslett N D, Rawson F J, Barrlere F, et al. Characterisation of yeast microbial fuel cell with the yeast *Arxula adeninivorans* as the biocatalyst [J]. Biosensors and Bioelectronics, 2011, 26 (9): 3742-3747.

[60] Williams J, Trautwein S A, Jankowska D, et al. Identification of uric acid as the redox molecule secreted by the yeast *Arxula adeninivorans* [J]. Applied microbiology and biotechnology, 2014, 98 (5): 2223-2229.

[61] Freguia S, Rabaey K, Yuan Z, et al. Electron and carbon balances in microbial fuel cells reveal temporary bacterial storage behavior during electricity generation [J]. Environmental science & technology, 2007, 41 (8): 2915-2921.

[62] White D, Drummond J T, Fuqua C. The physiology and biochemistry of prokaryotes [M]. New York Oxford University Press, 2012.

[63] 滕少香. 以电极为电子受体的厌氧过程中污染物转化机制与微生物学研究 [D]. 济南：山东大学，2010.

[64] Yang Y, Xu M, Guo J, et al. Bacterial extracellular electron transfer in bioelectrochemical systems [J]. Process Biochemistry, 2012, 47 (12): 1707-1714.

[65] 王慧勇，梁鹏，黄霞，等. 微生物燃料电池中产电微生物电子传递研究进展 [J]. 环境保护科学，2009，35 (1)：17-20.

[66] Liu Y, Wang Z, Liu J, et al. Atrans-membrane porin-cytochrome protein complex for extracellular electron transfer by *Geobacter sulfurreducens* PCA [J]. Environmental microbiology reports, 2014, 6 (6): 776-785.

[67] Shi L, Squier T C, Zachara J M, et al. Respiration of metal (hydr) oxides by *Shewanella* and *Geobacter*: a key role for multihaem c-type cytochromes [J]. Molecular microbiology, 2007, 65 (1): 12-20.

[68] Heidelberg J F, Paulsen I T, Nelson K E, et al. Genome sequence of the dissimilatory metal ion - reducing bacterium Shewanella oneidensis [J]. Nature biotechnology, 2002, 20 (11): 1118-1123.

[69] 许杰龙，周顺桂，袁勇，等. 有“生命”的电线：浅析微生物纳米导线电子传递机制及其应用 [J]. 化学进展，2012，24 (9)：1794-1800.

[70] Leung K M, Wanger G, Elnaggar M Y, et al. *Shewanella oneidensis* MR-1 bacterial nanowires exhibit p-

type, tunable electronic behavior [J]. Nano letters, 2013, 13 (6): 2407-2411.

[71] Reguera G, Mccarthy K D, Mehta T, et al. Extracellular electron transfer via microbial nanowires [J]. Nature, 2005, 435 (7045): 1098-1101.

[72] Pirbadian S, Barchinger S E, Leung K M, et al. *Shewanella oneidensis* MR-1 nanowires are outer membrane and periplasmic extensions of the extracellular electron transport components [J]. Proceedings of the National Academy of Sciences of the United States of America, 2014, 111 (35): 12883-12888.

[73] Gorby Y A, Yanina S, Mclean J S, et al. Electrically conductive bacterial nanowires produced by *Shewanella oneidensis* strain MR-1 and other microorganisms [J]. Proceedings of the National Academy of Sciences of the United States of America, 2006, 103 (30): 11358-11363.

[74] Richter H, Nevin K P, Jia H, et al. Cyclic voltammetry of biofilms of wild type and mutant *Geobacter sulfurreducens* on fuel cell anodes indicates possible roles of *OmcB*, *OmcZ*, type IV pili, and protons in extracellular electron transfer [J]. Energy & Environmental Science, 2009, 2 (5): 506-516.

[75] Tremblay P L, Aklujkar M, Leang C, et al. A genetic system for *Geobacter metallireducens*: role of the flagellin and pilin in the reduction of Fe(Ⅲ) oxide [J]. Environmental microbiology reports, 2012, 4 (1): 82-88.

[76] Kotloski N J, Gralnick J A. Flavin Electron Shuttles Dominate Extracellular Electron Transfer by *Shewanella oneidensis* [J]. Mbio, 2013, 4 (1): e00553.

[77] Rabaey K, Boon N, Hofte M, et al. Microbial phenazine production enhances electron transfer in biofuel cells [J]. Environmental science & technology, 2005, 39 (9): 3401-3408.

[78] Ferapontova E, Schmengler K, Borchers T, et al. Effect of cysteine mutations on direct electron transfer of horseradish peroxidase on gold [J]. Biosensors and Bioelectronics, 2002, 17 (11): 953-963.

[79] Babanova S, Matanovic I, Chavez M S, et al. Role of Quinones in Electron Transfer of PQQ-Glucose *Dehydrogenase* Anodes Mediation or Orientation Effect [J]. Journal of the American Chemical Society, 2015, 137 (24): 7754-7762.

[80] Grininger M, Staudt H, Johansson P, et al. Dodecin is the key player in flavin homeostasis of archaea [J]. Journal of Biological Chemistry, 2009, 284 (19): 13068-13076.

[81] 孙彩玉，邸雪颖，李永峰，等．微生物燃料电池系统中氧化还原介体的研究 [J]. 安徽农业科学，2013，41 (29)：10806-10808.

[82] 刘利丹，勇 肖，吴义诚，等．微生物电化学系统电子中介体 [J]. 化学进展，2014，24 (11)：1859-1866.

[83] 马金莲，马晨，汤佳，等．电子穿梭体介导的微生物胞外电子传递：机制及应用 [J]. 化学进展，2015，27 (12)：1833-1840.

[84] Fapetu S, Keshavarz T, Clements M, et al. Contribution of direct electron transfer mechanisms to overall electron transfer in microbial fuel cells utilising *Shewanella oneidensis* as biocatalyst [J]. Biotechnology letters, 2016, 38 (9): 1465-1473.

[85] Rotaru A E, Shrestha P M, Liu F, et al. Direct interspecies electron transfer between *Geobacter metallireducens* and *Methanosarcina barkeri* [J]. Applied and environmental microbiology, 2014, 80 (15): 4599-4605.

[86] Zheng S, Zhang H, Li Y, et al. Co-occurrence of *Methanosarcina mazei* and *Geobacteraceae* in an iron (Ⅲ)-reducing enrichment culture [J]. Front Microbiol, 2015, 6: 941.

[87] Summers Z M, Fogarty H E, Leang C, et al. Direct exchange of electrons within aggregates of an evolved syntrophic coculture of anaerobic bacteria [J]. Science, 2010, 330 (6009): 1413-1415.

[88] Boon N, Aelterman P, Clauwaert P, et al. Metabolites produced by *Pseudomonas* sp. enable a Gram-positive bacterium to achieve extracellular electron transfer [J]. Applied Microbiology and Biotechnology, 2008, 77 (5): 1119-1129.

[89] Schaefer A L, Greenberg E P, Oliver C M, et al. A new class of homoserine lactone quorum-sensing signals [J]. Nature, 2008, 454 (7204): 595-599.

[90] Fernando E, A T K, Kyazze G. External resistance as a potential tool for influencing azo dye [J]. International Biodeterioration & Biodegradation, 2014, 89: 7-14.

[91] Liu T, Yu Y Y, Li D, et al. The effect of external resistance on biofilm formation and internal resistance in *Shewanella* inoculated microbial fuel cells [J]. RSC Adv, 2016.

[92] Rago L, Monpart N, Cortes P, et al. Performance of microbial electrolysis cells with bioanodes grown at different external resistances [J]. Water Science & Technology, 2015, 73 (5): 1129-1135.

[93] Jung S, Regan J M. Influence of external resistance on electrogenesis, methanogenesis, and anode prokaryotic communities in microbial fuel cells [J]. Applied and environmental microbiology, 2011, 77 (2): 564-571.

[94] Kim H, Kim B, Kim J, et al. Electricity generation and microbial community in microbial fuel cell using low-pH distillery wastewater at different external resistances [J]. Journal of biotechnology, 2014, 186: 175-180.

[95] Mclean J S, Wanger G, Gorby Y A, et al. Quantification of electron transfer rates to a solid phase electron acceptor through the stages of biofilm formation from single cells to multicellular communities [J]. Environmental science & technology, 2010, 44 (7): 2721-2727.

[96] Flint S H, Brooks J D, Bremer P J. Properties of the stainless steel substrate, influencing the adhesion of thermo-resistant streptococci [J]. Journal of Food Engineering, 2000, 43 (4): 235-242.

[97] Sun D Z, Yu Y Y, Xie R R, et al. In-situ growth of graphene/polyaniline for synergistic improvement of extracellular electron transfer in bioelectrochemical systems [J]. Biosensors and Bioelectronic, 2017.

[98] Huang L, Chai X, Quan X, et al. Reductive dechlorination and mineralization of pentachlorophenol in biocathode microbial fuel cells [J]. Bioresource technology, 2012, 111: 167-174.

[99] Tao Q, Luo J, Zhou J, et al. Effect of dissolved oxygen on nitrogen and phosphorus removal and electricity production in microbial fuel cell [J]. Bioresource technology, 2014, 164: 402-407.

[100] Brillas E, Sire I, Oturan M. Electro-Fenton Process and Related Electrochemical Technologies Based on Fenton's Reaction Chemistry [J]. Chem Rev, 2009, 109: 6570-6631.

[101] Ghasemi M, Daud W R W, Hassen S H, et al. Nano-structured carbon as electrode material in microbial fuel cells: a comprehensive review [J]. Journal of Alloys and Compounds, 2013, 580: 245-255.

[102] 张玲，梁鹏，黄霞，等．生物阴极型微生物燃料电池研究进展 [J]. 环境科学与技术，2010，33 (11)：110-114.

[103] Feng Y, He W, Liu J, et al. A horizontal plug flow and stackable pilot microbial fuel cell for municipal wastewater treatment [J] . Bioresource Technology. 2014, 156: 132-138.

[104] 谷玺，田兴军．阴极电子受体对微生物燃料电池性能的影响 [J]. 可再生能源，2012，30 (3)：92-96.

[105] Wei L, Han H, Shen J. Effects of cathodic electron acceptors and potassium ferricyanide concentrations on the performance of microbial fuel cell [J]. International journal of hydrogen energy, 2012, 37 (17): 12980-12986.

[106] Dai H, Yang H, Liu X, et al. Performance of sodium bromate as cathodic electron acceptor in microbial fuel cell [J]. Bioresource technology, 2016, 202: 220-225.

[107] Tender L M, Reimers C E, Stecher H A, 3RD, et al. Harnessing microbially generated power on the seafloor [J]. Nature biotechnology, 2002, 20 (8): 821-825.

第6章

生物电化学系统构型

能源是人类赖以生存和发展的重要资源，20 世纪以来，以石油、煤炭等化石燃料为主的能源结构支撑着世界经济的发展，然而随着人口增长和工业经济发展，化石能源消耗的速度持续增加[1]。研究显示，按照目前的世界经济发展速度，每十年人类能源消耗总量将增加 1 倍，未来十年的能源消耗总量将相当于人类至今为止消耗的能源总量[2]。同时，伴随着化石能源的消耗，环境污染进一步加剧。面对化石能源枯竭和全球气候恶化这两大挑战，世界各国公认最好的解决办法就是倡导低碳经济、大力发展绿色可再生新能源，以实现经济效益、环境效益和社会效益的统一[3,4]。

自改革开放以来，中国经济始终保持快速的增长，但是在高速发展的背后，“高投入、高污染”的能源消耗方式，使得“减少中国能源消耗”和“实现节能型经济发展”之间的矛盾愈加突出。在此背景下，能源消耗和环境因素对人类社会经济发展的影响越来越强烈，如何实现节能减排、和谐发展，需要统筹、系统地考虑能源消耗因素。因此，寻找降低国家能源消耗的有效途径也成为当今世界能源研究的最新潮流和必然趋势。如何使能源消耗总量维持在稳定持续下行的水平，改善中国整体能源消耗大环境的同时又不减缓中国经济的发展趋势是值得深入研究探讨的[5]。

以水资源为例，研究表明，2020 年中国城市生活污水排放量将为 1.7×10^{10} t 左右[6]，到 2050 年，我国淡水资源短缺量将达到 4×10^{11} m^3[7]。高效、绿色同时兼具社会效益和经济价值的水处理方式一直是科研人员研究的热点。生物电化学系统（bio-electrochemical system，BES）是一种能把有机废物降解并使其转化为电能的新型污水处理装置。该方法综合了生物法、电解电离以及电化学氧化还原的优点，是一种既节能环保又能高效处理废水的技术。BES 是采用微生物作催化剂，在阳极发生催化氧化反应，或在阴极进行催化还原反应的电化学体系。近年来，由于 BES 具有操作简便、耗能低、污泥产量少等优势，其在废水处理、污泥降解、回收重金属离子和营养物质以及能源的生产等方面都有应用，受到了国内外学者们的广泛关注。

近年来，BES 是在能源和环境领域，特别是在电化学、微生物学、过程工艺学等学科交叉与综合的基础上所构建的体系，其最显著的特点是电荷可在微生物和电极间相互迁移。在BES中，产电菌具有其独特的生理特性，可以用外源导电性介质（如电极）作为细胞代谢过程中的电子供体或电子受体。

生物体内的生物化学反应都可以归因于物质电子的得失，细胞氧化有机物从而获得电子，利用电子去合成生命活动所需要的有机物。因此，生物体内时刻都在发生电子得失的反应。如果将生物氧化有机物产生的电子通过一定的途径导出细胞外，那么就会形成生物电流。早在1911年，英国生物学家Potter首次宣布发现了微生物能够产电。1990年前后，微生物电化学系统的研究开始兴起。随着微生物燃料电池技术不断产生巨大突破，该技术也被广泛地引入不同领域进行相关的实验研究，不仅仅可以用来产电，也可以用来产氢，还可以用来合成小分子有机物和还原降解难降解的污染物质等。

BES的阴极可以是生物的，也可是非生物的。相比非生物阴极，生物阴极具有电子转移速率低和过电位小等特点。近年来，利用生物阴极可合成氢气、甲烷及其他有机化合物等，也可以有效地还原去除污染物，大大拓宽了BES生物阴极的应用空间[8]。

BES的基本工作原理是阳极生物膜上的产电菌氧化有机底物，将其氧化成二氧化碳、质子和电子，电子通过微生物不同的胞外电子传递方式首先传递到阳极上，然后通过外电路传递到阴极，而质子通过中间的离子交换膜转移到阴极。阴极上的质子和电子与氧气结合生成水，或与其他电子受体（铁氰化钾、硝酸盐等）在催化剂的作用下结合，完成产电过程。产电菌的底物利用动力学是产电的限制步骤，因此对产电菌的底物利用动力学理解很重要。在BES中，阳极是产电菌的最终电子受体。产电菌的动力学特性就是指通过公式（电流密度和底物浓度的关系）来研究阳极潜能[9]。

BES降解底物有2个特点：a. 可利用底物范围广，包括从单一的纯物质到（包括醇类、碳水化合物类、蛋白类、脂类等）复杂的实际废水、废弃物，还包括有毒有害物质、无机物、金属等；b. 浓度范围广。

2007年，Rabeay[10]等将微生物燃料电池（microbial fuel cell，MFC）与微生物电解池（microbial electrolysis cell，MEC）技术统称为生物电化学系统。在MFC中，阴极表面还原反应的电势高于阳极表面氧化反应的电势，电池反应的电势差为正，相对应的吉布斯自由能为负，反应器会自发地向外输出电能。在MEC中，阴极表面还原反应的电势低于阳极表面氧化反应的电势，电池反应的电势差为负，相对应的吉布斯自由能为正，电池反应不能自发进行，需要通过电源输入一定电能以驱动反应发生。此外，某些热力学上能发生的反应，在开路或外接负载时，电极表面反应速率极低，则也需要通过外电源施加一定过电势来维持电池反应的正常进行。最近几年来，BES已应用于很多的领域，包括重金属回收[11~14]、硝酸盐还原[15~17]、卤代烃脱氯[18,19]、市政污水（尿液）分离处理[20]，以及生产能源物质，如氢气[21]和甲烷[22]。由于BES功能的多样性，使得其具有了广阔的应用前景。

反应器构型的差异，比如反应器容积大小、反应室的组合方式、阴阳极生物膜面积[23]、外电路闭合状态以及导电金属丝材料的不同，会使得阳极产电微生物群落以及库仑效率发生变化，这直接影响了废水处理的效果[24]、二次能源产生的效率、操作难易的程度、运行成本的高低以及是否能够商业化引用到实际生活中来[25]。因此，对BES构型研究的重要性不言而喻。研究表明，温度会影响阳极室微生物的生长活性和代谢速率，从而影响阳极电位和整个系统的产电性能。搅拌能提高传质效率，使微生物利用底物的速率加大，缩短 2/3 的运行时间。加入电子中介体后微生物活性增强，输出电压和功率密度都得以提高。基于基因克隆文库系统发育分析可知，在阳极生物膜上有大量的产电菌和发酵菌。生物电化学系统降解藻类有机物主要依靠发酵菌和产电菌之间的互养关系。大多数的产电菌优先利用发酵菌的发酵产物来产电。另外，根据循环伏安曲线得到的氧化还原峰的位置可以判断产电菌的类型主要为通过中介体传递电子的产电菌，且其主要的电子中介体成分与所含有的醌类物质相似[26]。

BES 同一般的厌氧发酵相比，具有转化效率高、适应浓度广、可在低温条件下运行等优点。另外，BES 可直接将生物质中的能量转化为电能。为了拓宽应用功能，BES 反应器构型得到充分研究。有课题组对 BES 反应器构型、微生物群落多样性、阴阳电极材料以及电解液 pH 值等做了系统研究[27]。BES 是一种新兴的生物处理方法，能有效地降解废弃物并将其转化成电能，目前在材料成本、规模化、机理研究等方面仍存在不足，主要处于实验室研究阶段，但作为一种新方法有很好的发展前景。在工业废水、秸秆类生物质、垃圾渗滤液、污泥处理等方面已有很多研究报道[26]。

本章着眼于 BES 构型及其对应的功能性应用展开综述，报道较多的构型放大等研究不作为综述重点。通过对 MFC 和 MEC 的原理、构型、应用及影响因素展开介绍，以此对 BES 原理及应用进行较为详细的阐述，总结出单电极室及多电极室构型、增强反应室构型和微型传感器构型这三方面最新的研究现状及其应用进展，并对 MFC 电极室构造、咸水脱盐应用及微型传感器提出未来发展的方向。

6.1 生物电化学系统构型原理

Kornee 等提出了生物电化学系统的概念，其中既包括了 MFC 和 MEC 的概念，也包括了生物和电化学结合脱氮等新的技术。BES 是一个微生物、底物与电极互相作用的体系。微生物在阳极利用碳水化合物或者硫化物作为电子供体，将其氧化产生电子并通过外部电路把电子传递给阴极。在阴极利用各种氧化态的物质作为电子受体，目前研究中一般把氧气作为电子受体，也有将铁氰化钾、高锰酸钾、硝酸盐、质子等作为电子受体的[28]。

已知电极反应的电位就可以根据吉布斯函数变公式［式(6-1)］得出吉布斯函数变(ΔrG_m)。当 $\Delta rG_m>0$ 时反应可以自发进行，这时候阴阳极与负载即可组合成原电池体系；当 $\Delta rG_m<0$ 时反应不能自发进行，这时为了使反应可以进行就必须外加电压，这时阴阳极与外加电源形成电解池系统。这里还要特别说明的是，式(6-1) 中的 E_a 和 E_c 是电极电位。它们之间的换算是根据能斯特方程式[式(6-2)][28]。

$$\Delta rG_m=-zF(E_c-E_a) \tag{6-1}$$

式中 E_a——阳极电极电位；

E_c——阴极电极电位；

ΔrG_m——吉布斯函数变；

z——电荷转移数；

F——法拉第常数，96485。

$$E'=E^{\ominus}+\frac{RT}{nF}\ln\frac{a_0}{a_r} \tag{6-2}$$

式中 E'——电极电位；

$E^{\ominus}$——标准电极电位；

R——气体常数；

T——温度；

n——电荷转移数；

a_0——氧化态物质活度；

a_r——还原态物质活度；

F——法拉第常数，96485。

通过式(6-1) 和式(6-2) 的计算就容易得知电子受体除了质子外都与阳极组成原电池系统，也就是我们熟知的 MFC。而由于质子在 pH＝7 时，还原为氢气的电极电位是－0.41V，因此产氢就需要外加电压，这样其与阳极组成的系统就是我们熟知的微生物电解池（MEC）[28]。

2000 年以后，对微生物燃料电池的研究越来越多，由于 MFC 不能应用于实际的主要限制因素是产电量太小，所以对它功率输出的研究有很多，通过改变影响因素，它能够达到的功率密度也越来越高。2002 年，微生物燃料电池开始在废水处理中应用[29]。靳敏等[30]在 2016 年为了降低废水中重金属的含量，研究了空气阴极单室微生物燃料电池对模拟废水中 Cu(Ⅱ）的去除效果，考察了铜的初始浓度、初始 pH 值和外加电阻等单因子的影响，从 Cu(Ⅱ）去除率及电压输出等方面进行考核，结果显示 MFC 的最大耐受浓度为 12.5mg/L，最适 Cu(Ⅱ）还原去除的初始 pH 值为 6.0 和低电阻为 500Ω。孙飞等[31]为了探讨低温［(12±2)℃］条件下还原降解硝基芳香类抗生素——氯霉素，采用序批式生物电化学系统阴极还原的方式（外加 0.5V 电压），研究氯霉素在 BES 生物阴极与非生物阴极中的不同降解速率、代谢途径和氯霉素在电化学系统中被还原为胺类产物从而脱除细菌抗性。实验表明，BES 反应器整体的欧姆内阻随着磷酸盐缓冲液浓度的增加而减小，且当葡萄糖和污泥发酵液分别存在时，生物阴极 24h 的氯霉素还原效率分别为（86.3±1.69)％和（74.1±1.44)％，而相同条件下的非生物阴极 24h 氯霉素还原效率仅为（57.9±1.94)％，实验说明生物阴极是极具潜力的一项处理工艺。

6.1.1 微生物燃料电池

人类历史上首次发现生物电这一现象可以追溯到公元 18 世纪 80 年代。当时，意大利解剖和生物学家 Galvani[32] 教授在试验中发现，电击可以导致青蛙腿的抽搐。经过多次的试验和论证，他认为，电击时青蛙腿肌肉中储存的电释放，肌肉就活动，他把这种电叫作“动物电”，并在1791年发表了题为《关于电在肌肉运动中作用的备忘录》。1839年，英国律师兼物理学家Grove[33]发现电解水的过程是可逆的，即在特定的装置中氢气和氧气可以重新化合成水，同时产生电流，这也是人类历史上最早期的燃料电池。1911年，英国达拉谟大学的植物学家Potter教授发现利用大肠杆菌（*E. coli*）作为微生物催化剂可以在半电池的Pt电极上将酵母氧化，并获得电流输出[34]，这种电池就是我们今天所说的MFC的雏形。但是，这一发现在相当长的一段时间内并没有引起人们的广泛重视，主要原因是电池的功率输出和发电效率太低。直到20世纪80年代，研究人员才发现可以通过向阳极额外投加电子中介体来加速电子从底物向电极表面的转移，进而提高电池的功率输出。这些中介体一般是化学染料类物质，如中性红[35]、吩嗪[36]、硫堇[37]等[38]。20世纪90年代，在不添加人工电子介体的情况下，能够直接将电子传递给固体电极的产电微生物的发现，使MFC的研究取得了重大突破。而使用MFC技术处理废水则开始于1991年[39]，之后，随着各种工业废水或生活污水被用作MFC的燃料，并且产生电能的输出功率不断提高，这种融合废水处理和电能输出于一体的新型废水处理工艺受到越来越多的重视，逐渐成为废水处理及新能源开发领域的研究热点。

2001年，Reimers等[40]发现将两个Pt或炭电极分别置于海底沉积淤泥和表面海水的界面上，并用导线将电极连接起来，能够在外电路获得低水平的电流和功率输出，开路电压为0.7V，最大面积功率为10mW/m^2，该发现发表在2001年的《Environment Science & Technology》上，这也是我们在近年来能够查到的有关沉积物MFC的第一篇报道。随后不久，美国麻省理工学院的Bond等[41]发现，在双池MFC中，地杆菌科（Geobacteraceae）的微生物*D. acetoxidans*能够通过氧化有机物获得能量来支持自身的生长和繁殖，并以电极作为最终电子受体将电子进行还原，这一发现于2002年发表在权威的《Science》杂志上。几乎同时，Chaudhuri和Lovley发现，从沉积物中分离出来的一株金属还原细菌*Rhodoferax ferrireducens*能够在不额外投加可溶性电子中介体的条件下连续稳定地将葡萄糖和一些其他的有机物氧化，并且库仑效率可高达80%以上[42]。Schröder和Scholz在著名的《Nature-Biotechnology》杂志上对这一发现进行了专题报道和评论[43]，认为这项研究成果具有开创性的意义，原因在于：a. 葡萄糖在MFC中的转化效率达到了80%，这在先前的研究中是从未有过的；b. 和大多数研究相比，在阳极去掉了可溶性电子中介体，这对生物燃料电池来说是一项重大的突破；c. MFC中的微生物能够氧化多种有机底物，比如乳酸、乙酸、葡萄糖、果糖、蔗糖和木糖等，电流输出能够持续长达600h。

这些发现让世界范围内的科学家和研究人员看到MFC在实际中应用的可能性，使人们再次将目光集中到MFC上。随后的研究陆续开展起来，主要集中在MFC的基础理论和实际应用的研究上，比如改进电池的结构设计、开发高效廉价的电极材料、优化电池的运行参数等。自2002年起，大量有关MFC的报道和科技论文开始如雨后春笋般出现，功率密度也在不断提高[38]。

MFC是一种电化学装置，既可以解决环境污染问题，还可以用于生产新能源。它主要利用微生物作为催化剂加速污水自净，并将有机污染物降解转化为电能等清洁能源[44,45]，具有操作条件简单、易于控制、安全无毒、应用范围广等优点。有机废水可作为 MFC 阳极的底物，废水中的有机物同样能够被微生物降解，这样便完成了有机物的氧化分解和电流转化。从能源和环境保护的角度来看，这样一个过程实际上是实现了污染物向电能的直接转化，同时污染物又被分解，使废水不但被处理，而且“变废为宝”。其独特的构造和功能的多样已引起了人们的关注，但是，目前 MFC 技术在污水处理及产能领域都没有走出实验室，还处于研究的初级阶段，许多方面的研究仍需要广泛深入地探索。

MFC 主要由阳极、阴极、外电路组成。其产电过程基本可分为以下 5 步。

① 底物在阳极的生物氧化　在阳极室厌氧环境下，阳极生物膜上的微生物利用固体废物中有机底物（葡萄糖、乙酸、甲酸等）作为基质进行氧化分解并释放出电子和质子。

② 阳极还原　电子依靠合适的电子传递介体由微生物细胞向阳极之间进行有效传递，在某些特定机制的作用下，将电子传递到电极表面，从而使阳极还原。

③ 外电路电子传输　氧化过程中产生的胞外电子通过外电路传递到阴极由此形成了电流。

④ 质子迁移　氧化过程中产生的质子通过质子交换膜传递到阴极，或质子从底物溶液中直接转移至阴极表面。

⑤ 阴极反应　在阴极室的氧化态物质（一般为氧气）与阳极传递来的质子和外电路传递来的电子在阴极表面发生氧化还原反应，生成水。

氧化态物质的还原造成质子和电子的消耗，从而刺激微生物氧化底物过程继续进行，电子不断产生、传递、流动形成闭合回路，产生电流，即完成 MFC 的产电过程。

与利用有机物进行能量生产的相关技术对比，微生物燃料电池由于其反应机理的特点，使这一技术在功能上具有突出优势。第一，由于能够将底物中所蕴含的有机质的能量直接转化为电能，这使得其具有较高的能量转化效率，同时实现了废水处理的目的；第二，MFC 排放出的气体大多为二氧化碳，不会对环境造成二次污染；第三，MFC 阳极的微生物多种多样，使得 MFC 可以在比较广的温度范围内实现产电；第四，与活性污泥法相比，MFC 不需要曝气，节省了曝气所需的能量；第五，MFC 具有很大的发展潜力，可以实现能源多样化[46]。

MFC 与常规电池一样包括阴极、阳极，但是在电子产生和传递路径上有所区别。该技术的核心是利用产电微生物分解有机物。在厌氧条件下，向阳极注入含有可降解有机物的废水，微生物最终会将有机物彻底降解为二氧化碳等无害物质。在此过程中产生的电子（e）会先存在微生物膜上，再经外导线传到阴极。质子（H^+）只能通过装置内的质子交换膜（proton exchange membrane，PEM）到达阴极，最终在铂（Pt）等催化剂作用下和外电路传来的电子以及电子受体（一般为氧气）一起反应生成水。通过整个反应的进行，可将废水中潜在的有机质能源完全转化为二氧化碳和水，并形成闭合回路，产生可利用电能。Chae 等[47]利用乙酸钠作为 MFC 阳极产电微生物的有机碳源，结果表明，MFC 的库仑效率高达 72.3%。而葡萄糖则需要经过发酵或其他代谢途径转化为小分子挥发性脂肪酸后才能被产电菌利用。

英国植物学家 Potter[34]在 1911 年首次发现细菌培养液能够在外电路产生电流，由此揭开了 MFC 研究的序幕。MFC 反应器生物膜产电机制一般认为是生物膜内微生物通过直接接触或利用纳米导线辅助，从而达到转移电子的目的，是无介质体电子传递。而生物活细胞被认为是不良导体，因此很长时间来，MFC 反应器阳极微生物膜电子传递被认为不可实现。直到 Kim 等[48]首次发现产电微生物后，无介质 MFC 才引起各国研究者的广泛关注，成为近年来的研究热点。无介质 MFC 反应器电子传递要求微生物细胞膜或膜上某些组件与阳极表面在空间上直接接触，这是传递得以发生的基础。

自 MFC 被广泛研究以来，近 20 年（1998～2018 年）内，已见报道的微生物燃料电池的产电功率已升高了近 60 倍。目前，微生物燃料电池的结构主要有双室型 MFC 和单室型 MFC 两种。通过对两种不同结构的微生物燃料电池的产电性能进行比较，骆海萍等[49]表明，单室型 MFC 和双室型 MFC 均可稳定地输出电能，虽然双室型 MFC 能够产生较高的平均最大输出电压和最大功率密度等，但由于单室型 MFC 空气阴极利用氧气作为电子受体，不仅原料比较廉价而且获取更加简单方便，故更贴近于实际工程的应用。因为单室型 MFC 不需使用质子交换膜，节省了反应器的投资，更为经济适用。目前多数的 MFC 研究均采用单室型 MFC 的反应器构型。除微生物燃料电池的反应器构型外，底物也是影响其运行的另外一个重要因素[46]。

阳极、阴极和离子交换膜是微生物燃料电池的基本组成部分。其基本运行原理是：首先阳极室中微生物催化氧化底物释放出电子，并将电子传递到阳极，电子通过外电路传递到阴极，电子到达阴极后和通过离子交换膜扩散至阴极室的质子及阴极电子受体(如空气中的氧气、铁氰化钾等）结合，发生还原反应。在阳极室中，如果存在氧气，氧气也可以接受底物氧化释放的电子，这样就影响了电子向阳极的传递。为了保证最终电子受体是电极而不是氧气，所以微生物的生长环境必须是厌氧的，因此阳极室必须是厌氧的。但 MFC 也不同于普通厌氧反应器，它的阳极室必须保持厌氧，而同时阴极室是好氧的，阴极电子受体除氧气外还可以使用铁氰化物或者 Mn(Ⅳ)，但是使用这些作为电子受体需要定期更换。

微生物燃料电池的底物也由简单的乙酸、葡萄糖等底物向更为复杂的生活污水、工业废水、固体残渣等方向发展。1991 年，对于污水的处理，开始尝试应用微生物燃料电池技术。自此，研究者开始利用生活污水以及有机废水作为接种源，从而使微生物燃料电池的能量输出逐渐开始提高，而 MFC 这项技术也越发地走向成熟。以啤酒厂废水作为底物的单室空气阴极 MFC 反应器的体积功率密度达到 $528mW/m^3$。以中性或酸性蒸气预处理的玉米秸秆废弃物生物质作为单室空气阴极微生物燃料电池的底物，Zuo 等[50]获得了 $371mW/m^3$的体积功率密度。以垃圾渗滤液为底物，报道称 Zhang 等[51]研究的升流式单室 MFC 反应器的最大体积功率密度为 $12.8mW/m^3$。

从化学电源的观点来看，最原始的 MFC 和氢燃料电池在构造和组成上十分相似，均由阳极、离子交换膜和阴极组成，阴极使用金属 Pt 作为催化剂来降低阴极反应的过电位损失[52]。唯一不同的是氢燃料电池的阳极以高纯度氢气作为燃料，以 Pt 金属作为催化剂；而 MFC 阳极以液态有机化合物作为燃料，以生长在电极表面的厌氧微生物作为催化剂。

从废水生物处理技术的观点来看，MFC 属于复合式处理系统，它既不同于污水好氧处理又不同于厌氧处理。就阳极转移电子的微生物而言，MFC 无疑属于厌氧处理技术，因为阳极中电极还原微生物必须在厌氧条件下才能生长，形成厌氧生物膜，但是阴极通常要通过曝气来提供电子受体，因此 MFC 也是一个好氧处理系统，只是这里的氧气不参与微生物的生理代谢，而是在阴极间接接受从阳极释放出来的电子和质子参与电化学还原。

影响 MFC 的因素有很多，如微生物活性、电极材料、电池构造，质子交换膜的物理性质也会影响其产电量的多少[53]。研究结果[54]表明，MFC 中使用活性接种技术可以增加富集的有效性，并且当生物膜从现有 MFC 的阳极收集并施加到新阳极时启动是最成功的。

6.1.2 微生物电解池

MEC 是一种基于 MFC 发展而来的学科交叉技术，是在 2005 年由宾夕法尼亚州立大学和瓦格宁根大学的两支研究团队发现的[55]。MEC 是在 MFC 的基础上，在阳极和阴极之间外加小电压（>0.2V）的生物电化学系统[56]。

MEC 是利用微生物代谢产氢与微生物电化学系统结合产生的一种新兴制氢技术。在微生物电解池反应器中，生长在阳极上的一些产电细菌，如地杆菌、希瓦氏菌、假单胞菌（*Pseudomonas*）、梭状杆菌（*Clostridium*）等，能够利用小分子的有机化合物(乙醇、乙酸、丁酸等)，通过外电路将电子传递给电极，在提供外加电压 0.6～1.2V 的条件下，电子通过外电路到达阴极，在阴极与质子结合产生氢气[46]。

一种高效能的微生物燃料电池被研究者[57]发现，这种微生物燃料电池能利用细菌从有机废水中生产大量的氢气。Rozendal 等[58]研究发现，在反应中给细菌加上微小的电压（0.2～0.8V）就能克服生物阻力将电子传递到外电路，并将这种外加电压下能够产氢的微生物燃料电池体系称为电化学辅助生物产氢。就目前的研究，我们可以从中发现由于细菌的传递作用，当以乙酸盐作为底物时有超过 90%的电子和质子被转化为氢气，库仑效率最高甚至可达 60%～78%。以 78%的库仑效率和 92%的电子还原生产氢率来计算，即 1mol 乙酸盐可以产生 2.9mol 的氢气。但是以葡萄糖作为底物时，1mol 葡萄糖则可以产生 8～9mol 的氢气，在这个过程中的能量损失相当于 1mol 葡萄糖损失了 1.2mol 的氢气的量。这些数据表明，这种技术可以适应不同水质的进水处理[59]。

虽然近年来研究人员的关注度放在新型材料的开发、反应器的构建以及微生物的驯化及筛选等方面，并且进行了大量的分析研究工作，但是在功能菌的选育方面研究报道还不多，现阶段在不改变反应器构型和利用原有材料的基础上，通过分离纯菌和调整生物量的方式是提高反应器运行效果和缩短启动时间的有效方法。2005 年，Logan 等[60]开始在 MFC 基础上进行电辅助微生物产氢的研究，通过分析不同的简单有机酸对产氢速率的影响，得出结论：产氢细菌利用乙酸更容易，而且产氢量高于丁酸。同时还发现，添加葡萄糖原料产生各种酸产物的方式区别于直接添加各种有机酸的方式，并对比了二者对产氢量的影响，得出结论：MEC 后续的氢气产生会受到细菌代谢葡萄糖过程中产生的酸的抑制。然而这种抑制的效果要比直接添加有机酸造成的抑制效果更为明显，因此对于废水的处理，开发新的可被有效利用的有机底物的研究就显得十分必要了。研究表明，用乙酸盐和丁酸盐的阳极库仑效率可以达到 50%～65%，而葡萄糖的库仑效率仅达到 14%～21%，这也意味着 MEC 技术制氢具有工程可行性[46]。

2006 年，Rozendal 等[61]用处理硫酸盐纸浆废水的 UASB 反应器出水接种并驯化。他们给反应器提供了 500mV 的外加电压，氢气产量为（0.80±0.13)mmol，其库仑效率可以达到 92%，由阴极还原电子得到的氢气转化率为 57%，而乙酸盐的氢气转化率则高达 53%，反应器每天产生 0.02m^3 H_2/m^3。

2007 年，Ditzig 等[62]通过形成辅助反应器的方法，即利用一种石墨颗粒去填充生物电化学系统，同时收获了氢气。由于这种填充方式增大了膜上的生物量，从而提高了废水的处理能力。当反应器外加电压为 400mV 时，最大库仑效率为 26%；当外加电压为 500mV 时，最大氢还原率为 42%，氢气产量为 0.5mol H_2/mol 乙酸盐。在进行了相关方面的工作后，来源于 MFC 技术的微生物催化电解概念首次被荷兰瓦格宁根大学可持续用水技术研究中心提出。2007 年，Cheng 和 Logan[63]对微生物电解电池以不同物质为底物条件下的产氢效果进行了研究，结果发表于美国国家科学院院刊（PNAS)，该研究表明，乙酸盐的氢气转化率能够高达 82%，葡萄糖的利用率为 64%，而纤维素转化率与葡萄糖的转化率相同，都是 63%[46]。

Call 等[64]在 2008 年成功利用单极室 MEC 反应器，在外加电压为 0.2～0.8V 的范围内，进行生产氢气的研究，发现氢气产率与外加电压成正比。但是，同时在反应器产生的气体中也获得了甲烷，实验过程中随着外加电压的不断增加，反应体系中甲烷的含量逐渐降低。当外加电压在 0.2V 时，甲烷含量占总气体体积的 20%。利用微生物电化学系统在获取氢气的同时产生甲烷早有报道，反应器的运行过程中，适合电子传递功能菌生长的温度也同样适合产甲烷菌的生长，产甲烷菌利用了反应器中收获的氢气并与电子传递功能菌竞争底物，使得氢气的产量和纯度以及库仑效率下降[65]。因此，在微生物电解池的研究中，产甲烷问题引起了越来越多的科学研究人员的关注[46]。

MEC 是在微生物燃料电池的基础上发展而来的，具有电化学活性的功能菌在阳极富集，利用底物中的化学能将电子传递至细胞外，通过外电路传递至阴极，在阴极表面结合电子受体产生氢气，形成一个能源供应体系。MEC 与 MFC 的不同之处在于 MEC 的阴极完全厌氧且要为阳极提供电压，能量以氢气的形式收获。MEC 可以利用的底物多种多样，如葡萄糖、甲酸盐、乙醇、挥发酸、蛋白质等都可以作为底物加以利用。

MEC 的构型及原理如图 6-1 所示。阳极室内的厌氧微生物会将基质中的有机物降解为二氧化碳，反应产生的 H^+ 和 e 的转移途经与在 MFC 中相似。在阴极室，利用催化剂加速化学反应，使阴极表面的 H^+ 和 e 结合生成氢气、甲烷等产物。

起初，国内外学者研究 MFC 的主要目的是产电，但后来认识到 MFC 产电的经济价值不如产氢气、产甲烷等生物气能源，因此考虑利用 MFC 形式的反应器在阴极合成

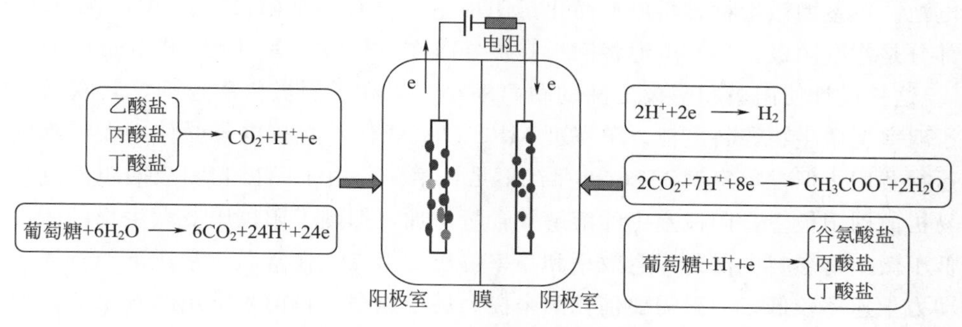

图 6-1 MEC 的构型及原理

氢气。当乙酸钠作为阳极电子供体时产电微生物在阳极表面氧化底物所需电势为 −0.3V。根据能斯特方程，在 pH＝7 的标准状态下，阴极析氨所需要的理论电势为 −0.414V。因此，当阴极析氢反应发生时，电池电压为：

$$E_{emf}=E_{阴极}-E_{阳极}=-0.414-(-0.3) \tag{6-3}$$

反应不能自发进行。理论上，反应器两端外加电压大于 0.114V 时，阴极就可以合成氢气，但实际上由于存在阴极过电势，所需外加电压更大[8]。

影响 MEC 运行的因素可分为物理、化学和生物三方面，具体包括电解池物理构造、阴阳极材料、外加电压、电解液浓度以及微生物多样性等。其中，阴阳极材料是一个重要的因素，目前研究人员已经利用碳质和金属作为阳极材料，未来主流方向是将阴极催化剂和膜材料应用到 MEC 中。外加电压通过产生电流影响微生物丰度和活性。Zhan 等研究发现随着电压的增加，除氮效率增加明显，由 70.3%增加到 92.6%，最大电流从 4.4mA 变化到 14mA，相应的库仑效率也从 82%提高到 94.4%[17]。有机负荷率也会对 MEC 性能产生影响。刘健等研究发现，随着有机负荷率的增加，化学需氧量去除率逐渐降低[66]。另外，目前对产电微生物群落丰度和活性的研究还相对较少，可以结合基因片段提取技术提高水中污染物的去除率。

6.2 生物电化学系统基础构型

根据电池结构的不同划分，BES 电池分为双室型和单室型两类。普通双室型主要由阳极室和阴极室构成，中间用质子交换膜隔开。阳极室发生的是有机质的氧化反应，阴极室中发生的是电子受体的还原反应。阳极室产生的质子可以通过质子交换膜及时传递到阴极室，从而使阳极室和阴极室的电荷量和酸碱度达到平衡状态。双室型 MFC 是实验室中使用最普遍的一种电池构型，广泛应用于微生物燃料电池性能的基础研究，具有构建方便、操作简单的特点。但是由于阴阳两极间存在一定距离及质子交换膜的存在，增大了这种构型的电池的内阻，降低了输出功率密度，不利于电池在构型上的放大。之后有研究者发现氧气可以作为阴极室的电子受体，但是由于氧气在溶液中的溶解度较低，使得阴极室的还原反应受到限制。针对这一问题，研究者设计构建了单室型微生物燃料电池。单室型微生物燃料电池简化了阴极室，只有一个阳极室。单室型 MFC 的阴极大部分是空气阴极，这类电池将阴极直接暴露在空气中，利用氧气作为最终的电子受体[67]。这一设计使阳极和阴极之间的距离缩小，提高了阴极传质速率，其欧姆电阻要远小于双室型微生物燃料电池。单室型 MFC 以氧气作为直接电子受体，无需曝气，降低了运行费用。但是单室型 MFC 也存在不足：第一，由于阳极和阴极间距离过小，氧气容易扩散到阳极室，阳极室中的溶解氧含量增加，抑制了阳极厌氧微生物的活性，从而降低了微生物燃料电池的库仑效率和功率输出；第二，在常温、常压下，氧气还原反应的动力学速率较低，一般需要催化剂来提高反应速率。目前，常用的效果最佳的氧气还原催化剂是铂金属，但是，铂价格昂贵，使得微生物燃料电池的运行成本大大增加，不利于商业化和应用扩大化。针对单室型 MFC 这两大缺陷，很多研究者对此进行了研究，并取得了一定的进展[68～70]。

6.2.1 单电极室结构

单电极室结构的 MFC 是当前研究的热点。其将阴极和阳极同时放置在一个反应室中，让阴极暴露在空气中，直接以氧气作为电子受体。单电极室结构的 MFC，输出功率远高于其他结构的电池，并且由于省去了阴极室，直接利用氧气作为电子受体，在空间结构和物料使用上都体现出较大的经济价值，因此为 MFC 的放大应用提供可能[71]。Fan 等[72]利用单电极室结构的 MFC，改变阴阳极表面积比为 1/14 时，使 MFC 的最大功率密度提高到 6860mW/m^2，这是目前文献报道的最高的输出功率。

单电极室 MFC 依然存在问题，主要体现为两点：第一是在常温、常压下，电极室内的化学反应速率较小，需要催化剂来加大反应速率，其中效果最佳的是铂金属，但这大大提高了 MFC 的运行成本，不利于商业化和应用化扩大；第二是单室结构的 MFC，其阳极和阴极间距过小，氧气会通过阴极渗透到阳极中，降低了厌氧微生物的活性和催化效率，导致电能产生过低。基于此，科研人员致力于克服这两大不足，现已取得了一定的进展[73～78]。图 6-2 为笔者所在课题组实验室所采用的单电极室结构 MFC。

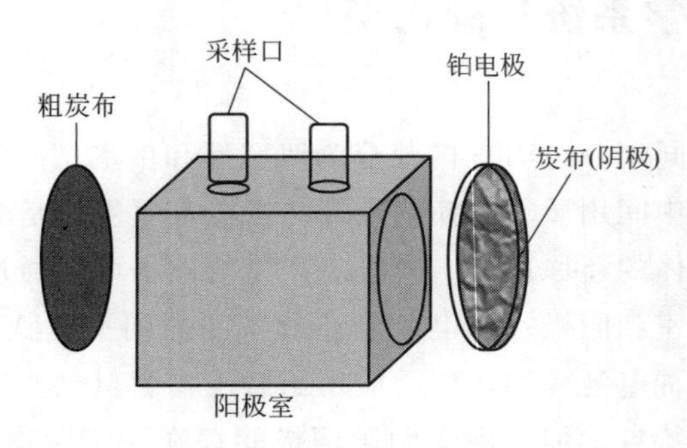

图 6-2 单电极室结构 MFC

单室 MEC 是在双室结构的基础上发展起来的。在单室构型的 MEC 反应器中，阴极和阳极共同浸没在同一个室中，没有隔膜的存在。这种结构消除了因隔膜的使用而带来的较大内阻，提高了电流密度和产氢速率，并降低了能耗。

6.2.2 多电极室结构

双电极室是 MFC 最早的结构，由阴、阳两个腔室组成。传统的双电极室结构 MFC 是类似于英文字母“H”形的结构，由一根管子和两个瓶子组成，且管子里面含有质子交换膜，用来将阴阳极室分开，如图 6-3 所示。这种结构最重要的部分是中间过滤膜的选择，不只是 PEM 一种，也可以是其他隔离物。隔离物所产生的内阻对电池性能影响较大，且要远大于其他因素[79]。目前，双电极室结构 MFC 主要用于单一物质以及生物阴极的研究[80,81]。

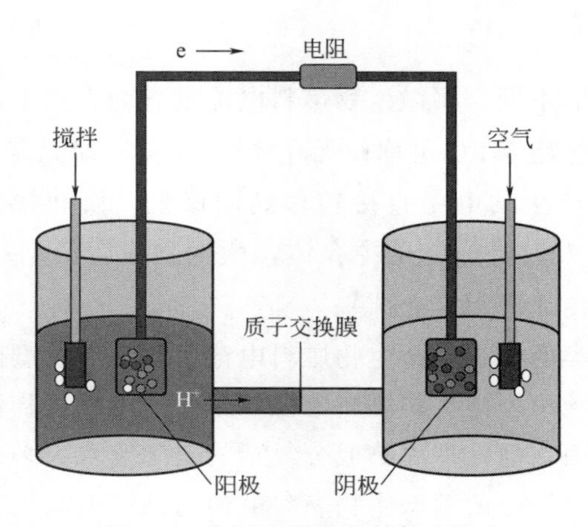

图 6-3 典型双电极室结构 MFC

双室型 MFC 使用氧气为电子受体时，是利用溶解在阴极溶液中的氧气，而氧气在水中的溶解度较小，制约了其在阴极表面的还原。双电极室 MFC 由于内阻大、产能低，应用前景并不广泛。Min 等[82]检测了这种电池的发电性能，发现双电极室 MFC 需要降低系统内部电阻才能增加输出功率，而结构中的盐桥对离子的迁移阻力过大，使电池内阻高达 $2\times10^4\Omega$，因此实际应用的意义并不大。并且该方法需要控制阳极室的溶解氧含量，以提高总体库仑效率。

总的来说，双电极室 MFC 存在最大的缺点就是阴极室必须通过外力进行曝气，增加氧气在溶液中的溶解度，这在很大程度上限制了阴极的还原反应。为了使阴极反应过程不受低溶解氧浓度的影响，省去了阴极室的单电极室 MFC。

多电极室结构的 MFC 是由多个单电极室 MFC 串联组成的。一般情况下，会出现电压反转现象[83]。Aelterman 等[84]将 6 个单体 MFC 串联起来使得电压增加到 2.02V，电流提高到 255mA，同时保留了高功率的输出，并发现单个电池在高电流密度增加时产生了电压反转现象。若想要把多电极室结构的 MFC 应用到实际生产生活中，就必须要解决电压反转的问题。针对这一现象，Aelterman 等认为是由微生物群落多样性下降所引起的，而 Oh 和 Logan 则认为是电解液缺乏导致的[83]，目前为止，还没有较为系统、合理的解释，因此多电极室 MFC 还没有被扩大应用。

双室结构 MEC 反应器的阴阳极被隔膜分开，形成两个独立的腔室。根据不同的用途，可用质子交换膜（proton-exchange membrane，PEM）、阳离子交换膜（cation-exchange membrane，CEM）和阴离子交换膜（anion-exchange membrane，AEM）作隔膜的材料。这种阴阳极独立的结构可以保护阴极催化剂免受污染，延长反应器的使用周期，同时可以避免氢气扩散至阳极而被消耗，也可以设置不同的条件使其更利于反应进行。但双室结构同样有其弊端。首先，膜的存在也会使两个腔室产生 pH 值梯度，阳极室 pH 值低，阴极室 pH 值高，使阳极产电微生物活性下降。其次，提高了反应器的内阻，进而导致反应器性能的下降，其表现包括电流密度下降、产氢速率下降以及能耗增高。

6.2.3 其他结构

按照电子转移方式的不同，将微生物燃料电池划分为直接型微生物燃料电池和间接型微生物燃料电池。直接型 MFC 也称作无介体型 MFC，即无需人为添加电子介体，阳极室微生物氧化有机物产生的电子直接转移到阳极上。而间接型 MFC 也称作介体型 MFC，需要向阳极室中人为添加电子中介体，微生物代谢活动产生的电子经由外源或者内源电子传递中介体传递到阳极上[85]。

根据阳极微生物种类的多少，微生物燃料电池可分为纯菌型微生物燃料电池和混合菌型微生物燃料电池。纯菌型微生物燃料电池以单一产电微生物作为催化剂，主要应用于细菌产电机理研究方面，但处理底物成分复杂的实际废水大多采用混合菌型微生物燃料电池。经过研究发现，混合菌型微生物燃料电池与纯菌型微生物燃料电池相比具有更好的产电性能和环境适应性[85]。

根据阴极是否有微生物参加反应，微生物燃料电池可分为非生物阴极型微生物燃料电池和生物阴极型微生物燃料电池。非生物阴极型微生物燃料电池以液体或空气为阴极电子受体，利用催化剂（如铂、碳纳米管等）或电子传递介质将电子受体还原。生物阴极型微生物燃料电池是利用好氧微生物作为阴极的催化剂完成氧的催化还原[85]。

自从 2008 年 MEC 的概念提出以来，关于 MEC 的研究呈爆炸式增长。近些年，研究人员开发了不同构型的 MEC，例如气体扩散阴极 MEC。该反应器由液体腔室和气体腔室两个腔室构成。阴极采用膜-电极复合结构，这种结构的 MEC 能实现对氢气的快速回收，同时降低了内阻。这样的结构也存在诸多缺点，如电势损耗、电极堵塞和电解液渗漏等。类似的反应器构型研究不一而足。MFC 的其他结构都是由双室或者单室结构演变或改进而来的。有学者设计了上流式微生物燃料电池（UMFC），用以处理人造废水[86]。这种结构的 MFC 实际上也分为阳极室和阴极室，阳极采用填料形式，以铁氰化钾作为阴极液，与一般的双室型 MFC 的区别主要是阴阳极室不是普通的并列结构，而是上下结构，水流方向自下而上，实际上也是双室型 MFC 改进而来的[87]。An 等（2009）设计的漂浮式 MFC（F_t-MFC）则是以单室型 MFC 为原型，将其巧妙改造为可浮动在水面上对废水进行原位处理的结构[88]。也就是说，MFC 的构型多样化，但仍以双室和单室结构为主流，且各种构型的反应器都存在各自的优缺点，仍需改进。

6.3 增强反应室构型

6.3.1 微生物脱盐电池

微生物脱盐电池（microbial desalination cell，MDC）是在 2009 年由清华大学的研究者 Cao 等[89]提出的。MDC 在双室型 MFC 的基础上，在阴阳极室中间增加脱盐室。MDC 阳极室与脱盐室中间放置阴离子交换膜（anion exchange membrane，AEM），在脱盐室与阴极室之间放置阳离子交换膜（cation exchange membrane，CEM），构成三室系统。当阳极室内阳极表面的微生物分解有机物将电子传导到电极表面时，质子被释放到阳极液中，阳极一侧的 AEM 阻止质子向旁边室内扩散，因此中间室的阴离子通过 AEM 转移到阳极室，与此同时阳离子通过 CEM 到达阴极室以达到离子平衡。中间室离子的转移使得中间室的含盐水在不需要任何压力或驱动液的情况下得到了脱盐淡化[90]。

与 MFC 中采用质子交换膜相比，MDC 分别采用阴离子交换膜和阳离子交换膜作为不同室间的间隔。阴离子、阳离子交换膜的成本仅为质子交换膜成本的 1/1000，因此在膜的成本上节约了很大的花费。但是，与 MFC 相似，目前的 MDC 阴极中主要采用以铁氰化钾溶液作为阴极液或采用 Pt 作为催化剂、氧气作为电子受体的空气阴极。应用铁氰化钾溶液作为阴极液虽然较为方便且获得的电势较高，但是由于其不可回收，容易造成二次污染。而载 Pt 的空气阴极不仅成本高，并且 MDC 经过长时间的运行后，会产生催化剂污染的问题[90]。

在 MDC 中，通常采用脱盐速率（desalination rate，DR）来评价 MDC 的效率，即为单位时间内脱盐的质量。在 Cao 的研究中，针对不同初始浓度的含盐水（5g/L、20g/L 和 35g/L），脱盐效率均能达到 90%以上，但是计算得出的脱盐速率仅为 2.7 mg/h[89]。在三室 MDC 的基础上，Chen 等[91]提出增加阴阳极室之间离子交换膜的对数来增加脱盐速率，这样堆栈式设计的 MDC 反应器类似于电渗析海水淡化系统（electrodialysis desalination，ED）[92]。在阴阳极室之间交替放置的离子交换膜形成了交替变换的脱盐室及浓缩室。在这个堆栈式脱盐系统中，一个电子的转移可以使数倍于电子数的离子分开。例如，在一个具有三对离子交换膜的堆栈式 MDC 中，一个电子转移的同时三对阴阳离子从脱盐室内转移到浓缩室内。但是，随着离子交换膜数量的增加，MDC 反应器的内阻也随之增加。在渗透脱盐系统中，系统两端施加的电压取决于堆栈膜的数量。但是在 MDC 系统中，通过电极反应获得的能够用于脱盐的电压是一定的，因此随着脱盐室数量的增加，每一个脱盐室两端的电压降低。因此，堆栈式 MDC 的设计重点是将脱盐室的个数与阴阳极之间的电势差相匹配[90]。

在经典的三室 MDC 中，离子交换膜之间的距离通常较大（1～2.4cm），而较大的脱盐室距离将会导致 MDC 内阻的上升。Chen 等[91]发现，在膜间距离为 1cm 时，具有两个脱盐室的堆栈式 MDC 的脱盐速率要高于三个脱盐室的 MDC。与传统的电渗析工艺相比，MDC脱盐室的间距过大，这将导致脱盐室的内阻非常大，从而会降低MDC的电压。而脱盐室距离的减小，又将导致脱盐室体积的减小，脱盐速率降低[90]。

总的来说，微生物脱盐电池是一种集污水净化、产电和脱盐为一体的新型水处理工艺。近年来，广泛的研究重点在于MDC的结构和功能优化，以提高其脱盐效率，延伸应用领域。MDC是在MFC基础上发展而来的，其主要构型特点是在MFC的阴阳电极室之间形成盐室，再利用阳极与阴极之间形成的电位差来驱动盐室阴阳离子向两极迁移，从而实现海水淡化、污水脱盐等功能[40]。微生物脱盐电池结构如图6-4所示。MDC不需要加外电源，其自身装置可提供电能。目前，MDC反应器的体积都比较小，大部分都在几升左右[41]，还不能满足实际生产的需要。

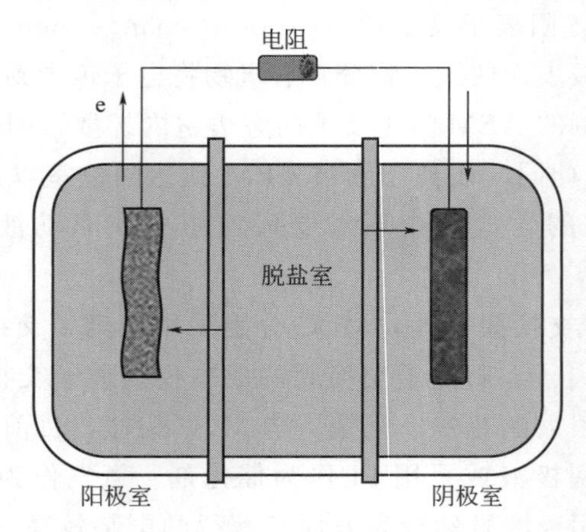

图6-4　微生物脱盐电池结构

目前，很多科研人员对MDC进行了一系列探究。Cao等[93]最早提出了MDC的概念，研究发现：随着脱盐室盐离子的去除，MDC的欧姆电阻逐步升高，在脱盐结束时从25Ω增加到970Ω；盐浓度不同，MDC产生的库仑效率也不同，初始盐浓度为20g/L时可达到90%的最大脱盐率。Jacobson等[94]指出，上升流式MDC能够在初始盐浓度为30g/L的盐溶液中达到99%的最大脱盐率，其实验结果证明了上升流式MDC作为下游水淡化脱盐反应器的潜力是巨大的。Hemalatha等[95]设计了一种新型三室微生物脱盐电池，探究在不同电路模式（开放和闭合）下MDC装置的脱盐效率，研究发现在闭路操作下的脱盐率高达51.5%，电解质溶液的利用率可达70%。

影响MDC的因素有很多，国内外科研人员也在试图拓宽其应用范围。Li等[96]实现了MDC-MEC一体化装置，实现了城市工业废水除氮和海水淡化同步进行，批次试验证明，MDC脱氮脱盐的结合有效地解决了阳极和阴极pH值波动的问题，最终的脱盐率为63.7%，且MDC的发电量比没有盐溶液高出2.9倍。Dong等[97]提出了通过MDC产生的碱性离子去除重金属的新理念，在初始铜浓度为5000mg/L，pH值为7时，铜可以完全被去除，最大去除量为5.07kg/(m^3·d)。离子交换膜的结垢现象是脱盐过程操作中最重要的考虑因素之一。Lee等[98]在带负电荷的有机污染物（腐殖酸盐、牛血清白蛋白和十二烷基苯磺酸钠）的存在下，探究在脱盐过程中污垢吸附能力对污垢电势的影响，结果显示十二烷基苯磺酸钠在阴离子交换膜表面比其他两种污染物表现出更高的吸附能力。Mehanna 等[99]使用具有增加离子交换容量的膜，进一步降低了溶液电导率。这些结果表明，使用等体积的阳极溶液和盐水可以实现大量（43%～67%）的海水淡化，也同时证明离子交换膜是影响脱盐效率的重要因素。

目前，MDC 系统内电解液 pH 值的不平衡、电池阴极溶解氧的浓度过低严重降低了反应器的性能。另外，阴极材料普遍价格昂贵且存在潜在污染。这些问题都影响着 MDC 系统未来的应用前景。

6.3.2 微生物电解脱盐电池

微生物电解脱盐电池（microbial electrolysis desalination cell，MEDC）是由 MDC 和 MEC 结合而成的，用于产氢。在 MEDC（图 6-5）中，施加的电场驱动阴极处的氢气产生，并且在脱盐的同时产生氢。Luo 等[100]实验室批量研究结果证明，MEDC 从阴极室获得的最高氢气生产率为 $1.5m^3/d$，氢气的产生受外加电压和阴极缓冲液的影响。Mehanna 等[101]使用两种不同 NaCl 初始浓度（5g/L 和 20g/L）的 MEDC 的方法，结果显示，脱盐室中的电导率在单次补料分批循环中降低高达 68%，最大产氢量为 $(0.16\pm0.05)m^3\ H_2/m^3$，电压为 0.55V。从而认为，该系统与微生物燃料电池方法相比的优点是可以更好地控制电极之间的电位，并且可以使用所产生的氢气来回收能量以使脱盐过程自我维持关于电力的要求。

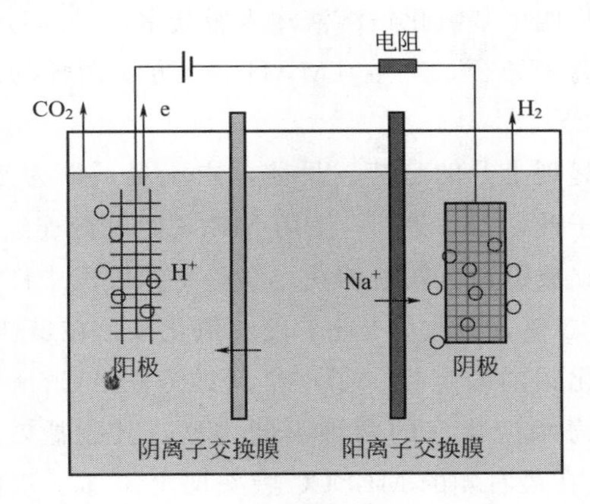

图 6-5 微生物电解脱盐电池结构

6.3.3 微生物产酸产碱脱盐电池

微生物产酸产碱脱盐电池（microbial electrolysis desalination and chemical-production cell，MEDCC）结构如图 6-6 所示，在阳极和阴极之间依次放置双极膜（bipolar membrane，BPM）、阴离子交换膜（anion exchange membrane，AEM）和阳离子交换膜（cation exchange membrane，CEM），在中间形成酸生成室和脱盐室。系统在稳定的电场中产生 H^+ 和 OH^-，并从双极膜传输。从盐溶液中除去的 Cl^- 被输送到阳极并进入酸生成室，在这些室中它们共同富集由双极膜产生的 H^+ 并形成盐酸。从盐溶液中除去的 Na^+ 进入阴极，遇到由阴极反应产生的 OH^-，形成 NaOH。同时，由双极膜产

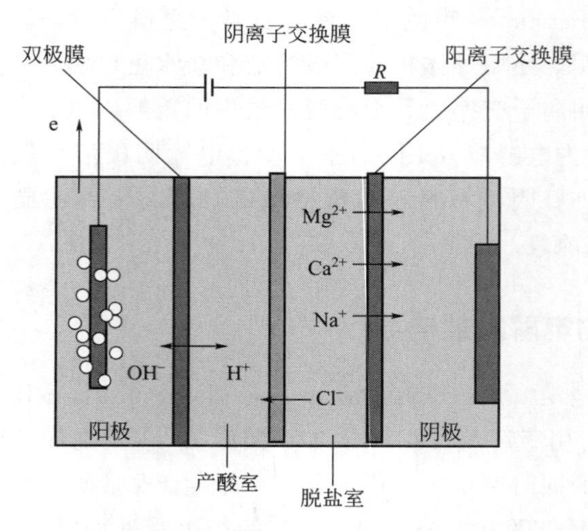

图 6-6　微生物产酸产碱脱盐电池结构

生的 OH^- 迁移到阳极并中和了由阳极反应产生的 H^+。阳极 pH 值稳定在 7 左右，这显著改善了微生物的电力生产。反应器在 1.0V 的电压下工作 18h 后，酸产生室中的 pH 值为 0.68，阴极室中的 pH 值为 12.9。

MEDCC 也可用于生产四甲基氢氧化铵（TMAH）[102]，通常被用来制作工业上的塑料、催化剂等制品。将四甲基氯化铵溶液注入脱盐室，并通过电场力驱动，四甲基铵离子进入阴极室并与氢离子结合，产生 TMAH。该方法消耗的能量仅为电解或电渗析工艺所需能量的 5%～12%。

对 MEDCC 的研究呈现上升的趋势。目前，主流观点认为是 CO_2 排放量超标，导致了全球气候变暖。基于此，Zhu 等[103]使用 MEDCC 进行连续酸生产，结合 MEDCC 生产的碱，使得二氧化碳被迅速有效地捕获，实验将蛇纹石中镁离子和钙离子的溶解速率分别提高了 20 倍和 145 倍，吸收了 24mg 的二氧化碳，在最佳条件下固定了 13mg 的碳酸钙。此实验为二氧化碳的固定提供了一个新的方法。Chen 等[104]将这种结构进一步优化为包括三层堆叠海水淡化室的两种不同构型，其脱盐效果提高了 43%。此外，Zhang 和 Angelidaki[105]在最右侧的 MEDCC 膜叠层上添加了双极膜，以回收挥发性脂肪酸，同时产生碱和氢。这种配置可以使施加电压为 1.2V 时挥发性脂肪酸的回收率达 98.3%。

6.4　微型传感器构型

传统试验检测需要在实验室使用大量有毒易污染试剂，使实验室成为环境污染的一个来源。相反地，传感器检测只需要少量样品，在很大程度上降低了有毒试剂的使用量，既节省时间也更加经济环保。总的来说，微型传感器具有灵敏度高、仪器轻便、体积较小、生产成本低、使用寿命长、易于自动化和商业化的特点，具有很好的应用前景。然而它的方向选择及安全稳定性能等还有待进一步提高。目前，微型传感器在水环境监测、土壤抗生素检测[106]、食品工业及医疗卫生等领域都得到应用。

6.4.1 生化需氧量监测

生化需氧量（BOD）是衡量水质等级的主要指标之一。BOD 的含义是：在微生物降解作用下，氧化单位体积水样中的有机物所消耗的溶解氧质量，单位是 mg/L。传统测定水样 BOD 值的方法需要花费 5～7d 的时间，测定周期长，不能及时反映排放水的污染程度，过程烦琐、耗时长，不适合用于实时在线检测[107]。MFC 检测 BOD 相对于其他方法具有重现性、安全系数高、维护要求低等优点[108]。一般来说，生物电化学传感器是把微生物固定在电极上，通过微生物细胞内外环境的变化，构建有规律的关系，从而检测指标。

目前，大多数 BOD 传感器检测系统都是基于对溶解氧的监控，该系统以固定化微生物——人工膜系统作为识别元件，以氧电极作为物理传感器，利用微生物氧化降解有机物，消耗水样中的溶解氧，再通过检测水样中溶解氧的减少量从而确定待测水样的 BOD 值。这种 BOD 传感器存在以下局限性：

① 检测范围狭窄。由于氧在水中的溶解度较低，检测过程中信号就会比较微弱，因此基于溶解氧探针的 BOD 传感器检测范围狭窄。

② 稳定性低。在使用过程中，溶解氧探针阳极金属易被氧化，必须经常维护，清洗阳极表面，经常更换电解液，才能保持其较高的灵敏度。

③ 膜污染问题。废水中常常存在大量有机物和重金属，对微生物造成毒害，从而破坏膜系统的功能，使测量的偏差较大。此外，膜系统所引起的堵塞也会影响 BOD 传感器的长期稳定性[109]。

BOD 生物传感器是一种由微生物与电化学转换器相结合构成的传感器。当 BOD 传感器置于被氧饱和的、恒温的、不含 BOD 物质的磷酸盐缓冲溶液中时，由于微生物呼吸活性保持恒定，所以传感器输出一个恒定的电流值；当传感器置于含有 BOD 物质的磷酸盐缓冲溶液中时，因微生物对 BOD 物质的同化作用，使其活性增强而耗氧，导致传感器输出信号降低。在一定的范围内，传感器输出电流的降低值与 BOD 的浓度呈线性关系。迄今为止，不少国家对利用生物传感器快速测定 BOD 都制定了相应的标准，并进行了相关的技术说明。但目前 BOD 传感器的大多数研究处于实验室阶段，距普遍应用还有相当的距离，少数成形产品也存在一些问题。因此，开发高性能、低成本的 BOD 快速测定仪具有重要的意义。BOD 生物传感器的研发，近年取得了一些进展，但如何提高仪器的性能、降低成本，还有大量的工作有待进行[109]。

微生物燃料电池型 BOD 传感器的基本原理是产电微生物的产电呼吸代谢，即以产电微生物作为生物敏感元件，当样品中的 BOD 物质发生降解代谢时会耦联微生物输出电流强弱的变化，在一定条件下传感器输出的电量与 BOD 的浓度呈线性关系，可用于 BOD 的在线监测。基于微生物燃料电池型 BOD 传感器具有成本低、操作简单、可实现 BOD 在线自动检测等优点，可广泛应用于 BOD 在线监测和重金属、农药等物质的生物毒性监测[109]。

目前，正在研究的MFC型传感器一般是双室型结构，即阴、阳两室中由质子交换膜分开，有机物作为燃料在厌氧的阳极室中被微生物氧化，产生的电子被微生物捕获并传递给电池阳极，电子通过外电路到达阴极，以铂为阴极催化剂，从而形成回路产生电流，通过电流的自动采集即可实现在线监测。电池的阴极液多为磷酸盐缓冲液，阳极液为待测液。2003年，韩国科学家研制了第一台MFC型BOD传感器。该传感器采用连续流方式进样，实现了BOD在线监测，但是它使用铂作催化剂，而且需要昂贵的质子交换膜（每平方米约800美元），因而其制作成本高昂，无法实现规模化生产。

Karube等[110]利用以丁酸丁酯-铂电极为微生物电极的燃料电池估计废水中的BOD含量，实验发现，MFC的电流随着时间的推移显著降低，且稳态电流与BOD之间呈线性关系，BOD估计的相对误差在10%以内，并且MFC的产量几乎可以保持30d。在此基础上，科研人员利用电子传递中间体研制出了各种MFC-BOD生物传感器[111~113]。电子传递中间体可以提高电子从微生物体表到阳极的速度，其缺点主要体现为两点：一是这种物质不利于产电菌的生长，对电子的产生起到抑制作用；二是电子传递中间体容易失去其活性，进而不能持久地对BOD进行监测。各国研究人员通过如下途径来提高传感器性能和准确性。Kim等[114]使用MFC作为传感器来确定废水的BOD，同样发现，生物传感器在BOD值和产生的电量之间具有良好的相关性，且BOD传感器已稳定运行5年以上，无须维护，这比以前报道的BOD生物传感器运行时间长得多。Chang等[115]采用MFC作为生化需氧量传感器，以葡萄糖和谷氨酸作为人造废水。在水力停留时间为1.05h时，基于线性关系测量BOD高达100mg/L，当进一步降低进料速率时测得较高的BOD值。当供给不同强度的人造废水之后，约60min需要达到新的稳态电流。比较了饲喂含有100mg/L BOD的人造废水的MFC产生的电流，用以确定重复性，相对误差小于10%。Moon等[108]通过使用含有葡萄糖和谷氨酸的人造废水作为底液，测试了BOD浓度小于10mg/L的样品。实验发现，在连续进流条件下，0.53mL/min的进料速率比0.15mL/min的灵敏度高，电流从0.16μA/(mg BOD·L）增加至0.43μA/(mg BOD·L)。

MFC型BOD传感器的性能主要取决于MFC的性能，为了进一步提高MFC型BOD传感器的检测性能，研究提高MFC性能的方法，对于MFC在BOD检测方面的应用具有重要意义[116]。

（1）增强微生物活性

产电菌的活性直接影响底物的转化率以及电子的传递效率，继而影响BOD传感器的性能。自然界中的海底沉积物、活性污泥、废水和淡水沉积物都是产电菌的丰富来源。Rabaey等[117]以好氧和厌氧的混合污泥作为接种物构建了MFC，驯化产电菌3个月后，MFC的转化率与初期时相比，提高了7倍。Nevin等[118]将可建立互利共生关系的不同菌种在MFC阳极室内联合培养，获得了比纯菌培养高5倍的电流密度。Oh等[119]研究表明，在质子交换膜面积不变时，将阳极面积增大4倍，功率密度随之增大了3倍。Logan等[120]将已形成的阳极生物膜移植到新的阳极上，新电极上微生物的生物活性明显提高。阳极作为产电菌的载体，其表面积越大，产电菌就会在其表面上生成更大面积的生物膜，有利于缩短 BOD 传感器的检测时间。高活性的产电菌可以从自然界中筛选获得，也可以通过基因工程获取。通过改变代谢途径获取一些“超级微生物”，以增加促进胞外电子转移的胞外蛋白酶或者纳米导线的量，可以极大地提高电子传递至阳极的效率。对产电菌进行基因工程改造也是提高产电效率的一个重要途径，还可以通过增加压力使产电菌向着产电效率高的方向进化。

（2）改善阳极性能

对炭材料进行改性处理，可提高材料的生物相容性和化学稳定性、增大其比表面积和导电性。炭材料常用的表面修饰方法有热处理、酸处理和氨处理等。电极经处理后表面的亲水性会得到很大的提高，有利于微生物的吸附生长和底物的传质，进而提高 BOD 传感器的检测性能。

李建海等[121]为了提高 MFC 的输出功率，分别采用三种不同的化学氧化法（酸性 $KMnO_4$ 改性、浓 HNO_3改性、H_2SO_4/HNO_3改性）对石墨阳极进行改性。三种方法均提高了石墨阳极的表面润湿性，增大了比表面积。此外，石墨阳极表面的化学反应活性点增多，还生成了大量不同的有利于提高电极表面亲水性的含氧官能团。化学氧化法所需要的材料和设备均常见并且容易操作，所以化学氧化改性电极是一个理想的改善 MFC 性能的方法。邱广玮等[122]将聚丙烯腈炭毡分别在 5 种不同温度条件下恒温处理 2 小时，结果发现，在适当的温度下热处理炭毡，炭毡表面炭纤维的形态能够得到改善，表面的一些醛类化合物和不饱和烃减少，并有羧基官能团生成，吸液率和润湿性得到了一定程度的提升。产电菌一般带负电荷，将阳极在氨气中高温处理可以增加电极表面正电荷和含氮官能团的量，改善生物相容性，促进产电菌在电极表面的吸附。Cheng 等[123]通过对炭布电极进行氨处理增加了电极表面正电荷的量，使 MFC 获得了高达 $1970mW/m^2$的输出功率。具有电化学活性的复合物/聚合物可作为阳极的负载材料，主要作用是充当电子传递中间体。复合物/聚合物具备一定的机械强度和可加工性，是用来改性 MFC 阳极的一类重要材料，一般包括聚苯胺（PANI）、聚四氟乙烯（PTFE）和聚吡咯（PPy）类。Zhang 等[124]将 PTFE 加入石墨颗粒电极，提升了 MFC 的性能，但 Zhang 等[125]采用 PTFE 改性三种不同阳极材料，并进行了循环伏安测试（CV），结果表明 PTFE 只是一种连接剂，对 MFC 的电流输出没有贡献。因此，有关 PTFE 在改性电极中的作用一直存在着争议。聚吡咯是一种杂环共轭型导电高分子，Yuan 等[126]发现采用 PPy 修饰阳极材料可以增强微生物在阳极表面的附着能力。目前，聚合物类改性材料应用虽然广泛，但其作用机理仍需进一步探究[116]。

（3）降低 MFC 内阻

内阻是限制 MFC 产能的重要因素，是指在运行过程中，电流通过 MFC 内部时受到的阻力。MFC 的内阻可分为欧姆内阻、活化内阻和浓差内阻。电解质和质子交换膜对电子和离子传导的阻碍作用是造成欧姆内阻的主要因素。电极表面活化反应速率低是造成活化内阻的主要原因。浓差内阻主要是由于有机物向阳极的扩散和分解产物从阳极的扩散限制了反应速率或者因为质子不能有效地从阳极室传递至阴极室而形成。深入了解 MFC 内阻的构成，从而可以有针对性地采取降低内阻、提高产能的措施。MFC 构造是影响 MFC 内阻的重要因素，在低内阻条件下，减小两极间距离可以降低内阻，Liu 等[127]将 MFC 的电极距离缩短了 1/2，发现 MFC 的内阻降低了 52.5%。MFC 阳极室的体积越小，有机物扩散到电极表面的距离就越短，因此能缩短响应时间。Moon 等[128]将 MFC 阳极室体积从 25mL 缩小至 5mL，BOD 传感器的响应时间则由原来的 36min 缩短至 5min。质子交换膜和阳极的面积对 MFC 内阻均有十分重要的影响，其中质子交换膜引起的内阻是 MFC 内阻的重要组成部分。Zuo 等[129]分别采用炭纸和炭刷两种阳极材料构建 MFC，发现表面积更大的炭刷作阳极时内阻相对较小。Oh 等[130]在电极面积固定时，分别研究了三种不同面积质子交换膜对 MFC 内阻的影响，结果表明，膜面积越大，MFC 的内阻越小。此外，待测液的离子强度也会引起 MFC 内阻的明显变化。同时，Oh 等为增加溶液的离子强度，向阳极液和阴极液添加了 KCl 溶液，使 MFC 的电导率增大了 5 倍，MFC 的内阻减少了 40%左右。所以，适当增大阳极和质子交换膜的表面积、缩小阴阳极间的距离和极室的容积对提高 MFC 型 BOD 传感器的性能均有一定的促进作用。

（4）优化检测条件

阳极室 pH 值、底物浓度、外电阻、电解质类型和温度等均对 BOD 的快速准确测定有着重要的影响，而能否准确并快速地测定 BOD 浓度是衡量 BOD 传感器检测性能的首要指标。为维持阳极室 pH 值的稳定及微生物良好的代谢状态，需在阳极液中加入适量的缓冲溶液，Gil 等[131]研究表明阳极室的 pH 值为 7.0 时，MFC 产生的电流最大。将磷酸盐缓冲溶液加入阳极液可以减小质子供应的限制[132]。外电阻同样会影响 MFC 型 BOD 传感器的响应时间。外电阻越大，BOD 传感器的响应时间越长。以 MFC 检测 BOD 浓度为 400mg/L 的样品，外电阻从 10Ω 升至 500Ω 后，MFC 的最大输出电流从 1mA 降至 0.3mA，响应时间从 15h 内延长至 30h 以上[131]。一般来说，底物浓度越高，BOD 传感器的响应时间越长。Kim 等[133,134]研究发现：BOD 浓度为 206.4mg/L 时，BOD 传感器的响应时间约为 10h；BOD 浓度小于 8.0mg/L 时，响应时间在 30min 以下。可通过稀释 BOD 浓度较高的废水来缩短传感器的响应时间。水样中的有毒物质会严重干扰 BOD 传感器的稳定性，在样品进行检测之前，需要进行一定的预处理[135]。温度会影响 MFC 阳极上产电菌的活性，继而影响 BOD 传感器的稳定性和准确度。詹亚力等[136]构建了无介体无膜单室 MFC，研究发现：在低于 5℃时，微生物活性随着温度的升高而快速上升；当温度超过 5℃后，微生物不能适应温度的变化，不利于微生物活性的维持。

（5）提高阴极室反应效率

阴极室的反应效率取决于阴极氧化剂的种类和浓度、阴极构造及性能和操作条件等因素。阴极电子受体的种类和浓度对 MFC 的电位和内阻均有影响，继而影响检测系统的稳定性、准确度和灵敏度。氧气因具备易于获得、最终产物清洁等优势被广泛应用于 MFC 的阴极电子受体。但是氧气在水中的溶解度有限，即使在连续曝气的情况下，MFC 的转化率依然受到限制。通常使用的炭材料或石墨电极是生物惰性的，对电极表面的生化反应不具有催化作用，导致阴极反应的效率比较低，因此，通常采用稳定性较强的钴对阴极进行表面修饰。铀金属修饰阴极电极后，电极更容易与氧结合，减少氧气向阳极的扩散，同时增大了阴极表面积，为阴极反应提供了更多的反应位点。研究表明，阴极表面积增加有助于提高 MFC 的阴极反应速率和输出电流[132]。但催化剂普遍存在着造价高的局限性，因此可考虑通过更换阴极电子受体来提高 MFC 型 BOD 传感器的性能。为进一步提高传感器的准确度和缩短其响应时间，MFC 也可采用其他氧化剂作阴极电子受体，氧化剂的氧化性越强，接受和传输电子的能力越强[137]。常用的化学氧化剂主要有铁氰化钾、高锰酸钾、重铬酸钾等。铁氰化钾在 MFC 中的应用较为广泛，但其标准电极电势较其他几种氧化剂低。Behera 等[138]研究发现，以高锰酸钾和铁氰化钾作氧化剂时，MFC 的最大功率密度比溶氧型 MFC 分别提高了 3.4 倍和 2.3 倍。这些氧化剂具有较高的氧化还原电位，但其产物容易对 MFC 的运行系统造成污染且难再生。Jadhav 等[139]分别以次氯酸钠和曝气自来水作阴极液构建无介体 MFC，研究发现，以次氯酸钠作阴极液与曝气自来水作阴极液时相比，功率密度提高了 9 倍。同时，电荷迁移内阻有所降低，阳极室内有机物的去除率达到 90%。由于双氧水分子结构的特殊性及过氧键的存在，双氧水容易发生自分解反应，且具有氧化性强、反应活性高、代谢产物对膜无污染作用等特点。

6.4.2 乳酸检测

BES 还可检测乳酸等能提供电子的化合物。乳酸的检测在运动体检、医学化验和食品科学中也有广泛的应用。开发易于携带的、可现场勘测的和操作简单的检测仪器是我们的目标方向。浙江大学童基均[140]设计的乳酸电极可以快速准确地定量测定液体中含有的乳酸，液体可以是血液及饮料等的样品液体。它通过乳酸与特定的酶发生特异反应，建立线性关系模型，最后转换成用电化学技术进行测量，并且测量方法不需要稀释和搅拌样品液体。如图 6-7 所示[140]，采用印刷技术将薄膜塑料密封的反应腔和导线叠加到基底层上。反应腔的一侧是进样口，在另一侧是与大气相通的小孔，用来平衡进样口气压。待检测液体可以从进样口吸入。薄膜塑料为亲水性塑料。设计的反应电极面积为 2mm×2mm，腔体积为 2μL。

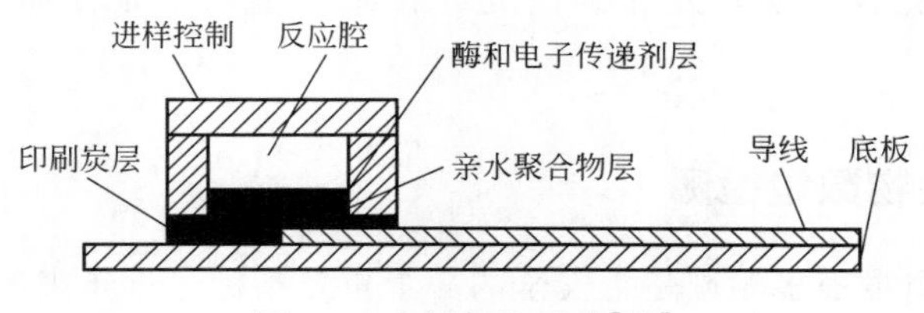

图 6-7 电极结构示意[140]

6.4.3 毒性检查

BES 可用于开发毒性检测，其原理是：具有毒性的物质投入 MFC 阳极室，使得微生物降解物质的能力下降，电子的数量减少，电池产生的电流下降，最终通过电流的变化幅度和投入的毒性物质存在的相关性，检测待测物质的毒性。

水中重金属中毒事件频繁发生，预防水中重金属中毒变得尤为重要。为了提前指示水中毒性物质的存在，对受污染的水体提前采取处理措施，急需建立一个预警系统[141]。迄今为止，研究的传感器已经可以应用于土壤、沉积物、地表和地下水，并可现场确定各种分析物，对管理现有的水污染问题起到了重要作用[142]。随着研究的深入，生物传感器逐渐被开发研究，可以使用容易得到的敏感生物体，如鱼、藻类、发光微生物等。由于传统的传感器检测周期长、重复性差、成本高，所以，提高传感器的装置灵敏度是有效传递水体污染信息的关键。MFC 传感器是近几十年间发展起来的一种新型传感器，根据微生物燃料电池的原理建立[143]。它以活的微生物作为敏感材料，利用其体内的各种酶系及代谢系统来测定和识别相应底物，相比较而言，具有选择性好、灵敏度高、操作简便快速、成本低、能在复杂体系中进行在线监测等优点。利用微生物燃料电池发展传感器有以下优势[144]：

① MFC 不需要加入额外的酶或纯种微生物，废水中的菌群就能附着在电池阳极生长并产电。

② 产电菌能快速对外界冲击做出反应，从电压的变化可以明确地预警废水毒性物质的影响。

③ MFC 能直接利用废水产电，属于比较特殊的自养型反应器，这一特征使 MFC 实现长期在线监测成为可能。

④ MFC 对不同种毒性冲击有不同的反应，如快速的电压变化主要针对急性毒性，而缓慢的电压变化则是针对慢性污染物，根据这种性能，可以基本判断出毒性物质的类型[145]。

Kim 等[146]开发了一种利用 MFC 检测水中有毒物质的新型生物监测系统，当向电池中加入有毒物质（有机磷化合物、Pb、Hg 和 PCB）时，观察到电流迅速下降，与对照相比，这些有毒物质引起的电流降低分别为 61%、46%、28%和 38%。另外，发光微生物传感器以其检测时间短、灵敏度高的优势近年来已经被广泛应用在毒性的检测上。清华大学于海等[147]研制出一种快速检测水中有毒物质的光纤生物传感器。该传感器的核心技术是发光杆菌的光纤探头，当有毒物质出现时，微生物会发出发光信号，通过与对照组比较表明，发光细菌光纤传感器能很好地反映水中污染物的毒性强弱。

6.4.4 微生物数量检测

微生物数量是衡量很多领域是否安全的一个重要指标。近年来，发展了许多微生物快速检测方法，如光纤法[148]，且很多都已商品化投入使用。虽然这些方法检测微生物的时间显著缩短，但都存在着操作系数要求高、仪器复杂及经济成本高等不足，因而很难得到商业化推广和大面积应用。Matsunaga 等[149]通过使用由两个电极组成的新电极系统来进行微生物群体的测定。电极系统的响应时间在培养液中为 15min，两电极之间的电流差异与酿酒酵母和发酵乳杆菌培养物中微生物细胞的数量成比例。此外，可以通过使用该电化学方法连续地估计发酵罐中微生物酿酒酵母的细胞数量。当前差异是可重现的，平均相对误差为 5%，只适用于快速测定高浓度微生物数量。Nishikawa 等[150]

通过使用燃料电池型电极来确定污染水域中的细胞群。细胞数确定的原理是基于感测由微生物与电极还原的氧化还原染料。对含有微生物的样品溶液进行膜过滤，将含有微生物细胞的所得过滤物附着在铂阳极的表面。将电极浸渍在含有氧化还原物质（2,4-二氯苯酚-靛酚）的磷酸盐缓冲液中，测定产生的电流。电极系统的响应时间为 10～20min，产生的电流与 10^4～10^6 个/mL 范围内低浓度的细菌数量成比例。

6.4.5 微生物活性检测

微生物的代谢活性可以通过生物电化学系统检测。Holtmann 等[151]利用电化学生物活性传感器在线测定微生物活性，结果显示，当培养具有不同代谢途径的不同微生物时，所有生物体都可以检测到明显的活性信号。此外，在厌氧大肠杆菌发酵过程中可以测量到最高的传感器信号，其原因是形成带电发酵产物，如甲酸和 H_2。Tront 等[152]由 MFC 产生的电信号提供电子供体，可实时检测硫还原地杆菌（*G. sulfurreducens*）的活性，其中电池技术提供了生物降解速率及过程等信息。这些结果对于生物传感器的开发具有实际意义，可现场对生物修复过程进行实时监测。

6.4.6 抗生素检测

MFC 传感器检测抗生素是一种快速简便的方法。Wen 等[153]将头孢曲松钠加入单室 MFC，MFC 电压明显下降后上升，最终达到稳定，且此 MFC 稳定运行了 500h。Schneider 等[154]利用 MFC 传感器检测 β-内酰胺类抗生素，分别将金黄色葡萄球菌 *Staphylococcus aureus* ATCC 29213 和大肠杆菌 *Escherichia coli* ATCC 25922 悬浮液接种到含有 100mg/mL 的青霉素、氨苄西林、羟基噻吩青霉素、头孢吡肟和 1mg/mL 的头孢唑啉、头孢呋辛、头孢哌酮、头孢西宁、头孢克洛、亚胺硫霉素的微型双室 MFC 装置中。接种后 3～4h 就可分析检测结果，而传统的纸片扩散法则需要 24～48h，这对医生快速决定抗生素的适用量意义重大。

6.4.7 对酸的检测

污水中的有毒物质种类多样，酸就是其中之一。Shen 等[155]利用单室空气阴极 MFC，用盐酸分别将溶液 pH 值调到 6、5、4、3、2。当 pH 值为 2～4 时，MFC 输出电压迅速下降，随后的一段时间内又恢复稳定；但当 pH 值调整到 2 时，电压迅速下降后没有再恢复。推测出现以上现象的原因可能为 MFC 阳极室内微生物正常的生长环境受到破坏，从而影响了 MFC 的产电量。本实验中 MFC 展现出了高度的敏感性和快速的恢复性，这正是毒性传感器所应具备的条件，且如果降低阳极室的 HRT（hydraulic retention time，水力停留时间），MFC 的敏感性会进一步得到提升[156]。

6.5 串联和并联 MFC 构型

微生物燃料电池在很多方面都已有应用，但是微生物燃料电池在其应用过程中，也遇到了一些障碍，主要包括输出功率过低、材料成本过高等问题。目前研究人员的研究方向也主要是围绕着这几个问题来探讨。作为一种电能获取装置，通过微生物燃料电池获取较高的功率输出一直是研究人员关心的问题[157]。针对微生物燃料电池功率偏低的问题，研究人员开始构建放大的反应器，以便为在实际应用过程中得到更高的功率输出提供依据。但功率输出的提高并不是随着单个反应器电极的面积或者体积的增大而等比例增加的[158]，而将多个反应器或电极进行堆栈放大是实际应用中提高功率输出的一种有效方法[159]。下面将对 MFC 堆栈技术的研究做介绍。

到目前为止，微生物燃料电池的堆栈技术主要有两种：一是将单体 MFC 堆栈连接；二是在一个 MFC 反应器中将多个阳极电极堆栈连接[157]。

单体 MFC 堆栈连接是指将多个单体 MFC 进行串联或者并联连接。将一组微生物燃料电池进行串联可以提升电压的总输出，进行并联可获得单个电池的电流之和，提升总电流，通过将数量不同的微生物燃料电池进行串联或者并联，可以获得需要的电压、电流[160]。研究表明，将多个电池进行串联、并联可同时获得所需要的电压和电流。虽然串联微生物燃料电池可以提高电池的总电压，但是在微生物燃料电池串联的过程中由于串联电池组之间电子交叉传递的阻力及微生物的生长代谢会消耗底物等原因，造成串联电池组中能量转化率低、部分能量损失等，使得串联微生物燃料电池的总电压有所降低，最大输出功率也相应变小。相对于串联微生物燃料电池，并联的微生物燃料电池运行时，各单体电池相当于独立运行，符合欧姆定律，所以在同一时期电池组中的电池间差异对并联电池组影响并不明显。

多个阳极电极堆栈连接是指将阳极室中多个阳极电极共用同一阳极液并进行串联连接。在一个反应器中安装多个阳极可以增加阳极室中阳极面积与体积的比率，进而产生更高的功率密度[161]。但是多个电极在共用同一阳极液时会因为离子的交叉传导导致串联电池的电位降，使电池组的总电压有所降低。

堆栈多个微生物燃料电池是一种提高电压和电流输出的有效措施，但是在电池堆栈过程中往往会出现一些原因使得堆栈微生物燃料电池的总电压小于单电池的电压之和，进而使电池总的输出功率降低。

将多个单体微生物燃料电池串联连接是获得高电压输出的一种有效的方法。理论上来说，串联堆栈电池产生的电压应是单体微生物燃料电池产生的电压之和，但是由于一些原因，使得串联堆栈微生物燃料电池的输出电压往往要小于单体 MFC 输出的电压之和。电压反转行为就是使得串联堆栈电压变小的原因之一。

当微生物燃料电池串联连接时，单体电池会呈现负电压或者反向极化，这称为电压反转[162]。在化学燃料电池中对电压反转的发生机制已经有过研究。一般认为，当串联系统中的一个或几个电池出现极端现象时会发生电压反转现象。至于发生电压反转的原因，Aelterman 等[163]认为是某些影响微生物催化的底物转化引起的，Oh 等[164]则认为是底物缺乏引起的。在单体微生物燃料电池中，产电微生物分解底物会产生相同数量的电子和质子，产生的电子会经外电路流向阴极，而质子由于电势差的原因，会透过质子交换膜移动到阴极，由于质子数和电子数相同，所以电子与最终电子受体即质子能结合成一个完整的反应，从而保持单体微生物燃料电池中电子和质子的平衡而不出现电压反转行为，除非出现电子过电势现象。而在串联微生物燃料电池体系中，单体微生物电池往往会出现电子过电势现象，从而引起电压反转。Anand 和 Lee[165]将两个单体微生物燃料电池（unit 1 和 unit 2）串联连接，证明了阳极反应速率的不同是引起电压反转的原因，究其原因是 unit 1 发生了过电势现象。随后对发生电压反转的过程做了描述：在堆栈微生物燃料电池中，相比于 unit 2，由于 unit 1 较慢的阳极动力学使得其电压在放电时首先降到 0（阳极电势等于阴极电势）；在unit 1 的电压降到 0 时，使得 unit 1 由原电池变为了电解池，unit 2 会对 unit 1 提供电能，进而 unit 1 的阳极电势明显高于阴极电势，使其发生过电势现象，进而引起电压反转行为。

陈禧等[166]通过二极管正向与反向串联实验讨论了电压反转的原因，他们认为在串联 MFC 中，产电微生物分解底物产生的电子可以跨单体电池流动，而产生的质子却不能。因此，在单体微生物燃料电池阴极中与质子发生反应的电子可能来自于其他的单体电池。一般地，不同的 MFC 中底物消耗的速率会不相同，这就导致产生的电子数和质子数也不相同，当电子跨单体流动与另一单体 MFC 阴极中质子反应时，会造成阴极电势的变化，而阳极的电势也会随之变化，如果阴极电势下降而阳极电势上升时，会导致电压下降；当电压降到零以后，电压反转就发生了。

目前来说，微生物燃料电池技术最大的挑战是电压输出比较低，限制了其取代传统能源的商业化用途。Gurung 等[167]通过将 3 个单体微生物燃料电池进行串联，测其总电压与单个微生物燃料电池进行比较，研究发现虽然串联微生物燃料电池中单体电池输出的电压有所降低，但是输出的总电压几乎等于单体电池的 3 倍，明显提高了电能的输出。这一发现说明了将微生物燃料电池进行堆栈操作可以提高电池的电能输出。Dekker 等[168]构建了一个 20L 的串联 4 个电极平板的堆栈式 MFC，它以乙酸钠为底物，最大体积功率密度达到了 $11000mW/m^3$，通过对阴极进行优化，其最大体积功率密度提高到了 $144000mW/m^3$。虽然微生物燃料电池的堆栈操作可以提高其电能输出，但是目前来说输出的电能还是比较低的，还需要后续更多的实验来研究堆栈操作中微生物燃料电池的性能及输出更多电能的方法[157]。

由于单个反应器放大的缺陷，研究人员已经对多个反应器叠加运行的堆栈式微生物燃料电池进行了一定的研究。Zhuang 等[170]使用管状空气阴极反应器，采用并联或串联堆栈的方式处理养猪废水，在并联堆栈时实现 83.8% 的 COD 去除率和 90.8% 的 NH_4^+-N 去除率。以啤酒废水为底物串联操作时，40 个反应器堆栈产生的开路电压为 23.0V，最大体积功率密度为 $4.1W/m^3$[171]。Chen 等[172]使用堆栈的微生物脱盐电池提高了脱盐效率。Dekker 等[173]证明在堆栈结构中由于氧还原与电池逆转，阴极的表现限制了反应器的性能，通过降低阴极表面的 pH 值、提供氧气、增加流量等方法，可将堆栈结构的电池功率密度增加 13 倍。因此可见，在堆栈结构中保证阴极的氧还原性能及单个反应器的性能不降低是反应器堆栈的重要条件。以上研究中的堆栈反应器只是将多个独立的反应器采用串联或并联的方式连接，却没有考虑堆栈后反应器整体体积的大小问题[174]。

6.6 水平分层构型

水平分层构型（horizontal layered configuration）的特点是在水平方向上形成分层结构。阴极层位于上部水体（或表层）而阳极层位于下部水体，部分反应器中部会安装间隔材料，分隔阴、阳极区域。安置上部的阴极结构的优势在于：

① 能够将空气阴极直接漂浮或锚定在水体表面，与空气直接接触进行复氧[175]；

② 利用表层水体中丰富的溶解氧复氧[176]；

③ 直接让部分阴极暴露在空气之中增加自然富氧的面积和速率[177]；

④ 可方便地采用曝气装置为阴极复氧，而不会影响到底部阳极区域的厌氧性[178]。

在 MFC 领域早期研究中，水平分层结构常用于对现有的水处理工艺进行改造（见图 6-8）。He 等[179]使用升流式圆柱形反应器（以 UASB 反应器为基础）处理蔗糖人工污水，进水浓度为 300～3400mg COD/L，停留时间设定为 24h。在进水浓度为 2000mg COD/L 时，获得可溶性 COD（SCOD）去除率约为 97%。该构型下部为玻璃炭填充的阳极区域，上部为玻璃炭填充的阴极区域，并通过曝气为阴极提供电子受体，中部为质子交换膜间隔材料，防止电极短路和氧气向阴极扩散。随后，He 等[180]构建了以生物转盘结构为基础的 MFC 反应器，阴极由 10 片直径 5.5cm 的炭毡组成，并有 40%位于反应器液面上，随着转盘不断转动对阴极进行复氧。阳极采用石墨板铺设于反应器底部，距离阴极下缘 2.5cm。该反应器用以处理氯化铵配制的（TN 浓度为 350mg/L）人工污水，停留时间为 1d，TN 去除率为 50%，停留时间设为 6d，TN 去除率增加为 70%。

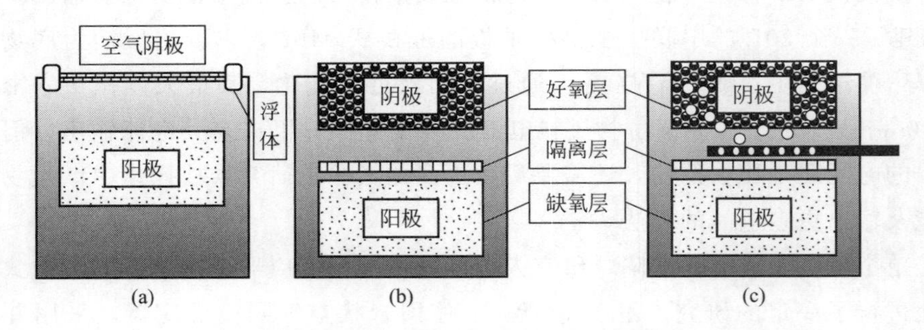

图 6-8 水平分层结构 MFC 反应器[181]

Yoo 等[182]采用漂浮于水面的空气阴极和沉入污水中的石墨毡阳极组成 MFC 反应器，处理由葡萄糖配制的人工污水（1000mg COD/L），停留时间为 1.56h，获得 119.7mW/m^{2}的功率密度输出。Ryu 等[183]以不锈钢包裹单石墨颗粒作为阳极、载铂钛网作为阴极构建 MFC 反应器，处理 COD 为 500mg/L 的乙酸钠人工污水。阴极锚定在反应器上部，氧气来源为曝气以及表层污水的自然复氧。Zhu 等[184]使用柱状反应器将半浸没式的石墨片从大气中直接复氧作为阴极，并与反应器底部的阳极构成 MFC 反应器，用于处理约 3500mg COD/L 的葡萄糖人工污水，以及 2850mg COD/L 的啤酒废水，并分别获得了 34.7mW/m^2 和 19.8mW/m^{2}的能量产出。Walter 等[185]用卷起的炭纱作阳极和阴极材料，并用聚丙烯多孔板作为间隔材料分隔阴阳极。阴极层位于上部，有 25%的部分暴露在空气中，其余 75%位于液面之下，而阳极则位于池底，在阴阳极之间形成自然的氧浓度梯度[181]。反应器总体积 5L，包含 20 个单体反应器，每个单体模块体积为 0.25L，模块之间由陶瓷板分隔。该 MFC 反应器用于处理尿液，单模块获得的最大体积功率密度约为 $12W/m^3$。

6.7 微型化 MFC 举例

微型化 MFC 为一种面向植入式医疗设备供电的微生物燃料电池，其目的是由阳极、阴极和人自身的横结肠组成电池，通过人体肠道内的内容物和微生物产电，为植入式医疗设备供电。

通过图 6-9 明确地展现了电池结构。该电池由结肠肠道、贴于肠道内壁的阳极和置于肠道中部的阴极组成。结肠肠道充当了容纳电池阳极和阴极的容器，因此，结肠肠道是电池的有效组成部分，如果没有结肠肠道，仅电池的阳极和阴极并不能形成微生物燃料电池。而人工心脏起搏器是一种植入体内的电子治疗仪器，整个心脏起搏系统包括起搏器本身和电极导线两大组成部分，人工心脏起搏器根据导线植入部位分为心内膜起搏(经外周静脉系统将导线植入心内膜)、心外膜起搏（采用开胸方法植入导线，将导线固定于心外膜）和心肌起搏（导线固定于心肌)。人工心脏起搏器的起搏电极导线采用主动固定和被动固定两种方式，其中主动固定是在电极头部装有一个螺旋状小螺钉，可将电极旋转固定于心内膜下。由此可知，起搏器本身是一个完整的器件，是不需要人体自身组织构成组成部分的[186]。

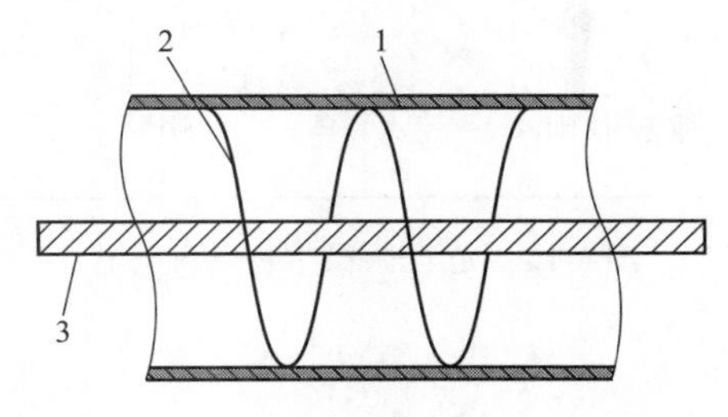

图 6-9　电池结构

1—结肠肠道；2—阳极；3—阴极

MFC 技术可以与其他新能源、可再生能源耦合实现建筑节能。MFC 与太阳能光伏发电技术耦合对于别墅类的小型独立住所，可以实现自主独立供电，在屋顶或向阳面安装太阳能光伏电池板，将太阳能转化为电能；对于普通住所，可在卫生间利用 MFC 将人体排泄物分解，将化学能转化为电能。二者可以进行简单的并联，也可以进行串联，形成 MFC-太阳能协同产电系统[187]，有效提升系统的开路电压、短路电流、最大输出功率密度，为家庭供电提供更多电能[188]。

针对目前 MFC 研究方面的一些瓶颈，陈钊等[187] 主要对一种利用半导体光催化和微生物催化协同作用的新型 MFC 体系性能进行了研究，即在 MFC 外电路中接入硅太阳能电池，构成“光电池-微生物燃料电池”体系，实现半导体光催化与微生物催化的协同作用。就是在传统 MFC 体系基础上，串联外接一块硅太阳能电池，即构造了一个硅太阳能电池和 MFC 体系协同作用的新型的 MFC 体系，光电池-微生物燃料电池如图 6-10所示。采用的微生物燃料电池，装置部分为双室微生物电化学装置，两室体积均为 500mL，中间以 6cm×10cm 的阳离子交换膜（CEM）分隔；阴阳极电极均为 0.5cm×5cm×7cm（厚度×宽度×长度）的粗糙石墨棒；电极分别放入 1mol/L HCl 与 1mol/L NaOH 溶液中浸泡 1h，洗净后置于去离子水中待用；石墨电极使用铜导线缠绕 20 圈引出，钻孔周围用一种不导电环氧树脂密封以避免腐蚀，两电极间距大约为 12cm。采用传统 p-n 型硅太阳能电池，使用模拟日光光源（风冷 Xe 灯），整个 MFC 体系在无光照情况下相当于断路。硅太阳能电池与光源之间的距离为 100cm，太阳能电池表面辐照强度为 79mW/cm^2，光照面积为 4mm×4mm。实验发现并确定这种新型 MFC 体系的性能相对于单独的 MFC 有显著的提高，这也为 MFC 体系提高污染物的降解速率提供了基础。太阳能电池的引入给 MFC 体系的运转提供了一部分动力，使得两种清洁能源发挥协同作用，融为一体，对解决能源危机、治理环境污染具有重要意义[187]。

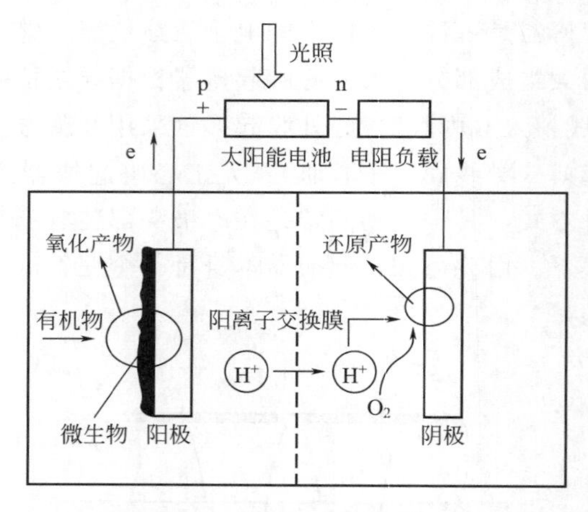

图 6-10　光电池-微生物燃料电池

6.8　植物-沉积物微生物燃料电池(P-SMFC)构型

底泥污染与水体污染、大气污染、土壤污染一样已成为世界范围内的一个重要的环境问题。欧洲莱茵河流域、美国的大湖地区、荷兰的阿姆斯特丹港口、德国的汉堡港等是当前已发现和解决的受污染较严重的区域。随着社会经济的快速发展和城市化进程的加快，使得河流底泥污染日益严重，污染物通过废水排放、大气沉降、雨水淋溶与冲刷进入水体，最后吸附沉积于底泥中，使底泥受到严重污染。

水体底泥中主要污染物类别有以下几种。

① N、P 等营养盐　水体底泥中 N、P 营养盐主要是通过废水排放及雨水淋溶与冲

刷进入水体，而进入水体中的N、P营养盐只有少部分会被植物吸收，大部分会通过沉降沉积到底泥中，日积月累，使底泥成为水体的内源污染物。当水体污染源得到一定控制后，底泥中的N、P则会释放，造成水体的二次污染[9,16~18]。

② 重金属 重金属进入河流底泥的方式主要有吸附、络合、沉淀等。当受污染水体在修复或当水体及底泥环境发生变化时，重金属容易成为二次污染物进入水体环境中[9,19]。有众多文献资料表明，中国目前几乎所有大小河流都不同程度地受到了重金属污染。

③ 难降解有机物 包括PAHs、PCBs、POPs等有机物，大多是致癌、致畸物质，对人类健康危害巨大。其在环境中难以被生物降解，极其容易累积在底泥中。

(1) 人工湿地技术

人工湿地（constructed wetland system，CWS）技术是利用土壤、人工介质、植物以及微生物的多重协同作用，通过物理、化学和微生物等作用对污水、污泥进行处理的一种生态处理技术，已广泛用于处理生活污水、工业废水、农业废水、雨水径流和污水厂污泥脱水液等方面，并在世界各地得到了广泛应用。

与传统的污水处理技术相比，人工湿地有其自身独特的优势[189]，其优点主要有：a. 投资和运行费用低，易维护[190]；b. 对污水的处理效果好[191]；c. 适用范围广[192]；d. 可缓冲水力负荷和污染负荷的冲击；e. 绿化环境的功能。

虽然人工湿地系统是一种较好的污水处理方式，但在我国的发展进程却相当缓慢，原因主要体现在以下几个方面：

① 占地面积相对较大。污水在人工湿地中流动的空间对湿地系统净化污水的效果有很大的关系，因此需要较长的水力停留时间（HRT）才可将污染物去除。对于处理相同水量的污水，与传统的污水处理厂相比，人工湿地系统具有较大的占地面积，一般为传统污水处理厂的2～3倍左右，使其在用地紧张或者地价较高的城市难以推广。

② 容易产生淤积、堵塞和饱和现象。随着湿地运行时间延长，截留的污染物会在床体内逐渐积累[193]，微生物也会不断繁殖，如果维护不当，会造成填料层的堵塞，降低湿地系统的污水处理效果。数年后，填料的吸附能力渐渐地趋向于饱和，影响湿地处理效果[194]。

(2) 人工湿地型微生物燃料电池

人工湿地（CW)-微生物燃料电池（MFC）系统在处理污水的同时能回收电能，并且可加速污水中有机物的厌氧降解过程。有学者研究了HRT为2d时以葡萄糖为底物采用连续流进水的CW-MFC系统处理污水及产电性能，发现系统对COD的去除率大于90%，获得电流密度为$2A/m^3$。Asheesh等[195]研究了CW-MFC系统对染料废水中COD及染料的降解情况，取得良好的处理效果。Zhao等[196]研究了CW-MFC系统和CW系统后发现，CW-MFC系统较CW系统能获得更高的COD去除率和功率密度。Rabaey等[197]采用水平表面流人工湿地系统-微生物燃料电池系统对不同浓度的葡萄糖配水进行处理，取得良好的效果。

湿地型微生物燃料电池（constructed wetland microbial fuel cell，CW-MFC）是将人工湿地与微生物燃料电池相结合的一种新型净水产电装置（图6-11)，是利用微生物

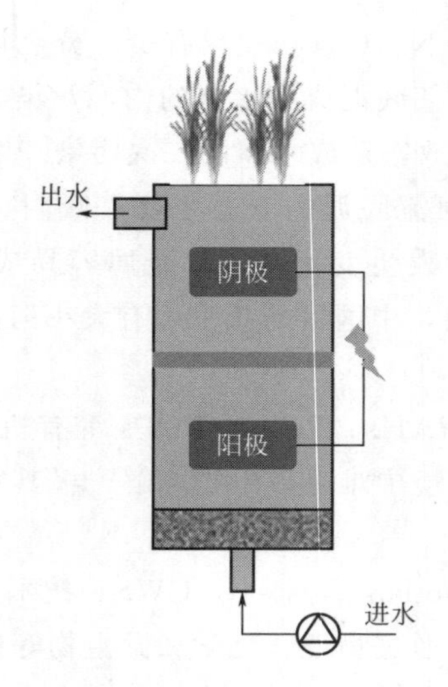

图 6-11　CW-MFC 装置示意图[204]

代谢作用将阳极有机物厌氧氧化的同时获得电能的装置[198]。当植物的根系位于阴极区时，形成植物-微生物-电极材料的复合生物阴极电极，利用植物根际泌氧为阴极提供还原反应电子受体，并在根系周围的还原态基质中形成氧化态微环境[199]，降低阴极曝气所需的运行成本，同时利用植物复合生物阴极代替传统 MFC 的贵金属阴极，极大地降低电极材料成本，提高电极的催化活性，是规模化 CW-MFC 研究的重点[200]。Fang 等[201]研究表明，CW-MFC 运行稳定后，种空心菜的 CW-MFC 的内阻和电压分别为 217.7Ω 和603～618mV，空白对照组的内阻和电压分别为 272.9Ω 和 522～536mV。Liu 等[202]利用蕹菜构建的 CW-MFC 的最大输出电压为 525.3mV，最大功率为 55.05MW/m^2，同时指出植物有助于提高阴极生物膜的催化活性，能够有效提高阴极生物膜内微生物种群丰度，使阴极细菌细胞密度提高 58%，有植物的 CW-MFC 阴极相比没有植物的阴极的电极电位提高了 97mV。这些研究均表明湿地植物的介入对微生物燃料电池的产电性能产生较大的影响[203]。

人工湿地型微生物燃料电池的概念最早是由李先宁教授在 2012 年提出[204]。MFC 的阳极区域是厌氧环境，而很多难降解有机物需要在厌氧环境下转化为易降解物质，进而才能继续降解。因此，利用 MFC 来处理难降解有机物是有可能的。为了提高其处理效果，需要增大阳极材料比表面积，来提高其附着产电菌的数量，以提高 MFC 产电效能。人工湿地一般占地面积较大，湿地基质的比表面积较大，且湿地的底部厌氧环境、表层的好氧环境以及湿地中的水环境都为人工湿地和 MFC 的结合提供了有利条件[205]。结合 MFC 和人工湿地的特征，在人工湿地中构建 MFC，将人工湿地的下层厌氧环境改造成 MFC 的阳极，人工湿地上层接触空气的漫水区域作为 MFC 的空气阴极，从而构建成人工湿地型微生物燃料电池（CW-MFC）。这种新型的污水处理技术为污水处理提供了新的思路。Villasenor 等[206]的研究表明，水平流和垂直流人工湿地均可以构造为 MFC，且系统运行正常，有机物几乎在下层厌氧区域全部去除，产出电压达 250mV。Zhao 等[196]利用人工湿地结合 MFC 技术搭建成体积 3.7L 的 CW-MFC 反应器，用于处理养猪场废水，连续流运行时，系统 COD 去除率为 71.5%，最大功率密度为 12.83mW/m^2。升流式运行时，COD 去除率为 76.5%，最大功率密度达 9.4mW/m^2。Fang 等[207]构建了阴极种植植物的 CW-MFC，系统运行稳定，并将系统成功用于处理偶氮染料活性艳红 X-3B 废水，研究结果表明植物能提高阴极电势，对染料脱色有促进作用，电极效应能促进阳极对染料的脱色，种植植物的 CW-MFC 系统的染料脱色率达 91.24%，最大产出电压达 610mV，外电路的连接促进了阳极 *Geobacter sulfurreducens* 和 *Betaproteobacteria* 的生长，并且抑制了 *Archaea* 的生长[208]。

到目前为止，人们就植物微生物燃料电池做过很多相关研究，如研究植物根系分泌物对系统产电的影响[209]及不同植物种类对系统产电的影响[210]、阳极生物膜群落分析[211]、阴阳极材料的改进和修饰[212]等方面。

① 在产电方面　荷兰瓦格宁根大学环境技术小组在 2007 年率先开发出了植物微生物燃料电池，利用植物的根系和土壤细菌发电。2008 年，Strik[213]最早利用植物微生物燃料电池进行试验，并认为 PMFC 是没有破坏性的、持久的生物能源。Schamphelaire 等[214]的研究表明，在 SMFC 中引入了植物的植物-沉积物微生物燃料电池的输出功率密度比无植物的沉积物微生物燃料电池高 7 倍，且对植物自身生长没有影响，有效解决了传统沉积物微生物燃料电池有机质传质问题。Helder 等[215]利用野古草（*Arundinella anomala*）、芦竹（*Arundo donax*）及大米草（*Spartina anglica*）三种植物构建了植物-沉积物微生物燃料电池，研究结果表明大米草（*Spartina anglica*）的最高功率密度比之前报道的最大功率密度要高出 2 倍，达到 222mW/m^2，野古草产生的功率密度较小，为 22mW/m^2。Bombelli 等[216]分别利用水稻和稗草构建了植物微生物燃料电池，结果表明，水稻的产电性能要显著高于稗草。Helder 等[217]改进设计，构建平板 P-SMFC，降低内阻，使电流密度提高到 1.6A/m^2、产电量可达 0.44W/m^2。Kaku 等利用水稻构建了 P-SMFC，并对植物-沉积物微生物燃料电池的产电性能的影响因素进行了研究，结果表明，Pt-C 对提高植物微生物燃料电池产电性能有较好的作用，同时阴极材料的改进也对 PMFC 产电效率的提高具有重要作用[218]。

② 在阳极生物膜群落分析方面　在目前的研究中，在自然条件下分离到的产电微生物主要是变形菌门和厚壁菌门的细菌，其大多属于铁还原菌。目前已报道的典型产电微生物主要有地杆菌（*Geobacter sulfurreducens*）、希瓦氏菌（*Shewanella putrefactions*）、铁还原红螺菌（*Rhodofoferax ferrireducens*）等。Timmers 等[219]用高通量测序的方法对植物-沉积物微生物燃料电池的阳极生物膜群落多样性进行了分析，研究结果表明，微生物燃料电池阳极上端有 54%的细菌属于瘤胃菌科（Ruminococcaceae），梭菌科（Clostridiaceae）占 20%，下端 36%属于丛毛单胞菌科（Comamonadaceae）、10%为红环菌科（Rhodocyclaceae）、13%为梭菌科（Clostridiaceae）。Aelterman 等[220]对串联 MFC 中单体的微生物群落多样性进行了分析，研究结果表明：第一阶段微生物群落主要为变形菌门、拟杆菌门和放线菌门；第三阶段所有的序列都与土壤短芽孢杆菌（*Brevibacillus agri*）高度相似，属于拟杆菌门，其结果证实了变形菌门的细菌是一类重要的产电细菌。

③ 在污染物修复方面　目前利用沉积物微生物燃料电池修复底泥的研究较多。如

Hong 等[221]在 2009 年开始研究 SMFC 在产电的同时对沉积物中有机物质的去除能力，研究结果表明，160d 后，阳极 1cm 范围内的总有机质含量下降 30%。Huang 等[222]构建了一种 SMFC，研究了其对苯酚的生物降解能力，结果表明，系统运行 10d 后苯酚的去除率达到 90.1%。而利用植物协同沉积物微生物燃料电池来修复底泥的研究报道较少，国内外 P-SMFC 修复底泥的研究均处于起步阶段，仍存在很大的发展空间[223]。

6.9 中室 MFC 构型

2017 年丁为俊等[224]利用 6L 单室双空气阴极微生物燃料电池（MFC），研究不同阳极材料对电池的启动过程和运行机制，对以乙酸钠为基质的人工废水和实际屠宰废水的产电性能和废水处理效果的影响，比较了单位阳极成本的产电效益。所采用的反应器为单室双空气阴极型 MFC，腔体为长度 80cm、宽度 1.4cm、高度 30cm 的长方体，反应器的有效体积是 6L，其结构如图 6-12 所示，阴极（80cm×30cm×0.1cm）以泡沫镍为集电体、活性炭为催化剂，以镍带作为电极导线，组装时对称置于反应器腔体两侧。阳极为上述准备的 3 种不同材料的电极，组装时置于反应器正中位置。阴极与阳极之间放置一片与阴极相同尺寸的玻璃纤维（厚度为 0.14cm），以避免短路。

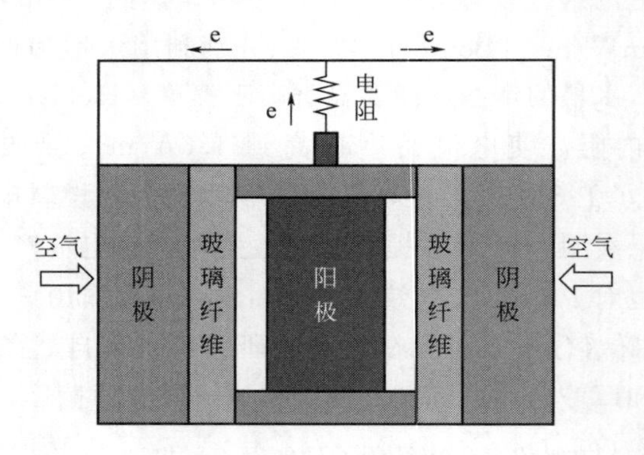

图 6-12 反应器结构[224]

总之 MFC 扩大化有 2 种途径：a. 堆叠型 MFC 扩大化，即通过多个小、中型 MFC 堆叠连接实现扩大化；b. 单体大尺寸 MFC 扩大化，即增大单个 MFC 的体积实现扩大化。在扩大化的过程中，紧凑结构和使用多电极有利于提高 MFC 的产电性能[225]。

针对堆叠型 MFC 扩大化，以石墨毡为集电体、活性炭为催化剂制作石墨毡-活性炭阴极，在典型小型 MFC 中优化催化剂负载、扩散层负载，通过耐水压测试及中型 MFC 考察了石墨毡-活性炭阴极用于堆叠型 MFC 扩大化的可行性。结果表明：石墨毡-活性炭阴极的最佳制作条件为催化剂活性炭负载 $20mg/cm^2$、扩散层 PTFE 负载 $80mg/cm^2$。以 28mL 小型 MFC 测得的最大功率密度（maximum power density，MPD）为（1472.3±10.6）mW/m^2（面积功率密度），运行 3 个月后产电功率仅下降 6.0%，初始（第 4 个周期）

产电功率比泡沫镍-活性炭阴极高 28.7%，单位产电成本为 220.9 元/W，比泡沫镍-活性炭阴极低 6.6%，具有良好的产电性能、稳定性和经济可行性。在中型 MFC 中阴极具有良好的长期运行稳定性，340mL 中型 MFC 运行 4 个月后 MPD 达到 136.2W/m^3（体积功率密度），4.5L 中型 MFC 运行 2 个月后 MPD 达到 6.5W/m^3（体积功率密度）。由此可知，石墨毡-活性炭阴极可用于堆叠型 MFC 扩大化[225]。

堆叠型 MFC 扩大化包括单体 MFC 性能研究和单体 MFC 连接方式两个方面，其中 MFC 单体间连接涉及水力连接和电力连接。水力连接采用串联连续流模型居多，而电力连接中串联、并联和混联均有研究。Choi 等[226]研究了不同的水力连接和电力连接方式对 AC-MFC 组处理生活废水的影响，发现水力串联时电力并联连接有利于 MFC 产电、COD 去除率和 CE 的提高，而水力串联时电极串联易出现电压反转现象，降低 MFC 产电性能。Ren 等[227]发现，当多个小型 MFC（14mL）水力串联时，相对于将所有的阴极和阳极作为一个整体并联连接，将每个小反应器的阴、阳极单独运行产能效果更好，此时，相邻反应器间的离子交换不影响整体 MFC 性能。Zhuang 等[228]将 40 个管状 AC-MFC 组合成一个 10L 的蛇形 MFC，电力混联型 MFC 的产电和 CE 高于电力串联型 MFC。Ghadge 等[229]在 26L 的圆柱体 MFC 中，采用电力并联型产电比电力串联型产电和阴板、阳极整体单电极对产电分别高 3.73 倍和 4.48 倍。

此外，堆叠型 MFC 扩大化的另一关键在于提升小、中型 MFC 单体性能，阴极是限制单体 MFC 性能和成本的主要因素。因此，开发具有高性能、高稳定性和低成本的新型阴极具有重要的意义。改善阴极性能和降低成本可从上述集电体、催化剂、黏结剂、扩散层等材料和阴极结构等方面展开研究。

对单体大尺寸 MFC 扩大化，体积增大会导致阴极相对面积下降，电极距离增加，内阻增加，物质传质变慢，从而造成 AC-MFC 体积功率密度下降。大量研究表明：增加阴极面积比增加阳极面积对提高 MFC 的 COD 去除率和产电电流更有效，但阴极面积的增加会减小 CE[230]。此外，研究表明 MFC 的产电功率随单位体积的阴极面积的增加而几乎呈线性提高趋势[231]。Feng 等[232]研发出 250L 的大型 MFC，这是目前报道的最大 AC-MFC 单元，MFC 由含 Pt 炭网阴极和炭刷阳极组成，但 MFC 内阻高，产电电流低，导致产电功率仅 116mW，CE 仅 3%～5%。Jeon 等[233]试验了一种以 Pt 炭布为阴极的 1.29L 正六边形 AC-MFC，最高产能达 6W/m^3，COD 去除率＞90%，CE 达 20%～53%。

此外，反应器体积增大使得阴极和阳极承受的水压增大，同时影响阴极和阳极性能。阳极方面，采用相同接种液接种大尺寸 MFC，且细菌具有环境适应能力，从而水压不会影响阳极微生物群落，但会限制产电微生物的代谢活性。阴极方面，水压增加加剧阴极水淹和析盐，同时为了保障阴极的正常运行，需要增强阴极扩散层，但增强阴极扩散层会导致氧气向催化位点的传输困难而降低阴极性能。Ahn 等[234]研究了水压对 MFC 的影响，发现水压增大造成阴极发生水淹，加速阴极内部盐的沉积，而催化层微孔被水淹和盐沉降是导致 MFC 性能下降的主要原因。此外，Cheng 等[235]研究发现：随着水压增加，阴、阳极性能均下降，两者共同作用导致 AC-MFC 产能下降，而阴极性能降低是由于水淹导致基质扩散阻力增加，阳极性能降低是由于产电菌代谢受抑制导致电子传递阻力增加。He 等[236]研究了水压对 Pt 炭布阴极、Pt 炭网阴极和不锈钢网-活性炭阴极性能的影响，结果表明水压会导致阴极变形：当水压较小时，阴极扩散层变形小，扩散层内形成微小孔洞，促进了氧气传输，增强阴极电化学性能；而当水压较大时，扩散层变形大，扩散层缺陷点处被撕裂，导致阴极渗水，扩散层被水淹，从而阴极性能下降。MFC 技术的实际应用要求大型反应器的稳定运行，其中水压的问题无法回避，因此，研究水压对阴极性能的影响并开发在高水压下高效稳定运行的空气阴极具有重要意义。

针对单体大尺寸 MFC 扩大化，以不锈钢网为集电体、活性炭为催化剂制作不锈钢网-活性炭阴极，并在 28mL 小型 MFC 上连接水管构建模拟大尺寸 MFC 水压的柱状水压反应器，研究了水压及黏结剂量对阴极性能的共同影响。结果表明：适当提高阴极 PTFE 黏结剂量可提高阴极在高水压下的产电性能，进而提高 MFC 产电功率，但不影响 MFC 的启动过程及阳极性能；随着水压增加，阴极产电性能先增加而后降低，水压对阴极产电性能的影响与阴极氧气传质系数、基质消耗速率、阴极水淹等多个因素有关。此外，水压增加延长 MFC 启动时间、降低 MFC 阳极性能，这可能与产电微生物受环境变化、阴极透氧量、微生物代谢及电化学活性、基质浓度等影响有关。

在单层催化层阴极研究的基础上，通过改变阴极厚度方向黏结剂含量开发了双层催化层结构的阴极，结果表明：双层催化层阴极有效降低了水压对阴极性能的影响，提高了 MFC 的产电功率和长期运行的稳定性。研究发现：减少外层催化层（靠近溶液侧）的 PTFE 黏结剂，同时增加内层催化层（靠近不锈钢网侧）的 PTFE 黏结剂时，双层催化层结构可提高不锈钢网-活性炭阴极的产电性能和运行稳定性。当外层催化层的活性炭与 PTFE 质量比为 12∶2、内层催化层的活性炭与 PTFE 质量比为 12∶3 时，双层催化层阴极（DP3P2）MFC 在第 12 天的平均 MPD 达到（1502.7±52.1）mW/m^2（面积功率密度），比单层催化层阴极 MFC 的高 1.7%。运行 3 个月后，双层催化层阴极 MFC 的产电功率下降 15.8%，而单层催化层阴极 MFC 的产电功率下降 21.7%，此时双层催化层阴极 MFC 的产电功率比单层催化层阴极 MFC 的高 9.5%。DP3P2 阴极 MFC 在 250mmH_2O（1mmH_2O=9.8Pa）水压时运行至第 12 天的 MPD 达到（1564.8±47.8）mW/m^2（面积功率密度）。双层催化层不锈钢网-活性炭阴极能够在 2000mm H_2O 下长期稳定运行，且产电功率和稳定性高，适合用于单体大尺寸 MFC[225]。

6.10 MFC-MEC 构型

为了充分利用废水中有机物质及降低重金属浓度，可以采用生物电化学系统，在 MFC 阳极室内微生物利用有机物产生电子和质子，通过外电路传递至阴极室内的电子受体（Cu^{2+}、Cr^{6+} 等），达到去除污染物和输出电能的效果。而对于负氧化还原电位的重金属则需要外加电压驱动，则可以通过 MFC 与 MEC 的耦合达到负氧化还原电位的重金属的还原去除。

目前，MFC-MEC耦合系统可以强化产氢[237]，MFC作为MEC的外加能源，采用的是串联模式，其中可通过增加MEC中NaCl浓度降低内阻和多个MFC并联来提高MEC的产氢效能，以及通过MFC调节阴阳极电位驱动MEC还原CO_2生成甲酸[238]。MFC-MEC耦合系统可采用串联、并联方式，耦合系统的连接方式采用阴极-阳极模式，目前，产电往往得不到利用而浪费，而运行需要外加电能，因此有学者利用产电驱动构成了耦合体系。利用MFC产生的电能驱动MEC，不仅可原位利用MFC电能，而且生产氢气和化学产品。同时，整个过程无须外加电能，清洁环保。利用MFC直接驱动MEC已有学者进行研究。如Wang等[239]将生物发酵、MFC和MEC二者结合，将两个MFC（25mL）串联驱动MEC（72mL），将发酵液通入三个反应器阳极，与单独发酵产氢相比氢气产量提高41%，产氢量达0.24m^3 H_2/(m^3·d)，能量回收效率达23%。

提高MFC产电，能提高耦合系统MEC电能输入，Liu等[240]将阴极体积减小到阳极的44%，利用城市污水实现产电提高。Dentel等[241]用底泥MFC石墨电极处理废水污泥发现，阴极体积是阳极的1/5时产电最优。因此，反应器体积构型对提高MFC-MEC耦合系统性能有很大影响。

虽然单独改变MFC体积能提高MEC性能，但MFC-MEC耦合系统存在电势反转降低系统性能的现象。如Sun等[242]构造了一套包含MFC（225mL）和MEC（450mL）的电化学系统，实现最大产氢率，但是氢气的产率比在外加0.8V电压下要低。为了改善其性能，将多个MFC串联或者并联作为能量来源是可能的选择方式。Aelterman等[243]将6个MFC串联，串联之后总电压增加到2.02V。Kim等[244]组装4个反应器，每个开路电压和闭路电压分别为（0.68±0.02）V和（0.34±0.01）V，将4个反应器串联起来后开路电压为（2.06±0.03）V，闭路电压为（0.73±0.01）V，发现串联后提供电压升高。

除了产氧气，利用自驱动MFC-MEC耦合系统还可以去除CO_2污染物。如Zhao等[23]原位利用MFC电能驱动MEC还原CO_2，通过多层碳纳米管和氨基酞菁钴修饰的片层状电极，减少还原CO_2的过电势，使MEC阴极还原CO_2生成甲酸[245]。

MFC-MEC联合运行，既可以处理污水中的有机物，又可以储存MFC产生的电能，实现清洁生产，有望成为生物制氢的一种有效手段。本研究通过MFC-MEC联合运行，发现当MFC输出电压高于280mV时，MEC启动，整个电路形成通路，电路中有明显的电流出现，表明采用MFC为MEC运行供电是可行的，但是在联合运行系统中，MFC与MEC之间存在相互影响，需要通过提高MFC产电能力和稳定性，降低MFC的内阻和提高MEC反应器的效能，或采用阳极连续进水的运行方式使MFC-MEC持续稳定运行，从而实现以氢气的形式储存和放大MFC所产的电能。另外，MFC和MEC能够利用的有机物种类非常广泛，因此完全可以将MFC-MEC联合体系应用于实际污水处理工艺中，有机废水同时作为MFC和MEC生物反应的底物，在完成污水净化的同时实现生物质废物的资源化利用。相关研究还有待进一步开展[246]。

6.11 本章小结

微生物燃料电池是一项具有广阔应用前景的绿色能源技术，具有独特的优势，是其他生物处理技术所无法比拟的。然而，受条件和技术所限，MFC 在今后的应用和发展中也面临一系列的问题，只有从这些问题入手才能使 MFC 得到更进一步的发展[247]。而当前主要的问题有以下几点。

① 功率密度不高　实际中产电能力较差，理论上的最大功率密度与实验室研究差距很大。

② 受废水中有机负荷影响特别大　当废水中还有大量杂质时会严重影响 MFC 的效能。

③ 受限于成本的影响较大　因为在 MFC 中很多时候都用了 Pt 或者其他替代 Pt 的金属作为催化剂，这使得 MFC 的成本较高，严重影响到了它在实际中的应用和扩大化发展，寻求成本低廉且实际效果较好的材料应用于 MFC 的研究是当前以及今后研究的重点。

④ 目前大多停留在实验室研究阶段　如何提高微生物燃料电池的产电效率，使其真正应用于工业化，仍需要大量的研究。

生物电化学系统由于本身的安全连续、清洁高效、绿色环保等优点，越来越受到人们重视，特别是针对 MFC 和 MEC 结构室的优化、脱盐和做成微型传感器等方面的研究[248]。虽然现阶段在研究 BES 影响因素的问题上有了一定的成果，但电极材料和库仑效率较低仍然是制约其发展的关键因素。对电解室构造、水脱盐和微型传感器提出如下展望：

① 单电极室结构的 MFC 是当前 BES 的主流发展方向之一，但是仍然存在缺陷。今后研究需要尽量解决昂贵金属材料（如铂）作为催化剂的问题，降低 MFC 的成本，并且需要防止部分氧气通过阴极渗透到阳极从而减小库仑效率。

② MEDC 以及 MEDCC 可以在一定程度上缓解能源危机，二者都是在 MDC 的基础上发展而来的，目前尚处于研究起步阶段。对 MDC 的进一步研究，会加快海水淡化，缓解全球淡水资源短缺问题。由于规模小、结构简单，MEC 的总脱盐率和电位差位于较低水平，因此，仍有大的潜力提高脱盐率和处理能力，并结合海水淡化与其他功能。今后脱盐池的研究仍需要围绕优化阴阳离子交换膜、维持阳极室内 pH 值平衡以及降低空气阴极溶解氧对反应器性能的影响等方面开展。

③ 微生物电极传感器由于价格低廉、支持连续操作以及可实时监测等优点，将依然是未来 BES 的热点研究，会被应用于各个领域。尤其是利用 MFC 合成传感器应用于含有抗生素等污染物的土壤检测中，将成为未来的研究热点。这需要交叉学科的知识来拓宽问题，解决问题，并且它的选择性和长期稳定性等有待进一步提高。与此同时，产电微生物菌种作为传感器的重点，其研究也会持续受到关注。微生物燃料电池型传感器具有成本低、实时快速、操作简单、可实现在线自动监测等优点，广泛应用于在线监测

和重金属、农药等物质的生物毒性监测。但是，微生物燃料电池型传感器目前仍处在实验室阶段，其稳定性和可靠性还有待进一步研究。并且测定对象中的毒害因素如重金属和有毒有机物是影响微生物传感器稳定响应和寿命的关键因素，也是微生物传感器市场化的主要控制因素。因此，开发新的固定化技术，利用微生物育种、基因工程和细胞融合技术研制出新型、高效耐毒性的微生物传感器是该领域科研工作者面临的重大课题。相信微生物传感器作为一个具有发展潜力的研究方向，定会随着生物技术、材料科学、微电子技术等的发展取得更大的进步，并逐步趋向微型化、集成化、智能化。

参 考 文 献

[1] 王萍，徐志兵，操璟璟．微生物燃料电池（MFC）技术及其发展前景的研究［J］．节能技术，2008，26（6）：534-538.

[2] 张国伟，龚光彩，吴治．风能利用的现状及展望［J］．节能技术，2007，25（1）：71-76.

[3] 杨朝峰，赵志耘．主要国家低碳经济发展战略［J］．全球科技经济瞭望，2013，28（12）：35-43.

[4] 王帅兵．微生物燃料电池产电菌株的筛选及群落结构研究［D］．舟山：浙江海洋大学，2017.

[5] 汤晓晶．中国能源消耗及能源强度的影响因素分析［D］．重庆：重庆大学，2016.

[6] 韩振宇．中国2020年城市生活污水排放量预测及对策研究［D］．大连：大连理工大学，2004：51-52.

[7] 樊东黎．世界能源现状和未来［J］．金属热处理，2011，36（10）：119-131.

[8] 王炎锋．生物电化学系统降解氟代硝基苯性能及机理研究［D］．杭州：浙江工商大学，2017.

[9] Kato M A，Torres C I，Rittmann B E. Conduction-based modeling of the biofilm anode of a microbial fuel cell ［J］. Biotechnology and Bioengineering，2007，98（6）：1171-1182.

[10] Rabaey K，Rodriguez J，Blackall L L，et al. Microbial ecology meets electrochemistry：electricity-driven and driving communities ［J］. Isme J，2007，1（1）：9-18.

[11] Gregory K B，Lovley D R. Remediation and recovery of uranium from contaminated subsurface environments with electrodes ［J］. Environ Sci Technol，2005，39（22）：8943-8947.

[12] Tandukar M，Huber S J，Onodera T，et al. Biological chromium(Ⅵ) reduction in the cathode of a microbial fuel cell ［J］. Environ Sci Technol，2009，43（21）：8159-8165.

[13] Li Y，Lu A，Ding H R，Jin S，et al. Cr(Ⅵ) reduction at rutile-catalyzed cathode in microbial fuel cells ［J］. Electrochem Commun，2009，11（7）：1496-1499.

[14] Huang L P，Chai X L，Chen G H，et al. Effect of set potential on hexavalent chromium reduction and electricity generation from biocathode microbial fuel cells ［J］. Environ Sci Technol，2011，45（11）：5025-5031.

[15] Clauwaert P，Rabaey K，Aelterman P，et al. Biological denitrification in microbial fuel cells ［J］. Environ Sci Technol，2007，41（9）：3354-3360.

[16] Puig S，Serra M，Vilar-Sanz A，et al. Autotrophic nitrite removal in the cathode of microbial fuel cells ［J］. Bioresource Technol，2011，102（6）：4462-4467.

[17] Zhan G Q，Zhang L X，Li D P，et al. Autotrophic nitrogen removal from ammonium at low applied voltage in a single-compartment microbial electrolysis cell ［J］. Bioresour Technol，2012，116：271-277.

[18] Aulenta F，Canosa A，Reale P，et al. Microbial reductive dechlorination of trichloroethene to ethene with electrodes serving as electron donors without the external addition of redox mediators ［J］. Biotechnol Bioeng，2009，103（1）：85-91.

[19] Aulenta F，Reale P，Canosa A，et al. Characterization of an electro-active biocathode capable of dechlorinating trichloroethene and cis-dichloroethene to ethene ［J］. Biosens Bioelectron，2010，25（7）：1796-1802.

[20] 刘柯，李大平，王娟．尿液微生物燃料电池研究［J］．应用与环境生物学报，2015，21（1）：36-40.

[21] Cheng S，Logan B E. Sustainable and efficient biohydrogen production via electrohydrogenesis [J]. Proc Natl Acad Sci，2007，104 (47)：18871-18873.

[22] Villano M，Monaco G，Aulenta F，et al. Electrochemically assisted methane production in a biofilm reactor [J]. J Power Sources，2011，196 (22)：9467-9472.

[23] Zhao H，Zhang Y，Zhao B，et al. Electrochemical reduction of carbon dioxide in an MFC-MEC system with a layer-by-layer self-assembly carbon nanotube/cobalt phthalocyanine modified electrode [J]. Environmental Science & Technology，2012，46 (9)：5198-5208.

[24] Khalfbadam H M，Ginige M P，Sarukkalige R，et al. Bioelectrochemical system as an oxidizing filter for soluble and particulate organic matter removal from municipal wastewater [J]. Chem Eng J，2016，296：225-233.

[25] Carlo S，Catia A，Benjamin E，et al. Microbial fuel cells：From fundamental to applications. A review [J]. J Power Sources，2017，356 ：225-244.

[26] 王欢．生物电化学系统处理藻渣及其产电效能研究 [D]. 哈尔滨：哈尔滨工业大学，2012.

[27] Li F X，Sharma Y，Lei Y，et al. Microbial fuel cells：the effects of configurations，electrolyte solutions and electrode materials on power generation [J]. Appl Biochem Biotechnol，2010，160：168-181.

[28] 刘茵．生物电化学强化废水处理技术 [D]. 合肥：合肥工业大学，2013.

[29] 姚楠．生物电化学系统处理偶氮染料废水的实验研究 [D]. 哈尔滨：哈尔滨工业大学，2012.

[30] 靳敏，吴忆宁，赵欣，等．单室微生物燃料电池处理含铜模拟废水 [J]. 环境工程学报，2016，10 (11)：6190-6194.

[31] 孙飞，王爱杰，严群，等．生物电化学系统还原降解氯霉素 [J]. 生物工程学报，2013，29 (2)：161-168.

[32] Galvani L. De bononiensi scientiarum et artium instituto atque academia Comentarrii [J]. 1791，7：363-418.

[33] Grove W R. On voltaic series and the combination of gases by platinum [J]. Philos Mag Ser，1839，3：127-130.

[34] Potter M C. Electrical effects accompanying the decomposition of organic compounds [J]. Proc R Soc London Ser B，1911，84：260-276.

[35] Park D H，Zeikus J G. Electricity generation in microbial fuel cell using neutral red as electronophore [J]. Appl Environ Microbiol，2000，66：1292-1297.

[36] Siebel D，Bennetto H P，Delaney G M，et al. Electron-transfer coupling in microbial fuel cells. Ⅰ. Comparison of redox-mediator reduction rates and respiratory rates of bacteria [J]. J Chem Technol Biotechnol，1984，34B：3-12.

[37] Delaney G M，Bennetto H P，Mason J R，et al. Electron-transfer coupling in microbial fuel cells. Ⅱ. Performance of fuel cells containing selected microorganism-mediator combinations [J]. Chem Technol Biotechnol，1984，34B：13-27.

[38] 尤世界．微生物燃料电池处理有机废水过程中的产电特性研究 [D]. 哈尔滨：哈尔滨工业大学，2008.

[39] Habermann W，Pommer E H. Biological fuel cells with sulphide storage capacity [J]. Appl Microbiol Biotechnol，1991，35 (1)：128-133.

[40] Reimers C E，Tender L M，Fertig S，et al. Harvesting energy from the marine sediment-water interface [J]. Environ Sci Technol，2001，35：192-195.

[41] Bond D R，Holmes D E，Tender L M，et al. Electrode-reducing microorganisms that harvest energy from marine sediments [J]. Science，2002，295：483-485.

[42] Chaudhuri S K，Lovley D R. Electricity generation by direct oxidation of glucose in mediatorless microbial fuel cells [J] . Nat Biotechnol，2003，21：1229-1232.

[43] Schröder U，Scholz F. Bacterial batteries [J]. Nat Biotechnol，2003，21：1151-1152.

[44] Heilmann J，Logan B E. Production of electricity from proteins using a microbial fuel cell [J]. Water Environ Res，2006，78 (5)：531-537.

[45] Liu H, Ramnarayanan R, Logan B E. Production of electricity during wastewater treatment using a single chamber microbial fuel cell [J]. Environ Sci Technol, 2004, 38 (7): 2281-2285.

[46] 田雨时. 基于生物电化学技术利用薯类淀粉废渣产电产氢的研究 [D]. 哈尔滨: 哈尔滨工业大学, 2013.

[47] Chae K J, Choi M J, Lee J W, et al. Effect of different substrates on the performance, bacterial diversity, and bacterial viability in microbial fuel cells [J]. Bioresource Technology, 2009, 100 (14): 3518-3525.

[48] Kim B, Kim H, Hyun M, et al. Direct electrode reaction of Fe(Ⅲ)-reducing bacterium, Shewanella putrefaciens [J]. Journal of Microbiology and Biotechnology, 1999, 9 (2): 127-131.

[49] 骆海萍, 刘广立, 张仁铎, 等. 2种不同结构的微生物燃料电池的产电性能比较 [J]. 环境科学, 2009, 30 (2): 621-624.

[50] Zuo Y, Maness P, Logan B E. Electricity production from steam-exploded corn stover biomass [J]. Energy & Fuels, 2006, 20 (4): 1716-1721.

[51] Zhang J N, Zhao Q L, You S J, et al. Continuous electricity production from leachate in a novel upflow air-cathode membrane-free microbial fuel cell [J]. Water Science and Technology: a journal of the International Association on Water Pollution Research, 2008, 57 (7): 1017.

[52] Davis J B, Yarbrough H F. Preliminary experiments on a microbial fuel cell [J]. Science, 1962, 137: 615-616.

[53] Cheng S, Logan B E. Ammonia treatment of carbon cloth anodesto enhance power generation of microbial fuel cells [J]. Electrochem Commun, 2007, 9: 492-496.

[54] Kim J R, Min B, Logan B E. Evaluation of procedures to acclimate a microbial fuel cell for electricity production [J]. Appl Microbiol Biot, 2005, 68: 23-30.

[55] 王博, 高冠道, 李凤祥, 等. 微生物电解池应用研究进展 [J]. 化工进展, 2017, 3: 1084-1092.

[56] Logan B E, Call D, Cheng S, et al. Microbial electrolysis cells for high yield hydrogen gas production from organic matter [J]. Environmental Science & Technology, 2008, 42 (23): 8630.

[57] Liu H, Logan B E. Electricity generation using an air-cathode single chamber microbial fuel cell in the presence and absence of a proton exchange membrane [J]. Environmental Science & Technology, 2004, 38 (14): 4040-4046.

[58] Rozendal R A, Jeremiasse A W, Hamelers H V, et al. Hydrogen production with a microbial biocathode [J]. Environmental Science & Technology, 2007, 42 (2): 629-634.

[59] Rhoads A, Beyenal H, Lewandowski Z. Microbial fuel cell using anaerobic respiration as an anodic reaction and biomineralized manganese as a cathodic reactant [J]. Environmental Science & Technology, 2005, 39 (12): 4666-4671.

[60] Logan B E, Murano C, Scoott K, et al. Electricity generation from cysteine in a microbial fuel cell [J] . Water Res, 2005, 39 (5): 942-952.

[61] Rozendal R E A, Hamelers H V, Euverink G J, et al. Principle and perspectives of hydrogen production through biocatalyzed electrolysis [J]. International Journal of Hydrogen Energy, 2006, 31 (12): 1632-1640.

[62] Ditzig J, Liu H, Logan B E. Production of hydrogen from domestic wastewater using a bioelectrochemically assisted microbial reactor (BEAMR) [J]. International Journal of Hydrogen Energy, 2007, 32 (13): 2296-2304.

[63] Cheng S, Logan B E. Sustainable and efficient biohydrogen production via electrohydrogenesis [J]. Proceedings of the National Academy of Sciences, 2007, 104 (47): 18871-18873.

[64] Call D, Logan B E. Hydrogen production in a single chamber microbial electrolysis cell lacking a membrane [J]. Environmental Science & Technology, 2008, 42 (9): 3401-3406.

[65] Clauwaert P, Toledo R, Ha D V D, et al. Combining biocatalyzed electrolysis with anaerobic digestion [J].

Water Science and Technology, 2008, 57 (4): 575-580.

[66] 刘健，高平，张艳艳，等．生活污水有机负荷率对连续流单室无膜微生物电解池性能的影响 [J]. 应用与环境生物学报，2017，23 (3)：0415-0419.

[67] Yu E H, Cheng S A, Scott K, et al. Microbial fuel cell performance with non-Pt cathode catalysts [J]. Journal of Power Sources, 2007, 171 (2): 275-281.

[68] Freguia S, Rabaey K, Yuan Z G, et al. Non-catalyzed cathodic oxygen reduction at graphite granules in microbial fuel cells [J]. Electrochimica Acta, 2001, 53 (2): 598-603.

[69] Cheng S A, Liu H, Logan B E. Power densities using different cathode catalysts (Pt and Co TMPP) and polymer binders (Nafion and PTFE) in single chamber microbial fuel cells [J]. Environmental Science & Technology, 2006, 40 (1): 364-369.

[70] Cheng S A, Liu H, Logan B E. Power densities using different cathode catalysts (Pt and Co TMPP) and polymer binders (Nafion and PTFE) in single chamber microbial fuel cells [J]. Environmental Science & Technology, 2006, 40 (1): 364-369.

[71] Logan B E, Hamelers B, Rozendal R A, et al. Microbial fuel cells: methodology and technology [J]. Environ Sci Technol, 2006, 40: 5181-5192.

[72] Fan Y, Sharbrough E, Liu H. Quantification of the internal resistance distribution of microbial fuel cells [J]. Environ Sci Technol, 2008, 42 (21): 8101-8107.

[73] Hao Y E, Cheng S, Scott K, et al. Microbial fuel cell performance with non-Pt cathode catalysts [J]. J Power Sources, 2007, 171 (2): 275-281.

[74] Freguia S, Rabaey K, Yuan Z G, et al. Non-catalyzed cathodic oxygen reduction at graphite granules in microbial fuel cells [J]. Electrochimica Acta, 2001, 53 (2): 598-603.

[75] Cheng S A, Liu H, Logan B E. Power densities using different cathode catalysts (Pt and Co TMPP) and polymer binders (Nafion and PTFE) in single chamber microbial fuel cells [J]. Environ Sci Technol, 2006, 40 (1): 364-369.

[76] Fan Y, Hu H Q, Liu H. Enhanced coulombic efficiency and power density of air-cathode microbial fuel cells with an improved cell configuration [J]. J Power Sources, 2007, 171 (2): 348-354.

[77] Zhang X Y, Cheng S A, Wang X, et al. Separator characteristics for increasing performance of microbial fuel cells [J]. Environ Sci Technol, 2009, 43 (21): 8456-8461.

[78] Li W W, Sheng G P, Liu X W, et al. Recent advances in the separators for microbial fuel cells [J]. Bioresource Technol, 2011, 102 (1): 244-252.

[79] Logan B E, Hamelers B, Rozendal R A, et al. Microbial fuel cells: methodology and technology [J]. Environ Sci Technol, 2006, 40: 5181-5192.

[80] Gregorg K B, Bond D R, Lovley D R. Graphite electrodes as electron donors for anaerobic respiration [J]. Environ Microbiol, 2004, 6 (6): 596-604.

[81] He Z, Angenent L T. Application of bacterial biocathodes in microbial fuel cell [J]. Electroanal, 2006, 18 (19-20): 2009-2015.

[82] Min B, Cheng S A, Logan B E. Electricity generation using membrane and salt bridge microbial fuel cells [J]. Water Res, 2005, 39 (9): 1675-1686.

[83] Oh S E, Logan B E. Voltage reversal during microbial fuel cell stack operation [J]. J Power Sources, 2007, 167 (1): 11-17.

[84] Aelterman P, Rabaey K, Pham H T, et al. Continuous electricity generation at high voltages and currents using stacked microbial fuel cells [J]. Environ Sci Technol, 2006, 40 (10): 3388-3394.

[85] 李会慧．单室微生物燃料电池的电极优化及应用研究 [D]. 西安：长安大学，2015.

[86] 陈禧．单室空气阴极微生物燃料电池性能优化基础研究 [D]. 广州：华南理工大学，2011.

[87] He Z, Minteer S D, Angenent L T. Electricity generation from artificial wastewater using an upflow microbial fuel cell [J]. Environmental Science & Technology, 2005, 39 (14): 5262-5267.
[88] An J, Kim D, Chun Y, et al. Floating-type microbial fuel cell (FT-MFC) for treating organic-contaminated water [J]. Environmental Science & Technology, 2009, 43 (5): 1642-1647.
[89] Cao X X, Huang X, Liang P, et al. A new method for water desalination using microbial desalination cells [J]. Environmental Science & Technology, 2009, 43, 7125-7148.
[90] 张慧超．生物阴极微生物脱盐燃料电池驱动电容法深度除盐性能研究 [D]. 哈尔滨：哈尔滨工业大学，2015.
[91] Chen X, Xia X, Liang P, et al. Stacked microbial desalination cells to enhance water desalination efficiency [J]. Environ Sci Technol, 45 (2011): 2465-2470.
[92] Strathmann H. Ion-exchange Membrane Separation Processes [M]. Elsevier B V, Amsterdam, 2004.
[93] Cao X, Huang X, Liang P, et al. A new method for water desalination using microbial desalination cells [J]. Environ Sci Technol, 2009, 43 (18): 7148-7152.
[94] Jacobson K S, Drew D M, He Z. Efficient salt removal in a continuously operated upflow microbial desalination cell with an air cathode [J]. Bioresour Technol, 2011, 102 (1): 376-380.
[95] Hemalatha M, Butti S K, Velvizhi G, et al. Microbial mediated desalination for ground water softening with simultaneous power generation [J]. Bioresour Technol, 2017, 242: 28-35.
[96] Li Y, Styczynski J, Huang Y K, et al. Energy-positive wastewater treatment and desalination in an integrated microbial desalination cell (MDC)-microbial electrolysis cell (MEC) [J]. J Power Sources, 2017, 356: 529-538.
[97] Dong Y, Liu J F, Sui M R, et al. A combined microbial desalination cell and electrodialysis system for copper-containing wastewater treatment and high-salinity-water desalination [J]. J Hazard Mater, 2017, 321: 307-315.
[98] Lee H J, Hong M K, Han S D, et al. Fouling of an anion exchange membrane in the electrodialysis desalination process in the presence of organic foulants [J]. Desalination, 2009, 238 (1): 60-69.
[99] Mehanna M, Saito T, Yan J L, et al. Using microbial desalination cells to reduce water salinity prior to reverse osmosis [J]. Environ Sci Technol, 2010, 3 (8): 1114-1120.
[100] Luo H P, Jenkins P E, Ren Z Y. Concurrent desalination and hydrogen generation using microbial electrolysis and desalination cells [J]. Environ Sci Technol, 2010, 45 (1): 340-344.
[101] Mehanna M, Kiely P D, Call D F. Microbial electrodialysis cell for simultaneous water desalination and hydrogen gas production [J]. Environ Sci Technol, 2010, 44: 9578-9583.
[102] Liu G L, Luo H P, Tang Y B, et al. Tetramethylammonium hydroxide production using the microbial electrolysis desalinaion and chemical-production cell [J]. Chem Eng J, 2014, 258: 157-162.
[103] Zhu X P, Logan B E. Microbial electrolysis desalination and chemical production cell for CO_2 sequestration [J]. Bioresour Technol, 2014, 159: 24-29.
[104] Chen S S, Liu G L, Zhang R D, et al. Improved performance of the microbial electrolysis desalination and chemical-production cell using the stack structure [J]. Bioresour Technol, 2012, 116: 507-511.
[105] Zhang Y F, Angelidaki I. Bioelectrochemical recovery of waste-derived volatile fatty acids and production of hydrogen and alkali [J]. Water Res. 2015, 81: 188-195.
[106] 张尧，张闻杰，蒋永，等．生物电化学系统固定二氧化碳同时产生乙酸和丁酸 [J]. 应用与环境生物学报，2014, 20 (2): 174-178.
[107] Liu J, Mattiasson B. Microbial BOD sensors for wastewater analysis [J]. Water Res, 2002, 36 (15): 3786-3802.
[108] Moon H, Chang I S, Jang J K. Online monitoring of low biochemical oxygen demand through continuous operation of a mediator-less microbial fuel cell [J]. J Microbiol Biotechnol, 2005, 15 (1): 192-196.

[109] 王玉梅．基于活性炭空气阴极的 MFC 型低成本 BOD 传感器的研究 [D]. 天津：天津大学，2015.

[110] Karube I，Matsunaga T，Mitsuda S，et al. Microbial electrode BOD sensors [J]. Biotechnol Bioeng，1977，19 (10)：1535-1547.

[111] Thurston C F，Bennetto H P，Delaney G M. Glucose metabolism in a microbial fuel cell：Stoichiometry of product formation in a thionine-mediated proteus vulgaris fuel cell and its relation to coulombic yields [J]. J Gen Microbiol，1985，131 (6)：1393-1401.

[112] Pasco N，Baronian K，Jeffries C，et al. Biochemical mediator demand-A novel rapid alternative for measuring biochemical oxygen demand [J]. Appl Microbiol Biotechnol，2000，53 (5)：613-618.

[113] Morris K，Catterall K，Zhao H，et al. Ferricyanide mediated biochemical oxygen demand-development of a rapid biochemical oxygen demand assay [J]. Anal Chim Acta，2001，442 (1)：129-139.

[114] Kim B H，Chang I S，Gil G C，et al. Novel BOD (biological oxygen demand) sensor using mediator-less microbial fuel cell [J]. Biotechnol Lett，2003，25 (7)：541-545.

[115] Chang I S，Jang J K，Gil G C，et al. Continuous determination of biochemical oxygen demand using microbial fuel cell type biosensor [J]. Biosens Bioelectron，2004，19 (6)：607-613.

[116] 海冰寒．微生物燃料电池 BOD 传感器性能改善关键措施研究 [D]. 北京：北京林业大学，2015.

[117] Rabaey K，Lissens G，Siciliano S D，et al. A microbial fuel cell capable of converting glucose to electricity at high rate and efficiency [J]. Biotechnology letters，2003，25 (18)：1531-1535.

[118] Nevin K P，Lovley D R. Mechanisms for accessing insoluble Fe(Ⅲ) oxide during dissimilatory Fe(Ⅲ) reduction by Geothrix fermentans [J]. Applied and Enviroment Microbiology，2002，68 (5)：2294-2299.

[119] Oh S E，Logan B E. Hydrogen and ekectricity oriduction from a food processing wastewater using fermentation and microbial fuel cell technologies [J]. Water Research，2005，39 (19)：4673-4682.

[120] Logan B E. Simultaneous wastewater treatment and biological electricity generation [J]. Water Science & Technology，2005，52 (1)：31-37.

[121] 李建海．海底沉积物微生物燃料电池阳极表面改性及电极构型研究 [D]. 青岛：中国海洋大学，2010.

[122] 邱广玮，刘平，韩金铎，等．炭毡热处理及其润湿性能研究 [J]. 中国功能材料科技与产业高层论坛论文集（第三卷），2011，3：1100-1103.

[123] Cheng S，Logan B E. Ammonia treatment of carbon cloth anodes to enhance power generation of microbial fuel cell [J]. Electrochemical Communications，2007，9 (3)：492-496.

[124] Zhang T，Zeng Y，Chen S，et al. Improved performances of E. coli-catalyzed microbial fuel cells with composite graphite/PTFE anodes [J]. Electrochemistry Communications，2007，9 (3)：349-353.

[125] Zhang Y，Mo G，Li X，et al. A grapheme modified anode to improve the performance of microbial fuel cells [J]. Journal of Power Sources，2011，196 (13)：5402-5407.

[126] Yuan Y，Kim S. Polypyrrole-coated reticulated vitreous carbon as anode in microbial fuel cell for higher energy output [J]. Bulletin of the Korean Chemical Society，2008，29 (1)：168.

[127] Liu H，Cheng S，Logan B E. Power generation in fed-batch microbial fuel cells as a function of ionic strength，temperature，and reactor configuration [J]. Enviromental science & Technology，2005，39 (14)：5488-5493.

[128] Moon H，Chang I S，Kang K H，et al. Improving the dynamic response of a mediator-less microbial fuel cell as a biochemical oxygen demand (BOD) sensor [J]. Biotechnology letters，2004，26 (22)：1717-1721.

[129] Zuo Y，Cheng S，Call D，et al. Tubular membrane cathodes for scalable power generation in microbial fuel cells [J]. Enviromental science & Technology，2007，41 (9)：3347-3353.

[130] Oh S E，Logan B E. Proton exchange membrane and electrode surface areas as factors that affect power generation in microbial fuel cells [J]. Applied Microbiology and Biotechnology，2006，70 (2)：162-169.

[131] Gil G C，Chang I S，Kim B H，et al. Operational parameters affecting the performance of a mediator-less mi-

crobial fuel cell [J]. Biosens Bioelectron, 2003, 18 (4): 327-334.

[132] 蒋海明，李潇萍，罗生军，等．基于微生物燃料电池技术的生物传感器及其进展 [J]. 中南大学学报，2010，41 (6)：2451-2458.

[133] Gil G C, Chang I S, Kim B H, et al. Operational parameters affecting the performance of a mediator-less microbial fuel cell [J]. Biosens Bioelectron, 2003, 18 (4): 327-334.

[134] Kim B H, Chang I S, Gil G C, et al. Novel BOD (biological oxygen demand) sensor using mediator-less microbial fuel cell [J]. Biotechnology letters, 2003, 25 (7): 541-545.

[135] Kim J R, Jung S H, Regan J M, et al. Electricity generation and microbial community analysis of alcohol powered microbial fuel cells [J]. Bioresource technology, 2007, 98 (13): 2568-2577.

[136] 詹亚力，王琴，张佩佩，等．微生物燃料电池影响因素及机理探讨 [J]. 高等学校化学学报，2008，92 (1)：144-148.

[137] 卜文辰，蔡昌凤．微生物燃料电池阴极电子受体研究进展 [J]. 应用化工，2013，42 (6)：1124-1127.

[138] Behera M, Jana P S, Ghangrekar M M. Performance evaluation of low cost microbial fuel cell fabricated using earthen pot with biotic and abiotic cathode [J]. Bioresource technology, 2010, 101 (4): 1183-1189.

[139] Jadhav D A, Ghadge A N, Mondal D, et al. Comparison of oxygen hypochlorite as cathodic electron acceptor in microbial fuel cell [J]. Bioresource technology, 2014, 154: 330-335.

[140] 童基均．基于电化学技术的重金属离子的检测和乳酸传感器的研究 [D]. 杭州：浙江大学，2003，30-45.

[141] Dominguze E, Alcock S J. Sensing technologies for contaminated sites and groundwater [J]. Biosensors and Bioelectronics, 2002, 17 (6): 625-633.

[142] Alcock S J. New developments in sensor technology for water quality surveillance and early warning [J]. Water Science & Technology, 2004, 50 (11): 1-6.

[143] Wu C Y, Gu F, Bai L. Recent progress of microbial fuel cells application in environmental field [J]. Journal of Guilin University of Technology, 2015, 35 (3): 571-575.

[144] Liu B, Yu L, Li B. A batch-mode cube microbial fuel cell based "shock" biosensor for wastewater quality monitoring [J]. Biosensors & Bioelectronics, 2014, 62: 308-314.

[145] 高艳梅，海热提，王晓慧．双室微生物燃料电池重金属毒性传感器的研制 [J]. 环境工程学报，2017，11 (10)：5400-5408.

[146] Kim M, Hyun M S, Gadd G M, et al. A novel biomonitoring system using microbial fuel cells [J]. J Environ Monitor, 2007, 9 (12): 1323-1328.

[147] 于海，何苗，蔡强，张理兵．检测水中急性毒性污染物的发光细菌光纤传感器的研究 [J]. 环境科学，2008，29 (2)：375-379.

[148] Deblanc H J Jr, Deland F, Wagner H N Jr. Automated radiometric detection of bacteria in 2967 blood cultures [J]. J Appl Microbiology, 1971, 22 (5): 846-849.

[149] Matsunaga T, Karube I, Suzuki S. Electrode system for the determination of microbial populations [J]. Appl Environ Microbiol, 1979, 37 (1): 117-121.

[150] Nishikawa S, Sakai S, Karube I, et al. Dye-coupled electrode system for the rapid determination of cell populations in polluted water [J]. Appl Environ Microbiol, 1982, 43 (4): 814-818.

[151] Holtmann D, Schrader J, Sell D. Quantitative comparison of the signals of an electrochemical bioactivity sensor during the cultivation of different microorganisms [J]. Biotechnol Lett, 2006, 28 (12): 889-896.

[152] Tront J M, Fortner J D, Plotze M, et al. Microbial fuel cell biosensor for in situ assessment of microbial activity [J]. Biosens Bioelectron, 2008, 24 (4): 586-590.

[153] Wen Q, Kong F Y, Zheng H T, et al. Simultaneous processes of electricity generation and ceftriaxone sodium degradation in an air-cathode single chamber microbial fuel cell [J]. J Power Sources, 2011, 196 (5): 2567-2572.

[154] Schneider G, Czeller M, Rostás V, et al. Microbial fuel cell-based diagnostic platform to reveal antibacterial effect of beta-lactam antibiotics [J]. Enzyme Microb Technol, 2015 (73-74): 59-64.

[155] Shen Y J, Lefebvre O, Tan Z, et al. Microbial fuel-cell-based toxicity sensor for fast monitoring of acidic toxicity [J]. Water Sci Technol, 2012, 65 (7): 1223-1228.

[156] 王洁芙，牛浩，吴文果．微生物燃料电池在毒性物质检测中的应用 [J]. 生物工程学报，2017，33 (5)：720-729.

[157] Kim D, An J, Kim B, et al. Scaling-up microbial fuel cells: configuration and potential drop phenomenon at series connnection of unit cells in share anolyte [J]. Chem Sus Chem, 2012 (5): 1086-1091.

[158] Zhang F, Jacobson K S, Torres P, et al. Effects of anolyte recirculation rates and catholytes on electricity generation in a litre-scale upflow microbial fuel cell [J]. Energy & Environmental Science, 2010, 3 (9): 1347-1352.

[159] Gurung A, Oh S E. The improvement of power output from stacked microbial fuel cells (MFCs) [J]. Energy Sources, Part A: Recovery, Utilization and Environmental Effects, 2012, 34 (17): 1569-1576.

[160] Peter Aelterman, Korneel Rabey. Continuous electricity generation at high voltages and currents using stacked microbial fuel cells [J]. Environmental Science & Technology, 2006, 40: 3388-3394.

[161] Li Z, Yao L, Kong L, et al. Electricity generation using a baffled microbial fuel cell convenient for stackin [J]. Bioresource Technology, 2008, 99 (6): 1650-1655.

[162] Oh S E, Logan B E. Voltage reversal during microbial fuel cell stack operation [J]. Journal of Power Sources, 2007, 167 (1): 11-17.

[163] Aelterman P, Rabaey K, Pham H T, et al. Continuous electricity generation at high voltages and currents using stacked microbial fuel cells [J]. Environmental Science & Technology, 2006, 40 (10): 3388-3394.

[164] Oh S E, Logan B E. Voltage reversal during microbial fuel cell stack operation [J]. Journal of Power Sources, 2007, 167 (1): 11-17.

[165] Anand J, Lee H S. Occurrence and implications of voltage reversal in stacked microbial fuel cells [J]. Chem Sus Chem, 2014 (7): 1689-1695.

[166] 陈禧，朱能武，李小虎．串联微生物燃料电池的电压反转行为 [J]. 环境科学与技术，2011，34 (8)：139-142.

[167] Gurung A, Oh S E. The improvement of power output from stacked microbial fuel cells (MFCs) [J]. Energy Sources, Part A: Recovery, Utilization and Environmental Effects, 2012, 34 (17): 1569-1576.

[168] Dekker A, Ter Heijne A, Saakes M, et a1. Analysis and improvement of a scaled-up and stacked microbial fuel cell [J]. Environmental Science & Technology, 2009, 43 (23): 9038-9042.

[169] 高利敏．微生物燃料电池堆栈技术研究 [J]. 山东化工，2015，23：135-138.

[170] Zhuang L, Zheng Y, Zhou S G, et al. Scalable Microbial Fuel Cell (Mfc) Stack for Continuous Real Wastewater Treatment [J]. Bioresource Technology, 2012, 106: 82-88.

[171] Zhuang L, Yuan Y, Wang Y Q, et al. Long-Term Evaluation of a 10-Liter Serpentine-Type Microbial Fuel Cell Stack Treating Brewery Wastewater [J]. Bioresource Technology, 2012, 123: 406-412.

[172] Chen X, Xia X, Liang P, et al. Stacked Microbial Desalination Cells to Enhance Water Desalination Efficiency [J]. Environmental Science & Technology, 2011, 45 (6): 2465-2470.

[173] Dekker A, Ter Heijne A, Saakes M, et al. Analysis and Improvement of a Scaled-up and Stacked Microbial Fuel Cell [J]. Environmental Science & Technology, 2009, 43 (23): 9038-9042.

[174] 杨俏．紧凑堆栈生物电化学系统电极材料与系统构建研究 [D]. 哈尔滨：哈尔滨工业大学，2013.

[175] Zhang L, Zhu X, Kashima H, et al. Anolyte Recirculation Effects in Buffered and Unbuffered Single-Chamber Air-Cathode Microbial Fuel Cells [J]. Bioresource Technology, 2015, 179: 26-34.

[176] Liu B C, Weinstein A, Kolln M, et al. Distributed Multiple-Anodes Benthic Microbial Fuel Cell as Reliable

Power Source for Subsea Sensors [J]. Journal of Power Sources, 2015, 286: 210-216.

[177] Walter X A, Gajda I, Forbes S, et al. Scaling-up of a Novel, Simplified MFC Stack Based on a Self-Stratifying Urine Column [J]. Biotechnology for Biofuels, 2016, 9 (1): 1-11.

[178] Villaseñor J, Capilla P, Rodrigo M A, et al. Operation of a horizontal subsurface flow constructed wetland-Microbial fuel cell treating wastewater under different organic loading rates [J]. Water Research, 2013, 47 (17): 6731-6738.

[179] He Z, Minteer S D, Angenent L T. Electricity Generation from Artificial Wastewater Using an Upflow Microbial Fuel Cell [J]. Environmental Science and Technology, 2005, 39 (14): 5262-5267.

[180] He Z, Kan J J, Wang Y B, et al. Electricity Production Coupled to Ammonium in a Microbial Fuel Cell [J]. Environmental Science and Technology, 2009, 43 (9): 3391-3397.

[181] 何伟华．空气阴极微生物燃料电池模块化构建与放大构型关键因素研究 [D]. 哈尔滨：哈尔滨工业大学，2016.

[182] Yoo K, Song Y C, Lee S K. Characteristics and Continuous Operation of Floating Air-Cathode Microbial Fuel Cell (Fa-MFC) for Wastewater Treatment and Electricity Generation [J]. Ksce Journal of Civil Engineering, 2011, 15 (2): 245-249.

[183] Ryu J H, Lee H L, Lee Y P, et al. Simultaneous Carbon and Nitrogen Removal from Piggery Wastewater Using Loop Configuration Microbial Fuel Cell [J]. Process Biochemistry, 2013, 48 (7): 1080-1085.

[184] Zhu F, Wang W C, Zhang X Y, et al. Electricity Generation in a Membrane-Less Microbial Fuel Cell with Down-Flow Feeding onto the Cathode [J]. Bioresource Technology, 2011, 102 (15): 7324-7328.

[185] Walter X A, Gajda I, Forbes S, et al. Scaling-up of a Novel, Simplified MFC Stack Based on a Self-Stratifying Urine Column [J]. Biotechnology for Biofuels, 2016, 9 (1): 1-11.

[186] 赵慧．医疗领域“疾病的诊断和治疗方法”、“公开不充分”和“实用性”法条适用性研究 [J]. 中国发明与专利，2013，04：75-78.

[187] 陈钊，丁竑瑞，陈伟华，等．太阳能电池在微生物燃料电池中的光电催化性能研究 [J]. 物理学报，2012，61 (24)：543-547.

[188] 周宇，胡俊晖，唐丽君，等．微生物燃料电池与建筑节能 [J]. 化学与生物工程，2015，10：11-13.

[189] 谢湉．水平潜流人工湿地与垂直流人工湿地对受污染河水的处理研究 [D]. 中国海洋大学，2012.

[190] 董贝，刘杨，杨平．人工湿地处理农村生活污水研究与应用进展 [J]. 水资源保护，2011，27 (2)：80-86.

[191] 刘红玉，吕宪国，张世奎．湿地景观变化过程与累积环境效应研究进展 [J]. 地理科学进展，2003，22 (1)：60-70.

[192] 杨广伟．微生物燃料电池-人工湿地系统处理污水效果及产电性能 [D]. 哈尔滨：哈尔滨工业大学，2014.

[193] Debowski M, Zielinski M, Krzemieniewski M, et al. Effectiveness of dairy wastewater treatment in a bioreactor based on the integrated technology of activated sludge and hydrophyte system [J]. Environmental Technology. 2014, 35 (11): 1350-1357.

[194] Yan Y, Xu J. Improving Winter Performance of Constructed Wetlands for Wastewater Treatment in Northern China: A Review [J]. Wetlands. 2014, 34 (2): 243-253.

[195] Asheesh K Y, Purnanjali D, Ayusman M, et al. Performance assessment of innovative constructed wetland-microbial fuel cell for electricity production and dye removal [J]. Ecological Engineering. 2012, 47: 126-131.

[196] Zhao Y, Sean C, Mark P, et al. Preliminary investigation of constructed wetland incorporating microbial fuel cell: Batch and continuous flow trials [J]. Chemical Engineering Journal, 2013, 229: 364-370.

[197] Rabaey K, Verstraete W. Microbial fuel cell: novel biotechnology for energy generation [J]. Trends in Biotechnol, 2005, 23 (6): 291-298.

[198] Doherty L, Zhao Y, Zhao X, et al. A review of a recently emerged technology: Constructed wetland-Microbial fuel cells [J]. Water Research, 2015, 85: 38-45.

[199] Helder M, Strik D, Hamelers H V M, et al. Concurrent bioelectricity and biomass production in three

Plant-Microbial Fuel Cells using Spartina anglica, Arundinella anomala and Arundo donax [J]. Bioresource Technology, 2010, 101 (10): 3541-3547.

[200] Al-Mamun A, Lefebvre O, Baawain M S, et al. A sandwiched denitrifying biocathode in a microbial fuel cell for electricity generation and waste minimization [J]. International Journal of Environmental Science & Technology, 2016, 13 (4): 1055-1064.

[201] Fang Z, Song H, Cang N, et al. Performance of microbial fuel cell coupled constructed wetland system for decolorization of azo dye and bioelectricity generation [J]. Bioresource Technology, 2013, 144 (6): 165-171.

[202] Liu S, Song H, Wei S, et al. Bio-cathode materials evaluation and configuration optimization for power output of vertical subsurface flow constructed wetland-Microbial fuel cell systems [J]. Bioresource Technology, 2014, 166 (166): 575-583.

[203] 王丽，李艳，李雪，等．湿地型微生物燃料电池运行实验研究 [J]. 环境科学学报，2017，37 (10)：3656-3663.

[204] 李先宁，宋海亮，项文力，等．微生物燃料电池耦合人工湿地处理废水过程中的产电研究（英文） [J]. Journal of Southeast University (English Edition), 2012.

[205] 李婷婷．人工湿地型微生物燃料电池复合系统的微生物特性研究 [D]. 南京：东南大学，2015.

[206] Villasenor J, Capilla P, Rodrigo M A, et al. Operation of a horizontal subsurface flow constructed wetland-Microbial fuel cell treating wastewater under different organic loading rates [J]. Water Research, 2013, 47 (17): 6731-6738.

[207] Fang Z, Song H, Cang N, et al. Performance of microbial fuel cell coupled constructed wetland system for decolorization of azo dye and bioelectricity generation [J]. Bioresource Technology, 2013, 144: 165-171.

[208] Wang J, Song X, Wang Y, et al. Bioelectricity generation, contaminant removal and bacterial community distribution as affected by substrate material size and aquatic macrophyte in constructed wetland-microbial fuel cell [J]. Bioresource Technology, 2017, 245: 372-378.

[209] Kaku N, Yonezawa N, Kodama Y, et al. Plant/microbe cooperation for electricity generation in a rice paddy field [J]. Applied microbiology and biotechnology. 2008, 79 (1): 43-49.

[210] Bombelli P, Iyer D M R, Covshoff S, et al. Comparison of power output by rice (Oryza sativa) and an associated weed (Echinochloa glabrescens) in vascular plant bio-photovoltaic (VP-BPV) systems [J]. Applied microbiology and biotechnology, 2013, 97 (1): 429-438.

[211] Quan X, Quan Y, Tao K. Effect of anode aeration on the performance and microbial community of an air-cathode microbial fuel cell [J]. Chemical Engineering Journal, 2012, 210: 150-156.

[212] Zhang Y, Sun J, Hu Y, et al. Bio-cathode materials evaluation in microbial fuel cells: a comparison of graphite felt, carbon paper and stainless steel mesh materials [J]. International Journal of Hydrogen Energy, 2012, 37 (22): 16935-16942.

[213] Strik D P, Snel J F, Buisman C J. Green electricity production with living plants and bacteria in a fuel cell [J]. International Journal of Energy Research, 2008, 32 (9): 870-876.

[214] Schamphelaire L D, Bossche L V D, Dang H S, et al. Microbial fuel cells generating electricity from rhizodeposits of rice plants [J]. Environmental science & technology, 2008, 42 (8): 3053-3058.

[215] Helder M, Strik D, Hamelers H, et al. Concurrent bio-electricity and biomass production in three Plant-Microbial Fuel Cells using Spartina anglica, Arundinella anomala and Arundo donax [J]. Bioresource technology, 2010, 101 (10): 3541-3547.

[216] Bombelli P, Iyer D M R, Covshoff S, et al. Comparison of power output by rice (Oryza sativa) and an associated weed (Echinochloa glabrescens) in vascular plant bio-photovoltaic (VP-BPV) systems [J]. Applied microbiology and biotechnology, 2013, 97 (1): 429-438.

[217] Helder M, Strik D P, Hamelers H V, et al. The flat-plate plant-microbial fuel cell: the effect of a new de-

sign on internal resistances [J]. Biotechnology for biofuels，2012，5 (1)：1-11.

[218] Kaku N，Yonezawa N，Kodama Y，et al. Plant/microbe cooperation for electricity generation in a rice paddy field [J]. Applied microbiology and biotechnology，2008，79 (1)：43-49.

[219] Timmers R A，Rothballer M，Strik D P，et al. Microbial community structure elucidates performance of Glyceria maxima plant microbial fuel cell [J]. Applied microbiology and biotechnology，2012，94 (2)：537-548.

[220] Aelterman P，Rabaey K，Pham H T，et al. Continuous electricity generation at high voltages and currents using stacked microbial fuel cells [J]. Environmental science & technology，2006，40 (10)：3388-3394.

[221] Hong S W，Chang I S，Choi Y S，et al. Responses from freshwater sediment during electricity generation using microbial fuel cells [J]. Bioprocess and biosystems engineering，2009，32 (3)：389-395.

[222] Huang D，Zhou S，Chen Q，et al. Enhanced anaerobic degradation of organic pollutants in a soil microbial fuel cell [J]. Chemical Engineering Journal，2011，172 (2)：647-653.

[223] 朱娟平. 湿地植物-沉积物微生物燃料电池产电 [D]. 广州：华南理工大学，2015.

[224] 丁为俊，于立亮，陈杰，等. 阳极材料对6L微生物燃料电池性能及有机废水处理效果的影响 [J]. 环境科学，2017，38 (5)：1911-1916.

[225] 陈杰. 针对微生物燃料电池扩大化的新型空气阴极开发研究 [D]. 杭州：浙江大学，2017.

[226] Choi J，Ahn Y. Continuous electricity generation in stacked air cathode microbial fuel cell treating domestic wasterwater [J]. Journal of Enviromental Management，2013，130：146-152.

[227] Ren L，Ahn Y，Hou H，et al. Electrochemical study of multi-electrode microbial fuel cells under fed-batch and continuous flow conditions [J]. Journal of Power Sources，2014，257：454-460.

[228] Zhuang L，Yuan Y，Wang Y，et al. Long-term evaluation of a 10-liter serpentine-type microbial fuel cell stack treating brewery wasterwater [J]. Bioresource Technology，2012，123：406-412.

[229] Ghadge A N，Ghangrekar M M. Performanceof low cost scalable air-cathode microbial fuel cell madefrom clayware separator using multiple electrodes [J]. Bioresource Technology，2015，182：373-377.

[230] Wang X，Santoro C，Cristiani P，et al. Influence of electrode characteristics on coulombic efficiency (CE) in microbial fuel cells (MFCs) treating wastewater [J]. Journal of the Electrochemical Society，2013，160 (7)：G3117-G3122.

[231] Logan B E. Essential data and techniques for conducting microbial fuel cell and other types of bioelectrochemical system experiments [J]. ChemSusChem，2012，5 (6)：988-994.

[232] Feng Y，He W，Liu et A horizontal plug flow and stackable pilot microbial fuel cell for municipal wastewater treatment [J]. Bioresource Technology，2014，156：132-138.

[233] Jeon Y，Koo K，Kim H J，et al. Construction and operation of a scaled-up microbial fuel cell [J]. Bulletin of the Korean Chemical Society，2013，34 (1)：317-320.

[234] Ahn Y，Zhang F，Logan B E. Air humidity and water pressure effects on the performance of air-cathode microbial fuel cell cathodes [J]. Journal of Power Sources，2014，247：655-659.

[235] Cheng S，Liu W，Guo J，et al. Effects of hydraulic pressure on the performance of single chamber air-cathode microbial fuel cells [J]. Biosensors and Bioelectronics，2014，56：264-270.

[236] He W，Liu J，Li D，et al. The electrochemical behavior of three air cathodes for microbial electrochemical system (MES) under meter scale water pressure [J]. Journal of Power Sources，2014，267：219-226.

[237] Sun M，Sheng G，Mu Z，et al. Manipulating the hydrogen production from acetate in a microbial electrolysis cell-microbial fuel cell-coupled system [J]. Journal of Power Sources，2009，191 (2)：338-343.

[238] Zhao H，Zhang Y，Zhao B，et al. Electrochemical Reduction of Carbon Dioxide in an MFC-MEC System with a Layer-by-Layer Self-Assembly Carbon Nanotube/Cobalt Phthalocyanine Modified Electrode [J]. Environmental Science & Technology，2012，46 (9)：5198-5204.

[239] Wang Z, Lim B, Choi C. Removal of Hg^{2+} as an electron acceptor coupled with power generation using a microbial fuel cell [J]. Bioresource Technology, 2011, 102 (10): 6304-6307.

[240] Liu H, Ramnarayanan R, Logan B E. Production of electricity during wastewater treatment using a single chamber microbial fuel cell [J]. Environmental Science & Technology, 2004, 38 (7): 2281-2285.

[241] Dentel S K, Strogen B, Sharma A, et al. Direct generation of electricity from sludges and other liquid wastes [C]. Proceedings of the International Water Association Specialist Group on Sludge Management conference on resources from sludge: foring new frontiers, 2-3 March 2004.

[242] Sun M, Sheng G P, Zhang L, et al. An MEC-MFC-coupled system for biohydrogen production from acetate [J]. Environmental Science & Technology, 2008, 42 (21): 8095-8100.

[243] Aelterman P, Rabaey K, Pham H T, et al. Continuous electricity generation at high voltages and currents using stacked microbial fuel cells [J]. Enviromental Science & Technology, 2006, 40 (10): 3388-3394.

[244] Kim B, An J, Kim D, et al. Voltage increase of microbial fuel cells with multiple membrane electrode assemblies by in series connection [J]. Electrochemistry communications, 2013, 28: 131-134.

[245] 张勇. 堆砌式自驱动 MFC-MEC 系统回收多金属 [D]. 大连：大连理工大学，2014.

[246] 谢倍珍，米静，杜新品，等. 微生物电解池效能及其与微生物燃料电池的联合运行探索 [J]. 环境科学与技术，2014，37 (9)：59-64.

[247] Shen Y J, Lefebvre O, Tan Z, et al. Microbial fuel-cell-based toxicity sensor for fast monitoring of acidic toxicity [J]. Water Sci Technol, 2012, 65 (7): 1223-1228.

[248] 华涛，李胜男，周启星，等. 生物电化学系统 3 种典型构型及其应用研究进展 [J]. 应用与环境生物学报，2018，24 (3)：0663-0670.

第 7 章

生物电化学系统的应用

化石燃料提供了当今社会的大部分能源来源，使用的比重超过了 86%。但是随着人类的使用，化石燃料面临枯竭，人类面临着最为严峻的能源挑战，在各种能源的使用过程中产生了一系列的环境问题，例如温室气体排放、水污染加剧、大气污染等。从能源的角度来看，氢气是一种热值较高的且不会产生污染的清洁能源，受到全世界科研人员的广泛关注，目前，氢气的制备方法主要有化石燃料制氢、生物质制氢等。化石燃料制氢是制氢领域应用最多的方式，占到氢气生产量的 96%以上，但是这种方式会产生温室气体二氧化碳，对环境的危害较大。从水资源的角度来看，这些问题使社会经济可持续发展受到抑制。海水占地球表面总水量的 97.3%，淡水仅占 2.7%，且其中 90%为两极覆冰，可供工业、农业和城市使用的水量很少，仅占 0.27%。从某种意义上说，海水才是取之不尽、用之不竭的主要水源，因此海水淡化对解决当前的水资源危机具有重要意义。

生物电化学系统作为一种前沿技术，具有广泛的应用前景。它是在 2005 年由两个独立的研究团队发现的[1]，其早期主要集中于能量回收的研究，经过近几年的研究发展，在废水处理、脱盐、生产化工产品及与其他工艺耦合等方面表现出了巨大潜力，集产能和治污于一体，为解决当下的能源问题和水资源保护提供了一种新的解决方法，研究成果为其将来的工业化应用提供了强有力的支撑。并且随着研究的深入，拓展出了微生物燃料电池（MFCs)、微生物电解池（MECs)、微生物脱盐电池（MDCs)、微生物传感器、合成生物制品等新型发展方向，从而在产电的同时实现污水处理、脱氮脱硝、制取燃料、合成化学品等，这使其具有了独特的技术及功能上的优势，显现出了广阔的应用前景[2]。

影响 MECs 性能的因素有很多，包括外加电压、pH 值、电解池的内阻、负载电阻、电极材料、阳极上产电微生物的活性及密度、电解池结构等。下面分别对一些因素做简要概括。

外加电压作为制约 MECs 整体性能的一个重要因素，一般由供电设备或稳压器提供，其主要有两方面作用：一方面可以降低阴极的负电位，驱动微生物电解池且提供适当的电压，对提高电解池的整体性能有很大帮助；另一方面，研究发现电流可以影响微生物的新陈代谢，可以对微生物进行驯化，进而获得其在微生物降解、燃料和生产化学产品方面的应用。Zhan 等[1]研究发现外加电压从 0.2V 增加到 0.4V 时，脱氮效率和库仑效率分别从 70.3%和 82%上升到 92.6%和 94.4%，结果表明可以通过控制外加电压的方式来强化氨基氧化去除过程中的电子提取并增加脱氮效率和库仑效率。Ding 等[3]研究在厌氧环境下外加电压对 MECs 的性能和微生物活性的影响。在 1V 和 2V 的电压条件下，测定了乳酸脱氢酶（细胞破碎指标）和 ATP（新陈代谢指标）两个指标。研究表明，外加电压的高低对微生物的新陈代谢和生长均有影响，较高电压不利于微生物的生长和代谢，具体表现为细胞破裂率高、生长率低和微生物新陈代谢活性降低。Guo 等[4]研究发现，可通过外加电压的方式来加快可溶性化学需氧量和挥发性脂肪酸的转化，并为甲烷菌的生长维持合适的 pH 值。

微生物作为 MEC 系统中的生物催化剂，将有机物中的化学能转化为氢能，在 MECs 系统中扮演着重要的角色。但目前对其群落的研究还相对较少，主要集中在通过用化学物质对电极的修饰或与其他工艺结合来强化生物催化作用，产生的电流密度与微生物的群落结构、种群组成等相关。Zhang 等[5,6]通过投加一定量的氢氧化铁将 MECs 和厌氧反应器结合来处理高浓度工业废水。添加的氢氧化铁强化了厌氧消化和阳极氧化。进行实时聚合酶链反应和酶活性分析表明，两者结合后厌氧反应器中细菌的丰富度和偶氮还原酶的活性都有提高；焦磷酸测序表明结合后阳极膜上优势菌和古生菌的丰富度较一般的厌氧反应器高。该研究表明，化学物质（如氢氧化铁、纳米铁等）对电极的修饰或与其他工艺的结合可能是提高生物催化活性的途径。Croese 等[7]研究发现 5 种不同阳极石墨毡的细菌种群是不同的。阳极电解液和阳极生物膜中的微生物存在着本质上的不同。在阳极电解液中、阳极上及不同 MECs 阳极上，古生菌种群是相似的。古生菌主要生长在电解液中，而细菌主要生长在纤维表面，表明细菌是参与 MECs 电化学反应的主要微生物且群落组成与电流密度有很大关联，可以通过抑制古生菌（如甲烷菌）来提高 MECs 的性能。

电极材料是影响微生物电解池效能的一个重要因素，其主要体现在对生物膜的附着、电极特性表面面积、析氢电位、导电性等的影响。阳极作为生物膜的形成场所，对微生物的附着、生长及产生的电流密度、电流输出等具有重要影响。Cheng 等[8]对阳极炭布进行氨化处理，发现可以增加电极表面的电荷，提高 MFC 的性能。Xu 等[9]使用经纳米铁粒子修饰的石墨为阳极，结果表明经修饰的阳极所产生的平均电流密度是普通石墨阳极的 5.89 倍。Fan 等[10]研究了经纳米金、纳米钯颗粒修饰的石墨为阳极的 MEC，发现经纳米金颗粒修饰的阳极产生的电流密度是普通石墨电极的 20 倍，而经纳米钯颗粒修饰的阳极产生的电流密度是普通石墨电极的 0.5～1.5 倍，且颗粒大小与电流密度的关系呈正相关，而颗粒的圆度与电流密度呈负相关。以上研究表明，使用化学物质对阳极进行修饰或改善化学物质的物理特性是提高阳极性能的可能途径。在 MECs 系统中，阴极表面发生析氢反应，充当着主要的电子受体。炭布上的析氢反应较慢，因此需要一个较高的过电位来驱动反应，为降低过电位需要在炭布上添加催化剂。目前，阴极上负载的催化剂主要有铂、镍、钯[11]和生物阴极附着的微生物等[12,13]。催化剂的种类、催化剂所处的条件等[14]对析氢反应过电位均有影响。Jeremiasse 等[14]研究了催化剂铂的析氢反应过电位与不同缓冲溶液的关系，发现缓冲溶液对过电位的影响主要表现在对 pH 值的依赖上，故选择合适的 pH 值对催化剂性能的发挥有重要作用。Jeremiasse 等[15]研究了以泡沫镍为阴极催化剂的 MECs 制氢，结果表明，泡沫镍具有较大的特性表面积，以泡沫镍为阴极催化剂的析氢过电位低于以铂为催化剂的阴极。Jeremiasse 等[13]在 MECs 的阴、阳电极上均用微生物作为催化剂，发现在电化学半反应中，阴极电势为－0.7V 时，生物阴极的电流密度比没有生物膜的阴极要高，这表明生物阴极催化产生氢气，这些生物膜很可能是具有电化学活性的微生物。生物阴极因不需外加化学催化剂，价格便宜，不易发生催化剂中毒等现象，逐渐成为研究的热点。

多室结构（2 室或 2 室以上）的 MECs 中，膜有着重要作用，即交换离子、隔离各室、减少微生物和燃料的交叉、提高产物纯度、避免短路[16]。MECs 系统中使用的膜主要有阴离子交换膜（anion exchange membrane，AEM）、阳离子交换膜（cation exchange membrane，CEM）、质子交换膜（proton exchange membrane，PEM）、双极膜（bipolar membrane，BPM）、荷电镶嵌膜（charged mosaic membrane，CMM）、超滤膜（ultrafiltration membrane，UF）等，随着对不同膜的灵活应用，MEC 演变出 MEDC、MEDCC、MREC 等新系统。在产物方面，膜也起着重要作用，如 Zhang 等[17]通过对不同膜的合理排列组合，成功地在 MEDCC 系统中合成了酸、碱和氢气等产物，且与 Chen 等[18]和 Liu 等[19]的研究相比，得到了清洁能源氢气。对膜的合理使用，可丰富 MECs 的结构，提高 MECs 的性能，扩大 MECs 的应用领域等。

7.1 废水处理

废水处理会消耗大量的能源，根据近些年的统计数据，废水处理会消耗全国总发电量的 1%左右，这是一个巨大的数字[20]，特别是能源的大量使用，能源危机问题日益突出，如何高效地进行废水处理成为研究人员亟待解决的问题。微生物燃料电池的研究是目前燃料电池界乃至化学界、生物界研究的前沿课题和热点，近年来全球能源供求趋紧，对于生物电化学系统的关注也越来越高，生物电化学技术凭借可再生性强及可持续发展的特点，为解决当前的能源紧缺和环境污染问题提供了有效途径。在各大国际会议上都对生物质能发电给予较高的重视。

生物电化学系统应用于废水处理，可以同时实现能源和资源的回收。生物电化学系统可用的底物很多，包括乙酸钠、葡萄糖、生活废水和工业废水等有机污染物。因此，将废水有机污染物作为生物电化学系统的“燃料”，一方面可以处理废水；另一方面可以回收能源，同步实现治污和产能目标。尽管生物电化学系统广泛用于处理多种有机及无机物质，但此类研究大多局限于实验室研究的阶段[21]。近年来，有部分课题组通过生物电化学系统的中试实验来研究不同类型废水在实际环境中的处理情况，以期为生物电化学系统的实际应用提供参考。Escapa 等[22]测定了不同有机负荷率、外加电压下的连续流生活废水处理过程中的 COD 去除率、氢气产率，来研究 MECs 的性能。研究表明，低有机负荷率时 COD 的去除率高，但所需的电能明显较高，氢气产率的峰值可达 0.3L/(L·d)（水力停留时间 3～6h)，且最佳外加电压与生活废水本身有很大的关系。Nam 等[23]研究了 MECs 系统对纤维素发酵废水的处理，结果表明总 COD 的去除率为 76%±6%，蛋白质去除率为 29%，使用高电压可更好地去除蛋白质，但较高的阳极电位会导致效果不稳定。Tenca 等[24]研究了在 MEC 系统中使用廉价阴极材料处理含丰富甲醇工业废水（IN）和食品加工废水（FP）的性能评估，结果表明，IN 的氢气产量和 COD 去除率均高于 FP，能量回收主要依赖于特定的废水。要完成废水治理，废水的组成比催化剂的选择更重要。Heidrich 等[25]使用 MECs 系统处理生活废水，在环境温度（1～22℃）下连续运行 12 个月，所得平均氢气产量为 0.6L/d，但 COD 去除率不符合标准。该研究表明：a. MECs 可在低温环境下长期运行；b. 生物电化学系统的强壮型和耐久性远远超过其他任何研究；c. 工业规模的 MECs 发展前景得到了强化。Cusick 等[26]以酿酒废水为目标污染物研究了 MECs 系统废水处理性能。在中规模连续流、温度（31±1)℃、多室条件下，约 60d 产电生物膜强化后，在外加电压为 0.9V 时，SCOD（溶解性 COD）的去除率为 62%±20%，实验结束后（100d）产生的最大电流可达 $7.4A/m^3$，氢气产率最高可达（0.19±0.04)L/(L·d)。该研究表明：接种和强化过程是大规模系统成功的关键；在启动阶段，乙酸的调整、合适的温度、pH 值的控制，对丰富产电菌生物膜和提高反应器性能非常重要。

总的来讲，利用生物电化学系统处理废水，提高生物电化学系统对实际废水的处理性能与很多因素紧密相关。如废水类型、外加电压的强度、有机负荷率、温度、pH 值等对提高系统的 COD 去除率、库仑效率、产氢效率、甲烷效率等有重要的作用。现今社会的脱氮技术以生物脱氮、化学脱氮和物理脱氮为主要脱氮方式。其中，氨化、硝化和反硝化为生物脱氮技术的主要作用机理，需要不断补充碳源、操作复杂、生物启动比较缓慢、受温度影响较大；化学脱氮以电渗析为主导技术，运行费用较高、浓缩液会产生二次污染的问题；物理脱氮以离子交换技术为主导技术，同样存在运行费用大、易产生二次污染的问题[27]。近年来，将电化学与生物作用结合，利用生物电化学系统进行脱氮处理被广泛研究，特别是将生物电化学系统应用在废水脱氮领域，能够产生较好的经济效益。生物电化学系统处理含氮废水，具有污泥产量少、能耗低的优点，并且能够在废水处理的同时产生能量，在脱氮净化领域展现出了良好的应用前景。

在生物电化学系统中，氮的去除可以通过多种途径实现，包括同化、硝化和反硝化及厌氧氨氧化等过程的进行。氨在生物电化学系统中可以在含量梯度的作用下扩散通过或者在电荷的作用下迁移通过离子交换膜从而进入阴极室。在生物电化学系统中实现氨回收的方式有 2 种：a. 在阳极室内，阳极微生物可以通过对有机质的降解作用产生电子然后传递给外电路形成电流，在电流的驱动下，阳极废水中的阳离子（NH_4^+、Na^+、K^+、Mg^{2+} 和 Ca^{2+} 等）可以穿过阳离子交换膜进入阴极室，导致阴极液 pH 值的升高（pH 值约为 9.25)[28]。氨在较高的 pH 值下，能够以 NH_3 的形式挥发，所以在生物电化学系统的阴极通常采用空气或者 N_2 气提的方法进行 NH_3 的吹脱和回收。b. 当以微生物电解池的方式运行生物电化学系统时，在外加电压的作用下，在生物电化学系统的阴极水能够被还原成氢气和氢氧根离子，阴极产生的氢气对产生的 NH_3 进行吹脱，进一步强化阳极室铵离子扩散迁移的驱动力，并消除曝气的需求，降低了能耗，同时施加电压有利于提高电流密度，增加了氨的迁移率，进而提升氨的回收效率[29]。对于系统产生的 NH_3，一部分循环送入阳极对阳极液进行 pH 值的调控，防止其因为酸化进而影响阳极微生物的活性，维持电流的持续产生并驱动 NH_4^+ 从阳极迁移到阴极中，维持整个系统的循环稳定运行[8]；而另一部分 NH_4^+ 能够经过冷凝通过液氨的形式进行收集，或是与 CO_2 反应进而生成 NH_4HCO_3，或是利用稀硫酸收集，以 $(NH_4)_2SO_4$ 的形式进行回收利用，$(NH_4)_2SO_4$ 用途广泛，常常作为氮聚合物的工业制造原料和农业肥料。利用生物电化学技术进行氨分离和脱氮不需要加药来控制反应液的 pH 值，而且避免了吹脱过程产生能耗，同时产生能量，是一项有广阔应用前景的技术。

Desloover 等[30]首次验证了 MFC 可以用于处理富 NH_4^+ 废水、回收 NH_4^+-N 和产电的可行性，阴极 NH_4^+-N 的质量浓度高达 4g/L。随后，Kuntke 等开发了 MFC（空气阴极）对实际尿液进行氨回收以及能量产出的研究，在电流密度为 $0.5A/m^2$ 下，氨回收率为 $3.29g/(m^2 \cdot d)$，产生的能量为 3.46kJ/g，证实了从尿液中回收 NH_4^+ 以及产电的可行性[31]。养殖废水具有高 COD、高 NH_4^+-N、高 SS 含量的特点，常规的处理技术存在较高的运营成本，而其中的 NH_4^+-N 却可以作为能源进行回收。Min 等[32]首次将养殖废水引入 MFC 中，构建双室 MFC（液相阴极），在进水可溶性 COD 为 $(8.32\pm0.19)g/L$ 的情况下，能够产生的最大功率密度为 $45mW/m^2$；随后搭建单室空气阴极 MFC，NH_4^+-N 的质量浓度从 $(198\pm1)mg/L$ 降至 $(34\pm1)mg/L$。Kim 等[33]采用单室和双室 MFC 研究了养猪废水中 NH_4^+ 的迁移转化机制，结果表明：NH_4^+ 的去除是阴极高的 pH 值导致铵离子转化成氨气而逸出；对于空气阴极单室 MFC，在启动 5d 后 NH_4^+ 去除效率可达 60%；以铁氰化物作为阴极电解质的双室 MFC，启动 13d，NH_4^+ 的去除率达到 69%。厌氧消化可将有机物转化为沼气，在有机废物处理方面有着广泛的应用，但是，由于高含量的氨氮对产甲烷菌具有毒害效应，在厌氧消化中过量 NH_3 的存在会导致反应系统的不稳定[30]。有学者采用 MFC 与厌氧消化过程耦合，对养猪废水厌氧消化液进行处理，研究表明，在厌氧消化过程中，COD 去除率可达 80.5%，NH_4^+-N 去除率仅为 5.8%，导致 COD/TAN 降为 3，随后，采用 MFC 对消化液进行处理，77.5%的 TAN 被去除，体系 COD/TAN 增加到 8.1，同时 MFC 对 COD 也进一步去除[34]。

微生物电解池（MEC）是在微生物燃料电池的基础上进行改造，在阴阳极之间增加大于 0.2V 的电压[34]，MEC 可以有效降解有机物质同时产氢，在外加电流的作用下，微生物电解池能够实现对一些复杂的难降解的有机物进行处理[16]。以 MEC 降解废水中的蛋白质和纤维素为例，COD 去除效率可达到 85%以上，氢气的产生速率约为 470～980mL/g[35]。这些研究结果表明了 MEC 能够同时实现污染物降解和能量回收，且前景广阔。Kuntke 等在 MEC 模式下运行生物电化学系统，研究了尿液中的氨回收情况，在电流密度为 $2.6A/m^2$ 时，NH_4^+ 回收率为 $9.7g/(m^2 \cdot d)$，能量产量为 10kJ/g。此外，Kuntke 等[36]在 MEC 中进行 NH_4^+ 回收及同步产氢研究，电流密度达 $14.7A/m^2$，实现了稳定的 NH_4^+ 去除率，为 $(162\pm10)g/(m^2 \cdot d)$，并且伴随着 H_2 的产生，同时在电流密度为23.1A/m^2时，最大的NH_4^+去除率可达173.3g/(m^2·d)。Wu和Modin[37]采用MEC模式，从污水和消化液中回收氨和产氢，阳极进水采用合成废水，同时阴极进水为NH_4^+-N质量浓度为1g/L的模拟废水和实际废水，阳极通过氧化底物产生电流，电流效率达96%±6%，阴极产氢导致溶液pH值升高，最后采用酸吸附剂（2mol/L的HCl）对阴极室排出的气体（H_2、NH_3）进行吸收，合成废水和实际废水中的氨回收率分别为94%和79%。

随着生物电化学系统在水处理领域的广泛应用，越来越多的学者将其与其他水处理技术进行耦合。Qin和He将生物电化学技术与渗透技术结合，在微生物电解池中完成硝化废水中铵离子的回收，且NH_4^+的回收量可达到0.86mol/L，阳极液随后流入正向渗透系统中进行处理，回收清水。之后，采用微生物电解池联合渗透体系对实际垃圾渗滤液进行NH_4^+的回收研究，在阴极通气的情况下，NH_4^+回收率可达65.7%±9.1%。使用$NaHCO_3$作原液，研究发现系统中阳极流出液清水回收率达51%[22]。微生物电解池联合渗透耦合工艺成功地证明了从废物中回收资源的可行性，并为垃圾渗滤液的处理提供了新的解决方法[38]。

经过二级处理的生活废水，能够被生物降解的有机物质所剩不多，出水C/N严重失衡，通常情况下，BOD_5/TN值约为0.3～0.8，不能满足传统的生物脱氮工艺［如AA/O、生物转盘和序批式活性污泥法（SBR）等］的要求，而二级出水中难降解物导致的COD残留难以被微生物利用，使得传统的生物硝化技术难以有效发挥作用。虽然可以通过外加易降解碳源来提高废水可生化性，但是必定会增加废水处理成本，并且投加量不易控制，容易造成二次污染。生物阴极型脱氮系统避免了额外添加大量碳源，反硝化所需的电子一方面可以直接从电极上获得电子进行自养反硝化；另一方面可以通过生物对可用碳源的代谢得到。

电极生物膜反硝化脱氮是指阴极微生物在厌氧条件下得电子，将硝酸盐还原成氮气的过程，可以分为以氢为电子供体和直接以电极为电子供体两种。其中以氢为介导的反硝化脱氮，在外加电位下阴极表面原位产生氢气，阴极生物利用阴极反应产生的氢气作为电子供体将NO_3^--N转化为N_2[39]。而直接以电极为电子供体的反硝化脱氮过程则是电化学活性微生物直接从电极上获得电子，将硝酸盐转化为N_2。在生物阴极，一般经4步反应将NO_3^--N转化为N_2[40]。具体反应为：

$$NO_3^- + 2e + 2H^+ \longrightarrow NO_2^- + H_2O,\ E_0 = 0.433V$$

$$NO_2^- + e + 2H^+ \longrightarrow NO + H_2O,\ E_0 = 0.350V$$

$$2NO + 2e + 2H^+ \longrightarrow N_2O + H_2O,\ E_0 = 1.175V$$

$$N_2O + 2e + 2H^+ \longrightarrow N_2 + H_2O,\ E_0 = 1.355V$$

电协同微生物反硝化脱氮是在电化学和生物反硝化的作用下，实现NO_3^--N还原转化为氮气的过程，此种工艺可以降低碳源的投加量，并且，外加电流和强化反硝化菌的代谢[41]能够进一步促进脱氮反应，对于生化二级出水的深度脱氮尤为适用。电化学与微生物协同作用下的反硝化脱氮的电子供体有2种，即以氢介导脱氮和以电极为直接电子供体脱氮。最初主要依赖于阴极原位产氢进行反硝化脱氮。1998年，Islam和Suidan以置于反应器中心的炭棒为阳极，阴极以炭棒沿着反应器壁分布，组成生物膜电极反应器，该装置能够实现电流的均匀分布。对地下水进行处理，研究结果表明：当电流强度增加到20mA时，硝酸盐的去除随之增加；当电流从25mA增加至100mA时，硝酸盐的去除率反而降低；当电流超过60mA时，过量的氢气和甲烷的产生对硝酸盐去除有抑制作用。使用磷酸盐作缓冲溶液，在电流强度为20mA，硝酸盐的去除率最高，为98%[26]。最近，Wang等[42]采用AgI/TiO_2-NTs光催化阳极和自养反硝化生物膜阴极构建了光催化-电极生物膜反应器，提高外加电位，氢气产量提高，同时硝酸盐去除量升高，在优化运行条件（可见光照射，外加电压3V和pH=8）下，进水NO_3^--N的质量浓度为20mg/L，出水降至5.7mg/L，反应器在运行过程中呈现良好的稳定性。2004年，首次发现以电极为直接电子供体的反硝化菌。Gregory等[43]第一次采用纯菌*Geobacterspecies*，在恒电位−500mV时，发现这种菌能在以石墨电极为唯一电子供体，在厌氧条件下把NO_3^-还原为NO_2^-。Park等[44]采用电极生物膜反应器进行硝酸盐还原研究，在无有机物质存在时，微生物以阴极为直接电子供体将硝酸盐还原，基于此，反硝化脱氮不再受限于阴极氢产量，外加200mA电流，去除率最大提高至98%，NO_3^--N去除速率为0.17mg/cm^2。杨琳等构建三维生物膜电极反应器（3D-BER反应器），在全自养的条件下可以有效处理低碳氮比废水，进水NO_3^--N的质量浓度为30mg/L时，反应过程中无NO_2^--N的积累，NO_3^--N去除率可达82.7%。

与纯电化学作用脱氮的对比显示，单纯电化学作用对NO_3^--N无去除作用，NO_3^--N的去除是由在电场作用下的生物反硝化完成的[45]。Hao等[46]构建3D-BER反应器，模拟城市二级污水进行NO_3^--N的去除，当COD/TN值从1提高到2时，异养和自养反硝化在硝酸盐的去除中发挥重要作用。同时，随着HRT的延长，硝酸盐去除量增加。在自养反硝化和异养反硝化的协同作用下：废水COD/TN值为3.0，HRT为7h时，硝酸盐去除率为98.3%；废水COD/TN值为1.5，HRT为10h时，硝酸盐去除率为87%左右。研究表明，3D-BER对于低碳氮比废水的脱氮是一种行之有效的技术。

MFC脱氮的原理是在阴极室利用微生物作催化剂，将硝酸盐转化为气态氮。采用MFC可以凭借阳极微生物在对有机污染物去除的过程中产生电子，外电路将电子导入到阴极，阴极微生物利用电子进行NO_3^--N的还原，依靠有机污染物的内能驱动反硝化过程及电能的产生。Clauwaert等[40]首次在管状的MFC中实现了完全的生物阴极脱硝和同步产电过程，该过程不以氢气为主要电子供体，研究以不同来源的混合污泥作为反硝化生物阴极的接种源，结合乙酸氧化型的生物阳极，完成了从硝酸盐到N_2的反硝化过程，并产生了高达8W/m^{3}的电能。Virdis等应用MFC在环路反应器中进行有机物去除、反硝化脱氮及产电研究，通过控制阴极DO含量，首次实现了MFC阴极室同步硝化反硝化过程，氮去除率高达94.1%，表明NO_3^-和NO_2^-可以通过MFC进行脱除和能量回收。Li等以亚硝酸盐为电子受体启动MFC，进行15d实验后系统体积功率密度可达（8.3±0.5）W/m^3，HRT为8h，COD的去除率可达（2.117±0.006）kg/(m^3·d)，TN去除率为（41±2）g/(m^3·d)，实现了脱氮、除碳以及产电的同步发生。Oon等[47]研究MFC长期运行效能，在180d长期连续流运行条件下，阳极氧化CH_3COONa提供电子，阴极硝酸盐作为最终电子受体还原为N_2，提高有机负荷，

COD和硝酸盐的还原随之增强，硝酸盐去除率最大可达88%±4%，体积功率密度最大可达669mW/m^3。

废水处理的目标是回收价值最大化以及输出废物流最小化。近年来，学者针对生物电化学系统，在废水脱氮领域中的研究主要集中在反应器构型、运行条件、与其他水处理技术的耦合方面。现有的研究结果表明，生物电化学系统在低碳氮比废水的处理领域，无需外加碳源，就可实现同步碳氮去除和产电，对于富NH_4^+废水中NH_4^+的回收也有较好的成效。因此对于不同类型的废水，可以设计不同工艺构型的BES，对含氮废水实现有效净化。

利用生物电化学系统处理废水，需要在营养物质的“去除”与“回收”之间做出选择。随着可持续发展观念的深入，开发新的工艺形式用于富NH_4^+废液的处理，并针对低碳氮比废水的深度除氮等展开研究是未来废水治理的重点。因此，在未来的废水处理中，应根据废水的实际特性，设计不同功能特性的生物电化学系统，尤其是针对污泥消化液、垃圾渗滤液等含有大量NH_4^+-N的废水，采用生物电化学系统最大限度地回收其中的营养物质，同时对富NH_4^+废水进行预处理，调节碳氮比平衡；而对于经生化处理之后碳氮比极低的生化出水，构建MFC用于废水深度脱氮以及能量的产出。生物电化学系统当前只是处于实验室阶段，距离实际工程化应用还有很大的发展空间，但其在营养物质回收以及深度脱氮领域是一项很有前途的技术。基于此，应深入探究整个系统的反应机理和操作参数对其的影响、资本投资和运营成本分析，以及工艺的生命周期分析等，争取早日将生物电化学系统应用到未来废水处理厂中去。

就应用方面，有学者对BES系统在废水处理方面的应用做了大量的研究，所涉及的废水多种多样（啤酒厂废水、玉米芯水解液、养殖场废水等），但对处理抗生素废水及其机理方面的研究还比较少。目前，处理抗生素废水的方法主要有吸附法、芬顿法、臭氧氧化法、生物降解法，这些方法有自身的局限性（如吸附法：吸附饱和后效果会下降；解析废液很难处理；污染物未被真正降解、消除），不能得到广泛的应用。

7.2 生物电合成

近几年，利用微生物燃料电池制备化学品已成为研究热点，所产物质包括过氧化氢、低分子有机物及氢气等。

7.2.1 甲烷

甲烷是结构最简单的烃类，也是优质的气体燃料，多用于制造化工产品及合成气体，广泛地应用于民用及工业中。大部分甲烷存在于天然气、沼气中，甲烷作为化工原料，可以用来生产乙炔、氢气、合成氨、炭黑、硝氯基甲烷、二硫化碳、一氯甲烷、二氯甲烷、三氯甲烷、四氯化碳和氢氰酸等。甲烷可以通过高温分解得到炭黑，大量用作颜料、油墨、涂料以及橡胶的添加剂等。其中氯仿和CCl_4都是重要的工业用溶剂。同时，甲烷被作为燃料及制造氢气、一氧化碳、炭黑、乙炔、氢氰酸及甲醛等物质的原材料。甲烷还作为热水器、燃气炉热值测试的标准燃料，生产可燃气体报警器的标准气、校正气以及太阳能电池、非晶硅膜气相化学沉积的碳源等。作为一种可以人工制造的可燃性气体，甲烷被给予了极大的关注，越来越多的学者认为，甲烷会成为解决目前能源危机的新的突破口。常规的甲烷人工制法包括细菌分解法、合成法等。但是细菌分解法需要对甲烷菌进行培养，这就对反应的条件有了严格的要求，而合成法是通过催化剂的作用，使二氧化碳与氢气进行反应，并要求提纯，操作复杂，成本很高。在生物电化学系统中，产甲烷现象是人们不愿看到的。然而，在 MEC 系统中直接生产甲烷与传统的厌氧消化过程对比有许多优势，如甲烷产量高、能耗低、甲烷菌耐受性强、可在低有机质含量的连续流废水条件下运行，这就给甲烷的人工制造开辟了新的方向。Clauwaert 等[48]利用单室 MEC 进行产甲烷的研究。研究表明，MEC 产甲烷不需要进行 pH 值调节，在连续运行、碳酸盐限制和轻微酸化的条件下，甲烷均是主要的产品，且甲烷可以在低有机负荷和室温条件下产生。Van 等[49]研究了在环境温度下 MEC 制甲烷的性能，连续运行 188d，所得甲烷产率为 0.006$m^3/(m^3 \cdot d)$。该结果表明了 MEC 制甲烷对增加每公顷土地能量收益的可能性贡献，具有实际应用的价值。

7.2.2 丁醇

丁醇是丙酮发酵的主要产物（质量分数 60%以上），由于其具有良好的性能而受到重视。以丁醇作为燃料可以减轻传统燃料对环境的污染，同时解决能源危机，呈现出了良好的应用前景和发展潜力。作为常见的生物燃料，丁醇比乙醇具有更多的优势，作为食品、化工和制药行业中许多化学物质的前体，是一种重要的化学中间体。且其具有良好的物理化学特性，可与化石汽油混溶或直接代替化石汽油，是一种潜在的液体运输燃料。丁醇能量密度大，燃烧值高，蒸气压较低；与汽油配伍性好，能以任意比例混合；挥发性低，可管道输送；腐蚀性较小、水溶性低、污染轻等[50]。因此，生物发酵丁醇成为当代能源研究与开发的重点项目，仅次于生物发酵乙醇[51]。

丁醇常见的制法包括发酵法、羰基合成法、醇醛缩合法等。丙烯羰基合成法由于原料易得、羰基化工艺压力已相对降低、产物正丁醇与异丁醇之比提高以及可同时联产或专门生产 2-乙基己醇等优点，已成为正丁醇最重要的生产方法。利用生物电化学方法合成丁醇是目前生物电化学领域研究的一个方向。He 等通过在 MEC 系统中增加还原氢的量，来提高丁醇的产量。结果显示，在 MEC 中投加电子载体中性红时，ATP 水平、$NADH/NAD^+$ 的比率均有提高，且丁醇的浓度也得到提高，增加近 60.3%。该研究表明，MEC 系统可以作为丁醇生产的有效技术方案。

7.2.3 甲酸

甲酸是一种带有刺激性气味的无色气体，具有一定的腐蚀性，是一种重要的化工原料。人类皮肤接触甲酸后会引起皮肤的红肿。甲酸作为基本有机化工原料，广泛地应用于农药、皮革、染料、医药和橡胶等工业行业。甲酸可以直接应用在织物加工和纺织品印染等行业，还可以用作金属表面处理剂、橡胶助剂和工业溶剂等。

甲酸常见的制备方法包括实验室制法和工业制法等。在实验室中，在无水丙三醇中加热草酸，然后蒸馏得到甲酸，或者在盐酸作用下水解异乙腈。利用生物电化学方法制备甲酸是一种新的制备甲酸的方法，与传统的实验室制法和工业制法相比，它具有明显的优势，近些年来越来越多的科研人员在进行相关的实验研究，也取得了一定的成果。

Zhao 等[52]以 MFC-MEC 系统还原 CO_2，在 MEC 中生产甲酸。该反应以多壁碳纳米管为阴极，明显地降低了 CO_2 还原过电势，成功地将 CO_2 还原为甲酸，其产率可达 (21.0±0.2)mg/(L·h)。该技术实现了 CO_2 的固定，但甲酸产量仍然较低，传质和阴极电极是影响转化效率的两个重要因素。

7.2.4 乙酸

乙酸在工业上是一种非常重要的化工原料，实际生活中常常作为溶剂广泛地应用于制药、化工、染料等行业[53]，需求量很大。目前工业上制备乙酸存在投资成本高、环境污染比较严重的问题，并且由于原料甲醇不可再生，亟需新的能够替代甲醇羟基化的方法。

太阳能和风能近期也被应用于乙酸的制备，并且由于能源的可再生性，这两种方法受到广泛的关注。Nevin 等证明了可以利用太阳能、乙酸菌和来自于石墨电极的电子还原 CO_2 生产乙酸。研究发现，在石墨阴极表面的卵形鼠孢菌生物膜可以利用来自电极的电子将 CO_2 转化为乙酸和 2-羰基丁酸，且所提供电子的 85% 得到了有效利用。戚玉娇等在微生物电化学合成乙酸系统中加入甲烷抑制剂（2-溴乙烷磺酸钠），研究表明加抑制剂是提高乙酸产率的可行途径，加入抑制剂之后乙酸成为主导产物，产率和电子回收率均有较大提高。Nevin 等首次提出了 MES 的概念，这提供了一个非常受欢迎且新颖的途径：将太阳能转化到有价值的有机物中，实现了太阳能的化学品形式储存。

7.2.5 丁酸

丁酸是一种重要的平台化学品，常用于乳化剂、杀菌剂和萃取剂的制造以及药物和香料的合成。正丁酸是一种重要的合成原料，广泛应用于精细化工产品的合成。同时，丁酸酯类各具有不同的水果香味，具有很好的耐热、耐光特性，在香精、食品添加剂、医药等领域都有广泛的应用，是优良的涂料和模塑原料。

丁酸常见的合成方法包括发酵法、丁醛氧化法、浓硝酸氧化法（实验室制备）等。利用生物电化学方法制备丁酸，目前也有部分学者在进行试验研究。Zhao 等[52]利用 MEC 系统从玉米芯水解液中生产丁二酸。结果表明，有电驱动 MEC 的丁二酸产量和还原能力分别是无电驱动 MEC 的 1.31 倍和 1.33 倍。该研究表明，可利用 MECs 来强化微生物，给系统消毒、调节 pH 值、加合适电压等方式来增加丁二酸产量。

7.2.6 过氧化氢

过氧化氢是一种重要的化工产品，但当前的生产方法能耗较大。其外观为无色透明液体，是一种强氧化剂，其水溶液适用于医用伤口消毒、环境消毒和食品消毒。化学工业中将过氧化氢用作生产过硼酸钠、过碳酸钠、过氧乙酸、亚氯酸钠、过氧化硫脲等的原料，生产酒石酸、维生素等的氧化剂。医药工业中将过氧化氢用作杀菌剂、消毒剂，以及生产福美双杀虫剂和401抗菌剂的氧化剂。印染工业中将过氧化氢用作棉织物的漂白剂、还原染料染色后的发色剂。过氧化氢还可用于生产金属盐类或其他化合物时除去铁及其他重金属；也用于电镀液，可除去无机杂质，提高镀件质量；还用于羊毛、生丝、象牙、纸浆、脂肪等的漂白。高浓度的过氧化氢可用作火箭动力燃料。

目前常见的合成过氧化氢的方法包括实验室制备和工业制备。在生物电化学领域，研究发现，过氧化氢可以在MEC和MFC系统中产生，但MFC中的产率较低[54,55]。Rozendal等[54]研究发现，可以将阳极氧化有机废水和阴极还原氧气相结合来产生过氧化氢。该系统在外加电压为0.5V的条件下，过氧化氢的产率约为（1.9±0.2）kg/(m^3·d)。由于所需的大部分能量来自于乙酸，所以该系统所需补充的能量很少［约0.93kW·h/kg(H_2O_2)］。过氧化氢的产生在很大程度上扩大了MEC应用的可能性，如MEC和芬顿反应相结合。但目前仍面临许多挑战，如过氧化氢的浓度较低。

7.3 生物制氢

生物制氢具有广阔的应用前景，是未来氢能生产的主要方式。现阶段越来越多的学者将生物制氢作为氢能生产的新途径。美国和日本较早就进行了生物制氢的研究，目前我国也投入了大量的人力和资金支持。尽管我国于20世纪90年代开始研究生物制氢，起步较晚，但是研究进展迅速，研究成果主要为厌氧生物制氢和光合生物制氢。哈尔滨工业大学在厌氧生物制氢方面取得了重要成果，使中国在世界氢能研究领域的生物制氢方面占有了一席之地[56,57]。但是生物制氢产率很低，这主要是因为分解反应热力学限制，大部分底物被分解成了小分子有机物，而非氢气。对于有机废水分解制氢，废水中的产甲烷菌对产生的氢气也有很大的影响，使氢气产率降低[58]。这将是未来生物制氢的主要难题之一。

随着分子生物学的不断发展，运用遗传和基因工程技术，以改善这些微生物的基因，培养具有较高的产氢速率的微生物可能是一个可行的选择。而且产氢的微生物群落多样性尚未被发现，可以通过不同的方法鉴定产氢微生物的种属，选择优势菌种提高产氢效率。产氢的实际应用中还有一个技术难题，即氢气产生的不稳定性，可能源于产氢微生物代谢环境的要求。今后通过科学技术的发展，可以低成本模拟微生物生存环境以满足其生长代谢的要求。

MEC的性能可以通过氢气产量、库仑效率、化学需氧量的去除效率等来表征。其影响因素可以从电极及催化剂、反应器的结构、产能微生物、不同底物等多方面来考虑。

在MEC产氢系统中，微生物阳极电极电势是影响氢气回收率的关键因素，因此控制电极电势使阳极生物膜保持较高的功能微生物生物量及生命活性是非常重要的。而阳极作为附着微生物的载体，应尽可能地为微生物提供足够大的附着面积，提供充足的营养，同时还要将微生物产生的质子和电子快速地传输出去，因此必须使用高导电、不易腐蚀的材料。Logan 等[59]认为用于 MFC 的阳极材料同样可以在 MEC 反应器中应用。目前使用最多的阳极材料主要是两类：一类是以炭作为原料的炭布、炭纸、炭毡等炭基材料，这些材料十分普遍，具有高导电性且适合微生物生长，而且网状炭阳极价格便宜，且比表面积大、效率较高，但是由于成本太高限制了其大规模的实际应用[60]；另一类是以石墨为原料制成的石墨纤维、石墨刷、石墨颗粒、石墨毡、石墨棒等，而且石墨刷具有较大的孔隙率和比表面积，效率较高，被用于多数电化学研究中。Xiang 等[61]研究发现以活性炭为阳极，开路电压和功率密度分别为 695mV 和 324.2mW/m^2，以石墨和活性炭为阳极，COD 去除率可达 90%。此外，为了提高阳极的产电能力，一般对电极进行修饰，更有利于微生物在电极表面附着。化学修饰也有利于微生物产生的电子向阳极表面释放。

有课题组在 MFC 阳极材料研究中也证明了这一结论。实验采用了两种类型的 MFC，即用作对比的常规炭布阳极 Carbon-MFC 和用颗粒活性炭（GAC）改进阳极的 GAC-MFC，对比实验结果表明：用 GAC 改进阳极可以有效提高微 MFC 能量输出，颗粒活性炭的巨大比表面积增加了生物膜载体面积，提高了产电菌和协同参与产电菌的总量，使库仑效率提高了 3.4 倍；颗粒活性炭的物理和电学特性使电池内阻降低 38%。结果显示，使用颗粒活性炭作阳极可以有效提高能量回收效率，阳极材料的改进是提高包括 MEC 在内的生物电化学反应器效能的重要途径[62]。

阴极主要为质子还原反应提供场所，为电子、离子传输提供通道，因此，阴极在 MEC 制氢技术中有着重要的作用。由于发生在阴极上的反应难以控制，因此阴极的设计是 MEC 实际应用中最大的挑战。MEC 阴极主要由支撑材料和催化剂组成，前面提到的阳极材料可以用作 MEC 的阴极，而且炭布、炭纸、炭毡、石墨颗粒、石墨毡、石墨棒等均已用于 MEC 产氢的研究中。但是阴极必须附着催化剂，催化剂可降低反应的活化能，加大反应速率。铂因为具有高效的催化性能一般被用作阴极催化剂的常用材料，在微生物电解池中得到了普遍的应用。Call 等[63]在使用含铂催化剂的阴极、外加 0.8V 电压、以乙酸钠为底物的条件下，得到了 3.12m^3/(m^3·d) 的氢气产率。Liu 等[64]研究了在阴极 Pt 催化剂的用量为 0.1mg/cm^2、pH=9 的情况下，氢气最大产率为 0.55m^3/(m^3·d)，功率密度输出为 1.7W/m^3。但是铂催化剂价格昂贵，因此，需要寻找更廉价的可替代催化剂。因此，寻找可替代的阴极催化剂已经成为微生物电解池制氢的重点。Hu 等[65]研究发现用 50mA/cm^2、Mo/Ni（质量比）为 0.65 的电解浴、电沉积 10min 制得的一种 Ni-Mo 催化剂，负载在 1.7mg/cm^{2}时与等量铂有相同的催化效果。Wang 等[66]开发了 Ni-W-P 合金电极，在 MEC 中成功获得了氢气。Wang 等[67]研究了镍、钛板、不锈钢网、镍-石墨烯、炭布五种不同阴极材料的产氢情况。Xiao 等[68]研究了 MEC 中不同阴极的 20d 氢气产生效率。

随着科学技术的发展，生物催化剂也越来越多地应用到实际中，与化学催化剂相比，生物催化剂具有更大的优势，它可以在温和的条件下促进反应的进行。因此，生物阴极开始应用于 MEC 中。生物阴极所需的外加电压低，可以在降解生物质产电的同时降低成本。Rozendal 等[69]发现应用生物阴极在外加 0.7V 的电压下，连续进料于双室反应器所得到的氢气产率是普通阴极的 8 倍，电流密度为铂电极的 2.4 倍。Jeremiasse 等[70]研究发现使用生物阴极反应器阴极电势为 0.7V，氢气产量为 $2.2m^3/m^3$（反应器）；Pau 等[71]研究发现在 900～1800mV 间氢气产量与阴极电势成线性关系，而且随着阴极电势的降低产氢量提高，在 1600mV 的情况下，氢气产量为 $10m^3/(m^3 \cdot d)$，此时阴极的优势菌种为 *Hoeflea* sp. 和 *Aquiflexum* sp.。MEC 的反应器有多种类型，根据不同的指标有不同的分类方式：根据外形可分为管式、瓶式、方形和圆形等；根据流动方式有流动性和间歇性反应器；根据有无质子交换膜可分为双室和单室结构。本书主要对单室和双室 MEC 反应器进行了比较。双室反应器可以抑制阴极、阳极物质的相互扩散，但其缺点是增加了质子扩散的阻力，另外也增加了反应器的成本。Liu 等[72]在双室 MEC 反应器中成功地生成氢气。Call 等认为膜的作用是阻止氢气扩散到阳极室被微生物利用与确保阴极室中含有较高的氢气浓度。但是也有研究者认为在膜存在的情况下，阴极上产生的氢气中仍然会混有阳极上产生的二氧化碳等其他气体；有人认为膜不能阻止氢气的扩散；Rozendal 等[73]认为由于反应器阴极和阳极之间有膜存在，基质不能流动，造成了阴极 pH 值的上升，由此产生的 pH 值梯度是造成电势损失的主要原因。

由于双室结构的复杂性，很难将之放大并应用于实际中，因此单室反应器应运而生。单室反应器的阴阳极在同一个反应室，它可以是阳极和质子交换膜组合在一起，或阴阳极和质子交换膜组合在一起。Hu 等[74]开发了单室 MEC 反应器，在相同外加电压条件下与 Liu 等使用的双室相比，获得的氢气产率是双室的 2 倍，电流密度为双室的 3 倍。研究表明，单室 MEC 反应器可以获得较高的库仑效率，但是确保装置的长期稳定性和降低甲烷的产生量还需要进一步研究。

通过对单室与双室反应器的比较可以得出其各自的优缺点。单室结构简单，阴阳极之间距离小，减小了内阻，提高了氢气产率，同时可以降低成本[75]。但是单室产生的氢气易扩散到阳极被产甲烷菌利用，影响氢气产率。因此，在实验中应及时采取措施收集氢气，避免损失。双室反应器具有质子交换膜，成本较高，但是可以减少氢气的扩散，从而提高氢气产率，而且其结构复杂，内阻高，氢气产率低，实际应用受到制约。

目前，MEC 与 MFC 一样，在改进反应器结构的同时降低反应器的成本，同时对反应器的放大也进行了研究。Heidrich 等[75]构建了一个 120L 的微生物电解电池，利用生活污水产氢，每个周期运行 3 个月，其 COD 容积负荷和能耗均较低于活性污泥的 COD 容积负荷和能耗，分别为 $0.14kg/(m^3 \cdot d)$ 和 2.3kJ/g(COD)，反应器库仑效率为 55%，每天产氢气 0.015L。Gil-Carrera 等[76]构造了一个中试微生物电解池，处理低浓度生活污水，在能耗为 1.6kW・h/kg COD 的条件下 COD 可降解 85%。虽然现在有很多研究者尽可能将 MEC 运用于实际中，但是由于其氢气产率低，工业化还难以实现。因此，要进一步改进反应器，降低成本，将之用于实际应用。

MEC 的研究一般以实验室模拟废水为底物，通常以葡萄糖、乙酸钠等作为碳源，但也可以用生活污水或工业废水等作为 MEC 的底物。底物不同，MEC 的氢气产量也不同。Anders 等[77]研究发现以秸秆废液为底物，氢气产量为 0.61m³/(m³·d)；Roland 等[78]研究发现以酿酒废水为底物，氢气产量为（0.19±0.04）L/(L·d)；Abhiject 等[79]研究发现以纤维废液为底物，氢气产量为 1260～7200m³/h。Yan 等[80]研究发现，利用纤维素作为底物所产生的电势（745mV）比用乙酸钠（796mV）和木糖醇（802mV）作为底物的电势低，而且氢气产生量分别为 23.3mmol/mol（纤维素）、41.7mmol/mol（木糖醇）、168.8mmol/mol（乙酸钠）。

附着于反应器阳极的产能微生物是有机污染物降解的生物催化剂。随着反应器无需电子转移介体而可以将电子直接转移到阳极上的细菌的发现，对将电子由细胞膜内转移到电极上的功能菌种群开始更为深入的研究。目前发现的这类细菌有腐败希瓦氏菌（*Shewanella putrefaciens*）、地杆菌（又称泥细菌）（*Geobaeteraceae sulferreducens*）、酸梭菌（*Clostridium butyricum*）、粪产碱菌（*Alcaligenes faecalis*）、鹑鸡肠球菌（*Enterococcus gallinarum*）和铜绿假单胞菌（*Pseudomonas aeruginosa*）等[81]，这些细菌可以直接将电子传递到阳极表面，无需电子转移介体的协助。实验表明，反应器性能与细菌浓度有关，当细菌浓度较高时，产生相对高的电量（如细菌浓度为 0.47mg/L 时，12h 产生 3C）。高电化学活性的微生物对于微生物燃料电池产电性能的提升至关重要[82]。有研究显示，生物相更为丰富的厌氧发酵反应液要比生活污水作为生物电化学反应器接种菌源，有更好的生物协同效应和更高的能量输出表现[83]。

总结已有国内外研究，MEC 除具有类似 MFC 的诸多应用和产氢发展方向外，MEC 潜在的微生物电解池可应用的方面是化肥的生产[84]。现在的化肥都是在大工厂中生产出来之后，运输到各个农场中去。现在可以在规模很大的农场中或者几个农场合作，用农场中的木屑等纤维素生产氢气，然后利用空气中的氮气，通过一个通用的过程生产氨和硝酸，氨和硝酸可以直接使用或者生产硝酸铵、硫酸盐和磷酸盐。另外，MEC 未来应用的发展方向是生物电化学合成生物化学品。涉及的生物电化学合成是将电流作为微生物催化还原或氧化的能源后对 CO_2 进行固定，转换成燃料或生物化学品的一种新技术[85]。相关研究表明，在生物阴极可合成许多有价值的化学品作为生产原料，如醇、烷烃等，而且其合成过程清洁、经济，完全有望应用于新兴的工业合成。

7.4 生物传感器

生物传感器是指能提供定量或者半定量分析的一种装置，包括生物识别元素和信号传输放大元素。生物传感器是一种对生物物质非常敏感的仪器，能够将浓度及电信号进行相互的转化。生物传感器具有特定的识别元件（识别元件对生物非常敏感，有酶、抗体、抗原、微生物、细胞、组织、核酸等生物活性物质），有理化换能器（包括氧电极、光敏管、场效应管、压电晶体等）、信号放大装置等。生物传感器是一种信号接收器和信号转换器。1967 年，乌普迪克将葡萄糖氧化酶包含在聚丙烯酰胺胶体中进行固化，然后将整个胶体固定在电极的尖端，制成了第一个葡萄糖生物传感器。将葡萄糖氧化酶进行改变，或者更换固化膜，就可以制成新的对应物质的传感器。固定膜的方法分为三类，即直接化学结合法、高分子载体法、高分子膜结合法。现已发展了第二代生物传感器（微生物、免疫、酶免疫和细胞器传感器），正在研制和开发第三代生物传感器，即将系统生物技术和电子技术结合起来的场效应生物传感器。20 世纪 90 年代开始被广泛关注的微流控技术也被科研人员应用在了生物传感器上，这些含有微流控芯片的生物传感器成为医学领域进行药物筛选和基因诊断的有力工具，给生物传感器带来了新的研究前景。这种传感器的应用基础是酶膜、线粒体电子传递系统粒子膜、微生物膜、抗原膜、抗体膜，对生物物质的分子结构具有选择性识别功能，因此只能对特定的催化活化反应起作用，这样的生物传感器选择性很高，精确性很好。但目前微生物传感器领域最大的问题就是生物固化膜不稳定，限制了微生物传感器的应用。生物传感器涉及的是生物物质，应用范围较广，主要用于临床诊断检查、治疗时实施监控、发酵工业、食品工业、环境和机器人等方面。

酶、蛋白质、DNA、抗体、抗原、生物膜等作为生物活性材料是生物传感器的重要组成部分，生物传感器将生物与物理化学换能器有机结合起来，是一种利用生物技术进行检测与监测的方法，能够对物质分子进行快速、微量的分析。生物传感器由于这些特点，必定具有广阔的应用前景，在国民经济中的临床诊断、工业控制、食品和药物分析（包括生物药物研究开发）、环境保护以及生物技术、生物芯片等研究中都能够发挥重要的作用。

由于微生物燃料电池的电流（电压）或电量与电子供体的含量之间存在对应关系，因此微生物燃料电池可以很好地反映底物的含量以及有毒物质的浓度。目前以废水为底物，将微生物燃料电池应用于废水 BOD 检测技术的研究最为广泛和成熟，已有部分报道。微生物传感器的输出和输入信号之间在一定范围内存在良好的相关性，因此，适用于成分多样且不确定的废水水质，对微生物燃料电池应用领域的扩大具有重要意义。

7.4.1 DNA 传感

通过直接氧化或 DNA 酶的催化氧化可以实现 DNA 的电化学检测，也可以通过一个与目标 DNA 联系的酶或其他氧化还原标记物发生特定反应产生的电化学响应来实现[86]。通过应用微电极，可以对 DNA 进行灵敏度较高的检测，如将锇氧化还原聚合物电沉积于电极表面，并通过还原电势促进了聚胺的静电交联。电极表面与目标 DNA 接触，随后与 HRP 共价结合，其信号通过加入 H_2O_2 的响应产生，在 $10\mu L$ 中能够检测 5～200mol。在电化学三明治结构排列中酶响应增强的最佳途径是由 Heller 报道的，他使用胆红素氧化酶（BOD）作为新的酶标，BOD 的优点在于它能够将 O_2 还原为 H_2O，而不需要再加入额外的底液到测试溶液中。氧化还原聚合物结合于微电极上，而俘获探针通过共价作用结合于氧化还原聚合物上。目标 DNA 首先发生了杂交，然后去检测共价结合的 BOD，BOD 直接通过聚合物的还原产生还原电流。这项技术能够从

5μL 的液滴中检测 3000 倍的 Shigell aDNA。Gao 等也对提高 DNA 检测灵敏性的三明治结构排列进行了报道。他们通过将俘获探针吸附于电极表面，随后目标 DNA 与 Gox 标记的生物寡聚核苷酸检测探针发生杂交后，将电极浸入锇氧化还原聚合物中 10min，然后对葡萄糖的响应进行测量，氧化还原聚合物显示正电荷，而俘获探针显示负电荷。因此，它们形成了以静电作用的双电层，产生的锇氧化还原位点接近电极表面并且增强了响应。

在 Gao 的另一篇相关报道中，随着杂交反应的发生，将氧化还原聚合物沉积于电极表面，用于 mRNA 的超灵敏检测。因此，当电极与氧化还原聚合物及葡萄糖接触时，就增强了响应信号，其灵敏度比荧光排列法提高了 1000 倍。另一项增加响应的技术也被用于以多点修饰电活性核酸为基础的目标 DNA 的检测[87]，其方法是在电极表面发生聚合反应，巯基 DNA 寡聚核苷酸探针作用于电极表面，再通过与目标 DNA 杂交和混合的三磷核苷酸发生聚合反应，然后将电极浸入氧化还原聚合物中，一个核苷酸被电活性的 8-鸟嘌呤或 5-脲苷替代，目标 DNA 修饰的核苷酸的放大反应被用于寡聚核苷酸序列的测试中，修饰电极作为基底和氧化还原聚合物之间产生了直接电子传递，这可以检测 400fm（1fm$=10^{-15}$m）的目标 DNA。另外一种增加响应的方法是在碳纳米管上使用多点酶层，在碳纳米管模板上多层酶膜的层层组装是通过具有相反电荷的聚合物的选择性的静电沉积来实现的，膜中的酶的形成是通过几种小分子的自沉积来完成的。将磁性小珠通过链状生物素结合覆盖于俘获探针上，小珠与目标 DNA 接触，随后通过生物层检测探针，与链状 PPDA-ALP 覆盖的碳纳米管相接触，导致 α-萘等小分子的产生，通过磁性分离移去小珠后，α-萘通过多壁碳纳米管修饰的电极来进行检测，增加了检测的灵敏性，可以检测 atto-mol 级的蛋白质和核苷酸[60]。

7.4.2 免疫传感

免疫传感具有和 DNA 传感相似的传感方法，是由 Cosnier 等发展的基于电聚合膜的阵列免疫传感技术，可以同时实现几个诊断的相关分析，是一项很有发展前途的技术[86]。

已经证明，使用交叉梳状排列电极可以增加免疫反应的检测灵敏性，如增加 2-胎蛋白免疫传感检测灵敏性是应用了微 3-D 蜂巢电极实现的。蜂巢状结构包括 60 个独立的电极（30 个阳极，30 个阴极），这可以通过平板印刷技术获得。其检测效率为 98%，与 2-D 电极的 62%相比，在相同的尺寸及对象情况下，增加了 35 倍的响应[88]。基于交叉梳状 Pt 微阵列电极作为免疫传感的另一例，是将生物标记的羊抗鼠 IgG 固定于磁性微滴上，然后分别将微滴与样品和使用 β-半乳糖标记的兔-鼠 IgG 接触，通过微滴的浓缩，检测反应的时间更短、孵化和检测步骤也更简单[89]。使用免疫阵列电化学检测的另外一个领域是微滴板的发展，这种传感器在微通道上使用了传统的免疫试剂，微通道是在聚合物基底上通过等离子腐蚀过程产生的。因为基底与通过微通道扩散的试剂间的距离比传统的微滴板要小得多，所以免疫反应非常快（5～15min），基于微通道的微电极可以产生 pmol 级的检测限。

7.4.3 ECIS细胞动态分析仪

美国 Applied BioPhysics 公司研发生产的 ECIS 细胞动态分析仪[90]是典型的专门化细胞电化学检测仪器。基于由 Giaever 和 Keese 发明的细胞-基底阻抗传感技术，该仪器可实时、自动检测活细胞的动态行为。最早的商品化仪器于 1993 年问世。ECIS 细胞动态分析仪无需标记物，可无损伤地监测工作电极表面细胞的生长、黏附及迁移等动态过程，依据数据解析可定量评价细胞的生理状态。新型号 ECISZθ 细胞动态分析仪还可测量细胞的复合阻抗，配套 96 孔培养器皿可高通量快速获取丰富的细胞信息。类似的细胞阻抗分析仪器还有美国 MDS Analytical Technologies 公司生产的 CellKey384 细胞动态分析仪[91]。目前，基于细胞-基底阻抗传感技术的细胞动态分析仪已广泛用于细胞损伤修复、细胞增殖、细胞毒性检测和药物作用机理等研究领域。

7.4.4 微电极阵列生物电信号记录系统

微电极阵列生物电信号记录系统[90]主要有微电极阵列 MEA 细胞外电信号记录系统（德国 Multichannel Systems 公司）[92]、MED64 平面微电极矩阵记录系统（日本 Alpha Med Science 公司）[93]、BioMEA 微电极阵列系统（法国 Bio-Logic 公司）[94]以及 Cerebus 实时多通道胞外电生理系统（美国 Black Rock Micro System 公司）[95]。近十年来，这些微电极阵列电信号记录系统被用于检测细胞、组织切片以及活体的胞外电生理信息，对信号传导行为及相关药物作用机理的深入研究起着极为重要的作用[96]。我国在细胞阻抗以及微阵列电极生物检测方面已有很多研究，有些工作已达到国际先进水平，但是商品化仪器仍未真正成熟。

7.5 生态修复

社会经济进步以及人们对工业快速发展的负面影响估计不足，导致了全球环境问题的发生：资源短缺、环境污染、生态破坏。人们考虑以新技术来解决能源和环境危机。生态修复是采取生态工程或生物技术手段，使受损的生态系统恢复到原来或与原来相近的结构和功能状态。生物电化学是以生物体系研究及其控制和应用为目的，并融合了生物学、电化学和化学等多门学科交叉形成的一门新兴的学科，主要是由微生物催化氧化有机污染物作用来处理污染物，以达到修复生态的目的。生态修复作为生物电化学的一个重要应用研究领域，越来越受到人们的重视，而生物电化学生态修复正是基于此需求而逐步成为研究热点。这一技术运用于生态修复可以使受污染的水体和土壤在得到治理的同时产生可观的生物能，为能源危机和生态修复问题的解决提供了可能。本书介绍了生物电化学生态修复的几个典型研究领域，包括盐碱地的修复、环境残留药物去除、石油烃降解、污染水体治理等，在降解污染物的同时回收化学能。

7.5.1 盐碱地修复

在我国北方干旱、半干旱地区，降水量小，蒸发量大，溶解在水中的盐分容易在土壤表层积聚，形成盐碱地，盐碱化土壤已经成为当今世界上最难解决的土地退化问题[97,98]。目前，世界范围内盐碱化土地总面积大约为 $8.31\times10^9\,hm^2$[99]，我国现有盐碱化土壤面积也已经达到了 $1.0\times10^8\,hm^2$[100]，严重制约了我国的农业发展和生态环境的改善，也造成了可耕种土地的严重浪费，盐碱化土地的综合治理已经成为实现土地资源可持续利用的当务之急。

一项最近发展起来的微生物产电技术——微生物脱盐电池技术（microbial desalination cells，MDCs），可以直接将土壤有机物中蕴藏的化学能转化为更为清洁和附加值更高的电能，也可以对形成盐碱地的高含盐地下水或滨海海水进行脱盐处理，为盐碱地的修复提供了一条新的途径。

MDCs 是一种新兴的脱盐技术，相比于传统的脱盐技术高能耗的特点，MDCs 具有明显的节能效益。MDCs 是生物电化学功能拓展中的一项重要技术，其原理是通过在微生物燃料电池阴阳极中间加入一对阴阳离子交换膜，利用微生物氧化有机物产生的电能去除含盐水中的盐分，也促进了有机物的降解，使其更有利于后续的土地资源化利用。

国内外与微生物脱盐电池技术相关的研究有待深入。已有研究采用了生物阴极作为微生物脱盐电池的阴极体系，但是对于阴极启动运行过程中电极的电化学交流阻抗特征和极化行为的研究还存在不足，有待进一步深入研究[101]。土地资源化利用的一个重要方向是改良退化土壤[102,103]，国内外的大量研究表明可通过施用污泥改良退化土壤，有效改善土壤的物理、化学、生物性质[104]，使用污泥改良土壤后可明显增加可溶性盐含量，但是污泥中的重金属也会进入土壤，MDCs 反应器会使污泥中重金属浓缩，这不利于后续的土地利用，因此还需进一步探讨。盐碱化土壤含水率低，pH 值和碱化度高，理化性质恶劣等，直接利用脱水污泥和利用 MDC 阳极处理后污泥进行盐碱化土壤改良，其中对盐碱化特征参数、土壤养分性质、生物性质的改良效果及其随时间变化的规律研究较少，同时关于重金属在施用污泥后的盐碱化土壤和植物间的迁移转化规律的研究还有待深入。

7.5.2 抗生素降解

目前抗生素的去除方法主要有吸附法、芬顿法、臭氧氧化法、生物降解法、厌氧-缺氧-好氧（AAO）工艺。例如，王哲等[105]使用碳纳米管吸附法研究了 SMX（磺胺甲噁唑）的去除，吸附结果显示碳纳米管对 SMX 的吸附在 100min 内即可达到吸附饱和状态，且 pH 值与共存腐殖酸对 SMX 的吸附有较大影响。但吸附法吸附饱和后效果会下降，解析废液很难处理，且吸附只是污染物的转移过程，污染物并没有被分解、消除，未达到污染物的无害化处理。Gonzalez 等[106]研究了光芬顿法对 SMX 的降解，结果表明过氧化氢（起始浓度 300mg/L）能提高 SMX 溶液的可生化性，可使处理后的高浓度 SMX 溶液（200mg/L）对纯菌无毒性效应，对活性污泥无抑制作用。苏荣军等[107]使用芬顿试剂处理SMX药厂废水，且该研究以COD作为主要指标，反应60min后，COD的去除率可达88.9%。结果表明，芬顿法可用于处理高浓度SMX，但存在成本高、比较难控制、腐蚀性大等缺点。Dantas等[108]研究了臭氧氧化法对SMX的降解，结果表明臭氧氧化15min后可得到很好的处理效果，60min后生物可降解性从0升到0.28，且中间产物的毒性也得到了明显的降低，可见臭氧氧化是一种有效处理SMX的方法，但臭氧氧化法具有臭氧发生器耗电量大、运行成本高等不利于推广应用的限制因素。许琳科等[109]进行了生物法降解SMX和利用紫外辐射来强化生物降解性能的研究，结果表明紫外辐射可以减弱SMX对生物膜的抑制作用，进而加快SMX的降解速度。Zhang等[110]通过添加外源维生素C、维生素B_6等物质来强化生物降解SMX，结果表明通过添加外源物质可增强微生物的代谢，进而提高SMX的去除效率。通过对常见的SMX的去除方法分析对比可知，生物去除方法具有操作简单、可控性强、条件温和、适应性强等优点，是一种比较有前景的处理抗生素废水的方法。

生物电化学系统（bio-electrochemical system，BES）包括微生物燃料电池（microbial fuel cells，MFCs）和微生物电解池（microbial electrolysis cells，MECs）。其中MFCs是以微生物为催化剂，在氧化基质中的有机物的同时输出电能的新系统，实现了将有机物中的化学能直接转化为电能和同时进行废水处理[1]；MEC作为一种前沿技术，在2005年由两个独立的研究团队（宾夕法尼亚州立大学和瓦格宁根大学）发现，基于MFC发展而来[111]。MFC早期主要集中于产电的研究，MEC主要集中于制氢。经过近几年的研究发现，BES系统在废水处理、脱盐、生产化工产品及与其他工艺耦合等方面表现出了巨大潜力，集产能和治污于一体，且具有成本低、操作简便等优点。

过去的几十年里人们一直将一些剧毒或致癌的持久性有机物作为最危险的污染物，而其他潜在的环境污染物未引起人们的重视。自1999年美国环境保护署提出药品和个人护理品的概念后，抗生素作为一种特殊的污染物，被引入人们的视野[10]。抗生素除了在环境中富集外，还具有毒理学效应和抗性基因的问题。抗生素在使用过程中诱导微生物产生耐药性，耐药性微生物对环境和人体健康造成潜在的威胁[11]。目前已有研究者将抗生素抗性基因（antibiotic resistance gene，ARG）定义为一种新的污染物[12]。Igbinosa等研究发现南非两个污水处理厂采样点都检出青霉素、苯唑西林、阿莫西林和万古霉素的耐药性，表明污水处理厂是抗性基因潜在的污染源。Thevenon等研究发现接收污水处理厂出水的日内瓦湖沉积物中检出青霉素、链霉素、四环素类、氯霉素和万古霉素等抗性基因。我国因为长期大量使用抗生素，在不同水域中不断有抗性基因检出[112,113]。环境中抗生素来源是多方面的，抗生素在生活、医疗、畜牧养殖过程中只有15%可被吸收利用，大约85%未被代谢而直接排放至生态环境中。未经去除的抗生素最终扩散到地表水、地下水或沉积物中，使生态环境遭到破坏。

针对这一问题许多研究人员进行了探索。生物电化学系统因其较高的去除效率、较低运行成本和环境可持续性等优点为抗生素的降解提供了技术支持，逐渐应用于抗生素废水的处理和受污染土壤的治理。Wen等[114]研究了微生物燃料电池（MFCs）处理含盘尼西林废水，结果表明1g/L葡萄糖与50mg/L盘尼西林混合物在24h内可降解98%；Kong等[115]研究发现运用生物阴极降解氯霉素，温度较低时，氯霉素降解率较其他方法高。

抗生素类药物引起的细菌耐药性和抗性基因问题已引起了人们的广泛关注，我国相关研究工作起步较晚，正处于快速发展阶段，其研究深度和广度还有待加强。总结相关研究进展，今后要系统地调查抗生素的污染现状，加强其生态毒理学研究，关注抗性基因污染现状并运用新技术解决此类环境隐患。

7.5.3 石油烃降解

随着社会经济的快速发展，石油能源的需求不断扩大，在石油的开采、储存、运输、加工等过程中常有泄漏等发生，对生态环境造成严重的影响。美国、英国、法国等都对石油泄漏做了调查，结果表明石油泄漏对地下水和土壤造成了较为严重的污染。石油污染物成分复杂，主要由烷烃、环烷烃、芳香烃等组成，其中大部分有机物具有致癌性、致突变性、致畸性，对人体危害极大，而且进入生态环境会造成持久的影响。石油烃污染物被列为优先控制污染物，并对石油烃污染物的修复治理工作进行了研究。

目前使用常规处理方法仅能回收废水中15%的能源，其余的能源都被浪费掉了。微生物修复技术因不产生二次污染、对生态环境和土壤的破坏程度小、修复费用较低等优点引起了国内外的广泛关注。生物电化学系统用于含油污水的处理，不仅可以回收能量，而且可以提高废水的可生化性，为后续处理提供可能。郭璇等[116]研究MFC处理炼油废水，COD、含油量去除率分别为52%±4%、81.8%±3%。Adelaja等[117]研究了盐度、氧化还原介体和温度对石油烃的降解效果，结果表明：盐度1%（质量浓度）时最大的功率密度为1.06mW/m^2，COD、石油烃降解率分别为79.1%、91.6%；外加30μm氧化还原介质时，MFC产能增加30倍；40℃时最大功率密度为1.15mW/m^2，COD和石油烃的降解率分别为89.1%、97.10%。Li等[118]研究发现，在生物电化学系统里加入沙子可增加土壤孔隙率（从44.5%到51.3%），提高氧气和质子的转移速率，在135d内石油烃的降解率可提高268%。

目前石油烃的污染不容忽视，已引起国际社会的广泛关注。利用生物电化学原理构建不同构型的MFC，可以在降解石油烃的同时回收能量。研究发现，利用MFC处理含烃废水可以提高废水的可生化性，但能源回收率低，故以后研究中应综合考虑能源回收与可生化性的双重功效。处理过程中微生物菌株功能退化，可考虑利用基因工程技术改良菌株功能以达到要求。

7.5.4 氰化物处理

氰化物是指化合物分子中含有氰基（—CN）的物质，氰化物具有较强的络合力，在过去的几十年中广泛地应用于电镀、化学合成及贵金属提取等领域。氰化物主要分为两大类：一类是无机氰化物，按其性质和组成又分为简单氰化物（HCN、NaCN等）和络合氰化物［$Zn(CN)_4^{2-}$、$Cu(CN)_4^{2-}$］，简单氰化物可以在水溶液中被完全解离，络合氰化物是由氰离子与过渡元素离子发生反应所生成的物质；另一类是有机氰化物，这种氰化物被称为腈，目前主要包括乙酯类、丁酯类、丙烯酯类等。含氰废水产生于冶炼、金属电镀、化学合成纤维、橡胶等领域，虽然在不同工艺过程中，废水中氰化物含量有所差别，但总体来说具有较高浓度[119]。并且由于废水中还可能含有重金属、硫氰酸盐等无机化合物及酚等有机化合物，含氰化物废水通常较难处理[120]，需要较高的能量和费用。生物法处理氰化物相比化学法成本低，而相比于自然氧化法其处理速度较快。而且采用生物厌氧处理时会有生物气体产生，其处理过程可能会带来一定的经济效益。由于氰化物是剧毒物质，某些微生物往往需通过共代谢从氰化物中获取碳源和氮源，有的微生物甚至以氰化物作为唯一的碳源和氮源，在微生物的代谢过程中，氰化物被生物转化为二氧化碳、甲酸铵、氨或甲酸，从而使含氰化物废水具有可生物降解性[121]。相比目前污（废）水处理工艺，微生物燃料电池是一项非常有前景的含氰化物废水处理技术。

7.5.5 垃圾渗滤液处理

垃圾渗滤液由于含有很高浓度的重金属物质、NH_4^+-N、难降解的COD、BOD_5和大量的有毒物质，被认为是目前最难处理的高浓度的复杂有机废水。目前针对垃圾渗滤液的主要处理方法为物化法和生物法，物化法往往需要花费很高的处理费用，很难应用在实际生活中，而生物法则由于较低的降解效率难以实现其工程应用。有部分学者观察到生物电化学系统能够在有效降解污染物的同时产生能量，降低污染物处理的花费。所以将垃圾渗滤液作为底物应用在微生物燃料电池中，这些渗滤液中的高浓度BOD、NH_4^+-N及金属阳离子和阴离子，能使微生物燃料电池的电导率维持在较高水平，同时降低燃料电池的内阻。微生物燃料电池处理渗滤液具有很大的可行性，成为很多学者关注的焦点。

2006年，You等首次使用垃圾渗滤液作为MFC的底物，研究了单室和双室MFC对垃圾渗滤液的处理效果，对比发现：双室MFC内阻达2100Ω，约为单室MFC内阻的16倍，而最大输出体积功率密度仅2.1W/m³，约为单室MFC（6.8W/m³）的1/3；附着于阳极电极上的生物膜在电子传递过程中发挥着主要作用。而对单室MFC改变外电阻的实验中，发现阳极液COD较低时，阳极为影响电压输出的限制因素，而阳极液COD浓度较高时，阴极成为影响电压输出的限制因素，其与双室MFC电流限制因素的研究结果相异。Zhang等设计了一种上流式无膜空气阴极单室微生物燃料电池来处理渗滤液产电，进一步证实了MFC处置渗滤液的可行性。Greenman等对MFC与曝气生物滤池处理渗滤液的差异进行比较，发现MFC的电流密度在渗滤液流速为24.192mL/h左右时与之呈较好的线性关系（$R^2=0.971$），且当渗滤液流速为48mL/h时，BOD去除效率达到最大（约57%），证明了MFC产电的同时可降解垃圾渗滤液里的物质。为探索高产电的MFC系统，Gálvez等将3个圆筒形双室MFCs串联用于循环处理垃圾渗滤液，4d后BOD和COD的去除率分别为82%和79%，提高了MFC的BOD和COD去除效率。随后研究了阳极面积对MFC处理渗滤液的影响，发现将阳极炭毡面积由360cm² 增大到1080cm² 后，最大输出面积功率密度由500.7μW/m² 升高至1822.6μW/m²，同时阳极面积的改变缩短了废水处理的停留时间。2011年，谢珊等采用两瓶型微生物燃料电池（MFC）处理垃圾渗滤液，再与以乙酸钠为底物的 MFC 对比，发现渗滤液 MFC 的最大体积功率密度有所降低，从 2.0W/m^3 下降为 0.78W/m^3，内阻从 300Ω 增加到约 500Ω。张晓艳、滕洪辉采用双室 MFC 研究了阴极室溶液电子受体质量浓度、pH 值、温度等因素对输出功率密度、开路电压、内阻等电池性能的影响及对垃圾渗滤液的处理效果，研究发现，当阴极溶液以 1.0g/L H_2O_2 为电子受体时，在 pH＝2.5、ρ(硫酸钠)＝0.5g/L、30℃的最佳条件下，该 MFC 的输出面积功率密度达 12.074W/m^2，开路电压为 1.13V，内阻为 76.868Ω。连续运行 30d 后，渗滤液中 COD 去除率达 95%，表明选择恰当的阴极室溶液能提高微生物燃料电池的产电性能。渗滤液中除 COD 较高外，其 NH_4^+-N、盐度等都非常高。Puig 等通过调整空气阴极 MFC 中垃圾渗滤液浓度，首次考察了含氮化合物在 MFC 运行过程中的变化。Sebastià 等在对高 NH_4^+-N、高盐度环境下 MFC 产电以及 COD 去除情况研究的基础上，对其中含氮化合物也进行了动力学分析。结果发现，在此环境下，MFCs 可获得的最大体积功率密度为 344mW/m^3，每天 1m^3 单位 MFC 可去除 8.5kg COD，且通过原位荧光检测认为其中起主要作用的菌种为 *Geobacter sulfurreducens*。目前，关于渗滤液的 MFCs 处理研究主要集中在 BOD/COD 高、可生化性强的渗滤液上，而对于一些填埋时间长、有机物含量低、可生化性较差的“老龄”渗滤液研究较少。2010 年，Li Yan 等以天然的磁黄铁矿为 MFCs 阴极，处理“老龄”渗滤液（BOD/COD 为 0.18）并产电。结果发现，MFCs 的最大体积功率密度达 4.2W/m^3，系统磁黄铁矿阴极的极化电阻为 928Ω，色度和 COD 去除率分别为 77%和 78%。但这些报道中处理渗滤液的大多为非生物阴极 MFC，对于生物阴极 MFC 的研究报道较少。

7.5.6 其他

化石燃料的使用为我们带来了财富，但也对我们赖以生存的生态环境造成了严重的影响。化石能源作为不可再生资源，随着工业化对能源需求的加剧，逐渐枯竭。生物电化学为我们在生态修复和能源产生相结合方面提供了一种可行的方法。1911 年，英国植物学家 Potter 发现利用微生物可以产生电流，MFCs 的研究登上了舞台。随着技术的不断积累，在原有 MFCs 的基础上发展了微生物电解池（microbial electrolysis cells，MECs）[122～124]。MECs 实现了治理污染水体与产能的目的，也可以还原二氧化碳生产能源物质及化学品，减少二氧化碳的排放，缓解温室效应，同时生产副产品，引起了许多科研工作者的广泛关注。研究表明，生物电化学系统中的微生物可以直接利用电极产生氢气，将二氧化碳分别转化为甲烷和乙酸[125]。生物电化学系统在处理水体中的污染物或生态环境中的废弃物的过程中获得可再生的能源物质如甲烷、氢气，一直是生态环境技术领域的研究热点。目前，生物电化学系统用于二氧化碳的固定和转化获得多种化学副产品，既可以减缓温室效应与保护生态环境，又可以产生能源[126,127]。

传统的生态修复过程中会产生有毒的产物，容易造成二次污染。生物电化学应用于生态修复，具有无污染、使用范围广泛等优点，但目前对于生物电化学的研究还处于初级阶段。随着科学技术的发展，生物电化学的应用前景将非常广阔。纵观其发展趋势，今后的研究可以从以下几个方面深入：

① 运用微生物脱盐电池改良盐碱地，可通过结构优化、使用新型电极材料等对其进行改进，提高其脱盐性能。此外，微生物脱盐电池还可用于重金属防治等，下一步研究可将土壤中重金属去除和盐碱地的改良相结合，实现生态修复效果最大化。

② 抗生素的检测和降解过程中，可运用生物电化学原理制作生物传感器，能够连续、快速、在线监测污染物，使环境监测的连续化和自动化成为现实，降低环境监测的成本。将硅片或玻片与基因技术改造的生命材料结合制成生物芯片，向多功能、集成化、智能化等方向发展。

③ 利用基因工程技术制作可降解石油烃的超级细菌，并与生物电化学相结合，高效、无污染地去除污染物。

7.6 耦合应用

生物电化学系统包括 MECs 和 MFCs，MFCs 利用产电微生物氧化有机物产生电能，而 MECs 则需外加电压来驱动生产氢气、甲烷等产品。两者结合可将 MFCs 产生的电能以化学品的形式进行储存，进而实现资源的回收和水处理。近些年，国内外对 MFCs-MECs 集成的研究有了长足进步。

MFCs-MECs 系统应用形式多样：a. 在处理废水的基础上产氢、产甲烷；b. 强化偶氮染料的脱色；c. 与芬顿反应结合控制过氧化氢的产生与剩余过氧化氢的去除，并去除难降解污染物；d. 还原 CO_2，生产化工产品等。Sun 等[128]对 MFCs-MECs 系统制氢进行了研究，主要研究了缓冲溶液和负载电阻对系统性能的影响。研究结果表明，氢气的产率与缓冲溶液的浓度呈正相关，与负载电阻呈负相关，MFCs 和 MECs 的性能相互影响，该系统具有从废物中制氢的潜力，提供了一种有效的原位使用 MFCs 产生电能的方法。Li 等[129]进行了 MECs-MFCs 系统强化偶氮染料脱色的研究，结果表明，在 MFCs 的辅助下，MEC 中的偶氮染料去除率明显增加，与单室 MFCs 相比偶氮染料脱色率提高了 36.52%～75.28%。在 MFCs-MECs 系统中，MFCs 和 MECs 阳极室内的乙酸浓度对脱色效率有积极影响，阴极室内的 pH 值在 7～10.3 间变化，对系统性能的影响较小。理论上，MFCs 更高的产电性能对于发展组合系统至关重要。Jiang 等[130]研究了 MFCs-MECs 系统去除硫化物并还原 CO_2 生产甲烷的研究，结果表明，硫化物在 3 个阳极室中的去除率分别为 62.5%、60.4%、57.7%，甲烷的累积产率可达 0.345mL/(L·h)，法拉第效率为 51%，该研究表明组合系统在处理废水和生产甲烷方面的潜力较大。

将芬顿反应应用于实际的废水处理有：可持续地供应过氧化氢和剩余过氧化氢的有效去除两大关键挑战。Zhang 等[131]研究了一种新的生物电化学-芬顿反应系统，交替切换 MFCs 和 MECs。MECs 模式下，生物电化学系统产生过氧化氢；MFCs 模式下，剩余的过氧化氢可以作为电子受体被去除。50mg/L 的亚甲基蓝在 MECs 模式下被完全的脱色和矿化，切换至 MFCs 模式后，剩余的 180mg/L 的过氧化氢以 4.61mg/(L·h)

的去除率被除去。亚甲基蓝和剩余过氧化氢的去除受外加电阻、阴极 pH 值、初始亚甲基蓝浓度的影响。在堆栈操作下该系统的性能得到增强。该研究为高效且成本效益好的过氧化氢控制和去除顽固污染物提供了一种新系统。Zhao 等[52]进行了 MFC-MEC 系统还原 CO_2 在 MEC 中生产甲酸的研究。该反应以多壁碳纳米管为阴极，明显降低了 CO_2 还原过电势，成功地将 CO_2 还原为甲酸，其产率可达（21.0±0.2)mg/(L·h)，甲酸生产的法拉第效率主要依赖于阴极电势。催化电极和生物电化学系统的组合实现了在不外加电压的情况下还原 CO_2，提供了一种新的捕捉和转化 CO_2 的方法。MFCs-MECs 系统的优点有很多，如不需要外加电压就能驱动 MECs，可以将 MFCs 产生的电能以化学能的形式储存，可以在产能的基础上去除污染物并加强去污能力。但目前也具有许多挑战：MFCs 产生的电压过低且不稳定，无法持续驱动 MECs。

7.7 固体废物堆肥

在堆肥处理固体有机废物过程中构建 MFC，将堆肥中产生的生物能转变为电能[132]。传统的固体废物堆肥产生的废液和沼气有机物含量高[10]，不仅仍然具有很强的污染性，而且其中的有机质能回收利用代价高。利用 MFC 可将堆肥中的废气和废液进行二次生物处理，在减轻或消除毒害的同时产生易于利用的电能，具有重要的实际意义。

微生物燃料电池在有机废物的处理中具有无污染和产能的优势，在固体废物堆肥中的应用与溶液和废水中相比又体现出新的特点。

① 与废水作为底物的 MFC 相比，堆肥产电过程不需要频繁更换底物，为产电菌的富集和生长提供了更加稳定的外部环境。生活垃圾堆肥微生物电池的功率密度最大可达 $682mW/m^2$，高于一般污水处理过程中的功率密度，但不同底物条件下堆肥微生物燃料电池的产电效率还需要进一步研究。

② 由于堆肥的物料有机质含量高，在长时间内可以提供持续稳定的电流输出，节省了连续输送液态废水的能耗，可制作小型的供电设备，具有较大的市场潜力。国外如日本有很多家庭用的小型堆肥装置，如在此基础上加入燃料电池的功能，在处理废弃物的同时产电，必然会受到普通家庭的欢迎。

③ 相对于废水需要外加热量来保持适宜的温度，促进各个反应进程的快速进行，固体废物堆肥可以通过自身产热来提高温度，不需要人工加热。随着温度的上升，系统的底物降解速率变高，产电性能也增大，节能的同时促进了产能。

④ 质子从阳极区向阴极区的传递效率对 MFC 的性能非常重要。与溶液状态相比，固体废物作为降解底物时，阳极区质子浓度随着底物的降解而变化，不同的区域也会有差异，这就造成质子传递的不稳定，阻力变大，从而影响阴极区的电极反应。

堆肥主要是利用微生物生化降解固体废物中的有机质，利用 16S/18S rRNA/DNA 序列分析技术，Partanen 等[133]对生活垃圾堆肥中的微生物多样性进行了研究，对得到的1500条近全长16S rDNA序列进行统计学分析，结果表明在生活垃圾堆肥中可能存在超过2000种不同的细菌。堆肥过程中形成的高度复杂的微生物种群，可以从两个方面有效地应用于微生物燃料电池。

① 堆肥形成的微生物种群中已经存在可以附着在阳极上促进阳极区电子释放、质子传递的产电微生物。李凤等对农业有机废物与城市生活垃圾进行高温堆肥，结果表明：农业有机废物的优势菌为与巨大芽孢杆菌（*Bacillus megaterium*）、根瘤菌（*Rhizobium* sp.）、黄孢原毛平革菌（*Phanerochaete chrysosporium*）、青霉菌（*Penicillium* sp.）同属或同种的菌株；城市生活垃圾的优势菌为与 *Bacillus megaterium*、固氮螺菌属（*Azospirillum* sp.）、黄孢原毛平革菌（*Phanerochaete chrysosporium*）同种或同属的菌株。微生物燃料电池的主要阳极呼吸微生物种类包括土杆菌（Geobacteraceae）、变形杆菌（Proteobacteria）、厚壁菌（Firmicutes）、拟杆菌（Bacteriodetes）及放线菌（Actinobacteria）[19]。无论是堆肥还是微生物燃料电池，底物和反应条件不同，微生物群落会发生很大的改变，但是堆肥微生物和微生物燃料电池阳极微生物存在紧密的联系，已经有实验证实。Cercado-Quezada等[134]研究发现，堆肥浸出液可以有效地启动用于废弃物处理的微生物燃料电池，在处理奶酪废水的过程中，阳极在堆肥底部产生的渗滤液中静置一段时间然后运行微生物燃料电池，可以使电流密度增大10倍。另外，以厨余垃圾和园林肥料为原料的堆肥微生物燃料电池也已经有报道[135,136]。

② 堆肥过程中形成的高度复杂的微生物群落环境，为产电微生物的产生和增殖提供了有利条件。在微生物燃料电池结构的诱导下，堆肥过程中的微生物群落发生了变化，除了降解底物的发酵微生物，逐步富集了大量的产电微生物。Parot等[137]应用计时电流法，在DSA阳极（尺寸稳定阳极）上施加一个相对于饱和甘汞电极稳定的电势，使阳极电势恒定在特定数值，记录电极表面电流的产生情况。结果表明，在分别施加不同电势和置于不同堆肥反应器的12组实验当中，呈现出相似的变化规律。刚开始的5d几乎没有DSA阳极电流，5d后电流增加比较明显，这种增加的趋势一直可以持续10d。恒定0.5V电势的DSA阳极电流密度的最大值可达到385mA/m^2，经过消毒灭菌的恒定0.7V电势的DSA阳极始终没有电流产生。电流从无到有，逐步增加的过程，正是产电微生物生长与富集的过程。经过消毒杀菌的电极没有电流，表明了堆肥微生物被杀死后，破坏了复杂的微生物群落环境，就无法诱导产生产电微生物，从而也就没有了电流[138]。所以堆肥过程中微生物群落的复杂多样性对于构建堆肥微生物燃料电池是非常重要的。

众多研究表明，产电微生物具有复杂的微生物群落组成，阳极生物膜的微生物多样性要明显高于液体介质中的微生物多样性[139]。Chae等[140]采用16S rDNA分子生物学技术研究表明，微生物燃料电池产电微生物种类与所使用底物相关，土杆菌属（*Geobacter*）及其类似微生物种是不同底物条件下普遍存在的产电微生物，β-变形杆菌为产电微生物的优势菌，而厚壁菌在底物为丙酸时成为优势微生物。另一项研究中γ-变形杆菌代替β-变形杆菌成为阴极室的主要微生物种类，占到总微生物种类的48.86%[141]。利用PCR-DGGE技术的研究结果表明，微生物燃料电池可以使某种微生物优先生长成为优势微生物，造成微生物群落的多样性降低[142]。通过对纯菌微生物燃料电池和混合菌微生物燃料电池产电效能的对比发现，混合菌微生物燃料电池的产电效率要远远高于纯菌微生物燃料电池。所以堆肥过程中的混合菌微生物燃料电池的产电研究具有极大的应用价值和研究意义。Nevin 等推论，多种微生物的联合作用是微生物电池产生高电流密度的必要条件，但在混合菌微生物燃料电池的研究中遇到以下两方面的瓶颈：a. 混合菌在实验研究中的重复性较差且很难保持稳定的群落组成；b. 从技术角度讲，一些常用的分析技术如分子扩增和基因表达对纯菌有优势，但对混合菌的分析来讲还很不成熟。基于以上问题，有关堆肥微生物燃料电池的微生物群落特点研究较少，但由于堆肥固体介质的特点，其微生物群落结构与液体介质的微生物燃料电池相比会有很大的差异，对其特点和功能进行深入研究是十分必要的。

堆肥微生物燃料电池可以将生物质能直接转化为电能，根据底物和反应条件的不同，生成的产物可以是水、氢气和盐类等，不仅清洁无污染，而且有很高的经济价值。但是有关研究还处于初级阶段，很多重要的影响因素都没有进行过有效的研究，例如补充无机盐可以增大溶液的电导率，从而降低质子传递阻力，但是浓度太高又会造成微生物细胞失水。较高的温度一般有利于生化反应的进行，但是堆肥有时温度会达到 50℃，高于大多数产电微生物的适应温度范围。只有形成一定的溶液状态，质子才能够传递，阴、阳极才能成为整体的结构，但是含水率过高又会对堆肥降解底物过程不利。总之，在发展绿色能源呼声日益升高的今天，作为具有消除污染和产能双重功效的废物处理技术，堆肥微生物燃料电池很可能成为固体废物资源化新的方向，如何将充分降解底物和高效地产电有机结合将成为人们研究的热点。

7.8 处理食物残渣

由于食物残渣容易生物降解且产量较大，常常采用填埋、堆肥和焚烧等传统方式进行处理，这样会产生二次污染的问题，有科研人员考虑采用微生物燃料电池（MFC）及微生物电解池（MEC）对食物残渣进行生物电化学厌氧处理，利用食物残渣作为微生物燃料电池和微生物电解池的底物，同步实现能量产出和污染物去除的目标[143]。作为一种重要的制氢技术，MEC 产氢效果研究因为具有较好的环境效益和实际指导意义具有很大的发展空间。现阶段以食物残渣作为底物的生物电化学系统研究并不多，常见于各种报道的生物质包括生活污水、剩余污泥、猪场废水、牛粪废水、酿酒废水、矿场废水、冶炼场废水和土豆废水等。

2007 年，有学者在外加电压为 0.5V 的条件下，将石墨颗粒填充至微生物电解池阳极，以生活污水为底物，使电解池获得 42%的氢气回收率和 0.0125mg H_2/mg COD 的氢气产率[144]。2009 年，Wagner 等[145]用单室 MEC 产氢，同时处理猪场废水，产氢速率为 0.9～1.0m^3/(m^3 · d)，COD 去除率达 69%～75%。2010 年，Cusick 等以酿酒废水为底物，比较了单室空气阴极微生物燃料电池与单室微生物电解池能量回收及污染物去除效率，其实验设计为以微生物燃料电池条件下运行稳定后，将同一反应器改为微生物电解池模式。研究结果表明，微生物燃料电池的能量回收效率要高于微生物电解池，但是由于微生物电解池能同步产氢，所以也有一定的应用价值。通过外加0.9V电压，以酿酒废水作为底物，单室微生物电解池的产氢速率能够达到（0.17±0.01）$m^3/(m^3 \cdot d)$，氢气产率为（0.026±0.004）kg/kg，除去微生物电解池的成本，以酿酒废水为底物的微生物电解池的氢气回收净收益为（0.06±0.05）美元/kg[26]。2012年，Liu等利用超声处理剩余污泥的发酵产物，然后作为微生物燃料电池的底物，能获得1.2mL/mg的氢气产率，能量效率达到155%。同年，Lu等[146]实现了以污水厂剩余污泥及碱预处理剩余污泥为底物的微生物电解池产氢的研究，对比未预处理污泥及碱预处理污泥产氢效果，双室微生物电解池的氢气产率分别为（3.89±0.39）mg/g和（6.78±0.94）mg/g，而同种底物条件下，单室微生物电解池的产氢速率较双室构型提高了13倍，而氢气产率却无明显提高。2014年，Luo等[147]将矿场废水应用于微生物电解池的研究中，乙酸钠可以作为底物提供营养，阴极室作为矿场废水中重金属回收的场所。外加1.0V电压，阳极室氢气产率达0.4～1.1$m^3/(m^3 \cdot d)$，同时阴极室回收CuO和NiO。

7.9 本章小结

BES需要逐步克服限制性因素以提高产能或扩展应用范围，BES研究存在以下3个方面趋势。

① BES影响因素的克服　可选择合适的条件（电压、pH值、温度等），在一定程度上缩短驯化周期；与其他工艺结合强化微生物，筛选特定菌株，添加化学物质抑制或活化微生物等方式对于提高BES的性能具有重要意义；电极作为MECs的核心，应当在材料和修饰方面多做研究，选出价格低廉、性能好的材料；可通过对膜的合理排列组合，获得不同形式的MECs扩展应用。

② 功能菌驯化方面　BES产品低浓度条件下富集、功能菌对目标污染物驯化、反应系统运行机制等方面应做较多研究工作，以克服待处理环境污染物种类和理化性质复杂、MECs产品浓度偏低和能量转化效率低等困难。目前BES已可在实际环境温度下长时间运行，在水处理和生产化学品方面的实际应用已具备初步条件。

③ BES应用拓展　BES除作为有机废水能源化处理新技术方法外，随着新材料和新方法引入本领域，MECs也发展出了许多新应用及其相适应的反应系统构型，如MREC、MEDC、MEDCC、MSC与MFC耦合等。这些新应用涉及处理废水、生产化学品等方面，也出现了中试研究报道，MECs研究开始走向工程应用。

参考文献

[1] Zhan G，Zhang L，Li D，et al. Autotrophic nitrogen removal from ammonium at low applied voltage in a single-compartment microbial electrolysis cell [J]. Bioresource Technology，2012，116：271.

[2] 王维大，李浩然，冯雅丽，等. 微生物燃料电池的研究应用进展 [J]. 化工进展，2014，33（5）：1067-1076.

[3] Ding A, Yang Y, Sun G, et al. Impact of applied voltage on methane generation and microbial activities in an anaerobic microbial electrolysis cell (MEC) [J]. Chemical Engineering Journal, 2016, 283: 260-265.

[4] Guo X, Liu J, Xiao B. Bioelectrochemical enhancement of hydrogen and methane production from the anaerobic digestion of sewage sludge in single-chamber membrane-free microbial electrolysis cells [J]. International Journal of Hydrogen Energy, 2013, 38: 1342-1347.

[5] Zhang J, Zhang Y, Quan X, et al. Enhanced anaerobic digestion of organic contaminants containing diverse microbial population by combined microbial electrolysis cell (MEC) and anaerobic reactor under Fe(Ⅲ) reducing conditions [J]. Bioresource Technology, 2013, 136: 273-280.

[6] Zhang J, Zhang Y, Quan X, et al. Effects of ferric iron on the anaerobic treatment and microbial biodiversity in a coupled microbial electrolysis cell (MEC)-Anaerobic reactor [J]. Water Research, 2013, 47: 5719-5728.

[7] Croese E, Keesman K J, Widjaja-Greefkes H C A, et al. Relating MEC population dynamics to anode performance from DGGE and electrical data [J]. Systematic and Applied Microbiology, 2013, 36: 408-416.

[8] Cheng S, Logan B E. Ammonia treatment of carbon cloth anodes to enhance power generation of microbial fuel cells [J]. Electrochemistry Communications, 2007, 9: 492-496.

[9] Xu S, Liu H, Fan Y, et al. Enhanced performance and mechanism study of microbial electrolysis cells using Fe nanoparticle-decorated anodes [J]. Applied Microbiology and Biotechnology, 2012, 93: 871-880.

[10] Fan Y, Xu S, Schaller R, et al. Nanoparticle decorated anodes for enhanced current generation in microbial electrochemical cells [J]. Biosensors and Bioelectronics, 2011, 26: 1908-1912.

[11] 靳捷，刘奕梅，邵俊捷，等．基于阴极材料优化的微生物电解池研究进展 [J]. 化工进展，2016，35 (2)：595-603.

[12] Kundu A, Sahu J N, Redzwan G, et al. An overview of cathode material and catalysts suitable for generating hydrogen in microbial electrolysis cell [J]. International Journal of Hydrogen Energy, 2013, 38: 1745-1757.

[13] Jeremiasse A W, Hamelers H V M, Buisman C J N. Microbial electrolysis cell with a microbial biocathode [J]. Bioelectrochemistry, 2010, 78: 39-43.

[14] Jeremiasse A W, Hamelers H V M, Kleijn J M, et al. Use of Biocompatible Buffers to Reduce the Concentration Overpotential for Hydrogen Evolution [J]. Environmental Science & Technology, 2009, 43: 6882-6887.

[15] Jeremiasse A W, Hamelers H V M, Saakes M, et al. Ni foam cathode enables high volumetric H_2 production in a microbial electrolysis cell [J]. International Journal of Hydrogen Energy, 2010, 35: 12716-12723.

[16] Kadier A, Simayi Y, Abdeshahian P, et al. A comprehensive review of microbial electrolysis cells (MEC) reactor designs and configurations for sustainable hydrogen gas production [J]. Alexandria Engineering Journal, 2016, 55: 427-443.

[17] Zhang Y, Angelidaki I. Bioelectrochemical recovery of waste-derived volatile fatty acids and production of hydrogen and alkali [J]. Water Research, 2015, 81: 188-195.

[18] Chen S, Liu G, Zhang R, et al. Development of the microbial electrolysis desalination and chemical-production cell for desalination as well as acid and alkali productions [J]. Environmental Science & Technology, 2012, 46: 2467-2472.

[19] Liu G, Zhou Y, Luo H, et al. A comparative evaluation of different types of microbial electrolysis desalination cells for malic acid production [J]. Bioresource Technology, 2015, 198: 87-93.

[20] 赵正权，徐冬，张浩，等．中国污水处理电耗分析和节能途径 [J]. 科技导报，2010 (22)：43-47.

[21] Zhang Y, Angelidaki I. Microbial electrolysis cells turning to be versatile technology: Recent advances and future challenges [J]. Water Research, 2014, 56: 11.

[22] Escapa A, Gilcarrera L, García V, et al. Performance of a continuous flow microbial electrolysis cell (MEC) fed with domestic wastewater [J]. Bioresource Technology, 2012, 117: 55-62.

[23] Nam J Y, Yates M D, Zaybak Z, et al. Examination of protein degradation in continuous flow, microbial electrolysis cells treating fermentation wastewater [J]. Bioresource Technology, 2014, 171: 182-186.

[24] Tenca A, Cusick R D, Schievano A, et al. Evaluation of low cost cathode materials for treatment of industrial and food processing wastewater using microbial electrolysis cells [J]. International Journal of Hydrogen Energy, 2013, 38: 1859-1865.
[25] Heidrich E S, Edwards S R, Dolfing J, et al. Performance of a pilot scale microbial electrolysis cell fed on domestic wastewater at ambient temperatures for a 12 month period [J]. Bioresource Technology, 2014, 173: 87-95.
[26] Cusick R D, Bryan B, Parker D S, et al. Performance of a pilot-scale continuous flow microbial electrolysis cell fed winery wastewater [J]. Applied Microbiology and Biotechnology, 2011, 89: 2053-2063.
[27] 赵庆良，李巍．废水脱氮工艺的原理、特征与应用 [J]. 黑龙江大学自然科学学报，2005 (5): 580-587.
[28] Rozendal R A, Hamelers H V M, Buisman C J N. Effects of membrane cation transport on pH and microbial fuel cell performance [J]. Environmental science & technology, 2006, 40: 5206-5211.
[29] Sleutels T H J A, Heijne A T, Buisman C J N, et al. Bioelectrochemical systems: an outlook for practical applications [J]. Chem Sus Chem, 2012, 5: 1012-1019.
[30] Desloover J, Woldeyohannis A A, Verstraete W, et al. Electrochemical resource recovery from digestate to prevent ammonia toxicity during anaerobic digestion [J]. Environmental Science & Technology, 2012, 46: 12209-12216.
[31] Kuntke P, Śmiech K M, Bruning H, et al. Ammonium recovery and energy production from urine by a microbial fuel cell [J]. Water Research, 2012, 46: 2627-2636.
[32] Min B, Kim J, Oh S, et al. Electricity generation from swine wastewater using microbial fuel cells [J]. Water Research, 2005, 39: 4961-4968.
[33] Kim J R, Zuo Y, Regan J M, et al. Analysis of ammonia loss mechanisms in microbial fuel cells treating animal wastewater [J]. Biotechnol Bioeng, 2008, 99: 1120-1127.
[34] Logan B E, Call D, Cheng S, et al. Microbial electrolysis cells for high yield hydrogen gas production from organic matter [J]. Environmental Science & Technology, 2008, 42: 8630-8640.
[35] Lu L, Xing D, Xie T, et al. Hydrogen production from proteins via electrohydrogenesis in microbial electrolysis cells [J]. Biosensors and Bioelectronics, 2010, 25: 2690-2695.
[36] Kuntke P, Sleutels T H J A, Saakes M, et al. Hydrogen production and ammonium recovery from urine by a Microbial Electrolysis Cell [J]. International Journal of Hydrogen Energy, 2014, 39: 4771-4778.
[37] Wu X, Modin O. Ammonium recovery from reject water combined with hydrogen production in a bioelectrochemical reactor [J]. Bioresource Technology, 2013, 146: 530-536.
[38] Qin M, Molitor H, Brazil B, et al. Recovery of nitrogen and water from landfill leachate by a microbial electrolysis cell - forward osmosis system [J]. Bioresource Technology, 2016, 200: 485-492.
[39] Zhang L H, Jia J P, Ying D W, et al. Electrochemical effect on denitrification in different microenvironments around anodes and cathodes [J]. Research in Microbiology, 2005, 156: 88-92.
[40] Clauwaert P, Rabaey K, Aelterman P, et al. Biological denitrification in microbial fuel cells [J]. Environ Sci Technol, 2007, 41: 3354-3360.
[41] Islam S, Suidan M T. Electrolytic denitrification: Long term performance and effect of current intensity [J]. Water Research, 1998, 32: 528-536.
[42] Wang Q, Xu J, Ge Y, et al. Efficient nitrogen removal by simultaneous photoelectrocatalytic oxidation and electrochemically active biofilm denitrification [J]. Electrochimica Acta, 2016, 198: 165-173.
[43] Gregory K B, Bond D R, Lovley D R. Graphite electrodes as electron donors for anaerobic respiration [J]. Environ Microbiol, 2004, 6: 596-604.
[44] Park H I, Kim D K, Choi Y J, et al. Nitrate reduction using an electrode as direct electron donor in a biofilm-electrode reactor [J]. Process Biochemistry, 2005, 40: 3383-3388.

[45] 杨琳，方芳，兰国新，等．电极生物膜自养脱氮系统中的电化学作用 [J]. 环境化学，2014 (6)：1033-1037.
[46] Hao R，Li S，Li J，et al. Denitrification of simulated municipal wastewater treatment plant effluent using a three-dimensional biofilm-electrode reactor：Operating performance and bacterial community [J]. Bioresource Technology，2013，143：178-186.
[47] Oon Y S，Ong S A，Ho L N，et al. Long-term operation of double chambered microbial fuel cell for bio-electro denitrification [J]. Bioprocess and Biosystems Engineering，2016，39：893-900.
[48] Clauwaert P，Verstraete W. Methanogenesis in membraneless microbial electrolysis cells [J]. Applied Microbiology & Biotechnology，2009，22：829.
[49] Van Eerten-Jansen M C A A，Heijne A T，Buisman C J N，et al. Microbial electrolysis cells for production of methane from CO_2：long-term performance and perspectives [J]. International Journal of Energy Research，2012，36：809-819.
[50] 黄格省，李振宇，张兰波，等．生物丁醇的性能优势及技术进展 [J]. 石化技术与应用，2012，30 (3)：254-259.
[51] 华连滩，王义强，彭牡丹，等．生物发酵产丁醇研究进展 [J]. 微生物学通报，2014，41 (1)：146-155.
[52] Zhao H，Zhang Y，Zhao B，et al. Electrochemical reduction of carbon dioxide in an MFC-MEC system with a layer-by-layer self-assembly carbon nanotube/cobalt phthalocyanine modified electrode [J]. Environmental Science & Technology，2012，46：5198.
[53] 张欢欢，葛志强，郭翔海，等．从工业废水中回收乙酸的方法研究进展 [J]. 化工进展，2015，34 (6)：1768-1778.
[54] Rozendal R A，Leone E，Keller J，et al. Efficient hydrogen peroxide generation from organic matter in a bioelectrochemical system [J]. Electrochemistry Communications，2009，11：1752-1755.
[55] Fu L，You S J，Yang F L，et al. Synthesis of hydrogen peroxide in microbial fuel cell [J]. Journal of Chemical Technology & Biotechnology，2010，85：715-719.
[56] 任南琪，郭婉茜，刘冰峰．生物制氢技术的发展及应用前景 [J]. 哈尔滨工业大学学报，2010 (6)：855-863.
[57] 林明，任南琪，王爱杰，等．高效产氢发酵细菌在不同气相条件下产氢 [J]. 中国沼气，2002 (2)：4-8，24.
[58] Catal T，Lesnik K L，Liu H. Suppression of methanogenesis for hydrogen production in single-chamber microbial electrolysis cells using various antibiotics [J]. Bioresource Technology，2015，187：77-83.
[59] Logan B E. Essential data and techniques for conducting microbial fuel cell and other types of bioelectrochemical system experiments [J]. Chem Sus Chem，2012，5 (6)：988-994.
[60] Munoz L D，Erable B，Etcheverry L，et al. Combining phosphate species and stainless stell cathode to enhance hydrogen evolution in microbial electrolysis cell (MEC) [J]. Electrochemistry Communication，2010，12 (2)：183-186.
[61] Xiang L，Wang X H，Hai R T，et al. Power generation performance of bio-cathode microbial fuel cellwith different anode materials [J]. 2015，41 (7)：45-53.
[62] Li F X，Zhou Q X，Baikun Li. Improved Anode particles of activated carbon to enhance the performance of microbial fuel cells [J]. Journal of Basic Science and Engineering，2010，6 (18)：877-885.
[63] Call D，Logan B E. Hydrogen Production in a Single Chamber Microbial Electrolysis Cell Lacking a Membrane [J]. Environmental Science & Technology，2008，42 (9)：3401-3406.
[64] Liu Y P，Wang Y H，Wang B S，et al. Effect of anolyte pH and cathode Pt loading on electricity and hydrogen co-production performance of the bio-electrochemical system [J]. International Journal of Hydrogenenergy，2014，39：14191-14195.
[65] Hu H，Fan Y，Liu H. Hydrogen production using single chamber membrane-free microbial electrolysis cells [J]. Water Research，2008，42：4172-4178.
[66] Wang A J，Liu W Z，Cheng S A，et al. Source of methane and methods to control its formation in single

chamber microbial electrolysis cells [J]. International Journal of Hydrogen Energy, 2009, 34 (9): 3653-3658.

[67] Wang Q, Huang L P, Yu H T, et al. Assessment of five different cathode materials for Co(Ⅱ) reduction with simultaneous hydrogen evolution in microbial electrolysis cells [J]. International Jou rnal of Hydrogen energy, 2015, 40: 184-196.

[68] Xiao L, Wen Z H, Cia S Q, et al. Carbon/iron-based nanorod catalysts for hydrogen production in microbial electrolysis cells [J]. Nano Energy. 2012, 1: 751-756.

[69] Rozendal R A, Jeremiasse A W, Hamelers H V, et al. Hydrogen production with a mircrobial biocathade [J]. Environmental Science & Technology, 2008, 42 (2): 629-634.

[70] Jeremiasse A W, Hamelers H V M, Croese E, et al. Acetate enhances startup of a H_2-producing microbial biocathode [J]. Biotechnol Bioeng, 2012, 109: 657-664.

[71] Pau B V, Sebastia P, Rafael G O, et al. Assessment of biotic and abiotic graphite cathodes for hydrogen production in microbial electrolysicells [J]. International Journal of Hydrogenenergy, 2014, 39 (9): 1297-1305.

[72] Liu W Z, Wang A J, Ren N Q, et al. Electrochemically assisted biohydrogen production from acetate [J]. Energy Fuels, 2008, 22 (1): 159-163.

[73] Rozendal R A, Hamelers H V M, Euverink G J W, et al. Principle and perspectives of hydrogen production through biocatalyzed electrolysis [J]. Hydrogen Energy, 2006, 31: 1632-1640.

[74] Hu H, Fan Y, Liu H. Hydrogen production using single chamber membrane-free microbial electrolysis cells [J]. Water Research, 2008, 42: 4172-4178.

[75] Heidrich E, Dolfing J, Scott K, et al. Production of hydrogen from domestic wastewater in a pilot-scale microbial electrolysis cell [J]. Applied Microbiology and Biotechnology, 2013, 97 (15): 6979-6989.

[76] Gil-Carrera L, Escapa A, Moreno R, et al. Reduced energy consumption during low strength domestic wastewater treatment in a semi-pilot tubular microbial electrolysis cell [J]. Environ Manage, 2013, 122: 1-7.

[77] Anders T, Assimo M, IcoBoon, et al. Upgrading of straw hydrolysate for production of hydrogen and phenols in a microbial electrolysis cell (MEC) [J]. Appl Microbiol Biotechnol, 2011, 89: 855-865.

[78] Cusick R D, Bryan I, Parker E S. Performance of a pilotscale continuous flow microbial electrolysis cell fed winery wastewater [J]. Appl Microbiol Biotechnol, 2011, 89: 2053-2063.

[79] Abhiject P Borole, Jonathan R Mielenz. Estimating hydrogen production potential in biorefineries using microbial electrolysis cell technology [J]. International Journal of Hydrogen Energy, 2011, 36: 14787-14795.

[80] Yan D, Yang X W, Yuan W Q. Electricity and H_2 generation from hemicellulose by sequential fermentation and microbial fuel/electrolysis cell [J]. Journal of Power Sources, 2015, 289 (4): 26-33.

[81] Logan B E, Murano C, Scott K, et al. Electricity generation from cysteine in a microbial fuel cell [J]. Water Res, 2005, 39 (5): 942-952.

[82] Li F X, Zhou Q X, Baikun Li. Effects of exoelectrogens and electron acceptors on the performance of microbial fuel cells [J]. Chinese Journal of Applied Ecology, 2009, 12 (20): 3070-3074.

[83] Su Y J. Biological hydrogen production technology-microbial electrolysis cell [C]. Qingdao Institute of Bioenergy and Bioprocess Technology, Chinese Academy of Sciencce, 2007.

[84] Lovley D R, Nevin K P. Electrobiocommodities: Powering microbial production of fuels and commodity chemicals from carbon dioxide with electricity [J]. Current Opinion in Biotechnology, 2013, 24 (3): 385-390.

[85] Wang W D, Li H R, Feng Y L, et al. Research and application advances in microbial fuel cell [J]. Chemical Industry and Engineering progress, 2014, 33 (5): 1067-1076.

[86] 左国防，王小芳．生物电化学与电化学生物传感研究进展 [J]．仪表技术与传感器，2010 (7)：16-18，45.

[87] Gore M, Szalai V, Ropp P, et al. Detection of attomole quantities [correction of quantitites] of DNA targets on gold microelectrodes by electrocatalytic nucleobase oxidation [J]. Anal Chem, 2003, 75: 6586-6592.

[88] Honda N, Inaba M, Katagiri T, et al. High efficiency electrochemical immuno sensors using 3D comb elec-

trodes [J]. Biosensors and Bioelectronics，2005，20：2306-2309.

[89] Rossier J，Reymond F，Michel P E. Polymer microfluidic chips for electrochemical and biochemical analyses [J]. Electrophoresis，2002，23：858-867.

[90] 胡仁，朴春晖，林昌健，等．生物电化学仪器的发展现状与展望 [J]. 电化学，2013（2）：97-102.

[91] Gu W，Zhao Y. Cellular electrical impedance spectroscopy：an emerging technology of microscale biosensors [J]. Expert Review of Medical Devices，2010，7：767-779.

[92] Johnstone A F M，Gross G W，Weiss D G，et al. Microelectrode arrays：A physiologically based neurotoxicity testing platform for the 21st century [J]. Neuro Toxicology，2010，31：331-350.

[93] Huang C W，Hsieh Y J，Tsai J J，et al. Effects of lamotrigine on field potentials，propagation，and long-term potentiation in rat prefrontal cortex in multi-electrode recording [J]. J Neurosci Res，2006，83：1141-1150.

[94] Charvet G，Rousseau L，Billoint O，et al. BioMEA™：A versatile high-density 3D microelectrode array system using integrated electronics [J]. Biosensors and Bioelectronics，2010，25：1889-1896.

[95] Ye X，Wang P，Liu J，et al. A portable telemetry system for brain stimulation and neuronal activity recording in freely behaving small animals [J]. Journal of Neuroscience Methods，2008，174：186-193.

[96] Jones I L，Livi P，Lewandowska M K，et al. The potential of microelectrode arrays and microelectronics for biomedical research and diagnostics [J]. Analytical and Bioanalytical Chemistry，2011，399：2313-2329.

[97] Mahdy A M. Soil Properties and Wheat Growth and Nutrients as Affected by Compost Amendment Under Saline Water Irrigation [J]. Pedosphere，2011，21：773-781.

[98] Khawaji A D，Kutubkhanah I K，Wie J M. Advances in seawater desalination technologies [J]. Desalination，2008，221：47-69.

[99] Wang S，Li X，Liu W，et al. Degradation of pyrene by immobilized microorganisms in saline-alkaline soil [J]. Journal of Environmental Sciences，2012，24：1662-1669.

[100] 李志杰，孙文彦，马卫萍，等．盐碱土改良技术回顾与展望 [J]. 山东农业科学，2010（2）：73-77.

[101] 孟繁宇．污泥底物微生物脱盐电池性能及处理后污泥改良盐碱土效果 [D]. 哈尔滨：哈尔滨工业大学，2014.

[102] Molina M J，Soriano M D，Ingelmo F，et al. Stabilisation of sewage sludge and vinasse bio-wastes by vermicomposting with rabbit manure using Eisenia fetida [J]. Bioresource Technology，2013，137：88-97.

[103] Mukherjee A，Lal A，Zimmerman A R. Effects of biochar and other amendments on the physical properties and greenhouse gas emissions of an artificially degraded soil [J]. Science of The Total Environment，2014，487：26-36.

[104] Lakhdar A，Rabhi M，Ghnaya T，et al. Effectiveness of compost use in salt-affected soil [J]. Journal of Hazardous Materials，2009，171：29-37.

[105] 王哲，于水利．碳纳米管对磺胺甲恶唑的吸附过程及其机理研究 [J]. 安全与环境学报，2013，13（3）：102-106.

[106] Gonzalez O，Sans C，Esplugas S. Sulfamethoxazole abatement by photo-Fenton Toxicity，inhibition and biodegradability assessment of intermediates [J]. J Hazard Mater，2007，146：459-464.

[107] 苏荣军，韩思宇．Fenton 试剂处理磺胺甲恶唑制药废水的研究 [J]. 哈尔滨商业大学学报：自然科学版，2015（2）：183-186.

[108] Dantas R F，Contreras S，Sans C，et al. Sulfamethoxazole abatement by means of ozonation [J]. J Hazard Mater，2008，150：790-794.

[109] 许琳科，俞悦，阎宁，等．紫外辐射加速磺胺甲恶唑（SMX）的生物降解 [J]. 华东理工大学学报：自然科学版，2011，37（5）：582-586.

[110] Zhang Y B，Zhou J，Xu Q M，et al. Exogenous cofactors for the improvement of bioremoval and biotransformation of sulfamethoxazole by Alcaligenes faecalis [J]. Sci Total Environ，2016，565：547-556.

[111] Liu H，Grot S，Logan B E. Electrochemically assisted microbial production of hydrogen from acetate [J]. Environ Sci

Technol，2005，39：4317-4320.

[112] Jiang X，Shi L. Distribution of tetracycline and trimethoprim/sulfamethoxazole resistance genes in aerobic bacteria isolated from cooked meat products in Guangzhou [J]. China，Food Control，2013，30：30-34.

[113] Gao P，Mao D，Luo Y，et al. Occurrence of sulfonamide and tetracycline-resistant bacteria and resistance genes in aquaculture environment [J]. Water Research，2012，46：2355-2364.

[114] Wen Q，Kong F，Zheng H，et al. Electricity generation from synthetic penicillin wastewater in an air-cathode single chamber microbial fuel cell [J]. Chemical Engineering Journal，2011，168：572-576.

[115] Kong D，Liang B，Lee D J，et al. Effect of temperature switchover on the degradation of antibiotic chloramphenicol by biocathode bioelectrochemical system [J]. Journal of Environmental Sciences，2014，26：1689-1697.

[116] 郭璇，詹亚力，郭绍辉，等．炼油废水微生物燃料电池启动及影响因素 [J]. 环境工程学报，2013，7 (6)：2100-2104.

[117] Adelaja O，Keshavarz T，Kyazze G. The effect of salinity，redox mediators and temperature on anaerobic biodegradation of petroleum hydrocarbons in microbial fuel cells [J]. Journal of Hazardous Materials，2015，283：211-217.

[118] Li X，Wang X，Ren Z J，et al. Sand amendment enhances bioelectrochemical remediation of petroleum hydrocarbon contaminated soil [J]. Chemosphere，2015，141：62-70.

[119] 王维大．微生物燃料电池共代谢降解氰化物及产电性能研究 [D]. 北京：北京科技大学，2015.

[120] 李雪萍，钟宏，周立．含氰废水处理技术研究进展 [J]. 化学工业与工程技术，2012，2 (4)：17-23.

[121] 陈华进，李方实．含氰废水处理方法进展 [J]. 江苏化工，2005，33 (1)：39-43.

[122] Show K Y，Lee D J，Tay J H，et al. Biohydrogen production：Current perspectives and the way forward [J]. International Journal of Hydrogen Energy，2012，37：15616-15631.

[123] Wang Y H，Wang B S，Liu Y P，et al. Electricity and hydrogen co-production from a bio-electrochemical cell with acetate substrate [J]. International Journal of Hydrogen Energy，2013，38：6600-6606.

[124] Yossan S，Xiao L，Prasertsan P，et al. Hydrogen production in microbial electrolysis cells：Choice of catholyte [J]. International Journal of Hydrogen Energy，2013，38：9619-9624.

[125] Nevin K P，Hensley S A，Franks A E，et al. Electrosynthesis of Organic Compounds from Carbon Dioxide Is Catalyzed by a Diversity of Acetogenic Microorganisms [J]. Appl Environ Microbiol，2011，77：2882-2886.

[126] 蒋永，苏敏，张尧，等．生物电化学系统还原二氧化碳同时合成甲烷和乙酸 [J]. 应用与环境生物学报，2013 (5)：833-837.

[127] Li H，Opgenorth P H，Wernick D G，et al. Integrated Electromicrobial Conversion of CO_2 to Higher Alcohols，Science，2012，335：1596.

[128] Sun M，Mu Z X，Sheng G P，et al. Hydrogen production from propionate in a biocatalyzed system with in-situ utilization of the electricity generated from a microbial fuel cell [J]. International Biodeterioration & Biodegradation，2010，64：378-382.

[129] Li Y，Yang H Y，Shen J Y，et al. Enhancement of azo dye decolourization in a MFC-MEC coupled system [J]. Bioresource Technology，2016，202：93-100.

[130] Jiang Y，Su M，Li D. Removal of sulfide and production of methane from carbon dioxide in microbial fuel cells-microbial electrolysis cell (MFCs-MEC) coupled system [J]. Applied Biochemistry and Biotechnology，2014，172：2720-2731.

[131] Zhang Y，Wang Y，Angelidaki I. Alternate switching between microbial fuel cell and microbial electrolysis cell operation as a new method to control H_2O_2 level in Bioelectro-Fenton system [J]. Journal of Power Sources，2015，291：108-116.

[132] 崔晋鑫，王鑫，唐景春．微生物燃料电池在固体废物堆肥中的应用进展 [J]. 生物工程学报，2012 (3)：295-304.

[133] Partanen P, Hultman J, Paulin L, et al. Bacterial diversity at different stages of the composting process [J]. BMC Microbiology, 2010, 10: 94.

[134] Cercado-Quezada B, Delia M L, Bergel A. Treatment of dairy wastes with a microbial anode formed from garden compost [J]. Journal of Applied Electrochemistry, 2010, 40: 225-232.

[135] Pant D, Van Bogaert G, Diels L, et al. A review of the substrates used in microbial fuel cells (MFCs) for sustainable energy production [J]. Bioresource Technology, 2010, 101: 1533-1543.

[136] Parot S, Nercessian O, Delia M L, et al. Electrochemical checking of aerobic isolates from electrochemically active biofilms formed in compost [J]. Journal of Applied Microbiology, 2010, 106: 1350-1359.

[137] Parot S, Délia M L, Bergel A. Forming electrochemically active biofilms from garden compost under chronoamperometry [J]. Bioresource Technology, 2008, 99: 4809-4816.

[138] Dulon S, Parot S, Delia M L, et al. Electroactive biofilms: new means for electrochemistry [J]. Journal of Applied Electrochemistry, 2007, 37: 173-179.

[139] Ki D, Park J, Lee J, et al. Microbial diversity and population dynamics of activated sludge microbial communities participating in electricity generation in microbial fuel cells [J]. Water Science & Technology, 2008, 58: 2195-2201.

[140] Chae K J, Choi M J, Lee J W, et al. Effect of different substrates on the performance, bacterial diversity, and bacterial viability in microbial fuel cells [J]. Bioresource Technology, 2009, 100: 3518-3525.

[141] Chen G W, Choi S J, Cha J H, et al. Microbial community dynamics and electron transfer of a biocathode in microbial fuel cells [J]. Korean Journal of Chemical Engineering, 2010, 27: 1513-1520.

[142] Jong B C, Kim B H, Chang I S, et al. Enrichment, performance, and microbial diversity of a thermophilic mediatorless microbial fuel cell [J]. Environmental Science & Technology, 2006, 40: 6449.

[143] 贾建娜．微生物电化学系统处理食物残渣与能源回收 [D]. 哈尔滨：哈尔滨工业大学，2014.

[144] Ditzig J, Liu H, Logan B E. Production of hydrogen from domestic wastewater using a bioelectrochemically assisted microbial reactor (BEAMR) [J]. International Journal of Hydrogen Energy, 2007, 32: 2296-2304.

[145] Wagner R C, Regan J M, Oh S E, et al. Hydrogen and methane production from swine wastewater using microbial electrolysis cells [J]. Water Research, 2009, 43: 1480.

[146] Lu L, Xing D, Liu B, et al. Enhanced hydrogen production from waste activated sludge by cascade utilization of organic matter in microbial electrolysis cells [J]. Water Research, 2012, 46: 1015-1026.

[147] Luo H, Liu G, Zhang R, et al. Heavy metal recovery combined with H_2 production from artificial acid mine drainage using the microbial electrolysis cell [J]. Médecine & Chirurgie Digestives, 2014, 270: 153-159.